环保公益性行业科研专项经费项目系列丛书

地下水环境质量标准制定的关键技术

刘 琰 孙继朝 何江涛 编著

科学出版社

北京

内 容 简 介

本书从实施地下水污染防治和环境管理的需求出发，分析了我国地下水质量现状以及地下水评价中存在的问题，提出地下水环境质量标准概念、框架和关键技术，在借鉴国外发达国家地下水标准制订方法及经验的基础上，详细论述了地下水环境质量标准的四个关键技术，即地下水环境背景值确定技术、区域地下水主要污染物筛选方法、地下水质量基准及标准值推导方法、地下水污染评价方法，为科学判断地下水污染成因、实施有效的地下水环境管理提供了重要借鉴和指导。

本书可为地下水环境管理、污染防治等领域的科研人员、技术人员和管理人员开展区域地下水环境背景值研究、识别区域地下水主要污染物、制定地下水型饮用水水源水质标准以及开展地下水污染评价提供参考和借鉴。

图书在版编目(CIP)数据

地下水环境质量标准制定的关键技术／刘琰，孙继朝，何江涛编著．
—北京：科学出版社，2019.1
（环保公益性行业科研专项经费项目系列丛书）
ISBN 978-7-03-059475-4

Ⅰ．①地⋯ Ⅱ．①刘⋯ ②孙⋯ ③何⋯ Ⅲ．①地下水资源–水环境质量评价–标准 Ⅳ．①P641.8-65

中国版本图书馆 CIP 数据核字（2018）第 256324 号

责任编辑：霍志国／责任校对：韩 杨
责任印制：张 伟／封面设计：东方人华

科 学 出 版 社 出版
北京东黄城根北街 16 号
邮政编码：100717
http://www.sciencep.com

北京凌奇印刷有限责任公司 印刷
科学出版社发行 各地新华书店经销

*

2019 年 1 月第 一 版　开本：787×1092　1/16
2019 年 2 月第二次印刷　印张：26 1/4
字数：630 000

POD定价：138.00元
（如有印装质量问题，我社负责调换）

《环保公益性行业科研专项经费项目系列丛书》
编著委员会

顾　问　黄润秋
组　长　邹首民
副组长　王开宇
成　员　禹　军　陈　胜　刘海波

《地下水环境质量标准制定的关键技术》编写组

主 编

刘 琰　中国环境科学研究院　国家环境保护饮用水水源地保护重点实验室
孙继朝　中国地质科学院水文地质环境地质研究所
何江涛　中国地质大学（北京）

参编人员

乔肖翠　中国环境科学研究院　国家环境保护饮用水水源地保护重点实验室
柏耀辉　中国科学院生态环境研究中心
张 英　中国地质科学院水文地质环境地质研究所
荆继红　中国地质科学院水文地质环境地质研究所
刘春燕　中国地质科学院水文地质环境地质研究所
王金翠　中国地质科学院水文地质环境地质研究所
赵兴茹　中国环境科学研究院　国家环境保护饮用水水源地保护重点实验室
郭 睿　中国环境科学研究院　国家环境保护饮用水水源地保护重点实验室
汪 星　中国环境科学研究院　国家环境保护饮用水水源地保护重点实验室
昌 盛　中国环境科学研究院　国家环境保护饮用水水源地保护重点实验室
赵 鹏　中国地质大学（北京）
崔亚丰　中国地质大学（北京）
王曼丽　中国地质大学（北京）
王红娜　中国地质大学（北京）
梁金松　中国科学院生态环境研究中心
杨婷婷　中国科学院生态环境研究中心

环保公益性行业科研专项经费项目系列丛书
序　　言

目前，全球性和区域性环境问题不断加剧，已经成为限制各国经济社会发展的主要因素，解决环境问题的需求十分迫切。环境问题也是我国经济社会发展面临的困难之一，特别是在我国快速工业化、城镇化进程中，这个问题变得更加突出。党中央、国务院高度重视环境保护工作，积极推动我国生态文明建设进程。党的十八大以来，按照"五位一体"总体布局、"四个全面"战略布局以及"五大发展"理念，党中央、国务院把生态文明建设和环境保护摆在更加重要的战略地位，先后出台了《环境保护法》、《关于加快推进生态文明建设的意见》、《生态文明体制改革总体方案》、《大气污染防治行动计划》、《水污染防治行动计划》、《土壤污染防治行动计划》等一批法律法规和政策文件，我国环境治理力度前所未有，环境保护工作和生态文明建设的进程明显加快，环境质量有所改善。

在党中央、国务院的坚强领导下，环境问题全社会共治的局面正在逐步形成，环境管理正在走向系统化、科学化、法治化、精细化和信息化。科技是解决环境问题的利器，科技创新和科技进步是提升环境管理系统化、科学化、法治化、精细化和信息化的基础，必须加快建立持续改善环境质量的科技支撑体系，加快建立科学有效防控人群健康和环境风险的科技基础体系，建立开拓进取、充满活力的环保科技创新体系。

"十一五"以来，中央财政加大对环保科技的投入，先后启动实施水体污染控制与治理科技重大专项、清洁空气研究计划、蓝天科技工程专项等专项，同时设立了环保公益性行业科研专项。根据财政部、科技部的总体部署，环保公益性行业科研专项紧密围绕《国家中长期科学和技术发展规划纲要（2006-2020年）》、《国家创新驱动发展战略纲要》、《国家科技创新规划》和《国家环境保护科技发展规划》，立足环境管理中的科技需求，积极开展应急性、培育性、基础性科学研究。"十一五"以来，环境保护部（现生态环境部）组织实施了公益性行业科研专项项目479项，涉及大气、水、生态、土壤、固废、化学品、核与辐射等领域，共有包括中央级科研院所、高等院校、地方环保科研单位和企业等几百家单位参与，逐步形成了优势互补、团结协作、良性竞争、共同发展的环保科技"统一战线"。目前，专项取得了重要研究成果，已验收的项目中，共提交各类标准、技术规范1232项，各类政策建议与咨询报告592项，授权专利626项，出版专著367余部，专项研究成果在各级环保部门中得到较好的应用，为解决我国环境问题和提升环境管理水平提供了重要的科技支撑。

为广泛共享环保公益性行业科研专项项目研究成果，及时总结项目组织管理经验，环境保护部（现生态环境部）科技标准司组织出版环保公益性行业科研专项经费系列丛书。

该丛书汇集了一批专项研究的代表性成果，具有较强的学术性和实用性，是环境领域不可多得的资料文献。丛书的组织出版，在科技管理上也是一次很好的尝试，我们希望通过这一尝试，能够进一步活跃环保科技的学术氛围，促进科技成果的转化与应用，不断提高环境治理能力现代化水平，为持续改善我国环境质量提供强有力的科技支撑。

中华人民共和国生态环境部副部长
黄润秋

前　言

地下水是我国重要的战略水资源，在我国供水特别是饮用水供应中发挥着重要作用。近年来，随着社会经济的发展，我国地下水环境污染的态势日趋严重，加强地下水环境保护和污染防治引起了广泛重视。

水质评价是水质管理的重要工具，也是水质管理的重要依据。只有科学评价地下水质量状况，识别主要污染因子、污染区域、污染来源及污染程度，才能为制定有针对性的地下水污染防治措施提供重要支撑。因此，科学开展地下水质量评价对于地下水环境管理具有重要意义。当前我国地下水质量评价依据的是《地下水质量标准》（GB/T 14848—2017），已于2018年5月1日正式实施。《地下水质量标准》依据我国地下水质量状况和人体健康风险，参照生活饮用水、工业、农业等用水质量要求，将地下水质量划分为五类，给出了各项指标的五类标准值。依据《地下水质量标准》，可以确定地下水的类别，即能够判断出地下水质量的好坏，但地下水受环境背景的影响很大，且区域性差异显著，仅凭水质评价结果无法判断地下水是否受到污染及污染程度。

因此，为满足地下水环境管理需求，需在《地下水质量标准》的基础上，补充地下水污染评价标准，形成地下水环境质量标准。与《地下水质量标准》相比，地下水环境质量标准综合考虑了地下水环境本底以及人类活动对地下水质量的影响，能够在地下水质量评价的基础上对污染来源及污染程度进行判断，使得评价结果直接服务于地下水环境监管和污染防治工作，为制定和实施"防、控、治"的地下水分类管理措施提供支撑。

为解决地下水环境质量标准制定中的关键科学问题，环境保护部科技标准司在2014年环保公益性科研项目中设立"地下水环境质量基准、标准制定的方法学和关键技术预研究"（201409029），以华北平原、珠江三角洲、西南岩溶地区、西北河谷平原和柴达木盆地等的典型区段作为代表性地下水区域，围绕地下水环境背景值确定技术、人类活动影响下地下水中优控污染物筛选方法、地下水质量基准制定技术、地下水环境质量标准制定技术、地下水污染评价技术等开展了深入研究。依托该项目的研究成果，编著成本书。

本书共分6章。第1章为引言，介绍了我国地下水质量现状及地下水评价中存在的问题，提出地下水环境质量标准概念、框架和关键技术；第2章详细介绍了美国、欧盟、日本及韩国的地下水标准情况及对我国的启示；第3~6章分别介绍了地下水环境质量标准的四个关键技术，即地下水环境背景值确定技术、区域地下水主要污染物筛选方法、地下水质量基准及标准值推导方法、地下水污染评价方法。本书可为地下水环境管理、污染防治等领域的科研人员、技术人员和管理人员开展区域地下水环境背景值研究、识别区域地下水主要污染物、制定地下水型饮用水水源水质标准，以及开展地下水污染评价提供参考和借鉴。

感谢国家环保公益性行业科研专项的资助，感谢编写组全体成员的共同努力，感谢在本书编著过程中给予指导和帮助的各位专家和领导。由于作者水平和经验所限，书中难免存在疏漏与不足之处，恳请各位读者多提宝贵意见。

编著者

2018 年 10 月

目 录

序言
前言

第1章 引言 ··· 1
  1.1 我国地下水质量现状 ··· 1
  1.2 我国地下水评价现状及问题 ··· 2
    1.2.1 无法判断污染成因 ··· 3
    1.2.2 无法识别污染程度 ··· 3
    1.2.3 无法确定区域水文地质条件差异对地下水水质的影响 ············· 3
  1.3 地下水环境质量标准框架 ··· 4
  1.4 地下水环境质量标准制定中的关键技术 ································· 4

第2章 国外地下水标准调研 ··· 6
  2.1 美国 ··· 6
    2.1.1 犹他州 ··· 9
    2.1.2 伊利诺伊州 ··· 13
    2.1.3 内布拉斯加州 ··· 22
    2.1.4 北卡罗来纳州 ··· 26
    2.1.5 威斯康星州 ··· 33
    2.1.6 新泽西州 ··· 38
    2.1.7 科罗拉多州 ··· 47
    2.1.8 康涅狄格州 ··· 47
    2.1.9 爱达荷州 ··· 47
    2.1.10 蒙大拿州 ·· 48
    2.1.11 南达科他州 ·· 48
    2.1.12 佛蒙特州 ·· 48
    2.1.13 华盛顿州 ·· 48
  2.2 欧盟 ··· 49
    2.2.1 意大利 ··· 52
    2.2.2 西班牙 ··· 54
    2.2.3 瑞典 ··· 55
    2.2.4 英国 ··· 57
    2.2.5 德国 ··· 58
    2.2.6 丹麦 ··· 61

2.2.7	奥地利	64
2.2.8	法国	65
2.2.9	葡萄牙	65
2.2.10	波兰	66
2.2.11	瑞士	67

2.3 日本 ... 70
2.4 韩国 ... 71
2.5 国外地下水标准对我国的启示 ... 73
参考文献 ... 74

第3章 地下水环境背景值确定技术研究 ... 76
3.1 研究思路 ... 76
3.2 地下水环境背景值方法研究 ... 77
 3.2.1 环境背景值研究进展 ... 77
 3.2.2 研究方法对比分析 ... 78
3.3 地下水环境背景值确定技术框架 ... 79
3.4 基于水化学方法的地下水环境背景值研究 ... 80
 3.4.1 滹沱河冲洪积扇地下水环境背景值研究 ... 80
 3.4.2 珠江三角洲典型研究区背景值研究进展 ... 104
 3.4.3 都安地苏地下河系地下水环境背景值研究 ... 123
3.5 基于数理统计简化方法的地下水环境背景值研究 ... 131
 3.5.1 西北河谷平原地下水环境背景值研究 ... 131
 3.5.2 柴达木盆地典型研究区地下水环境背景值研究 ... 143
3.6 总结与建议 ... 152
参考文献 ... 153

第4章 区域地下水主要污染物筛选方法研究 ... 155
4.1 研究思路 ... 155
4.2 基于风险评价的地下水中主要污染物筛选方法 ... 157
 4.2.1 地下水中主要污染物筛选方法探究 ... 157
 4.2.2 华北平原区地下水中主要污染物筛选 ... 167
 4.2.3 西南岩溶区地下水中主要污染物筛选 ... 222
4.3 基于污染评价的地下水中主要污染物筛选方法 ... 269
 4.3.1 西北河谷平原地下水中主要污染物筛选 ... 270
 4.3.2 柴达木盆地地下水中主要污染物筛选 ... 295
4.4 分析与总结 ... 313
 4.4.1 对比分析 ... 313
 4.4.2 成果总结 ... 313
参考文献 ... 314

第5章 地下水质量基准及标准值推导方法研究 …… 316
5.1 研究思路 …… 316
5.2 保护人体健康的水质基准推导方法及基准现状 …… 317
5.2.1 美国保护人体健康的水质基准推导方法 …… 317
5.2.2 美国保护人体健康的水质基准现状 …… 319
5.3 我国地下水质量基准推导思路及案例研究 …… 323
5.3.1 地下水质量基准推导思路 …… 323
5.3.2 硝酸盐的地下水质量基准值研究 …… 324
5.3.3 砷的地下水质量基准值研究 …… 326
5.4 我国地下水质量基准制定方法 …… 328
5.5 地下水质量标准值推导思路及案例研究 …… 341
5.5.1 硝酸盐的地下水质量标准值研究 …… 341
5.5.2 砷的地下水质量标准值研究 …… 342
5.6 我国地下水质量标准值的确定方法 …… 343
参考文献 …… 344

第6章 地下水污染评价方法研究 …… 345
6.1 研究思路 …… 345
6.2 国内外地下水污染评价方法调研 …… 346
6.2.1 地下水污染评价的概念和定义 …… 346
6.2.2 国内外地下水污染评价方法调研 …… 347
6.2.3 地下水污染评价研究存在问题及发展趋势 …… 367
6.2.4 我国地下水污染评价方法建议 …… 367
6.3 地下水污染评价方法的筛选 …… 368
6.3.1 滹沱河地下水背景值概况 …… 369
6.3.2 评价指标筛选 …… 369
6.3.3 内梅罗综合污染指数法评价结果 …… 370
6.3.4 污染指数评价法评价结果 …… 371
6.3.5 污染指标综合分类评价法评价结果 …… 372
6.3.6 方法对比 …… 376
6.3.7 小结 …… 379
6.4 研究区地下水污染评价应用与示范 …… 379
6.4.1 西北河谷平原–兰州地下水污染评价 …… 379
6.4.2 西南岩溶区–都安不同水期地下水污染评价 …… 385
6.4.3 珠江三角洲–广州地下水污染评价 …… 391
6.4.4 柴达木盆地–格尔木地区地下水污染评价 …… 395
6.4.5 小结 …… 406
参考文献 …… 407

第1章 引 言

1.1 我国地下水质量现状

地下水是我国重要的战略水资源,由于具有分布广泛且稳定、便于开采、相对地表水不易受到污染等优点,在我国供水特别是饮用水供应中发挥着重要作用。近年来,随着社会经济的发展,我国地下水环境污染的态势日趋严重。依据《全国城市饮用水安全保障规划(2006—2020年)》数据,全国近20%的城市集中式地下水型水源水质劣于Ⅲ类。部分城市地下水型水源水质超标因子除常规化学指标外,甚至出现了致癌、致畸、致突变污染指标。另据近十几年地下水水质变化情况的不完全统计分析,我国地下水污染呈现出由点状、条带状向面上扩散,由浅层向深层渗透,由城市向周边蔓延的特点,地下水污染总体呈急剧恶化趋势。因此,加强地下水环境保护与管理已到了刻不容缓的地步,受到了国家的高度重视。

2015年《中国环境状况公报》表明,我国地下水总体水质状况较差。2015年,国土部门对全国31个省(区、市)202个地市级行政区的5118个监测井(点)(其中国家级监测点1000个)开展了地下水水质监测,评价结果显示:水质呈优良、良好、较好、较差和极差级的监测井(点)比例分别为9.10%、25.00%、4.60%、42.50%和18.80%(图1-1)。其中,3322个以潜水为主的浅层地下水水质监测井(点)中,水质呈优良、良好、较好、较差和极差级的监测井(点)比例分别为5.60%、23.10%、5.10%、43.20%和23.00%(图1-2);1796个以承压水为主(其中包括部分岩溶水和泉水)的中深层地下水水质监测井(点)中,水质呈优良、良好、较好、较差和极差级的监测井(点)比例分别为15.60%、28.40%、3.70%、41.10%和11.20%(图1-3)。超标指标主要包括总硬度、溶解性总固体、pH、COD、"三氮"(亚硝酸盐氮、硝酸盐氮和铵氮)、氯离子、硫酸盐、氟化物、锰、砷、铁等,个别水质监测点存在铅、六价铬、镉等重(类)金属超标现象。

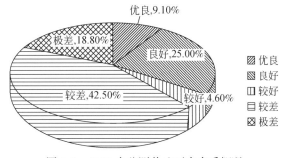

图1-1　5118个监测井地下水水质概况

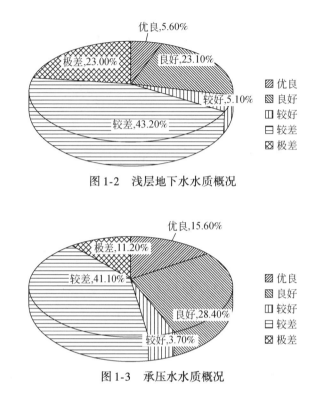

图 1-2 浅层地下水水质概况

图 1-3 承压水水质概况

2015年,水利部门对北方平原区17个省(区、市)的重点地区主要分布于浅层地下水开展了水质监测,监测井主要分布在地下水开发利用程度较大、污染较严重的地区。受地表或土壤污染下渗影响,水质评价结果总体较差。2103个测站数据评价结果显示:水质优良、良好、较差和极差的测站比例分别为0.60%、19.80%、48.40%和31.20%(图1-4),无水质较好的测站。"三氮"污染较重,部分地区存在一定程度的重金属和有毒有机物污染。

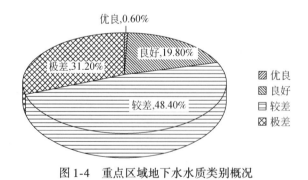

图 1-4 重点区域地下水水质类别概况

1.2 我国地下水评价现状及问题

水质评价是水质管理的重要工具,也是水质管理的重要依据。只有科学评价地下水质量状况,识别主要污染因子、污染区域、污染来源及污染程度,才能为制定针对性强的地下水污染防治措施提供重要支撑。因此,科学开展地下水质量评价对于地下水环境管理具有重要意义。

当前我国地下水质量评价依据的是《地下水质量标准》。《地下水质量标准》依据地下水水质现状、人体健康基准值(healthy-based screeing levels, HBSLS)及地下水质量保护目标,并参照了生活饮用水、工业用水水质要求,将地下水质量划分为五类,给出了各项指标的五类标准值;明确了地下水质量评价以地下水水质调查分析资料或水质监测资料为基础,分为单项组分评价和综合评价两种,其中单项组分评价按标准所列分类指标,划分为五类,综合评价在单项组分评价基础上,先计算单项组分评价分值,再通过计算得到综合评价分值。

采用上述评价方法,可以确定地下水的类别,即能够判断出地下水质量的好坏,但无法满足地下水污染防治的需要。主要的问题表现在以下几个方面。

1.2.1 无法判断污染成因

地下水的水质除受人为活动影响外,还普遍受到天然背景因素的影响。自2009年以来,环境保护部依托水污染防治专项"城市饮用水水源地环境监管"项目,对地级及以上城市集中式饮用水水源开展年度环境状况评估工作。评估过程中发现,依据《地下水质量标准》,虽然能够反映地下水水源水质好坏,以及识别不达标水源,却无法有效识别因人为活动对地下水造成的污染。这导致环境状况评估结果难以为地下水型饮用水水源的环境管理及污染防控提供充分依据。

1.2.2 无法识别污染程度

依据污染程度确定管理重点和优先级,实施分级分类的环境管理措施,是提高管理效率的重要举措。依据《地下水质量标准》,既无法识别因人为活动造成的污染,更无法判断污染程度。根据《地级及以上城市集中式饮用水水源2014年度环境状况评估报告》,参与评估的341个地下水型水源中,44个水源不达标,不达标水源地的服务人口达817.9万。由于缺乏评价标准,无法对不达标水源地的污染程度进行判断,因此难以为实施分级分类的地下水水源污染防治提供充分依据。

1.2.3 无法确定区域水文地质条件差异对地下水水质的影响

受水文地质条件和水文地球化学分带特征的影响,地下水环境背景值具有显著的区域差异性。对于不同区域环境本底原因造成水质较差的地下水体来说,即使其水质类别或水质指标浓度完全一致,其污染程度也存在差异。因此,仅依靠《地下水质量标准》的评价结果,难以识别真正的问题所在,也会给实施有效的地下水污染防治措施带来干扰。

2017年,《地下水质量标准》(GB/T 14848—2017)发布,于2018年5月正式实施。与GB/T 14848—1993相比,指标增加至93项,也将地下水质量分为五类,规定了单指标评价和水质综合评价方法。与GB/T 14848—1993相同的是,二者都是用于评价地下水质量的标准。

1.3 地下水环境质量标准框架

为反映人类活动和地下水本底环境对地下水水质的影响,提出地下水环境质量标准。与地下水质量标准相比,该标准能够在地下水质量评价的基础上对污染来源及污染程度进行判断,更好地服务于地下水环境监管和污染防治工作,能够为制定和实施"防、控、治"的分类地下水管理措施提供支撑。

地下水环境质量标准主要包括两个部分,一是地下水质量标准,用于地下水质量评价;二是地下水污染评价标准,用于地下水污染评价。前者依据《地下水质量标准》,后者我国目前并没有规范、统一的方法。地下水环境质量标准框架见图1-5。

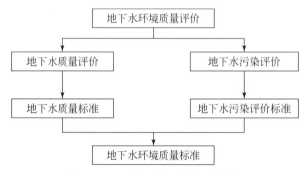

图1-5 地下水环境质量标准框架

1.4 地下水环境质量标准制定中的关键技术

指标和标准值是地下水质量标准的两个核心要素。地下水质量标准中的指标按来源可以分为两类:一类是地下水环境中天然存在的水化学指标,另一类是由于地表人类活动而进入地下水环境的指标。前者是相对固定的,而后者则根据区域地表污染特征的不同在不同的地下水环境中存在显著差异。在《地下水质量标准》中,采用的是全国统一的指标体系,未能体现区域地下水环境污染特征。因此,如何基于地表污染源的排污特征,识别区域地下水环境的主要控制污染物,是明确区域地下水环境管理目标、提高地下水监管效率的关键。此外,水质基准是确定水质标准的重要依据。《地下水质量标准》中,对于用作饮用水水源的地下水,其标准值的确定主要是以生活饮用水卫生标准为依据,主要参考美国环境保护局(USEPA)保护人体健康的水质基准、世界卫生组织(WHO)《饮用水导则》等确定的,并未对地下水保护人体健康的水质基准开展研究,也未研究基准值向标准值转化的方法。一方面我国人群的暴露参数与国外不同,另一方面,地下水的理化性质与地表水存在差异,也可能会使物质的毒理学性质发生变化。因此,有必要针对保护人体健康的地下水水质基准及标准值确定方法开展研究。

地下水环境背景值和地下水污染程度分级评价标准是地下水污染评价标准的两个核心要素。地下水环境背景值是指未受或基本未受人为活动污染情况下地下水中各水化学组分的天然特征值,是判断地下水环境中天然水化学指标污染成因及污染程度的重要依据。目前我国针对地下水环境背景值的研究不少,但尚未形成统一、规范的地下水环境背景值确定方法。随着地下水污染形势日趋严峻,地下水污染评价也受到重视,但目前仍缺乏科学的、受到普遍认可的评价方法。

综上,制定地下水环境质量标准的关键技术主要有:①地下水天然组分的环境背景值确定技术;②基于保护人体健康的地下水水质基准及标准值确定技术;③人类活动影响下区域地下水主要污染物筛选方法;④地下水污染程度分级评价方法。

本书在对美国、欧盟、韩国等国家和地区地下水质量标准系统调研的基础上,结合华北平原滹沱河地区、西南岩溶地区都安地苏地下河系、西北河谷平原兰州市、柴达木盆地格尔木地区以及珠江三角洲广州市等5个典型地下水区段的水文地质条件及水文地球化学特征,研究提出了上述关键技术,以期为强化我国地下水环境管理、防治地下水污染提供重要支撑。

第2章 国外地下水标准调研

2.1 美　　国

地下水是美国淡水资源的重要组成部分,是很多地区唯一可靠的饮用水和灌溉用水来源。美国2014年的地质调查局调查报告中统计了2010年美国地下水开发利用情况。据统计,2010年全美每天的淡水用量平均为1.40×10^{10} gal(1gal=3.78541L),其中地下水用量占24.84%。2010年美国农业灌溉用水的43%及水产养殖业的19%均来自地下水。在美国2010年的采矿用水及畜禽养殖用水中,地下水用量的比例分别达到71%与60%。因此,地下水的开发利用对于人类生存和经济发展至关重要。美国地质调查局(USGS)调查报告显示,2010年美国地下水使用功能分类情况如图2-1所示,其中用途最多的是农业灌溉,占地下水总用水量的63%,紧随其后的是公共供水,占地下水总用水量的19%。

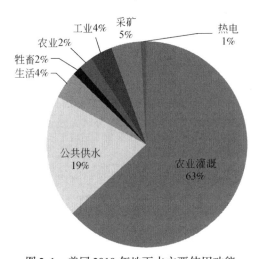

图2-1　美国2010年地下水主要使用功能

除美国地下水主要使用功能的情况外,调查报告还给出了2010年美国各州地下水使用情况,以及按各使用功能分类时美国各州的地下水使用情况,详情见图2-2。

为保护地下水,美国制定了《饮用水安全法案》(The Safe Drinking Water Act)、《资源保护和恢复法案》(The Resource Conservation and Recovery Act)、《综合环境责任赔偿和义务法(超级基金法)》(The Comprehensive Environmental Response, Compensation, and Liability Act (Superfund))、《联邦杀虫剂、杀菌剂和灭鼠剂法》(The Federal Insecticide, Fungicide, and Rodenticide Act)、《有毒物质控制法案》(The Toxic Substances Control Act)、

以及《清洁水法》(The Clean Water Act) 等一系列法案,授权 USEPA 负责与地下水保护有关的活动。

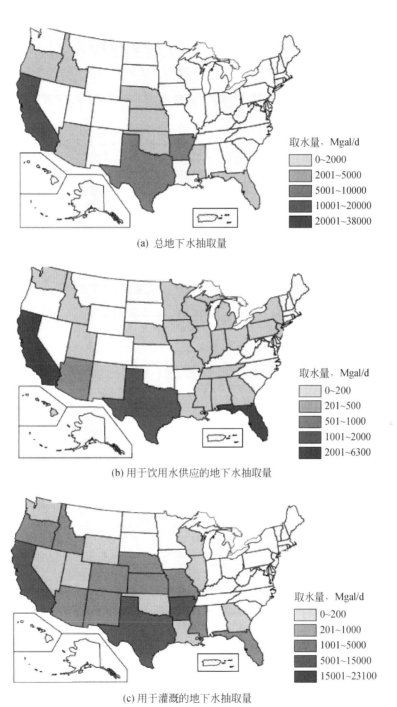

(a) 总地下水抽取量

(b) 用于饮用水供应的地下水抽取量

(c) 用于灌溉的地下水抽取量

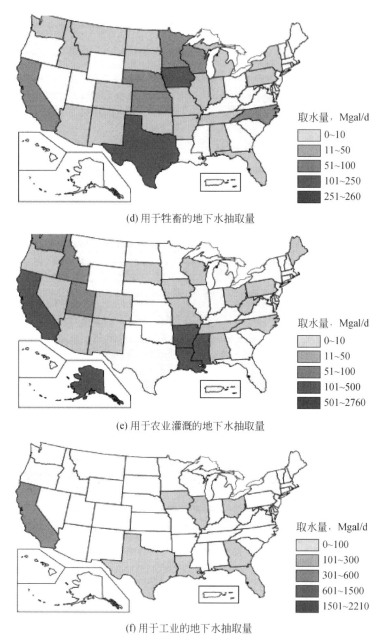

(d) 用于牲畜的地下水抽取量

(e) 用于农业灌溉的地下水抽取量

(f) 用于工业的地下水抽取量

图 2-2 美国 2010 年各州地下水开发利用情况①

由于地下水循环很慢，修复困难，美国对向地下排污的水质要求要高于地表排污。同时，联邦政府把地下水管理重点放在地下水潜在污染源控制上。联邦政府负责制定和组织实施一般地下水保护计划，如井源保护计划（wellhead protection programs）、国家地下水保护

---

① gal 表示体积单位加仑，1 gal=3.78541 L。

战略(state ground-water protection strategies)等,这些计划的实际执行强调必须是在联邦政府与州政府合作条件下进行。这里特别强调州政府采取行动的主要原因是,地下水的保护通常会涉及非常具体的各州地方情况,如各州政府通常会在遵循联邦法律的条件下,行使各种土地用途的管制权。因此,美国并没有制定国家级别的地下水质量标准,而是各州根据自己的实际情况,在联邦法案和相关地下水保护计划的指导下制定地方的地下水质量标准。

对美国犹他州、伊利诺伊州、内布拉斯加州、北卡罗来纳州、威斯康星州及新泽西州等13个州的地下水分类及质量标准设置情况等方面开展调研,下面分别予以介绍。

2.1.1 犹他州

犹他州制定地下水水质标准的目的是保护地下水水质。首先将地下水进行分类,对不同类别的地下水提出不同的管理要求。

1. 地下水分类

根据总溶解性固体(TDS)浓度和污染物浓度,犹他州将地下水划分为4类,Ⅰ类、Ⅱ类、Ⅲ类、Ⅳ类,其中分类Ⅰ又细划分3小类,即ⅠA、ⅠB和ⅠC类。

分类ⅠA是指原始地下水,具有如下特征:总溶解性固体小于500 mg/L;污染物浓度均不超标。ⅠA类地下水之上的设备可能向地下水排放,受地下水质量保护程序的监管,地下水质量保护水平按如下建立:总溶解性固体浓度不超过背景值的1.25倍或是背景值加2个标准差。作为背景浓度,污染物不可检测时,污染物的浓度不超过地下水质量标准的0.1倍或检测限。作为背景浓度,污染物可检测时,污染物的浓度不超过背景值的1.25倍,不超过地下水质量标准的0.25倍或背景值加2个标准差,无论如何,污染物浓度不得超过地下水质量标准。

分类ⅠB是不能恢复原状的地下水,由于经济或制度约束,地下水水质水量受限时,作为居民的饮用水源。ⅠB类地下水之上的设备可能向地下水排放,受地下水质量保护程序的监管,地下水质量保护水平按如下建立:总溶解性固体浓度不得超过背景值1.1倍或2000 mg/L。作为背景浓度,污染物不可检测时,污染物的浓度不超过地下水质量标准的0.1倍或检测限。作为背景浓度,污染物可检测时,污染物的浓度不超过背景值的1.1倍,或是地下水质量标准的0.1倍,无论如何,污染物浓度不得超过地下水质量标准。

分类ⅠC是对生态非常重要的地下水,是野生生境保持的重要地下水源。对总溶解性固体和有机、无机化合物含量的增加限制,来满足地表水标准。

Ⅱ类地下水也被称为具有饮用水质量的地下水,有如下特征:总溶解性固体在500~3000 mg/L之间;所有污染物的浓度均不超过地下水质量标准。Ⅱ类地下水之上的设备可能向地下水排放,受地下水质量保护程序的监管,地下水质量保护水平按如下建立:总溶解性固体不超过1.25倍背景值或背景值加上2个标准差。作为背景浓度,污染物不可检测时,污染物的浓度不超过地下水质量标准的0.25倍或检测限。作为背景浓度,污染物可检测时,污染物的浓度不超过背景值的1.25倍,地下水质量标准的0.25倍,或是背景值加2个标准差,无论如何,污染物浓度不得超过地下水质量标准。

Ⅲ类地表水也被称为限制使用的地下水,其特征是:总溶解性固体在3000~10000 mg/L之间;或者至少一种污染物的浓度超过了地下水质量标准。Ⅲ类地下水之上的设备可能向地下水排放,受地下水质量保护程序的监管,地下水质量保护水平按如下建立:总溶解性固体不超过 1.25 倍背景值或背景值加上 2 个标准差。作为背景浓度,污染物不可检测时,污染物的浓度不超过地下水质量标准的 0.5 倍或检测限。作为背景浓度,污染物可检测时,污染物的浓度不超过背景值的 1.5 倍,地下水质量标准的 0.5 倍,或是背景值加 2 个标准差,无论如何,污染物浓度不得超过地下水质量标准。

Ⅳ类地表水也被称为咸地下水,总溶解性固体在 10 000 mg/L 之上。Ⅳ类地下水的保护水平将由行政秘书建立,以保护人类健康和环境。

2. 地下水标准

在制定标准时,从地下水的物理特征(包括色度、腐蚀性、气味和 pH)、无机离子(包括溴酸盐、氯、氰化物、氟化物和硝酸盐等)、金属类(锑、砷、汞、铜、锌等)、有机化合物(包括杀虫剂和 PCBs)、挥发性有机化学物质(包括氯代烃和苯系物)、其他有机物(5 种卤乙酸和总三卤甲烷)、放射性核(包括镭、α 粒子和铀等)进行分类,并规定了限值。结果如表 2-1 所示。

表 2-1 犹他州地下水标准中各指标限值

参数			地下水水质标准	单位
物理特征				
颜色			15.0	
腐蚀性			无腐蚀性的	
气味			3.0	
pH			6.5~8.5	
无机化学材料				
英文名称	中文名称	CAS	标准限值	单位
Bromate	溴酸盐	7789-38-0	0.0	mg/L
Chloramine (as Cl_2)	氯氨基甲苯砜钠	10599-90-3	4.0	mg/L
Chlorine (as Cl_2)	氯	7782-50-5	4.0	mg/L
Chlorine Dioxide	二氧化氯	10049-04-4	0.8	mg/L
Chlorite	亚氯酸盐	7758-19-2	1.0	mg/L
Cyanide (free)	氰化物(自由态)	143-33-9	0.2	mg/L
Fluoride	氟化物	7681-49-4	4.0	mg/L
Nitrate (as N)	硝酸盐(以 N 计)	14797-55-8	10.0	mg/L
Nitrite (as N)	亚硝酸盐(以 N 计)	14797-65-0	1.0	mg/L
Total Nitrate + Nitrite (both as N)	总的硝酸盐和亚硝酸盐(以 N 计)		10.0	mg/L
金属				
Antimony	锑	7440-36-0	0.0	mg/L
Arsenic	砷	7440-38-2	0.1	mg/L
Asbestos (>10 microns in length)	石棉(长度大于 10 μm)	1332-21-4	7000000.0	fibers/L

续表

参数			地下水水质标准	单位
Barium	钡	7440-39-3	2.0	mg/L
Beryllium	铍	7440-41-7	0.0	mg/L
Cadmium	镉	7440-43-9	0.0	mg/L
Chromium (total)	铬(总)	7440-47-3	0.1	mg/L
Copper	铜	7440-50-8	1.3	mg/L
Lead	铅	7439-92-1	0.015	mg/L
Mercury (inorganic)	汞(无机)	7487-94-7	0.002	mg/L
Selenium	硒	7782-49-2	0.05	mg/L
Silver	银	7440-22-4	0.1	mg/L
Thallium	铊	7440-28-0	0.002	mg/L
Zinc	锌	7440-66-6	5	mg/L
有机化学药品				
杀虫剂和多氯联苯				
Alachlor	草不绿	15972-60-8	0.002	mg/L
Aldicarb	涕醛	116-06-3	0.003	mg/L
Aldicarb sulfone	涕灭威砜	1646-88-4	0.003	mg/L
Aldicarb sulfoxide	涕灭威亚砜	1646-87-3	0.004	mg/L
Atrazine	阿特拉津	1912-24-9	0.003	mg/L
Carbofuran	呋喃	1563-66-2	0.04	mg/L
Chlordane	氯丹	57-74-9	0.002	mg/L
Dalapon (sodium salt)	茅草枯(钠盐)	75-99-0	0.2	mg/L
Dibromochloropropane (DBCP)	二溴氯丙烷(DBCP)	1996-12-8	0.0002	mg/L
Dichlorophenoxyacetic acid (2,4-D)	二氯苯氧基乙酸(2,4-D)	94-75-7	0.07	mg/L
Dinoseb	地乐酚	88-85-7	0.007	mg/L
Diquat	敌草快	85-00-7	0.02	mg/L
Endothall	草藻灭	145-73-3	0.1	mg/L
Endrin	异狄氏剂	72-20-8	0.002	mg/L
Ethylene dibromide (EDB)	二溴化乙烯	106-93-4	0.00005	mg/L
Glyphosate	草甘膦	1071-83-6	0.7	mg/L
Heptachlor	七氯	1976-4-8	0.0004	mg/L
Heptachlor epoxide	环氧七氯	1024-57-3	0.0002	mg/L
Lindane	林丹	58-89-9	0.0002	mg/L
Methoxychlor	甲氧滴滴涕	72-43-5	0.04	mg/L

续表

参数			地下水水质标准	单位
Oxamyl (Vydate)	草氨酰	23135-22-0	0.2	mg/L
Pentachlorophenol	五氯苯酚	87-86-5	0.001	mg/L
Picloram	毒莠定	1918-2-1	0.5	mg/L
Polychlorinated biphenyls (PCBs)	多氯联苯(PCBs)	1336-36-3	0.0005	mg/L
Simazine	西玛津	122-34-9	0.004	mg/L
Toxaphene	毒杀芬	8001-35-2	0.003	mg/L
2,4,5-TP (Silvex)	2,4,5-TP(三氯苯氧丙酸)	93-72-1	0.05	mg/L
挥发性有机化合物				
Benzene	苯	71-43-2	0.005	mg/L
Benzo(a)pyrene (PAH)	苯并[a]芘(PAH)	50-32-8	0.0002	mg/L
Carbon tetrachloride	四氯化碳	56-23-5	0.005	mg/L
Dichloroethane (1,2-)	1,2-二氯乙烷	107-06-2	0.005	mg/L
Dichloroethylene (1,1-)	1,1-二氯乙烯	75-35-4	0.007	mg/L
Dichloromethane	二氯甲烷	1975-9-2	0.005	mg/L
Di (2-ethylhexyl) adipate	乙二酸二(2-乙基己基)酯	103-23-1	0.4	mg/L
Di (2-ethylhexyl) phthalate (PAE)	邻苯二甲酸二(2-乙基己基)酯(PAE)	117-81-7	0.006	mg/L
2,3,7,8-TCDD (Dioxin)	2,3,7,8-TCDD(二噁英)	1746-01-6	3.00×10^{-8}	mg/L
Dichlorobenzene (para-)	对二氯苯	106-46-7	0.075	mg/L
Dichlorobenzene (o-)	邻二氯苯	95-50-1	0.6	mg/L
Dichloroethylene (cis-1,2)	顺式-1,2-二氯乙烯	156-59-2	0.07	mg/L
Dichloroethylene (trans-1,2)	反式-1,2-二氯乙烯	156-60-5	0.1	mg/L
Dichloropropane (1,2-)	1,2-二氯丙烷	78-87-5	0.005	mg/L
Ethylbenzene	乙苯	100-41-4	0.7	mg/L
Hexachlorobenzene	六氯代苯	118-74-1	0.001	mg/L
Hexachlorocyclopentadiene	六氯环戊二烯	77-47-4	0.05	mg/L
Monochlorobenzene	一氯苯	108-90-7	0.1	mg/L
Styrene	苯乙烯	100-42-5	0.1	mg/L
Tetrachloroethylene	四氯乙烯	127-18-4	0.005	mg/L
Toluene	甲苯	108-88-3	1	mg/L
Trichlorobenzene (1,2,4-)	1,2,4-三氯苯	120-82-1	0.07	mg/L
Trichloroethane (1,1,1-)	1,1,1-三氯乙烷	71-55-6	0.2	mg/L
Trichloroethane (1,1,2-)	1,1,2-三氯乙烷	79-00-5	0.005	mg/L
Trichloroethylene	三氯乙烯	1979-1-6	0.005	mg/L

续表

参数			地下水水质标准	单位
Vinyl chloride	氯乙烯	1975-1-4	0.002	mg/L
Xylenes (Total)	二甲苯(总)	1330-20-7	10	mg/L
其他有机化学物质				
Five Haloacetic Acids (HAA5)	五卤乙酸		0.06	mg/L
Monochloroacetic acid (MCAA)	一氯乙酸(MCAA)	1979-11-8		
Dichloroacetic acid (DCAA)	二氯乙酸(DCAA)	76-43-6		
Trichloroacetic acid (TCAA)	三氯乙酸(TCAA)	67-66-3		
Bromoacetic acid (MBAA)	溴乙酸(MBAA)	1979-8-3		
Dibromoacetic acid (DBAA)	二溴乙酸(DBAA)	631-64-1		
Total Trihalomethanes (TTHM)	总三卤甲烷(TTHM)		0.08	mg/L
Bromoform	三溴甲烷	75-25-2		
Chloroform	氯仿	67-66-3		
Bromodichloromethane	溴二氯甲烷	75-27-4		
Dibromochloromethane	二溴氯甲烷	124-48-1		
放射性核素				
Combined Radium-226 and Radium-228	镭-226和镭-228结合	7440-14-4	5	pCi/L
Gross alpha particle activity, including Radium-226 but excluding Radon and Uranium	总α粒子,包括镭-226,但不含氡和铀		15	pCi/L
Uranium	铀	7440-61-1	0.03	mg/L
Beta Particle and Photon Radioactivity	β粒子和光子辐射			
Radionuclide	放射性核	Critical Organ		pCi/L
Tritium	氚	Total Body	20000	
Strontium-90	锶-90	Bone Marrow	8	

2.1.2 伊利诺伊州

1. 地下水分类

伊利诺伊州地下水保护法于2002年2月5日生效。将地下水划分为4类:分类Ⅰ,饮用水源地下水;分类Ⅱ,一般水源地下水;分类Ⅲ,特定水源地下水;分类Ⅳ,其他地下水。

2. 地下水标准

地下水必须满足反降级的规定。

1) Ⅰ类地下水质量标准:饮用水源型地下水

包括27种无机化学组成和49种有机化学组成,并给出了相应的限值。此外,还包括汽油、柴油或供热燃料,例如,苯和BETX分别不得超过0.005mg/L和11.705mg/L;pH应当在6.5~9.0的范围;同时还应考虑β粒子和光放射性物质,给出了氚和锶-90的限值。

a) 无机化学成分

除了自然原因,对于Ⅰ类地下水,不得超过表2-2所示的化学成分的浓度。

表2-2 Ⅰ类水无机化学组分浓度限值

英文名称	中文名称	标准限值	单位
Antimony	锑	0.006	mg/L
Arsenic *	砷	0.01	mg/L
Barium	钡	2	mg/L
Beryllium	铍	0.004	mg/L
Boron	硼	2	mg/L
Cadmium	镉	0.005	mg/L
Chloride	氯	200	mg/L
Chromium	铬	0.1	mg/L
Cobalt	钴	1	mg/L
Copper	铜	0.65	mg/L
Cyanide	氰化物	0.2	mg/L
Fluoride	氟化物	4	mg/L
Iron	铁	5	mg/L
Lead	铅	0.0075	mg/L
Manganese	锰	0.15	mg/L
Mercury	汞	0.002	mg/L
Nickel	镍	0.1	mg/L
Perchlorate	高氯酸盐	0.0049	mg/L
Nitrate as N	硝酸盐氮(以N计)	10	mg/L
Radium-226	镭-226	20	pCi/L
Radium-228	镭-228	20	pCi/L
Selenium	硒	0.05	mg/L
Silver	银	0.05	mg/L
Sulfate	硫酸盐	400	mg/L
Thallium	铊	0.002	mg/L
Total Dissolved Solids (TDS)	总溶解性固体	1,200	mg/L
Vanadium	钒	0.049	mg/L
Zinc	锌	5	mg/L

* 表示该值为临时一般基准,本章后同。

b) 有机化学组分(表2-3)

表2-3 Ⅰ类水有机化学组分浓度限值

英文名称	中文名称	标准限值/(mg/L)
Acenaphthene	苊	0.42
Acetone	丙酮	6.3
Alachlor *	草不绿	0.002

续表

英文名称	中文名称	标准限值/(mg/L)
Aldicarb	涕灭威	0.003
Anthracene	蒽	2.1
Atrazine	阿特拉津	0.003
Benzene*	苯	0.005
Benzo(a)anthracene*	苯并[a]蒽*	0.00013
Benzo(b)fluoranthene*	苯并[b]荧蒽*	0.00018
Benzo(k)fluoranthene*	苯并[k]荧蒽*	0.00017
Benzo(a)pyrene*	苯并[a]芘*	0.0002
Benzoic acid	苯甲酸	28
2-Butanone(MEK)	2-丁酮(MEK)	4.2
Carbofuran	呋喃丹	0.04
Carbon Disulfide	二硫化碳	0.7
Carbon Tetrachloride*	四氯化碳*	0.005
Chlordane*	氯丹*	0.002
Chloroform*	氯仿*	0.07
Chrysene*	䓛*	0.012
Dalapon	茅草枯	0.2
Dibenzo(a,h)anthracene*	二苯并[a,h]蒽*	0.0003
Dicamba	麦草畏	0.21
Dichlorodifluoromethane	二氯二氟甲烷	1.4
1,1-Dichloroethane	1,1-二氯乙烷	1.4
Dichloromethane*	二氯甲烷*	0.005
Di(2-ethylhexyl)phthalate*	邻苯二甲酸二(2-乙基己基)酯*	0.006
Diethyl Phthalate	邻苯二甲酸二乙酯	5.6
Di-n-butyl Phthalate	邻苯二甲酸二丁酯	0.7
Dinoseb	地乐酚	0.007
Endothall	草藻灭	0.1
Endrin	异狄氏剂	0.002
Ethylene Dibromide*	二溴化乙烯*	0.00005
Fluoranthene	荧蒽	0.28
Fluorene	芴	0.28
Heptachlor*	七氯*	0.0004
Heptachlor Epoxide*	七氯环氧化物*	0.0002
Hexachlorocyclopentadiene	六氯代环戊二烯	0.05
Indeno(1,2,3-cd)pyrene*	茚并[1,2,3-cd]芘	0.00043

续表

英文名称	中文名称	标准限值/(mg/L)
Isopropylbenzene (Cumene)	茴香素(异丙基苯)	0.7
Lindane (Gamma-Hexachlorocyclohexane)	林丹(γ-六氯环己烷)	0.0002
2,4-D	2,4-D	0.07
ortho-Dichlorobenzene	邻二氯苯	0.6
para-Dichlorobenzene	对二氯苯	0.075
1,2-Dibromo-3-Chloropropane *	1,2-二溴-3-氯丙烷 *	0.0002
1,2-Dichloroethane *	1,2-二氯乙烷 *	0.005
1,1-Dichloroethylene	1,1-二氯乙烯	0.007
cis-1,2-Dichloroethylene	顺式-1,2-二氯乙烯	0.07
trans-1,2-Dichloroethylene	反式-1,2-二氯乙烯	0.1
1,2-Dichloropropane *	1,2-二氯丙烷 *	0.005
Ethylbenzene	乙苯	0.7
MCPP (Mecoprop)	MCPP(丙酸)	0.007
Methoxychlor	甲氧滴滴涕	0.04
2-Methylnaphthalene	2-甲基萘	0.028
2-Methylphenol	2-甲基苯酚	0.35
Methyl Tertiary-Butyl Ether (MTBE)	甲基叔丁基醚(MTBE)	0.07
Monochlorobenzene	一氯苯	0.1
Naphthalene	萘	0.14
p-Dioxane *	p-二氧杂环乙烷 *	0.0077
Pentachlorophenol *	五氯苯酚 *	0.001
Phenols	酚类化合物	0.1
Picloram	毒莠定	0.5
Pyrene	芘	0.21
Polychlorinated Biphenyls (PCBs) (as decachloro-biphenyl) *	多氯联苯(PCBs)(如十氯代联苯) *	0.0005
alpha-BHC (alpha-Benzene hexachloride) *	α-六六六	0.00011
Simazine	西玛津	0.004
Styrene	苯乙烯	0.1
2,4,5-TP (Silvex)	2,4,5-TP(三氯苯氧丙酸)	0.05
Tetrachloroethylene *	四氯乙烯 *	0.005
Toluene	甲苯	1
Toxaphene *	毒杀芬 *	0.003
1,1,1-Trichloroethane	1,1,1-三氯乙烷	0.2
1,1,2-Trichloroethane	1,1,2-三氯乙烷	0.005

续表

英文名称	中文名称	标准限值/(mg/L)
1,2,4-Trichlorobenzene	1,2,4-三氯(代)苯	0.07
Trichloroethylene*	三氯乙烯*	0.005
Trichlorofluoromethane	三氯氟甲烷	2.1
Vinyl Chloride*	氯乙烯*	0.002
Xylenes	二甲苯	10

c) 炸药成分

对于Ⅰ类地下水,不得超过表2-4所示的炸药成分浓度。

表2-4 Ⅰ类水炸药成分浓度限值

英文名称	中文名称	标准限值/(mg/L)
1,3-Dinitrobenzene	1,3-二硝基苯	0.0007
2,4-Dinitrotoluene*	2,4-二硝基甲苯	0.0001
2,6-Dinitrotoluene*	2,6-二硝基甲苯	0.00031
HMX (High Melting Explosive, Octogen)	高熔点炸药,奥克托今	1.4
Nitrobenzene	硝基苯	0.014
RDX (Royal Demolition Explosive, Cyclonite)	皇家拆除爆炸,黑索今	0.084
1,3,5-Trinitrobenzene	1,3,5-三硝基苯	0.84
2,4,6-Trinitrotoluene (TNT)	2,4,6-三硝基甲苯	0.014

d) 复杂的有机化学混合物

对于Ⅰ类地下水,不得超过表2-5所示化学成分浓度,汽油、柴油燃料或加热燃料。

表2-5 Ⅰ类水中复杂有机化学混合物浓度限值

英文名称	中文名称	标准限值/(mg/L)
Benzene*	苯	0.005
BETX		11.705

e) pH

除了由于自然原因,对于Ⅰ类地下水,pH在6.5~9.0之间。

f) β粒子和光子辐射

(1) 除了自然原因,在Ⅰ类地下水中,人工放射性核素的β粒子和光子辐射的年平均浓度不得超过全身器官相当的剂量当量,即不大于4 mrem/a[①]。除了由于自然原因,对于Ⅰ类地下水,如果出现了大于两种的放射性核,它们的总剂量和全身或内脏器官相当,不得超过4 mrem/a。

---

① mrem 为毫雷姆,1 mrem = 10^{-5} Sv。

(2)除了(f)(3)中列出的放射性核,导致 4 mrem 全身或器官剂量当量的人工放射性核素浓度,必须在计算的基础上,每天摄入 2 L 饮用水,按照程序 NCRP 报告 22 规定,使用 168h 的数据。

(3)除了自然原因,在Ⅰ类地下水中,以下化学成分的年平均浓度产生全身或器官 4 mrem/a 剂量不得超过表 2-6 所示的限值。

表 2-6　Ⅰ类水中氚和锶-90 平均浓度限值

英文名称	中文名称	器官	标准限值/(pCi/L)
Tritium	氚	全身	20000.00
Strontium-90	锶-90	骨髓	8

2)Ⅱ类地下水水质标准:一般水源型地下水

27 种无机化学组成的浓度限值高于或等于分类Ⅰ;47 种有机化学组成(与分类Ⅰ相比,没有考虑十氯联苯和三氯乙烯)的浓度限值高于或等于分类Ⅰ;其余组分的浓度限值也高于或等于分类Ⅰ;苯和 BETX 分别不得超过 0.025mg/L 和 13.525mg/L;pH 范围同分类Ⅰ。

a)无机化学成分

(1)除了自然原因,对于Ⅱ类地下水,不得超过表 2-7 所示化学成分的浓度。

表 2-7　Ⅱ类水无机化学组分浓度限值

英文名称	中文名称	标准限值/(mg/L)
Antimony	锑	0.024
Arsenic *	砷	0.2
Barium	钡	2
Beryllium	铍	0.5
Cadmium	镉	0.05
Chromium	铬	1
Cobalt	钴	1
Cyanide	氰化物	0.6
Fluoride	氟化物	4
Lead	铅	0.1
Mercury	汞	0.01
Nitrate as N	硝酸盐(以氮计)	100
Perchlorate	高氯酸盐	0.0049
Thallium	铊	0.02
Vanadium	钒	0.1

(2) 对于Ⅱ类地下水,不得超过表 2-8 所示化学成分的浓度。

表 2-8　Ⅱ类水金属组分浓度限值

英文名称	中文名称	标准限值/(mg/L)
Boron	硼	2
Chloride	氯	200
Copper	铜	0.65
Iron	铁	5
Manganese	锰	10
Nickel	镍	2
Selenium	硒	0.05
Total Dissolved Solids (TDS)	总溶解性固体	1200.00
Sulfate	硫酸盐	400
Zinc	锌	10

b) 有机化学成分

对于Ⅱ类地下水,不得超过表 2-9 所示有机化学成分的浓度。

表 2-9　Ⅱ类水标准中有机化学药物浓度限值

英文名称	中文名称	标准限值/(mg/L)
Acenaphthene	苊	2.1
Acetone	丙酮	6.3
Alachlor*	草不绿	0.01
Aldicarb	碳醛	0.015
Anthracene	蒽	10.5
Atrazine	阿特拉津	0.015
Benzene*	苯	0.025
Benzo(a)anthracene*	苯并[a]蒽*	0.00065
Benzo(b)fluoranthene*	苯并[b]荧蒽*	0.0009
Benzo(k)fluoranthene*	苯并[k]荧蒽*	0.006
Benzo(a)pyrene*	苯并[a]芘*	0.002
Benzoic acid	苯甲酸	28
2-Butanone (MEK)	2-丁酮(MEK)	4.2
Carbon Disulfide	呋喃丹	3.5
Carbofuran	二硫化碳	0.2
Carbon Tetrachloride*	四氯化碳*	0.025
Chlordane*	氯丹*	0.01
Chloroform*	氯仿*	0.35

续表

英文名称	中文名称	标准限值/(mg/L)
Chrysene*	䓛*	0.06
Dalapon	茅草枯	2
Dibenzo(a,h)anthracene*	二苯并[a,h]蒽	0.0015
Dicamba	麦草畏	0.21
Dichlorodifluoromethane	二氯二氟甲烷	7
1,1-Dichloroethane	1,1-二氯乙烷	7
Dichloromethane*	二氯甲烷*	0.05
Di(2-ethylhexyl)phthalate*	邻苯二甲酸二(2-乙基己基)酯*	0.06
Diethyl Phthalate	邻苯二甲酸二乙酯	5.6
Di-n-butyl Phthalate	邻苯二甲酸二丁酯	3.5
Dinoseb	地乐酚	0.07
Endothall	草藻灭	0.1
Endrin	异狄氏剂	0.01
Ethylene Dibromide*	二溴化乙烯*	0.0005
Fluoranthene	荧蒽	1.4
Fluorene	芴	1.4
Heptachlor*	七氯*	0.002
Heptachlor Epoxide*	七氯环氧化物*	0.001
Hexachlorocyclopentadiene	六氯代环戊二烯	0.5
Indeno(1,2,3-cd)pyrene*	茚并[1,2,3-cd]芘	0.0022
Isopropylbenzene(Cumene)	茴香素(异丙基苯)	3.5
Lindane(Gamma-Hexachloro cyclophexane)	林丹(γ-六氯环己烷)	0.001
2,4-D	2,4-D	0.35
Ortho-Dichlorobenze	邻二氯苯	1.5
Para-Dichlorobenzene	对二氯苯	0.375
1,2-Dibromo-3-Chloropropane*	1,2-二溴-3-氯丙烷*	0.002
1,2-Dichloroethane*	1,2-二氯乙烷*	0.025
1,1-Dichloroethylene	1,1-二氯乙烯	0.035
cis-1,2-Dichloroethylene	顺式-1,2-二氯乙烯	0.2
trans-1,2-Dichloroethylene	反式-1,2-二氯乙烯	0.5
1,2-Dichloropropane*	1,2-二氯丙烷*	0.025
Ehylbenzene	乙苯	1
MCPP(Mecoprop)	MCPP(丙酸)	0.007
Methoxychlor	甲氧滴滴涕	0.2
2-Methylnaphthalene	2-甲基萘	0.14

续表

英文名称	中文名称	标准限值/(mg/L)
2-Methylphenol	2-甲基苯酚	0.35
Methyl Tertiary-Butyl Ether (MTBE)	甲基叔丁基醚(MTBE)	0.07
Monochlorobenzene	一氯苯	0.5
Naphthalene	萘	0.22
p-Dioxane *	p-二氧杂环己烷 *	0.0077
Pentachlorophenol *	五氯苯酚 *	0.005
Phenols	酚类化合物	0.1
Picloram	毒莠定	5
Pyrene	芘	1.05
Polychlorinated Biphenyls (PCBs) (as decachloro-biphenyl) *	多氯联苯(PCBs)(如十氯代联苯) *	0.0025
alpha-BHC (alpha-Benzene hexachloride) *	α-六六六	0.00055
Simazine	西玛津	0.04
Styrene	苯乙烯	0.5
2,4,5-TP	2,4,5-TP(三氯苯氧丙酸)	0.25
Tetrachloroethylene *	四氯乙烯 *	0.025
Toluene	甲苯	2.5
Toxaphene *	毒杀芬 *	0.015
1,1,1-Trichloroethane	1,1,1-三氯乙烷	1
1,2,4-Trichlorobenzene	1,1,2-三氯乙烷	0.7
1,1,2-Trichloroethane	1,2,4-三氯(代)苯	0.05
Trichloroethylene *	三氯乙烯 *	0.025
Trichlorofluoromethane	三氯氟甲烷	10.5
Vinyl Chloride *	氯乙烯 *	0.01
Xylenes	二甲苯	10

c) 炸药成分

对于Ⅱ类地下水,不得超过表2-10所示炸药成分的浓度。

表2-10　Ⅱ类水中炸药成分浓度限值

英文名称	中文名称	标准限值/(mg/L)
1,3-Dinitrobenzene	1,3-二硝基苯	0.0007
2,4-Dinitrotoluene *	2,4-二硝基甲苯	0.0001
2,6-Dinitrotoluene *	2,6-二硝基甲苯	0.00031
HMX (High Melting Explosive, Octogen)	高熔点炸药,奥克托今	1.4
Nitrobenzene	硝基苯	0.014

英文名称	中文名称	标准限值/(mg/L)
RDX (Royal Demolition Explosive, Cyclonite)	皇家拆除爆炸,黑索今	0.084
1,3,5-Trinitrobenzene	1,3,5-三硝基苯	0.84
2,4,6-Trinitrotoluene (TNT)	2,4,6-三硝基甲苯	0.014

d)复杂的有机化学混合物

对于Ⅱ类地下水,不得超过表2-11所示的有机化学成分浓度。

表2-11 Ⅱ类水中苯的浓度限值

英文名称	中文名称	标准限值/(mg/L)
Benzene*	苯	0.025
BETX		13.525

e)pH

对于Ⅱ类地下水,除了自然原因引起的,地表5ft① 内,pH范围在6.5~9.0之间。

3)Ⅲ类地下水质量标准:特殊水源型地下水

有机和无机化学成分的浓度不得超过一类水提到的,除了另有规定的化学成分标准。

4)Ⅳ类地下水质量标准:其他类型地下水

除了从允许释放单元排放的污染物浓度以外,其他组分浓度不得超过分类Ⅱ的标准;对于以前为矿区的地下水,除了TDS、氯化物、铁、锰、硫酸盐和pH,其他组分不得超过分类Ⅱ的标准。对于TDS、氯化物、铁、锰、硫酸盐和pH,采用现在的浓度。

伊利诺伊州地下水标准还给出了对于饮用水源型地下水,计算有毒物质人体健康阈值的方法。对于那些USEPA没有采用最大浓度水平目标的物质,按如下计算人类阈值毒物建议浓度:

$$HTTAC = \frac{RSC \times ADE}{W} \tag{2-1}$$

式中,HTTAC为人类阈值毒物建议浓度(mg/L);RSC为通过饮用水的化学接触与所有来源总的化学接触的比值,即贡献率,如果可用,应使用有效化学特定数据,如果没有有效化学特定数据,必须使用20%的值;ADE为可接受的每日接触的物质(mg/d);W为人均日生活用水量相当于每天2升(L/d)。

2.1.3 内布拉斯加州

内布拉斯加州地下水质标准规定,如果出现以下两种情况:①地下水的合理使用(beneficial use)受损,福利事业受到威胁;②与地下水相连通的合理使用或地表水用途受损,则由人为活动直接或间接引入废物、有毒物质或其他污染物(单独或与其他组分一起)不得

---

① 1 ft=3.048×10⁻¹ m。

进入地下水中；另外，如果由人类活动直接或间接引入的污染物，由于色度、腐蚀性、气味或其他美学特征使合理使用受损，也不允许进入地下水中。给出了包括有机组成和无机组成公共健康指标的最大污染物浓度水平；同时给出了放射性物质（主要总 α 粒子、总 β 粒子、镭-226 和镭-228、氡和铀)、微生物（总大肠杆菌）及其他影响用途的指标（包括铝、氯化物、起泡剂、铁、锰、pH、银、硫酸盐、TDS 和锌）[4]。

1. 地下水分类

根据现有和将来的饮用水使用情况，将地下水进行分类，在分类时，如果可能的话，应当基于背景浓度或者在污染事件前的合理使用情况。将地下水划分为 GA、GB 和 GC。划分为 GA 类型的地下水当前作为公共饮用水源，或者提出将用作饮用水源；划分为 GB 类型的地下水目前作为私人饮用水源，或者将来可能作为公共或私人供水水源，但目前未划分在 GA 分类；划分为 GC 类型的地下水目前尚未使用，可能也不会作为公共或私人供水水源。内布拉斯加州卫生与公共服务部规章制度和许可确定的所有公共饮用水供水井都必须划分在 GA 分类，在这些规章制度的有效期内，本州没有任何地下水划分在 GC 分类中。

2. 地下水标准

以下叙述的标准适用于州内地下水。由人类活动直接或间接产生的废物、有毒物质，或任何其他污染物（单独或与其他污染物的混合），不允许进入地下水：A 如果损害地下水有益用途或公众健康和福利受到威胁；或 B 损害了水文连接地下水的有益用途或地表水的分配使用（"保留"表示这个参数的标准将颁布）。由人类活动直接或间接产生的任何污染物，将由于不可接受的颜色、腐蚀性、气味，或任何其他不允许的审美特征，损害地下水的有益用途。

表 12-12 列出了数值标准（最大污染水平：为了保护地下水的合理使用，如果地下水的背景浓度超过最大污染物浓度水平，则不应考虑最大污染物浓度水平，而是以背景浓度为标准。根据现有和将来的饮用水使用情况，将地下水进行分类，在分类时，如果可能的话，应当基于背景浓度或者在污染事件前的合理使用情况）。由人类活动直接或间接产生的任何物质不得进入地下水。列出的数值标准是为了保护地下水的有益用途。如果一个参数的背景值大于数值标准，这本身不应禁止使用地下水。如果一个参数的背景值大于数值标准，背景水平应当作为数值标准使用。

表 2-12 内布拉斯加州地下水公众健康标准

英文名称	中文名称	最大污染水平
1,1,1-Trichloroethane	1,1,1-三氯乙烷	0.2 mg/L
1,1,2-Trichloroethane	1,1,2-三氯乙烷	0.005 mg/L
1,1-Dichloroethylene	1,1-二氯乙烯	0.007 mg/L
1,2,4-Trichlorobenzene (1,2,4-TCB)	1,2,4-三氯苯（1,2,4-TCB）	0.07 mg/L
1,2-Dibromo-3-chloropropane (DBCP)	1,2-二溴-3-氯丙烷（DBCP）	0.0002 mg/L
1,2-Dichloroethane	1,2-二氯乙烷	0.005 mg/L
1,2-Dichloropropane	1,2-二氯丙烷	0.005 mg/L

续表

英文名称	中文名称	最大污染水平
2,4,5-TP Silvex	2,4,5-TP(三氯苯氧丙酸)	0.05 mg/L
2,4-D	2,4-D	0.07 mg/L
Acrylamide	丙烯酰胺	(Reserved)
Alachlor	草不绿	0.002 mg/L
Aldicarb	碳醛	(Reserved)
Antimony	锑	0.006 mg/L
Arsenic	砷	0.010 mg/L
Asbestos	石棉材料	7.00×10^{-6} (>10 μm)
Atrazine	阿特拉津	0.003 mg/L
Barium	钡	2 mg/L
Benzene	苯	0.005 mg/L
Benzo(a)pyrene (PAHs)	苯并[a]芘(PAHs)	0.0002 mg/L
Beryllium	铍	0.004 mg/L
Cadmium	镉	0.005 mg/L
Carbofuran	呋喃丹	0.04 mg/L
Carbon Tetrachloride	四氯化碳	0.005 mg/L
Chlordane	氯丹	0.002 mg/L
Chlorobenzene	氯苯	0.1 mg/L
Chromium	铬	0.1 mg/L
cis-1,2-Dichloroethylene	顺式-1,2-二氯乙烯	0.07 mg/L
Copper	铜	1.3 mg/L
Cyanide	氰化物	0.2 mg/L
Dalapon	茅草枯	0.2 mg/L
Di(2-ethylhexyl)adipate (Adipates)	己二酸二(2-乙基己基)酯	0.4 mg/L
Di(2-ethylhexyl)phthalate (Phthalates)	邻苯二甲酸二(2-乙基己基)	0.006 mg/L
Dibromomethane	二溴甲烷	(Reserved)
Dichloromethane (Methylene Chloride)	二氯甲烷(亚甲基氯)	0.005 mg/L
Dinoseb	地乐酚	0.007 mg/L
Dioxin (2,3,7,8-TCDD)	二噁英(2,3,7,8-TCDD)	3.00×10^{-8} mg/L
Diquat	敌草快	0.02 mg/L
Endothall	桥氧酞钠	0.1 mg/L
Endrin	异狄氏剂	0.002 mg/L
Epichlorohydrin	2-环氧丙烷	(Reserved)
Ethylbenzene	乙苯	0.7 mg/L
Ethylene Dibromide	二溴化乙烯	0.00005 mg/L

续表

英文名称	中文名称	最大污染水平
Fluoride	氟化物	4.0 mg/L
Glyphosate	草甘膦	0.7 mg/L
Heptachlor	七氯	0.0004 mg/L
Heptachlor Epoxide	七氯环氧化物	0.0002 mg/L
Hexachlorobenzene	六氯苯	0.001 mg/L
Hexachlorocyclopentadiene	六氯环戊二烯	0.05 mg/L
Lead	铅	0.015 mg/L
Lindane	林丹	0.0002 mg/L
Mercury	汞	0.002 mg/L
Methoxychlor	二甲氧二苯三氯乙烷	0.04 mg/L
Molybdenum	钼	(Reserved)
Nickel	镍	(Reserved)
Nitrate (as N)	硝酸盐(以氮计)	10 mg/L
Nitrite (as N)	亚硝酸盐(以氮计)	1 mg/L
o-Dichlorobenzene	邻二氯苯	0.6 mg/L
Oxamyl (Vydate)	草氨酰	0.2 mg/L
p-Dichlorobenzene	对二氯苯	0.075 mg/L
Pentachlorophenol	五氯苯酚	0.001 mg/L
Picloram	毒莠定	0.5 mg/L
Polychlorinated biphenyls (PCBs)	多氯联苯(PCBs)	0.0005 mg/L
Selenium	硒	0.05 mg/L
Simazine	西玛津	0.004 mg/L
Sodium	钠	(Reserved)
Styrene	苯乙烯	0.1 mg/L
Tetrachloroethylene	四氯乙烯	0.005 mg/L
Thallium	铊	0.002 mg/L
Toluene	甲苯	1 mg/L
Total Trihalomethanes (TTHMs)	总三卤甲烷(TTHMs)	0.10 mg/L
Toxaphene	毒杀芬	0.003 mg/L
trans-1,2-Dichloroethylene	反式-1,2-二氯乙烯	0.10 mg/L
Trichloroethylene	三氯乙烯	0.005 mg/L
Vanadium	钒	(Reserved)
Vinyl Chloride	氯乙烯	0.002 mg/L
Xylenes	二甲苯	10 mg/L

表 2-13 和表 2-14 分别为内布拉斯加州放射性核水质标准和重金属类水质标准。

表 2-13　内布拉斯加州放射性核水质标准

英文名称	中文名称	污染水平
Gross alpha particle activity (including radium-226 but excluding radon and uranium)	总 α 粒子活动(包括镭-226 但不含铀和氡)	15 pCi/L
Gross beta particle activity	总 β 粒子的活动	4 mrem/a
Combined radium-226 and radium-228	镭-226 和镭-228 混合物	5 pCi/L
Radon	氡	(Reserved)
Uranium	铀	0.030 mg/L

表 2-14　内布拉斯加州重金属类水质标准

英文名称	中文名称	污染水平
Aluminum	铝	0.05 mg/L
Chloride	氯	250 mg/L
Foaming agents	发泡剂	0.5 mg/L
Iron	铁	0.3 mg/L
Manganese	锰	0.05 mg/L
pH	pH	6.5～8.5
Silver	银	0.10 mg/L
Sulfate	硫酸盐	250 mg/L
Total Dissolved Solids (TDS)	总溶解性固体	500 mg/L
Zinc	锌	5 mg/L

2.1.4　北卡罗来纳州

1. 地下水分类

北卡罗来纳州 Raleigh 环境管理委员会于 2012 年 7 月修订地下水水质标准,将地下水划分为 3 类:GA,现在或潜在的人类饮用水源,其中的氯化物含量小于或等于 250 mg/L,在天然状态下就适合于饮用;GSA,适合作为矿泉水或转化为淡水的水源,由于天然原因,氯化物浓度一般大于 250 mg/L,但在经过处理降低一些天然组分的含量后,可以作为饮用水;GC,可以作为饮用水以外的其他家庭用水,不能满足 GA 或 GSA 地下水水质标准,改善水质的技术不可行,或公众不感兴趣,人们过多地饮用这种类型的地下水会导致健康问题[5]。

2. 地下水标准

地下水水质标准是为了保护本州的地下水,是排放到陆地或水体中污染物的最大允许浓度,如果不会威胁人体健康是允许使用的,否则放弃使用。对于 GA 分类,表 2-15 给出了 147 种有机组分和无机组分的限值;对于 GSA 分类,如表 2-16 所示,除了氯化物允许浓度不得超过天然水浓度的 100%,TDS 不得超过 1000 mg/L 以外,其他指标同 GA 分类;GC 分类,超出 GA 或 GSA 地下水标准的物质浓度,不得由于处理这些污染物造成其他物质超标。

表 2-15 北卡罗来纳州 GA 类地下水指标限值

英文名称	中文名称	标准限值/(μg/L)(除有标出外)
Acenaphthene	苊	80
Acenaphthylene	苊烯	200
Acetone	丙酮	6 mg/L
Acrylamide	丙烯酰胺	0.008
Anthracene	蒽	2 mg/L
Arsenic	砷	10
Atrazine and chlorotriazine metabolites	莠去津和氯三嗪代谢物	3
Barium	钡	700
Benzene	苯	1
Benzo(a)anthracene (benz(a)anthracene)	苯并[a]蒽	0.05
Benzo(b)fluoranthene	苯并[b]荧蒽	0.05
Benzo(k)fluoranthene	苯并[k]荧蒽	0.5
Benzoic acid	苯甲酸	30 mg/L
Benzo(g,h,i)perylene	苯并[g,h,i]二萘嵌苯	200
Benzo(a)pyrene	苯并[a]芘	0.005
Bis(chloroethyl)ether	双(氯乙基)醚	0.03
Bis(2-ethylhexyl) phthalate (di(2-ethylhexyl) phthalate)	双(2-乙基己基)邻苯二甲酸二酯	3
Boron	硼	700
Bromodichloromethane	溴二氯甲烷	0.6
Bromoform (tribromomethane)	溴仿(三溴甲烷)	4
n-Butylbenzene	正丁基苯	70
sec-Butylbenzene	异丁基苯	70
tert-Butylbenzene	叔丁基苯	70
Butylbenzyl phthalate	邻苯二甲酸丁苄酯	1 mg/L
Cadmium	镉	2
Caprolactam	己内酰胺	4 mg/L
Carbofuran	呋喃丹	40
Carbon disulfide	二硫化碳	700
Carbon tetrachloride	四氯化碳	0.3
Chlordane	氯丹	0.1
Chloride	氯	250 mg/L
Chlorobenzene	氯苯	50

续表

英文名称	中文名称	标准限值/(μg/L)（除有标出外）
Chloroethane	氯乙烷	3000
Chloroform (trichloromethane)	氯仿(三氯甲烷)	70
Chloromethane (methyl chloride)	氯甲烷(甲基氯)	3
2-Chlorophenol	2-氯酚	0.4
2-Chlorotoluene (o-chlorotoluene)	2-氯甲苯	100
Chromium	铬	10
Chrysene	䓛	5
Coliform organisms (total)	大肠杆菌(总)	1 CFU/100 mL
Color	颜色	15 色度单位
Copper	铜	1 mg/L
Cyanide (free cyanide)	氰化物(游离氰化物)	70
2,4-D (2,4-dichlorophenoxy acetic acid)	2,4-D(2,4-二氯苯氧乙酸)	70
DDD	DDD	0.1
DDT	滴滴涕	0.1
Dibenz(a,h)anthracene	二苯并[a,h]蒽	0.005
Dibromochloromethane	二溴氯甲烷	0.4
1,2-Dibromo-3-chloropropane	1,2-二溴-3-氯丙烷	0.04
Dibutyl (or di-n-butyl) phthalate	邻苯二甲酸二丁酯(或二丁酯)	700
1,2-Dichlorobenzene (orthodichlorobenzene)	邻二氯苯	20
1,3-Dichlorobenzene (metadichlorobenzene)	1,3-二氯苯	200
1,4-Dichlorobenzene (paradichlorobenzene)	对二氯苯	6
Dichlorodifluoromethane (Freon-12; Halon)	二氯二氟甲烷	1 mg/L
1,1-Dichloroethane	1,1-二氯乙烷	6
1,2-Dichloroethane (ethylene dichloride)	1,2-二氯乙烷(三氯乙烯)	0.4
1,2-Dichloroethene (cis)	1,2-二氯乙烯(顺式)	70
1,2-Dichloroethene (trans)	1,2-二氯乙烯(反式)	100
1,1-Dichloroethylene (vinylidene chloride)	1,1-二氯乙烯(偏二氯乙烯)	350
1,2-Dichloropropane	1,2-二氯丙烷	0.6

续表

英文名称	中文名称	标准限值/(μg/L)(除有标出外)
1,3-Dichloropropene (cis and trans isomers)	1,3-二氯丙烯(顺式和反式异构体)	0.4
Dieldrin	氧桥氯甲桥萘	0.002
Diethylphthalate	邻苯二甲酸二乙酯	6 mg/L
2,4-Dimethylphenol (m-xylenol)	2,4-二甲基苯酚(邻苯酚)	100
Di-n-octyl phthalate	邻苯二甲酸二正辛酯	100
1,4-Dioxane (p-dioxane)	1,4-二氧六环	3
Dioxin (2,3,7,8-TCDD)	二噁英(2,3,7,8-TCDD)	0.0002 ng/L
1,1-Diphenyl (1,1-biphenyl)	1,1-联苯	400
Dissolved solids (total)	总溶解性固体	500 mg/L
Disulfoton	乙拌磷	0.3
Diundecyl phthalate (Santicizer 711)	邻苯二甲酸酯(增塑剂711)	100
Endosulfan	硫丹	40
Endrin, total (includes endrin, endrin aldehyde and endrin ketone)	总异狄氏剂(包括异狄氏剂、异狄氏剂、异狄氏剂醛酮)	2
Epichlorohydrin	2-环氧丙烷	4
Ethyl acetate	乙酸乙酯	3 mg/L
Ethylbenzen	乙苯	600
Ethylene dibromide (1,2-dibromoethane)	二溴化乙烯	0.02
Ethylene glycol	乙二醇	10 mg/L
Fluoranthene	荧蒽	300
Fluorene	芴	300
Fluoride	氟化物	2 mg/L
Foaming agents	发泡剂	500
Formaldehyde	甲醛	600
Gross alpha (adjusted) particle activity (excluding radium-226 and uranium)	总α(调整)粒子活动(不含镭-226和铀)	15 pCi/L
Heptachlor	七氯	0.008
Heptachlor epoxide	环氧七氯	0.004
Heptane	庚烷	400
Hexachlorobenzene (perchlorobenzene)	六氯苯	0.02
Hexachlorobutadiene	六氯丁二烯	0.4
Hexachlorocyclohexane isomers (technical grade)	六六六(工业级)	0.02
n-Hexane	正己烷	400

续表

英文名称	中文名称	标准限值/(μg/L)(除有标出外)
Indeno(1,2,3-cd)pyrene	茚并[1,2,3-cd]芘	0.05
Iron	铁	300
Isophorone	异佛尔酮	40
Isopropylbenzene	异丙苯	70
Isopropyl ether	异丙醚	70
Lead	铅	15
Lindane (gamma hexachlorocyclohexane)	林丹(γ-六氯环己烷)	0.03
Manganese	锰	50
Mercury	汞	1
Methanol	甲醇	4 mg/L
Methoxychlor	甲氧滴滴涕	40
Methylene chloride (dichloromethane)	二氯甲烷	5
Methyl ethyl ketone (2-butanone)	甲乙酮	4 mg/L
2-Methylnaphthalene	2-甲基萘	30
3-Methylphenol (m-cresol)	间甲酚	400
4-Methylphenol (p-cresol)	对甲基苯酚	40
Methyl tert-butyl ether (MTBE)	甲基叔丁基醚(MTBE)	20
Naphthalene	萘	6
Nickel	镍	100
Nitrate (as N)	硝酸盐(以氮计)	10 mg/L
Nitrite (as N)	亚硝酸盐(以氮计)	1 mg/L
N-nitrosodimethylamine	二甲基亚硝胺	0.0007
Oxamyl	草氨酰	200
Pentachlorophenol	五氯苯酚	0.3
Petroleum aliphatic carbon fraction class (C_5-C_8)	石油脂族碳分数类($C_5 \sim C_8$)	400
Petroleum aliphatic carbon fraction class (C_9-C_{18})	石油脂族碳分数类($C_9 \sim C_{18}$)	700
Petroleum aliphatic carbon fraction class ($C_{19}-C_{36}$)	石油脂族碳分数类($C_{19} \sim C_{36}$)	10 mg/L
Petroleum aromatics carbon fraction class (C_9-C_{22})	石油芳烃碳分数类($C_9 \sim C_{22}$)	200
pH	pH	6.5~8.5
Phenanthrene	菲	200
Phenol	苯酚	30

续表

英文名称	中文名称	标准限值/(μg/L)(除有标出外)
Phorate	甲拌磷	1
n-Propylbenzene	正丙苯	70
Pyrene	芘	200
Selenium	硒	20
Silver	银	20
Simazine	西玛津	4
Styrene	苯乙烯	70
Sulfate	硫酸盐	250 mg/L
1,1,2,2-Tetrachloroethane	1,1,2,2-四氯乙烷	0.2
Tetrachloroethylene (perchloroethylene; PCE)	四氯乙烯	0.7
2,3,4,6-Tetrachlorophenol	2,3,4,6-四氯苯酚	200
Toluene	甲苯	600
Toxaphene	毒杀芬	0.03
2,4,5-TP (Silvex)	2,4,5-TP(三氯苯氧丙酸)	50
1,2,4-Trichlorobenzene	1,2,4-三氯苯	70
1,1,1-Trichloroethane	1,1,1-三氯乙烷	200
Trichloroethylene (TCE)	三氯乙烯(TCE)	3
Trichlorofluoromethane	三氯氟甲烷	2 mg/L
1,2,3-Trichloropropane	1,2,3-三氯丙烷	0.005
1,2,4-Trimethylbenzene	1,2,4-三甲苯	400
1,3,5-Trimethylbenzene	1,3,5-三甲苯	400
(144) 1,1,2-Trichloro-1,2,2-trifluoroethane (CFC-113)	1,1,2-三氯-1,2,2-三氯乙烷	200 mg/L
Vinyl chloride	氯乙烯	0.03
Xylenes (o-, m-, and p-) and	二甲苯(o-,m-和p-)和	500
Zinc	锌	1 mg/L

表 2-16 北卡罗来纳州 GAS 类地下水指标限值

英文名称	中文名称	浓度限值(单位为 μg/L,特殊说明除外)
Acetochlor	乙草胺	100
Acetochlor ESA	乙草胺 ESA	1 mg/L
Acetochlor OXA	乙草胺 OXA	1 mg/L
Acetophenone	乙酰苯	700
Acrolein	丙烯醛	4
Alachlor	草不绿	0.4

续表

英文名称	中文名称	浓度限值(单位为 μg/L,特殊说明除外)
Aldrin	奥尔德林	0.002
Ammonia	氨	1.5 mg/L
Antimony	锑	1
Benzaldehyde	苯甲醛	700
Benzyl Alcohol	苄醇	700
Beryllium	铍	4
Bromomethane	溴化甲烷	10
Butanol, n- (n-butyl alcohol)	正丁醇	700
Butanol, sec- (sec-butyl alcohol)	仲丁醇	10 mg/L
Butanol, tert- (tert-butyl alcohol)	叔丁醇	10
Carbazole	咔唑	2
4-Chlorotoluene	4-氯甲苯	24
Cobalt	钴	1
Dalapon	茅草枯	200
Dibenzofuran	氧芴	28
1,4-Dibromobenzene	1,4-二溴苯	70
Dibromomethane	二溴甲烷	70
Dichloroacetic Acid	二氯乙酸	0.7
1,2-Dichloroethylene, mixed isomers	1,2-二氯乙烯,混合异构体	60
2,4-Dichlorophenol	2,4-二氯苯酚	0.98
DDE	DDE	0.1
Dinoseb	地乐酚	7
Diphenyl ether	二苯醚	100
2,4-Dinitrotoluene	2,4-二硝基甲苯	0.1
Diquat	敌草快	20
Endosulfan sulfate	硫丹硫酸盐	40
Endothall	桥氧酞钠	100
Ethanol (ethyl alcohol)	乙醇(酒精)	4 mg/L
Ethyl tert-butyl ether (ETBE)	乙基叔丁基醚(ETBE)	47
alpha-Hexachlorocyclohexane	α-六六六	0.006
beta-Hexachlorocyclohexane	β-六六六	0.02
2-Hexanone	2-己酮	40
4-Isopropyltoluene (p-cymene)	4-异丙基甲苯	25
Methyl Isobutyl Ketone	甲基异丁基酮	100
Methyl methacrylate	甲基丙烯酸甲酯	25

英文名称	中文名称	浓度限值(单位为 μg/L,特殊说明除外)
1-Methylnaphthalene	1-甲基萘	1
2-Methyl phenol (o-cresol)	2-甲基苯酚	400
Perchlorate & Perchlorate Salts	过氯酸盐和高氯酸盐	2
Perfluorooctanoic acid (PFOA; C8)	全氟辛酸	2
Picramic Acid	苦氨酸	0.7
Polychlorinated Biphenyls	多氯联苯	0.09
Propylene Glycol	甲基乙二醇	140 mg/L
Tert-Amyl Methyl Ether (TAME)	叔戊基甲基醚(TAME)	128
1,2,4,5-Tetrachlorobenzene	1,2,4,5-四氯乙烷	2
1,1,1,2-Tetrachloroethane	1,1,1,2-四氯乙烷	1
Thallium	铊	0.2
Tin	锡	2 mg/L
1,1,2-Trichloroethane	1,1,2-三氯乙烷	0.6
2,4,5-Trichlorophenol	2,4,5-三氯(苯)酚	63
2,4,6-Trichlorophenol	2,4,6-三氯(苯)酚	4
Vanadium (excluding vanadium pentoxide)	钒(五氧化二钒除外)	0.3
Vinyl Acetate	乙酸乙烯酯	88

2.1.5 威斯康星州

威斯康星州建立地下水水质标准的目的是保护该州的地下水资源,将地下水水质标准划分为两类,一类是与公共健康相关的地下水水质标准,另一类是公共福利地下水水质标准,并给出了相应指标的限值。公共健康相关的地下水水质标准如表 2-17 所示,共有 138 个指标,包括无机物、金属类、氯代烃、苯系物、大肠杆菌和农药等。公共福利地下水水质标准如表 2-18 所示,包括色度、氯化物、硫酸盐、起泡剂、铁、锰、锌和气味 8 个指标[6]。

表 2-17 公共健康的地下水质量标准

英文名称	中文名称	强制性标准/(μg/L)(特殊说明除外)	预防措施的限值/(μg/L)(特殊说明除外)
Acetochlor	乙草胺	7	0.7
Acetochlor ethane sulfonic acid + oxanilic acid (Acetochlor-ESA + OXA)	甲草胺乙烷磺酸和苯胺羰酸	230	46
Acetone	丙酮	9 mg/L	1.8 mg/L
Alachlor	草不绿	2	0.2
Alachlor ethane sulfonic acid(Alachlor-ESA)	甲草胺乙烷磺酸	20	4
Aldicarb	碳醛	10	2

续表

英文名称	中文名称	强制性标准/(μg/L)(特殊说明除外)	预防措施的限值/(μg/L)(特殊说明除外)
Aluminum	铝	200	40
Ammonia (as N)	氨(以氮计)	9.7 mg/L	0.97 mg/L
Antimony	锑	6	1.2
Anthracene	蒽	3000	600
Arsenic	砷	10	1
Asbestos	石棉	7 million fibers per liter (MFL)	0.7 MFL
Atrazine, total chlorinated residues	阿特拉津,总氯化残渣	32	0.32
Bacteria, Total Coliform	细菌,总大肠菌群	未检出	未检出
Barium	钡	2 mg/L	0.4 mg/L
Bentazon	苯达松	300	60
Benzene	苯	5	0.5
Benzo(b)fluoranthene	苯并[b]荧蒽	0.2	0.02
Benzo(a)pyrene	苯并[a]芘	0.2	0.02
Beryllium	铍	4	0.4
Boron	硼	1000	200
Bromodichloromethane	溴二氯甲烷	0.6	0.06
Bromoform	三溴甲烷	4.4	0.44
Bromomethane	溴化甲烷	10	1
Butylate	丁醇	400	80
Cadmium	镉	5	0.5
Carbaryl	西维因	40	4
Carbofuran	呋喃丹	40	8
Carbon disulfide	二硫化碳	1000	200
Carbon tetrachloride	四氯化碳	5	0.5
Chloramben	氯氨苯	150	30
Chlordane	氯丹	2	0.2
Chlorodifluoromethane	氯二氟甲烷	7 mg/L	0.7 mg/L
Chloroethane	氯乙烷	400	80
Chloroform	氯仿	6	0.6
Chlorpyrifos	毒死蜱	2	0.4
Chloromethane	氯甲烷	30	3
Chromium (total)	铬(总)	100	10
Chrysene	䓛	0.2	0.02

续表

英文名称	中文名称	强制性标准/(μg/L) (特殊说明除外)	预防措施的限值/(μg/L) (特殊说明除外)
Cobalt	钴	40	8
Copper	铜	1300	130
Cyanazine	草净津	1	0.1
Cyanide	氰化物	200	40
Dacthal	四氯	70	14
1,2-Dibromoethane (EDB)	1,2-二溴乙烷	0.05	0.005
Dibromochloromethane	二溴氯甲烷	60	6
1,2-Dibromo-3-chloropropane (DBCP)	1,2-二溴-3-氯丙烷	0.2	0.02
Dibutyl phthalate	苯二甲酸正丁酯	1000	100
Dicamba	麦草畏	300	60
1,2-Dichlorobenzene	1,2-二氯(代)苯	600	60
1,3-Dichlorobenzene	1,3-二氯(代)苯	600	120
1,4-Dichlorobenzene	1,4-二氯(代)苯	75	15
Dichlorodifluoromethane	二氯二氟甲烷	1000	200
1,1-Dichloroethane	1,1-二氯乙烷	850	85
1,2-Dichloroethane	1,2-二氯乙烷	5	0.5
1,1-Dichloroethylene	1,1-二氯乙烯	7	0.7
1,2-Dichloroethylene (cis)	顺式1,2-二氯乙烯	70	7
1,2-Dichloroethylene (trans)	反式1,2-二氯乙烯	100	20
2,4-Dichlorophenoxyacetic Acid (2,4-D)	2,4-二氯苯氧基乙酸	70	7
1,2-Dichloropropane	1,2-二氯丙烷	5	0.5
1,3-Dichloropropene (cis/trans)	1,3-氯丙烯(顺式和反式)	0.4	0.04
Di (2-ethylhexyl) phthalate		6	0.6
Dimethenamid/Dimethenamid-P	甲安菲他明	50	5
Dimethoate	乐果	2	0.4
2,4-Dinitrotoluene	2,4-二硝基甲苯	0.05	0.005
2,6-Dinitrotoluene	2,6-二硝基甲苯	0.05	0.005
Dinitrotoluene, Total Residues	二硝基甲苯,总残渣	0.05	0.005
Dinoseb	地乐酚	7	1.4
1,4-Dioxane	1,4-二氧杂环己烷	3	0.3
Dioxin (2,3,7,8-TCDD)	二噁英	0.00003	0.000003
Endrin	异狄氏剂	2	0.4
EPTC	扑草灭	250	50

续表

英文名称	中文名称	强制性标准/(μg/L)（特殊说明除外）	预防措施的限值/(μg/L)（特殊说明除外）
Ethylbenzene	乙苯	700	140
Ethyl ether	乙基醚	1000	100
Ethylene glycol	甘醇	14 mg/L	2.8 mg/L
Fluoranthene	荧蒽	400	80
Fluorene	芴	400	80
Fluoride	氟化物	4 mg/L	0.8 mg/L
Fluorotrichloromethane	氟三氯甲烷	3490	698
Formaldehyde	甲醛；福尔马林	1000	100
Heptachlor	七氯	0.4	0.04
Heptachlor epoxide	环氧七氯（农药）	0.2	0.02
Hexachlorobenzene	六氯苯	1	0.1
n-Hexane	正己烷	600	120
Hydrogen sulfide	氢化硫	30	6
Lead	铅	15	1.5
Lindane	林丹	0.2	0.02
Manganese	锰	300	60
Mercury	汞	2	0.2
Methanol	甲醇	5000	1000
Methoxychlor	甲氧滴滴涕	40	4
Methylene chloride	二氯甲烷	5	0.5
Methyl ethyl ketone (MEK)	丁酮	4 mg/L	0.8 mg/L
Methyl isobutyl ketone (MIBK)	甲基异丁基甲酮	500	50
Methyl tert-butyl ether (MTBE)	甲基叔二丁醚	60	12
Metolachlor/s-Metolachlor	甲氧毒草安	100	10
Metolachlor ethane sulfonic acid + oxanilic acid (Metolachlor-ESA + OXA)	异丙甲草胺乙烷磺酸和苯胺羰酸	1.3 mg/L	0.26 mg/L
Metribuzin	草克净	70	14
Molybdenum	钼	40	8
Monochlorobenzene	一氯苯	100	20
Naphthalene	萘	100	10
Nickel	镍	100	20
Nitrate (as N)	硝酸盐（以氮计）	10 mg/L	2 mg/L
Nitrate + Nitrite (as N)	硝酸盐和亚硝酸盐（以氮计）	10 mg/L	2 mg/L
Nitrite (as N)	亚硝酸盐（以氮计）	1 mg/L	0.2 mg/L

续表

英文名称	中文名称	强制性标准/(μg/L) (特殊说明除外)	预防措施的限值/(μg/L) (特殊说明除外)
N-Nitrosodiphenylamine	N-亚硝基二苯胺	7	0.7
Pentachlorophenol (PCP)	五氯苯酚	1	0.1
Perchlorate	高氯酸盐[酯]	1	0.1
Phenol	苯酚	2 mg/L	0.4 mg/L
Picloram	毒莠定	500	100
Polychlorinated biphenyls (PCBs)	多氯联苯	0.03	0.003
Prometon	扑灭通	100	20
Propazine	扑灭津	10	2
Pyrene	芘	250	50
Pyridine	吡啶	10	2
Selenium	硒	50	10
Silver	银	50	10
Simazine	西玛津	4	0.4
Styrene	苯乙烯	100	10
Tertiary Butyl Alcohol (TBA)	叔丁醇	12	1.2
1,1,1,2-Tetrachloroethane	1,1,1,2-四氯乙烷	70	7
1,1,2,2-Tetrachloroethane	1,1,2,2-四氯乙烷	0.2	0.02
Tetrachloroethylene	四氯乙烯	5	0.5
Tetrahydrofuran	四氢呋喃	50	10
Thallium	铊	2	0.4
Toluene	甲苯	800	160
Toxaphene	毒杀芬	3	0.3
1,2,4-Trichlorobenzene	1,2,4-三氯(代)苯	70	14
1,1,1-Trichloroethane	1,1,1-三氯乙烷	200	40
1,1,2-Trichloroethane	1,1,2-三氯乙烷	5	0.5
Trichloroethylene (TCE)	三氯乙烯	5	0.5
2,4,5-Trichlorophenoxy-propionic acid (2,4,5-TP)	2,4,5-三氯苯氧基丙酸	50	5
1,2,3-Trichloropropane	1,2,3-三氯丙烷	60	12
Trifluralin	氟乐灵	7.5	0.75
Trimethylbenzenes (1,2,4- and 1,3,5-combined)	三甲苯	480	96
Vanadium	钒	30	6
Vinyl chloride	氯乙烯	0.2	0.02
Xylene	二甲苯	2 mg/L	0.4 mg/L

表 2-18 公共福利地下水质标准

英文名称	中文名称	强制性标准/(μg/L)(特殊说明除外)	预防措施的限值/(μg/L)(特殊说明除外)
Chloride	氯	250	125
Color	色度	15 色度单位	7.5 色度单位
Foaming agents MBAS(Methylene-Blue Active Substances)	发泡剂 MBA(亚甲基-蓝活性物质)	0.5	0.25
Iron	铁	0.3	0.15
Manganese	锰	0.05	0.025
Odor (Threshold Odor No.)	气味(阈值号)	3	1.5
Sulfate	硫酸盐	250	125
Zinc	锌	5	2.5

2.1.6 新泽西州

1. 地下水分类

2010 年 7 月 22 日修订了地下水水质标准。将地下水划分为 3 类：分类Ⅰ，特定生态重要性的地下水，即维护某些区域的特定生态资源；分类Ⅱ，作为饮用水源的地下水；分类Ⅲ，除饮用水源外其他用途的地下水，并将每一分类进行细化。建立了包括有机组分和无机组分的地下水水质标准，并给出了实际定量限值。同时指出，对于致癌有机化合物，单个组分浓度不得超过 5 μg/L，总浓度不得超过 25 μg/L；对于非致癌有机化合物，单个组分浓度不得超过 100 μg/L，总浓度不得超过 500 μg/L[7]。

2. 地下水标准

新泽西州为不同类别的地下水指定了地下水水质标准。

Ⅰ类地下水的水质标准是各个组分的自然属性和背景质量。Ⅰ类地下水水质不允许退化。

Ⅱ类地下水的水质标准要高于使用地下水用作饮用水时可能会产生的不可接受的风险值。Ⅱ类 A 级地下水(本州大部分地下水均为Ⅱ类 A 级地下水)水质基准可能会以特定基准(表 2-19)、临时特定基准(表 2-20)和临时一般基准的形式确定。

表 2-19 特定基准-Ⅱ类 A 级和实际定量水平

序号	英文名称	中文名称	CAS	标准限值/(μg/L)	PQL/(μg/L)	标准限值与 PQL 中的高值/(μg/L)
1	Acenaphthene	苊烯	83-32-9	400	10	400
2	Acetone	丙酮	67-64-1	6000	10	6000
3	Acetophenone	苯乙酮	98-86-2	700	10	700
4	Acrolein	丙烯醛	107-02-8	4	5	5

续表

序号	英文名称	中文名称	CAS	标准限值/(μg/L)	PQL/(μg/L)	标准限值与PQL中的高值/(μg/L)
5	Acrylamide	丙烯酰胺	1979-6-1	0.008	0.2	0.2
6	Acrylonitrile	丙烯腈	107-13-1	0.06	2	2
7	Adipates (Di(2-ethylhexyl) adipate) (DEHA)	己二酸酯二(2-乙基己基)酯	103-23-1	30	3	30
8	Alachlor	草不绿	15972-60-8	0.4	0.1	0.4
9	Aldicarb sulfone	涕灭威砜	1646-88-4	7	0.3	7
10	Aldrin	艾氏剂	309-00-2	0.002	0.04	0.04
11	Aluminum	铝	7429-90-5	200	30	200
12	Ammonia (Total)	氨(总)	7664-41-7	3000	200	3000
13	Aniline	苯胺	62-53-3	6	2	6
14	Anthracene	蒽	120-12-7	2000	10	2000
15	Antimony (Total)	锑(总)	7440-36-0	6	3	6
16	Arsenic (Total)	砷(总)	7440-38-2	0.02	3	0.02
17	Asbestos	石棉纤维	1332-21-4	7×10^6 f/L>10uma	1×10^6 f/L>10uma	7×10^6 f/L>10uma
18	Atrazine	阿特拉津	1912-24-9	3	0.1	3
19	Barium**	钡	7440-39-3	6000	200	6000
20	Benz(a)anthracene	苯并[a]蒽	56-55-3	0.05	0.1	0.1
21	Benzene	苯	71-43-2	0.2	1	1
22	Benzidine	对二氨基联二苯	92-87-5	0.0002	20	20
23	Benzo(a)pyrene (BaP)	苯并[a]芘	50-32-8	0.005	0.1	0.1
24	3,4-Benzofluoranthene	3,4-苯并荧蒽	205-99-2	0.05	0.2	0.2
25	Benzo(k)fluoranthene	苯并[k]荧蒽	207-08-9	0.5	0.3	0.5
26	Benzoic acid	苯甲酸	65-85-0	30000	50	30000
27	Benzyl alcohol	苯甲醇	100-51-6	2000	20	2000
28	Beryllium	铍	7440-41-7	1	1	1
29	alpha-BHC-(alpha-HCH)	α-六六六	319-84-6	0.006	0.02	0.02
30	beta-BHC (beta-HCH)	β-六六六	319-85-7	0.02	0.04	0.04
31	gamma-BHC (gamma-HCH/Lindane)	γ-六六六	58-89-9	0.03	0.02	0.03
32	1,1-Biphenyl	1,1-联苯	92-52-4	400	10	400
33	Bis(2-chloroethyl) ether	双(2-氯乙基)醚	111-44-4	0.03	7	7
34	Bis(2-chloroisopropyl) ether	双(2-氯异丙基)醚	108-60-1	300	10	300
35	Bis(2-ethylhexyl) phthalate (DEHP)	邻苯二甲酸二(2-乙基)酯	117-81-7	2	3	3

续表

序号	英文名称	中文名称	CAS	标准限值/(μg/L)	PQL/(μg/L)	标准限值与PQL中的高值/(μg/L)
36	Bromodichloromethane (Dichlorobromomethane)	溴二氯甲烷	75-27-4	0.6	1	1
37	Bromoform	溴仿	75-25-2	4	0.8	4
38	n-Butanol (n-Butyl alcohol)	正丁醇	71-36-3	700	20	700
39	tertiary-Butyl alcohol (TBA)	叔丁醇	75-65-0	100	2	100
40	Butylbenzyl phthalate	邻苯二甲酸丁苄酯	85-68-7	100	1	100
41	Cadmium	镉	7440-43-9	4	0.5	4
42	Camphor	樟脑	76-22-2	1000	0.5	1000
43	Carbofuran	虫螨威	1563-66-2	40	0.5	40
44	Carbon disulfide	二硫化碳	75-15-0	700	1	700
45	Carbon tetrachloride	四氯化碳	56-23-5	0.4	1	1
46	Chlordane	氯丹	57-74-9	0.01	0.5	0.5
47	Chloride	氯化物	16887-00-6	250000	2000	250000
48	4-Chloroaniline (p-Chloroaniline)	4-氯苯胺	106-47-8	30	10	30
49	Chlorobenzene (Monochlorobenzene)	氯苯	108-90-7	50	1	50
50	Chloroform	氯仿	67-66-3	70	1	70
51	2-Chloronaphthalene	2-氯萘	91-58-7	600	10	600
52	2-Chlorophenol	2-氯酚	95-57-8	40	20	40
53	Chlorpyrifos	毒死蜱	2921-88-2	20	0.1	20
54	Chromium (Total)	铬(总)	7440-47-3	70	1	70
55	Chrysene	䓛	218-01-9	5	0.2	5
56	Color	色度		10 色度单位	5 色度单位	10 色度单位
57	Copper	铜	7440-50-8	1300	4	1300
58	Cumene (Isopropyl benzene)	异丙基苯	98-82-8	700	1	700
59	Cyanide (free Cyanide)	氰化物	1957-12-5	100	6	100
60	2,4-D (2,4-Dichlorophenoxyacetic acid)	2,4-二氯苯氧乙酸	94-75-7	70	2	70
61	Dalapon (2,2-Dichloropropionic acid)	2,2-二氯丙酸	75-99-0	200	0.1	200
62	4,4′-DDD (p,p′-TDE)	4,4′-DDD	72-54-8	0.1	0.02	0.1
63	4,4′-DDE	4,4′-DDE	72-55-9	0.1	0.01	0.1
64	4,4′-DDT	4,4′-滴滴涕	50-29-3	0.1	0.1	0.1
65	Demeton	内吸磷	8065-48-3	0.3	1	1

续表

序号	英文名称	中文名称	CAS	标准限值/(μg/L)	PQL/(μg/L)	标准限值与PQL中的高值/(μg/L)
66	Dibenz(a,h)anthracene	二苯并[a,h]蒽	53-70-3	0.005	0.3	0.3
67	Dibromochloromethane	二溴氯甲烷	124-48-1	0.4	1	1
68	1,2-Dibromo-3-chloropropane (DBCP)	1,2-二溴氯甲烷-3-氯丙烷	1996-12-8	0.02	0.02	0.02
69	Di-n-butyl phthalate	邻苯二甲酸二正丁酯	84-74-2	700	1	700
70	1,2-Dichlorobenzene (ortho)	1,2-二氯(代)苯	95-50-1	600	5	600
71	1,3-Dichlorobenzene (meta)	1,3-二氯(代)苯	541-73-1	600	5	600
72	1,4-Dichlorobenzene (para)	1,4-二氯(代)苯	106-46-7	75	5	75
73	3,3-Dichlorobenzidine	3,3-二氯联苯胺	91-94-1	0.08	30	30
74	Dichlorodifluoromethane (Freon 12)	二氯二氟甲烷	75-71-8	1,000	2	1,000
75	1,1-Dichloroethane (1,1-DCA)	1,1-二氯乙烷	75-34-3	50	1	50
76	1,2-Dichloroethane	1,2-二氯乙烯	107-06-2	0.3	2	2
77	1,1-Dichloroethylene (1,1-DCE)	1,1-二氯乙烯	75-35-4	1	1	1
78	cis-1,2-Dichloroethylene	顺式-1,2-二氯乙烯	156-59-2	70	1	70
79	trans-1,2-Dichloroethylene	反式-1,2-二氯乙烯	156-60-5	100	1	100
80	2,4-Dichlorophenol (DCP)	2,4-二氯苯酚	120-83-2	20	10	20
81	1,2-Dichloropropane	1,2-二氯丙烷	78-87-5	0.5	1	1
82	1,3-Dichloropropene (cis and trans)	1,3-二氯丙烯(顺式和反式)	542-75-6	0.4	1	1
83	Dieldrin	氧桥氯甲桥萘	60-57-1	0.002	0.03	0.03
84	Diethyl phthalate	二乙基苯二甲酸酯	84-66-2	6000	1	6000
85	Diisodecyl phthalate (DIDP)	酞酸二异癸酯	26761-40-0	100	3	100
86	Diisopropyl ether (DIPE)	二异丙醚	108-20-3	20,000	5	20,000
87	2,4-Dimethyl phenol	二甲基苯酚	105-67-9	100	20	100
88	2,4-Dinitrophenol	2,4-二硝基苯酚	51-28-5	10	40	40
89	2,4-Dinitrotoluene/2,6-Dinitrotoluene Mix	2,4-二硝基甲苯	25321-14-6	0.05	10	10
90	Di-n-octyl phthalate	邻苯二甲酸二正辛酯	117-84-0	100	10	100
91	Dinoseb	二硝丁酚	88-85-7	7	2	7
92	Diphenylamine	二苯胺	122-39-4	200	20	200
93	1,2-Diphenylhydrazine	1,2-二苯基肼	122-66-7	0.04	20	20
94	Diquat	杀草快	85-00-7	20	2	20

续表

序号	英文名称	中文名称	CAS	标准限值/(μg/L)	PQL/(μg/L)	标准限值与PQL中的高值/(μg/L)
95	Endosulfan (alpha and beta)	硫丹(α-和β-)	115-29-7	40	0.1	40
96	alpha-Endosulfan (Endosulfan I)	α-硫丹(硫丹I)	959-98-8	40	0.02	40
97	beta-Endosulfan (Endosulfan II)	β-硫丹(硫丹II)	33213-65-9	40	0.04	40
98	Endosulfan sulfate	硫酸硫丹	1031-07-8	40	0.02	40
99	Endothall	桥氧酞钠	145-73-3	100	60	100
100	Endrin	异狄氏剂	72-20-8	2	0.03	2
101	Epichlorohydrin	2-环氧丙烷	106-89-8	4	5	5
102	Ethion	乙硫磷	563-12-2	4	0.5	4
103	Ethyl acetate	乙酸乙酯	141-78-6	6000	10	6000
104	Ethylbenzene	乙苯	100-41-4	700	2	700
105	Ethylene dibromide (1,2-Dibromoethane)	二溴化乙烯(核)	106-93-4	0.0004	0.03	0.03
106	Ethylene glycol	乙二醇	107-21-1	300	200	300
107	Ethylene glycol monomethyl ether	乙二醇单甲醚	109-86-4	7	20000	20000
108	Ethyl ether	(二)乙醚	60-29-7	1,000	50	1,000
109	Fluoranthene	荧蒽	206-44-0	300	10	300
110	Fluorene	芴	86-73-7	300	1	300
111	Fluoride	氟化物	7782-41-4	2000	500	2000
112	Foaming agents (ABS/LAS)	发泡剂		500	0.5	500
113	Formaldehyde	甲醛	50-00-0	100	30	100
114	Glyphosate	草甘膦	1071-83-6	700	30	700
115	Hardness (as CaCO3)	硬度		250000	10000	250000
116	Heptachlor	七氯	76-44-8	0.008	0.05	0.05
117	Heptachlor epoxide	环氧七氯	1024-57-3	0.004	0.2	0.2
118	Hexachlorobenzene	六氯苯	118-74-1	0.02	0.02	0.02
119	Hexachlorobutadiene	六氯丁二烯	87-68-3	0.4	1	1
120	Hexachlorocyclopent adiene	六氯环戊二烯	77-47-4	40	0.5	40
121	Hexachloroethane	六氯乙烷	67-72-1	2	7	7
122	Hexane (n-Hexane)	正己烷	110-54-3	30	5	30
123	Indeno (1,2,3-cd) pyrene	茚并[1,2,3-cd]芘	193-39-5	0.05	0.2	0.2
124	Iron	铁	7439-89-6	300	20	300
125	Isophorone	异佛乐酮	78-59-1	40	10	40

续表

序号	英文名称	中文名称	CAS	标准限值/(μg/L)	PQL/(μg/L)	标准限值与PQL中的高值/(μg/L)
126	Lead (Total)	铅(总)	7439-92-1	55	5	5
127	Malathion	马拉息昂	121-75-5	100	0.6	100
128	Manganese	锰	7439-96-5	50	0.4	50
129	Mercury (Total)	汞(总)	7439-97-6	2	0.05	2
130	Methanol	甲醇	67-56-1	4000	70	4000
131	Methoxychlor	甲氧滴滴涕	72-43-5	40	0.1	40
132	Methyl acetate	乙酸甲酯	79-20-9	7000	0.5	7000
133	Methyl bromide (Bromomethane)	溴化甲烷	74-83-9	10	1	10
134	Methylene chloride	二氯甲烷	1975-9-2	3	1	3
135	Methyl ethyl ketone (2-Butanone) (MEK)	丁酮	78-93-3	300	2	300
136	Methyl Salicylate	邻羟基苯甲酸甲酯	119-36-8	4000	50	4000
137	Methyl tertiary butyl ether (MTBE)	甲基叔丁基醚	1634-04-4	70	1	70
138	Mirex	灭蚁灵	2385-85-5	0.1	0.08	0.1
139	Molybdenum	钼	7439-98-7	40	2	40
140	Naphthalene	萘(球)	91-20-3	300	2	300
141	Nickel (Soluble salts)	镍	7440-02-0	100	4	100
142	Nitrate	硝酸盐	14797-55-8	10000	100	10000
143	Nitrite	亚硝酸盐	14797-65-0	1000	10	1000
145	Nitrate and Nitrite	硝酸盐和亚硝酸盐		10000	10	10000
146	Nitrobenzene	硝基苯	98-95-3	4	6	6
147	N-Nitrosodimethylamine	N-亚硝基二甲胺	62-75-9	0.0007	0.8	0.8
148	N-Nitrosodiphenylamine	N-亚硝基二苯胺	86-30-6	7	10	10
149	N-Nitrosodi-n-propylamine (Di-n-propylnitrosamine)	N-亚硝基-n-丙胺	621-64-7	0.005	10	10
150	Odor	气味		3b	N	3b
151	Oil & Grease & Petroleum Hydrocarbons	油脂和石油烃		None Noticeable	NA	None Noticeable
152	Oxamyl	草氨酰	23135-22-0	200	1	200
153	Parathion	硝苯硫磷酯	56-38-2	4	0.08	4
154	PBBs (Polybrominated biphenyls)	多溴联苯	67774-32-7	0.004	0.001	0.004

续表

序号	英文名称	中文名称	CAS	标准限值/(μg/L)	PQL/(μg/L)	标准限值与PQL中的高值/(μg/L)
155	PCBs (Polychlorinated biphenyls)	多氯联苯	1336-36-3	0.02	0.5	0.5
156	Pentachlorophenol	五氯苯酚	87-86-5	0.3	0.1	0.3
157	pH	pH		6.5~8.5	NA	6.5~8.5
158	Phenol	苯酚	108-95-2	2000	10	2000
159	Picloram	毒莠定	1918-2-1	500	1	500
160	Pyrene	芘	129-00-0	200	0.1	200
161	Salicylic acid	水杨酸	69-72-7	80	30	80
162	Selenium (Total)	硒(总)	7782-49-2	40	4	40
163	Silver	银	7440-22-4	40	1	40
164	Simazine	西玛津	122-34-9	0.3	0.8	0.8
165	Sodium	钠	7440-23-5	50000	400	50000
166	Styrene	苯乙烯	100-42-5	100	2	100
167	Sulfate	硫酸盐	14808-79-8	250,000	5,000	250,000
168	Taste	味道		不讨厌的	NA	不讨厌的
169	TDS (Total dissolved solids)	总溶解性固体		500000	10000	500000
170	2,3,7,8-Tetrachlorodibenzo-p-dioxin (TCDD)	2,3,7,8-四氯-p-二噁英	1746-01-6	0.0000002	0.00001	0.00001
171	1,1,1,2-Tetrachloroethane	1,1,1,2-四氯乙烷	630-20-6	1	1	1
172	1,1,2,2-Tetrachloroethane	1,1,2,2-四氯乙烷	79-34-5	1	1	1
173	Tetrachloroethylene (PCE)	四氯乙烯	127-18-4	0.4	1	1
174	2,3,4,6-Tetrachlorophenol	2,3,4,6-四氯苯酚	58-90-2	200	3	200
175	Tetrahydrofuran	四氢呋喃	109-99-9	10	10	10
176	Thallium	铊	7440-28-0	0.5	2	2
177	Toluene**	甲苯	108-88-3	600	1	600
178	Toxaphene	毒杀芬	8001-35-2	0.03	2	2
179	2,4,5-TP (2-(2,4,5-Trichlorophenoxy)propionic acid)	2,4,5-TP(2-(2,4,5-三氯苯氧基)丙酸)	93-72-1	60	0.6	60
180	1,2,4-Trichlorobenzene	1,2,4-三氯(代)苯	120-82-1	9	1	9
181	1,1,1-Trichloroethane (TCA)	1,1,1-三氯乙烷	71-55-6	30	1	30
182	1,1,2-Trichloroethane	1,1,2-三氯乙烷	79-00-5	3	2	3
183	Trichloroethene (TCE)	三氯乙烯	1979-1-6	1	1	1
184	Trichlorofluoromethane (Freon 11)	三氯氟甲烷	75-69-4	2000	1	2000
185	2,4,5-Trichlorophenol	2,4,5-三氯(苯)酚	95-95-4	700	10	700

续表

序号	英文名称	中文名称	CAS	标准限值/(μg/L)	PQL/(μg/L)	标准限值与PQL中的高值/(μg/L)
186	2,4,6-Trichlorophenol	2,4,6-三氯(苯)酚	1988-6-2	1	20	20
187	1,2,3-Trichloropropane	1,2,3-三氯丙烷	96-18-4	0.005	0.03	0.03
188	Vanadium pentoxide	五氧化二钒	1314-62-1	60	1	60
189	Vinyl acetate	乙烯乙酸酯	108-05-4	7000	5	7000
190	Vinyl chloride	氯乙烯	1975-1-4	0.08	1	1
191	Xylenes(Total)	二甲苯(总)	1330-20-7	1000	2	1000
192	Zinc	锌	7440-66-6	2000	10	2000

表 2-20 临时性特定地下水质量基准

序号	英文名称	中文名称	CAS	标准限值/(μg/L)	PQL/(μg/L)	标准限值与PQL中的高值/(μg/L)
1	acenapthylene	苊烯	208-96-8	100*	10	100
2	acetonitrile	乙腈	1975-5-8	100*	9	100*
3	benzo(g,h,i)perylene	苯并[g,h,i]芷	191-24-2	100*	0.3	100
4	caprolactam	己内酰胺	105-60-2	3500	5000	5000
5	4-chloro-3-methylphenol	4-氯-3-甲基苯酚	59-50-7	100*	20	100
6	chloroethane	氯乙烷	75-00-3	5*	0.5	5*
7	cobalt	钴	7440-48-4	100	0.5	100
8	dichlormid	二氯丙烯胺	37764-25-3	600	50	600
9	dimethyl phthalate	邻苯二甲酸二甲酯	131-11-3	100	10	100
10	4,6-dinitro-o-cresol	4,6-二硝基邻甲酚	534-52-1	0.7	1	1
11	1,4-dioxane	1,4-二噁烷	123-91-1	3	10	10
12	diphenyl ether	二苯醚	101-84-8	100	10	100
13	2-ethyl-1-hexanol	2-乙基-1-己醇	104-76-7	200	0.5	200
14	n-heptane	正庚烷	142-82-5	100*	0.5	100*
15	hexahydro-1,3,5-trinitro-1,3,5-triazine(RDX)	黑索今(环三亚甲基三硝胺)	121-82-4	0.3	0.5	0.5
16	2-hexanone	2-己酮	591-78-6	300	1	300
17	metolachlor	异丙甲草胺	51218-45-2	100	0.5	100
18	2-(2-methyl-4-chlorohenoxy)propionic acid(MCCP)	2-(4-氯-2-甲基苯氧基)丙酸	93-65-2	7	0.5	7
19	2-methylnapthalene	2-甲基萘	91-57-6	30	10	30

续表

序号	英文名称	中文名称	CAS	标准限值/(μg/L)	PQL/(μg/L)	标准限值与PQL中的高值/(μg/L)
20	n-propanol	正丙醇	71-23-8	100*	40	100*
21	perchlorate	高氯酸盐	14797-73-0	5	2.7	5
22	phenanthrene	菲	1985-1-8	100*	0.3	100
23	2,4,6-trinitrolouene (TNT)	2,4,6-三硝基甲苯	118-96-7	1	0.3	1

特定基准:由于Ⅱ类A级地下水被指定用于饮用功能,基于健康的基准被确定用于保护公众健康,而不考虑分析方法可行性、处理能力和成本。基于健康的基准反映了最新的毒理学信息以确保足够的保护。

临时特定基准:环保局通常通过修正案或者重新采纳条例的方式设定一些新的地下水基准。然而,相比于立法而言,地下水质量标准条例更允许环保局以临时的方式设立新标准。针对特定基准中没有的成分,当有足够的基于健康的信息用于支撑基准值或定量检测水平(PQL)制定时,环保局可以为其设定临时的特定地下水基准。

临时一般基准:对于未给出临时特定基准的合成有机化合物(SOC),如果州环保局认为已有的信息不足够支持推导出基于健康的临时特定基准,就会根据州环保局对致癌性的判断结果,制定出临时的一般基准。

如果当前分析方法的检出水平难以达到基于健康的基准(特定基准、临时特定基准和临时一般基准),则会以实用的定量水平(PQL)作为组分的水质标准。

临时的地下水质量基准表列出了所有具有有效的地下水特定基准的合成有机化合物(SOC),以及没有足够的信息确定基于健康的基准,但根据环保局的判断推导出临时一般基准的组分,环保局会根据获得的最新的科学信息来修订临时地下水基准,并会定期更新这张表以反映最新的变化。一旦科学基础具备,环保局也会尽力以特定基准取代临时基准。

州环保局采用下面的公式数据来源和参数来推导特定和临时的地下水质量基准。

(1)对于具有致癌性的组分来说,应按下式推导基准:

$$\text{基准值}(\mu g/L) = \frac{\text{可接受致癌风险的上限} \times \text{成人平均体重} \times \text{转化因子}}{\text{致癌斜率因子} \times \text{每天饮用水的摄入量}} \tag{2-2}$$

式中,成人平均体重为70 kg;每天饮用水的摄入量为2 L;可接受致癌风险的上限为1×10^{-6};转化因子为1000 μg/mg;致癌斜率因子从USEPA风险综合信息系统(IRIS)数据库查。

(2)对于非致癌物来说,应按下式推导基准:

$$\text{基准值}(\mu g/L) = \frac{\text{参考剂量} \times \text{成人平均体重} \times \text{转化因子} \times \text{源的相对贡献率}}{\text{不确定因子} \times \text{每天饮用水的摄入量}} \tag{2-3}$$

式中,成人平均体重为70 kg;源的相对贡献率为20%;每天饮用水的摄入量为2 L;转化因子为1000 μg/mg;参考剂量从USEPA IRIS数据库查;对于没有致癌斜率因子的致癌物来说,不确定因子为10;对于非致癌物来说,不确定因子为1。

(3) 采用本节公式推导出的基准值需要四舍五入到一个有效数字。

2.1.7 科罗拉多州

科罗拉多州对地下水按家庭用水、农业用水、地表水保护、潜在用水和限制性用水进行了分类,并建立了地下水分类标准。

在建立的州地下水水质标准中指出,除非可以采用特定的标准,否则地下水中的放射性物质和有机物不得超过相应的标准。有7种放射性物质给出了限值,主要有镅、铯、钚、镭、锶、钍和氚;有机物有147种,包括氯代烃、苯系物、农药和PAH等,并也给出了限值。

2.1.8 康涅狄格州

康涅狄格州环保局于1996年12月发布了该州的地下水水质标准。将地下水划分为4类。分别是GAA,指不经处理作为公共供水的地下水、向公共供水井提供水源的地下水和为某个水厂将来提供水源的地下水;GA,现有私人供水井区域或者是潜在为公共(私人)供水井提供水源的地下水,环保局认为这些地区的地下水,应该是未经处理就适合作为饮用水或者是其他家庭供水;GB,历史上是高度工业化的地区或者有强烈工业活动的区域的地下水,有公共供水服务,由于废水排放、化学物质泄漏或土地利用的影响,这些地下水不经处理,可能不适合作为人们的生活用水;GC,根据普通制定法22a-430,需要对所有受影响地下水进行必要的水文地质研究,符合康涅狄格州水质标准和其他适用法律的要求,划分为GC的地下水不适合作为饮用水的供水水源。

GAA标准针对作为不经处理饮用水的现有或潜在公共供水,与地表水体具有水力联系的基流,考虑的主要参数包括溶解氧、油脂、色度和浊度、大肠杆菌、色和味、pH及化学组分,这些化学组分包括16种无机物、28种挥发性物质、11种酚类化合物、51种中碱性化合物、25种杀虫剂和5种其他物质(包括铝、氨、石棉、氯和氯化物)。GA标准针对不经处理作为饮用水的现有私人和公共水井,以及与地表水体具有水力联系的基流,考虑的主要参数同GAA标准。GB标准主要是针对工业用水和冷却水,与地表水有水力联系的基流,不经处理不适合作为人们的生活用水,环保局认为该类地下水受到不同污染源的污染,水质退化,除了场地修复导则的规定外,没有特定的水质标准。GC标准主要是针对普通制定法22a-430许可的排水,没有向地下水排放的定量标准,在制定决策时,将地下水划分为GC最重要的考虑,是许可地下水排放对相邻地表水的影响。

2.1.9 爱达荷州

爱达荷州立法机构授权环境质量部发布地下水水质标准。主要组分水质标准是基于保护人类健康,包括一些无机组分、有机组分和放射性物质,并给出了相应的限值。如果总大肠杆菌超标,则需要对粪大肠菌群或大肠杆菌进行分析。次要组分水质标准是基于美学标准,主要考虑的指标有铝、铁、银、氯化物、硫化物、色度、气味、总溶解性固体和发泡剂,并给出了相应的限值。单个或几种污染物不得造成地下水质恶化、致癌、致畸或诱导有机体突变。应用这些标准确定特定的限值水平时,应基于:①目前关于污染物不利影响的最佳科学信息;②保护公益使用;③污染物的实际定量水平。另外,如果物质的天然背景水平超出了

2.1.10 蒙大拿州

在蒙大拿州的地下水质标准中,主要是根据对人类健康的影响制定饮用水最大浓度水平(MCL),如果没有 MCL,则采用国家推荐的水质基准作为标准;致癌物是基于 EPA 饮用水健康报告、国家推荐的水质基准或 IRIS 报告;蒙大拿农业化学地下水保护法案要求,如果存在 MCL,则以 MCL 作为杀虫剂的地下水标准;地下水中所有释放 α、β 或 γ 放射性物质的组分都参照 EPA 标准。给出了地下水中有毒有害物质、致癌物、放射性物质的限值。同时,给出了分析不同组分时,对样品如何进行处理和分析,如分析地下水中的金属时,要将水样通过 0.45 μm 的滤膜,对可溶组分进行分析;分析地下水中的 α、β 或 γ 放射性物质时,要对样品进行过滤采用合适的 EPA 方法进行分析;在分析地下水中的有机物时,样品无需过滤。

2.1.11 南达科他州

在南达科他州的地下水水质标准中指出,必须维持和保护地下水现在和将来的使用,该州的环境水质要比规定的最低水平更好。给出了 58 种有机物浓度限值,包括氯代烃、农药和石油烃等;20 种无机物的浓度限值,包括重金属类、氟化物和硝酸盐等;放射性物质,包括 β 粒子和光辐射、α 粒子、镭、氡和铀;以及大肠杆菌。另外,特别规定了氯化物、硫酸盐和 TDS 分别不得超过 250 mg/L、500 mg/L 和 1000 mg/L,pH 在 6.5~8.5 范围。

2.1.12 佛蒙特州

佛蒙特州制定地下水水质标准的目的是保护和管理地下水资源,使其满足饮用水水质标准,降低使用地下水的风险。将地下水划分为 4 类。分类 I 具有如下特征:适合作为公共供水水源,水质较好,将其作为公共饮用水源不会造成风险;分类 II 特征同分类 I;分类 III,地下水适合作为单个家庭供水、灌溉、农业用水、一般工业和商业用水;分类 IV,地下水不合适作为饮用水源,但是适合某些灌溉、工业和商业用途。并给出了一级地下水水质标准,包括 206 种物质(有机物质、无机物质和放射性核);二级地下水水质标准,包括 14 种物质,主要为铝、氯化物、色度、铜等。

2.1.13 华盛顿州

华盛顿州建立地下水水质标准的目标是维护州最佳的地下水水质,通过减少向地下水释放污染物,保护地下水当前和将来的有益使用。在制定水质标准时,划分为两类,一类是一级和二级污染物及放射性核,另一类是致癌物,并给出了相应的限值。一级污染物包括 15 种组分,分别为金属类、氟化物和硝酸盐、农药和总大肠杆菌;二级污染物包括 12 个指标,分别为金属类、氯化物、硫酸盐、TDS、发泡剂、pH、腐蚀性、色度和气味;放射性核包括总 α 粒子、总 β 粒子、氚、锶-90、镭-226 和镭-228 及铀-226。致癌物有 101 个指标,包括重金属类、氯代烃、苯系物和农药等。

2.2 欧　　盟

地下水是欧洲地区最为敏感和最大的淡水体,同时也是许多地区公共饮用水的主要供水来源。地下水作为一种宝贵的自然资源,应采取必要的措施加以保护,避免遭受化学污染和水质恶化,特别是对于那些依赖地下水的生态系统和作为饮用水供水水源的地下水。为了保护地下水,1999 年欧盟颁布了《欧盟水框架指令》(Water Framework Directive,WFD)(WFD2000/60/EC1)[8]。该指令制定了到 2015 年整个欧洲地下水达到良好水质状态的目标。

为达到这一目标,2006 年 12 月欧盟议会和理事会又进一步颁布实施了《关于保护地下水防止污染和恶化指令》(GWD2006/118/EC2)[9],简称《地下水指令》。该指令规定了评估欧洲地下水化学状况的详细准则,包括建立共同体一级的地下水水质标准(groundwater quality standards)及各成员国地下水标准限值(threshold values)。所谓标准限值(threshold values)是那些指不符合欧盟水框架指令要求,可能造成风险的地下水污染物,欧盟成员国必须根据地下水指令第 3 条款制定相应的地下水质量标准限值。该指令要求欧盟各成员国于 2008 年 12 月之前建立各国的地下水标准限值。并在条款 3 和附件 I、II 中给出了地下水质量标准和设置地下水污染物和污染指标限值的要求。

地下水指令在附件 I 中规定了欧盟范围内硝酸盐和杀虫剂两种污染物的地下水质量标准。并指出,如果这些标准不足以满足达到欧盟水框架指令的环保目标,各成员国必须建立更严格的标准。由于地下水中的化学组分自然条件下的差异很大,其含量水平不仅取决于水文地质条件、背景值含量、污染途径,还取决于与不同环境因素的相互作用,因此对于其他污染物设立共同体一级的标准值尚不可行。

地下水指令在附 II 中给出了 3 类污染物 10 项指标的列表,分别是由于自然或人类活动可能在地下水中出现的物质、离子或指标,包括:砷、镉、铅、汞、氨、氯化物、硫酸盐;人工合成物质包括:三氯乙烯和四氯乙烯;代表含盐量和可能存在的咸水入侵指标:电导率。附 II 给出这些指标主要是考虑到地下水污染的管理应侧重于分析确定地下水污染存在的实际风险。因此,要求成员国根据附 II 列表给定的污染物指标建立自己的地下水质量标准限值。附 II 还规定了成员国在建立地下水标准限值时应考虑以下原则。

(1)限值的确定应基于:地下水系统与相关的地表水生系统及陆地生态系统之间的相互作用程度;地下水功能及实际或潜在的地下水开发利用影响;所有能够反映和指示地下水存在风险的污染物或指标,至少应考虑所列出的 10 项指标。考虑地下水的水文地质特征,包括背景含量水平和水量平衡信息。

(2)限值的确定还应考虑污染物的来源、天然产生的可能性、毒理学特征和迁移分散的趋势、在环境中的持久性和生物累积性等。

(3)对于水文地质因素导致天然背景含量水平高的指标,限值确定时应注意考虑其天然背景含量。

(4)限值的确定应基于可靠的数据收集,充分考虑数据质量评估、分析测试、物质含量水平等因素。

截止到 2010 年,除希腊、丹麦、葡萄牙没有建立相应的地下水质量标准限值外,其他所有成员国均建立了各自的地下水质量标准限值。在已建立地下水质量标准限值的成员国标准中,共涉及了 158 种污染物或指标。包括:12 种主要指标(地下水指令附件 II 所列出的指标加上氨氮和三氯乙烯四氯乙烯总量)、39 种农药、8 种营养物质指标、21 种金属、62 中合成污染物、10 种其他物质(如硼、钙、溴酸盐、氰化物等)、6 种指示指标(如酸容量、硬度、pH等)。各成员国地下水质量标准限值建立情况见下图,其中建立指标数最多的是英国,达到了 62 项。在众多指标中,以地下水指令附件 II 所列出的 10 项指标被各成员国采纳建立指标限值的最多。具体情况见图 2-3。

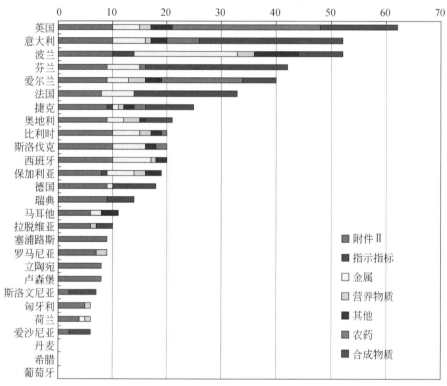

图 2-3　各成员国地下水质量标准限值建立情况

表 2-21 还显示,很多指标的限值浓度范围很大,其原因可能是各成员国在建立指标限值过程中,从地下水指令附件 II 的不同方面进行了考虑。地下水指令提供了一定的灵活性,成员国在建立限值过程中需要考虑不同地下水排泄受体、地下水污染风险、地下水功能、污染物的特征和环境行为,以及代表水文地质条件的背景含量水平。对于地下水中天然存在的指标,造成差异的主要原因是天然背景含量水平不同,以及地下水受体和风险不同。而对于人工合成物质,造成差异的主要原因是地下水受体和风险不同,与背景含量水平无关。正是基于不同的考虑,各成员国对于不同的地下水系统采取的限值确定方法也不同,从而导致限值确定的结果不具可比性。

表 2-21 各成员国地下水质量标准所确定的主要指标限值

污染物指标	指标所属类别	设立限值的成员国数	指标限值的浓度范围		单位
			最小值	最大值	
氯化物	附件Ⅱ	22	24	12 300	mg/L
砷	附件Ⅱ	21	0.75	189	μg/L
硫酸盐	附件Ⅱ	21	129.75	4200	mg/L
氨	附件Ⅱ	21	0.084	52	mg/L
铅	附件Ⅱ	20	5	320	μg/L
镉	附件Ⅱ	19	0.08	27	μg/L
汞	附件Ⅱ	18	0.03	1	μg/L
电导率	附件Ⅱ	14	485	10480	μS/cm
镍	金属	11	10	60	μg/L
铜	金属	10	10.1	2000	μg/L
四氯乙烯	附件Ⅱ	10	1.1	50	μg/L
三氯乙烯	附件Ⅱ	10	1.5	50	μg/L
三氯乙烯和四氯乙烯总量	附件Ⅱ	10	5	40	μg/L

有关硝酸盐的标准限值,有 5 个成员国确立了比地下水指令附件Ⅰ所给出的质量标准值(50 mg/L)更为严格的限值。具体情况见表 2-22。

表 2-22 硝酸盐限值更为严格的成员国

成员国	限值单值	限值区间		单位	说明
		最小值	最大值		
奥地利	45			mg/L	
爱尔兰	37.5			mg/L	
英国		18	42	mg/L	
匈牙利		25	50	mg/L	
拉脱维亚	48.7			mg/L	以 NO_3^--N 浓度 11 mg/L 为限值

有关农药的标准限值,有 6 个成员国建立了 36 种不同农药活性物质的限值,其限值范围为 0.0001～0.1 μg/L,均比地下水指令附件Ⅰ所给出的质量标准值(0.1 μg/L)更为严格。其中有一个成员国建立的总农药限值为 0.375 μg/L,也比地下水指令附件Ⅰ所给出的质量标准值(0.5 μg/L)更为严格。

此外,有 20 个成员国共建立了 106 项不属于地下水指令附件Ⅰ和附件Ⅱ所规定指标的限值,其中近三分之二属于人工合成物质。

根据 2003 年欧盟各成员国对地下水的调查评估结果,目前欧洲地区有 30%的地下水体处于水质状况较差状态。表 2-23 给出了导致存在污染风险地下水体总数超过 100 个和导致水质状况较差地下水体总数超过 50 个的主要污染指标。其中硝酸盐导致了至少 478 个地下水体处于风险状态,504 个地下水体处于水质较差状态。

表 2-23 导致欧洲地下水体存在风险和水质较差的主要污染指标

污染物	存在污染风险		水质状况较差	
	地下水系统单元/地下水体个数	成员国数	地下水系统单元/地下水体个数	成员国数
硝酸盐	478	17	504	14
氨	276	14	147	13
氯化物	256	18	117	13
硫酸盐	216	16	117	15
活性磷（以P计）	210	1	102	1
砷	128	13	42	11
苯	124	7	58	6
苯并[a]芘	110	4	51	3
镉	101	11	55	5
四氯乙烯	96	6	62	6
铅	90	10	51	5

有关欧盟各成员国地下水标准限值制定的详细情况参见 EUROPEAN COMMISSION, Brussels,5.3.2010 SEC(2010) 166 final. the Report from the Commission in accordance with Article 3.7 of the Groundwater Directive 2006/118/EC on the establishment of groundwater threshold values,ANNEX 3,Information on the Groundwater Threshold Values of the Member States.

2.2.1 意大利

1. 地下水基本情况[10]

意大利有超过85%的饮用水水源来自于地下水,多年的监测数据表明,意大利地下水资源中硝酸盐的超标最严重,超标现象较为普遍,是影响地下水水质的主要因素。2003年意大利地下水硝酸盐浓度的监测结果显示,有12%的区域硝酸盐浓度超过饮用水的标准值50 mg/L,其中3%区域的硝酸盐浓度甚至超过100 mg/L。

2. 地下水环境质量标准内容

1) 地下水类型划分情况

超过50%的地下水资源是多孔介质地下水资源,面积为157244.86 km^2,岩溶含水层分布范围约50615.11 km^2(占国土面积16.76%),其他火山岩含水层约为13488.78 km^2(占国土面积4.46%)。意大利大气降水为 2.96×10^9 m^3/a,蒸发速率是 1.29×10^9 m^3/a。

2) 标准值

硝酸盐的标准值为50 mg/L;砷的标准值为10 μg/L。

3. 地下水环境质量评价

意大利地下水的监测是由各区域的环境保护署共体完成的,根据《欧盟地下水指令》评估地下水是否处于"良好"状况。意大利的地下水质量监测体系于20世纪80年代建立,由国家环保局(National Environment Agency)整理数据,评估地下水状况。超过3000个监测点每年至少要监督评估两次,以确保地下水的化学状况。

1) 评价标准

意大利将地下水化学状况分为5个等级：

1级：质量非常好，几乎无人为因素影响；

2级：质量很好，稍微有人为因素影响；

3级：质量恶化，有人为因素影响；

4级：质量不好，人为因素影响较重；

0级：无人为因素影响，有特有的自然水化学。

定义各等级水质状况主要依据7个参数，分别为电导率、Cl^-、Mn、Fe、NO_3^-、SO_4^{2-}、NH_4^+，这7个参数等级划分见表2-24。

表2-24 意大利地下水化学状况主要参数等级划分

参数	单位	1级	2级	3级	4级	0级
电导率	μS/cm(20℃)	≤400	≤2500	≤2500	>2500	>2500
Cl^-	mg/L	≤25	≤250	≤250	>250	>250
Mn	μg/L	≤20	≤50	≤50	>50	>50
Fe	μg/L	≤50	≤200	≤200	>200	>200
NO_3^-	mg/L	≤5	≤25	≤50	>50	—
SO_4^{2-}	mg/L	≤25	≤250	≤250	>250	>250
NH_4^+	mg/L	≤0.05	≤0.5	≤0.5	>0.5	>0.5

2) 评价结果

按照意大利地下水的五级分级法，图2-4为意大利地下水的评价结果图。

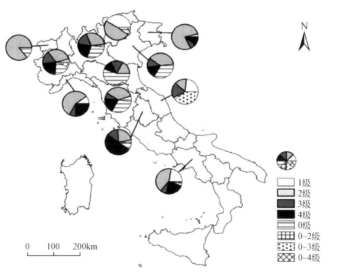

图2-4 意大利地下水评价结果图

3) 管理措施

意大利根据《欧盟水框架指令》建立了保护地下水的法律规范 Legislative Decree 152，并于2000年进行了修改，其中包括保护地下水的目标、法则和标准。

2.2.2 西班牙

1. 地下水基本情况

超过 1/3 的西班牙国土分布有地下含水层,地下水水体的面积几乎占到了国土面积的 2/3(355000 km^2),潜在水资源有 3.4×10^{11} m^3/a 的降水补给量和 2.77×10^{11} m^3/a 的蒸发量。居民用水大约为 4.3×10^{10} m^3/a,工业用水约 1.9×10^{10} m^3/a,农业用水达到 2.42×10^{10} m^3/a,几乎 25% 的用水是来自地下水资源。

西班牙地下水资源分布由西班牙地质调查局(Spanish Geological Survey)勘测,地下水资源分布见图 2-5,图中灰色部分为地下水体[11]。

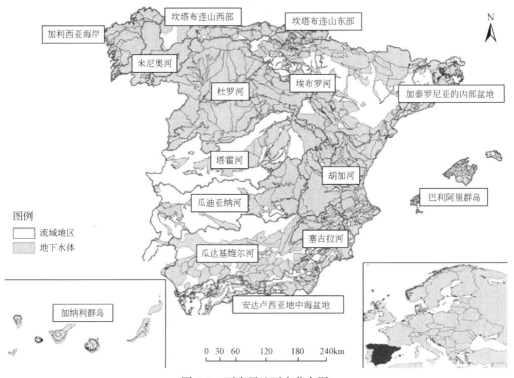

图 2-5 西班牙地下水分布图

2. 地下水环境质量标准内容

1)地下水类型划分情况

多孔介质含水层面积为 79258 km^2(占国土面积的 16%),岩溶含水层的面积为 54628 km^2(占国土面积的 11%),其他含水层面积为 38644 km^2(占国土面积的 8%)。

2)标准值[12]

硝酸盐的标准值为 50 mg/L;砷的标准值为 10 μg/L。

3. 地下水环境质量评价

1)评价标准

根据欧盟《地下水指令》,当区域监测到的地下水中硝酸盐含量超过 37.5 mg/L(即超过标准值的 75%)时进行趋势监测[13]。

根据《欧盟水框架指令》,西班牙地下水状况评价分化学状况评价和水量状况评价,化学状况评价主要依据环境质量标准或阈值,监测值不能超过环境质量标准值或阈值且不会对地表水体和依赖地下水体的生态环境造成危害。

2)评价结果

图 2-6 为 2012 年西班牙地下水状况图,其中左上为化学状况图,右上为水量状况图,下中为整体水质状况图,其中"良好"状况用绿色表示,"不良"状况用红色表示。西班牙有 744 个地下水体,其中 413 个处于良好状况,约占 55%,还有 22 个(3%)地下水体处在研究中。

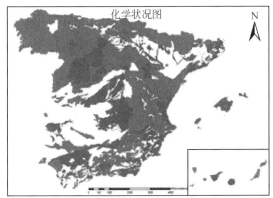
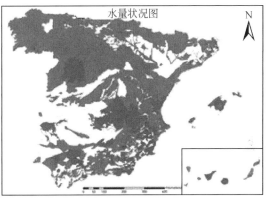
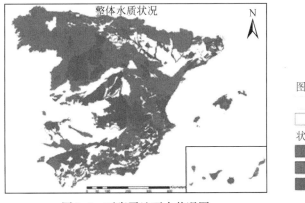

图 2-6 西班牙地下水状况图

3)管理措施

西班牙农业、食品、环境部(Ministry for Agriculture,Food and Environment)起草国家地下水管理规定,阐述全国水文计划。1985 年颁布《西班牙水法案》用于地下水环境管理。

2.2.3 瑞典

1. 地下水基本情况

瑞典地下水含水层主要是冰川砂砾沉积物,分布范围较小,其 3/4 的人口用水靠地下水。孔隙含水层覆盖 75% 的国土面积。

2. 地下水环境质量标准内容

1) 地下水类型划分情况

多孔介质含水层出现在瑞典的西南部,面积很小。太古代基岩含水层是分布最广的含水层,遍布全国。这些含水层的出水量很少超过 1 L/s。

2) 指标和标准值设置情况

2008 年,瑞典地质调查局发布了地下水部分参数的建议值,表 2-25 列举了 15 项参数指标[14]。

表 2-25 地下水各参数建议值

参数	单位	建议值
NO_3^-	mg/L	50
杀虫剂	μg/L	0.1;0.5(包括其相关代谢、降解和反应产物)
Cl^-	mg/L	100
电导率	μS/cm	75
SO_4^{2-}	mg/L	250
NH_4^+	mg/L	1.5
As	μg/L	10
Cd	μg/L	5
Pb	μg/L	10
Hg	μg/L	1
三氯乙烯	μg/L	10
苯	μg/L	1
总 PAH	ng/L	100
三氯甲烷	μg/L	100
1,2-二氯甲烷	μg/L	3

3. 地下水环境质量评价

瑞典地质调查局(Swedish Geological Survey,SGU)负责全国性地下水监测,也负责环境地下水监测和发表这方面的报告和手册,并递交给环境保护局(Environmental Protection Agency,EPA)。

1) 评价标准

瑞典根据欧盟《地下水指令》和《欧盟水框架指令》对地下水进行监测,以检验地下水水质是否达到"指令"所要求的良好标准。

2) 评价结果

表 2-26 显示了瑞典 5 个水域的地下水化学状况,其中波的尼亚湾水域只得到 10% 地下水体的监测值,所以化学状况处于"不良"的水体为 0,其他 4 个水域的地下水体最多有 4.6% 的水体处于"不良"状况。

表 2-26 瑞典地下水监测结果

地下水系所属地区	地下水系数量	地下水化学状况评估为不良的数量
波的尼亚湾	655	0
波斯尼亚湾南段	781	12
北波罗的海	529	8
南波罗的海	580	18
北海	478	22

3) 管理措施

1999 年通过的《环境法典》(Miljöbalken)是瑞典的一部综合性的环境法规,对地下水的保护有指导性的意义[15]。

2.2.4 英国

1. 地下水基本情况

英国的地下水管理与保护是按区域划分的。英格兰与威尔士的管理机构是国家河流管理局(National Rivers Authority, NRA),苏格兰和北爱兰尔的管理机构分别为苏格兰水务局[16]和北爱尔兰环境部。地下水是英国公共用水的重要来源,它约占全国公共供水总量的27%,英国各区域对地下水的利用率不同,英格兰的南部,对地下水的使用量较高(图2-7)。

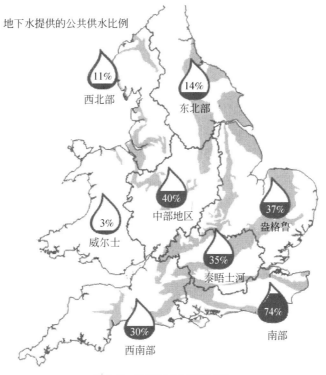

图 2-7 英国地下水利用率

自1940年英国开始增加农业生产以来,地下水中硝酸盐浓度逐渐增高,给地下水带来了严重的影响,一些地区1978年的地下水中硝酸盐含量为6 mg/L,2002年生长到26 mg/L。同样,杀虫剂使用量的增加也给地下水水质造成了影响[17]。

2. 地下水环境质量标准内容

1) 地下水类型划分情况

英国三种最重要的含水层是白垩、舍伍德砂岩和侏罗系灰岩。一些较小的含水层有同样的性质。含水层是由地下水侵蚀基岩裂隙而形成的。赋存在固结沉积物中不大但很重要的地下水体系,通常严重超采。

2) 标准值

硝酸盐的标准值为50 mg/L;砷的标准值为10 μg/L。

3. 地下水环境质量评价

1) 评价标准

对硝酸盐的质量评价根据"硝酸盐指令"进行检测评价[18]。

2) 评价结果

2004年,在英格兰有超过15%的监测位点的监测数值超过了饮用水指标的最大值(50 mg/L)。

3) 管理措施

英国环保部发布了《地下水保护政策》(Policy and Practice for the Protection of Groundwater)、《水资源法案》(Water Resources Act, 1991)、《地下水法规》(Groundwater Regulations, 1998)来实施地下水管理。

2.2.5 德国

1. 地下水基本情况

在德国地下水是极其重要和不可缺少的资源,2/3居民的日常用水来自地下水。联邦各州间的地下水开采量极不相同,柏林、萨尔州等的公共供水百分之百依赖地下水,而北威州和萨克森州对地下水的依赖较小,是由于这两个州拥有丰富的地表水资源。

2. 地下水环境质量标准内容

1) 地下水类型划分情况

巴伐利亚州主要有多孔介质地下水、岩溶地下水和裂隙地下水等水资源,北威斯特法伦州最主要的地下水资源是面积为17000 km² 的多孔介质地下水资源,

2) 标准值(表2-27)

表2-27 德国地下水质量标准所确定的主要指标限值

污染物指标	指标所属类别	标准值	单位
氯化物	附件Ⅱ	250	mg/L
硫酸盐	附件Ⅱ	240	mg/L
硝酸盐		50	mg/L

续表

污染物指标	指标所属类别	标准值	单位
砷	附件Ⅱ	10	μg/L
镉	附件Ⅱ	0.5	μg/L
镍	金属	14	μg/L
苯		1	μg/L
三氯乙烯	附件Ⅱ	10	μg/L

3. 地下水环境质量评价

各个州都有自己的地下水监测系统,大多数监测数据都有超过20年的记录。德国由于化肥的使用,导致地下水体中硝酸盐含量整体过高,硝酸盐是影响地下水水质的主要因素。

图2-8为德国地下水监测位点图,其中小圆点是依据欧盟《地下水指令》设置的监测位点(约800个),数据结果将公布到欧盟环境保护署(European Environment Agency, EEA),大圆点是依据"欧盟硝酸盐指令"设置的监测位点(约180个)[20]。

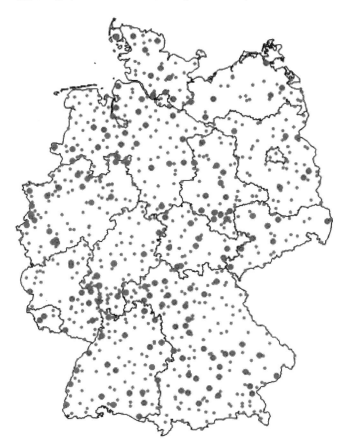

图2-8 德国地下水监测位点图

1）评价标准

如同欧盟《地下水指令》所述，德国地下水状况由化学状况和水量状况两部分组成，分"良好"状况和"不良"状况。水量状况评价标准如同《欧盟水框架指令》，化学状况评价主要依据环境质量标准和阈值，监测值不能超过环境质量标准值和阈值且不会对地表水体和依赖地下水体生态环境造成危害。

2）评价结果

到2013年，德国1000个地下水水体中，只有4%的地下水体的水量达不到"良好"状况，主要是德国西部矿产区域的地下水水位常年下降所造成的。而这些地下水水位下降的区域，需要经过很长一段时间才可恢复。

在德国地下水体中，有37%没有达到化学状况"良好"，1%无法确定，其余地下水体均达到了化学状况"良好"，见图2-9。如前所述，无法达到化学状况"良好"的地下水体主要是由于农药中硝酸盐渗入地下水体，如图2-10所示，约有15%的地下水中的硝酸盐含量超过了标准值，即50 mg/L[21]。

图2-9 德国地下水水质状况

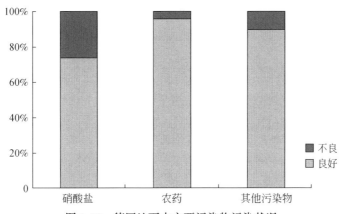

图 2-10 德国地下水主要污染物污染状况

如图 2-10 所示,总体来说,德国地下水体有 62% 达到了"良好"状况(包括化学状况良好和水量良好)。

3. 管理措施

地下水的法律法规由联邦水管理行动组(Working Group of the Federal States on Water)制定。

2.2.6 丹麦

丹麦位于欧洲北部波罗的海至北海的出口处,是西欧、北欧陆上交通的枢纽,被人们称为"西北欧桥梁"。丹麦由日德兰半岛的大部及西兰、菲英、洛兰、法尔斯特和波恩荷尔姆等 406 个岛屿组成,面积约 43000 km²[22]。

1. 地下水基本情况

丹麦是世界上首先设立环境部的国家之一,丹麦的水管理机构分 3 个层次:国家级——环境部;郡级——14 个郡和 2 个直辖市环境管理部门;市级——275 个市环境管理部门。丹麦几乎 100% 的饮用水来源于地下水。地下水面积约 43216 km²,占丹麦国土面积的 99.9%。

2. 地下水环境质量标准内容

1) 地下水类型划分情况

丹麦的地下水资源主要是多孔介质含水层,其地下水面积达 43216 km²(占国土面积 99.9%)。

2) 标准值(表 2-28)

表 2-28 丹麦地下水质量标准所确定的主要指标限值

污染物指标	指标所属类别	标准值	单位
氯化物	附件Ⅱ	—	mg/L

续表

污染物指标	指标所属类别	标准值	单位
硫酸盐	附件Ⅱ	—	mg/L
硝酸盐		50	mg/L
砷	附件Ⅱ	8	μg/L
镉	附件Ⅱ	0.5	μg/L
镍	金属	10	μg/L
苯		1	μg/L
三氯乙烯	附件Ⅱ	1	μg/L

3. 地下水环境质量评价

由丹麦和格陵兰岛地质局(Geological Survey of Denmark and Greenland)进行检测评估,其中硝酸盐、含磷物质、农药及其代谢产物是重点监测参数,同时对如镍、砷、微量无机物质等参数的趋势也进行了研究。地下水质量监测体系于1989年建立,丹麦地下水水质监测位点见图2-11,其中实心圈为地下水监测区,空心圈为农业用水区[23]。

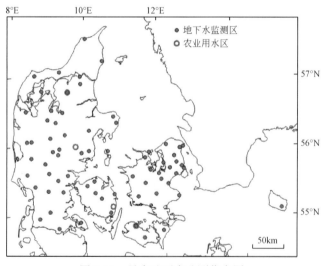

图2-11 丹麦地下水监测位点图

图2-12为丹麦地下水硝酸盐含量分布图,图2-13为丹麦地下水硝酸盐含量分布图,左图为地下水体监测点监测所得,右图为地下水作为饮用水源水体的硝酸盐监测值所得[24]。从图2-13中可看出,丹麦能监测到的地下水体中有17%的点位硝酸盐含量超过了标准值。图2-14为丹麦地下水砷含量分布图。

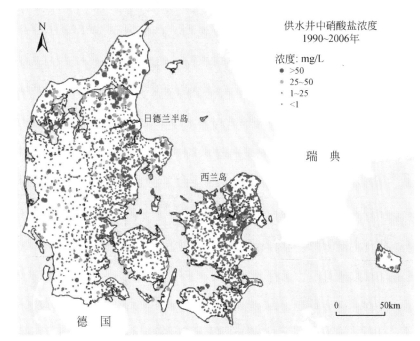

图 2-12 丹麦地下水硝酸盐含量分布图

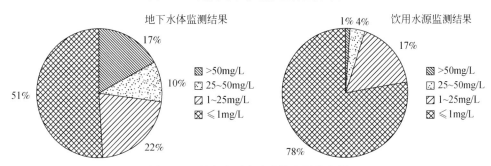

图 2-13 丹麦地下水硝酸盐含量分布图

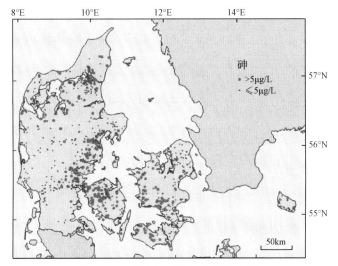

图 2-14 丹麦地下水砷含量分布图

2.2.7 奥地利

1. 地下水基本情况

奥地利的地下水覆盖面积占其国土面积的1/3。大部分用于工业(1.7×10^9 m³/a)、日常生活(7×10^8 m³/a)和农业(2×10^8 m³/a)。

2. 地下水环境质量标准内容

1) 地下水类型划分情况

岩溶地下水面积约15000 km²(占国土面积18%),多孔介质地下水面积约10000 km²(占国土面积12%),这两类是奥地利最重要的地下水资源。此外,在山区裂隙水也比较丰富。奥地利有丰富的潜在水资源,其中分为降水补给(1×10^{11} m³/a)、侧流补给(3×10^{10} m³/a)、蒸发运移(约4.5×10^{10} m³/a)。

2) 指标设置情况

化学评价过程分四个阶段,每个阶段确定不同物质的阈值[25],各阶段物质的选择见表2-29。

表2-29 各阶段参数的选择

第一阶段	Cd、Hg、Cu、Pb、Cr、As、B、Cl⁻、SO_4^{2-}、PO_3^{2-}、电导率(20℃)
第二阶段	Cd、Cu、Pb、Cr、As、B、Cl⁻、SO_4^{2-}、PO_3^{2-}、电导率(20℃)、TCE、PCE
第三阶段	Cd、Cu、Pb、Cr、As、Hg、TCE、PCE
第四阶段	—

3) 标准值(表2-30)

表2-30 奥地利地下水质量标准所确定的主要指标限值

污染物指标	指标所属类别	标准值	单位
氯化物	附件Ⅱ	60	mg/L
硫酸盐	附件Ⅱ	150	mg/L
砷	附件Ⅱ	30	μg/L
硝酸盐		45	mg/L
镉	附件Ⅱ	3	μg/L
镍	金属	30	μg/L
苯		1	μg/L
三氯乙烯	附件Ⅱ	18	μg/L

3. 地下水环境质量评价

地下水质量监测体系于1992年建立,根据《水质量监测条例》(Water Quality Monitoring Ordinance)进行检测。

1）评价标准

如同欧盟《地下水框架指令》所述，奥地利地下水状况由化学状况和水量状况两部分组成，分"良好"状况和"不良"状况。水量状况评价标准同《欧盟水框架指令》，化学状况评价主要依据环境质量标准和阈值。根据评价结果，奥地利地下水化学状况基本处于"良好"状况。

2）管理措施

奥地利很早就建立了《奥地利水法》（Austrian Water Act），为了更好地保护地下水体，1990年又颁布了《奥地利水法修正案》（Amendment to the Austrian Water Act），1997年颁布了《地下水阈值条例》（Groundwater Threshold Ordinance）。

2.2.8 法国

1. 地下水基本情况

大约 4.4×10^{11} m³/a 来自于大气降水；$2 \times 10^9 \sim 3 \times 10^9$ m³/a 来自邻国侧流补给及 2.7×10^{11} m³/a 的蒸发损失，大部分水消耗于电力冷却工厂，每年消耗 $2 \times 10^{10} \sim 2.2 \times 10^{10}$ m³ 的水。居民用水约 $5.5 \sim 6 \times 10^9$ m³/a，然后是工业用水 $4.4 \times 10^9 \sim 5.5 \times 10^9$ m³/a 和农业用水 $4 \times 10^9 \sim 5 \times 10^9$ m³/a。

2. 地下水环境质量标准内容

1）地下水类型划分情况

在法国，地下水类型可以分为三种，依据专家的估计，30%的地区是多孔介质含水层，10%是岩溶含水层，约60%为其他含水层。

2）指标设置情况

法国没有特定的地下水水质标准，对地下水的评估分为5个等级，每个等级的指标不同。

3. 地下水环境质量评价

1）评价标准

根据欧盟制定的欧盟《地下水指令》和《欧盟水框架指令》对地下水进行监测，以检验地下水水质是否达到"指令"所要求的良好标准。地下水水质状况监测的主要参数是硝酸盐及农药农产品，全国范围内共设置了553个监测点位。

根据监测数据（数量、质量）结果与阈值比较，判断区域水质是否处于良好状况，并分析趋势进化；分析区域地下水体存在的主要压力。若物质检测值大于现存"饮用水指令"规定值的75%或物质浓度呈明显稳定的上升趋势，都需进行风险评估。

2）评价结果

在553个监测点中，有208个监测点监测的地下水水质处于危险状况，108个监测点的地下水水质处于潜在危险状况，237个监测点的地下水水质处于良好状况。

2.2.9 葡萄牙

1. 地下水基本情况

因为地下水水质较好，约70%的饮用水是地下水。潜在水资源由 8.2×10^{10} m³/a 的降水补给量和 3.5×10^{10} m³/a 的侧流补给量组成。年蒸发速率为 4.46×10^{10} m³/a，大多数水用于农业部门(1.29×10^9 m³/a),居民用水(2.76×10^8 m³/a)和工业用水(1.45×10^8 m³/a)。

2. 地下水环境质量标准内容

1)地下水类型划分情况

葡萄牙的主要含水层是多孔介质含水层和岩溶含水层。多孔介质含水层面积为26000 km²(占国土面积29.4%),岩溶含水层面积为5500 km²(占国土面积6.2%)为26000 km²(占国土面积29.4%),含水层的平均出水量在10~30 L/s之间。几乎40%的含水层出水量超过30 L/s,一般潜水含水层易受污染。基岩风化残留物如变质岩地层含水层出水量少于3 L/s,并且与旱季雨季有关。

2)标准值

硝酸盐的建议值25 mg/L,最大值为50 mg/L[26]。

3. 地下水环境质量评价

根据《欧盟水框架指令》对地下水进行监测。

2.2.10 波兰

1. 地下水环境质量标准内容

地下水环境质量标准所规定的指标和标准值见表2-31。

表2-31 波兰地下水质量标准所确定的主要指标限值

污染物指标	指标所属类别	标准值	单位
氯化物	附件Ⅱ	250	mg/L
硫酸盐	附件Ⅱ	100	mg/L
硝酸盐		50	mg/L
砷	附件Ⅱ	5	μg/L
镉	附件Ⅱ	300	μg/L
镍	金属	50	μg/L
苯		—	μg/L
三氯乙烯	附件Ⅱ	—	μg/L

2. 地下水环境质量评价

地下水质量监测体系于1991年建立,全国建立了约600个地下水量状况监测位点,700个化学状况监测位点,共同针对地下水状况进行监测。

1)评价标准

主要根据地下水监测数据、污染源来源数据评判。

1级:质量非常好,化学成分完全是天然资源,没有超过MPL,没有人为影响。

2级:质量较好,化学成分完全是天然资源,一个或多个溶解成分由于自然过程超过MPL,没有明显的人为影响。

3级:可接受质量,化学成分主要是天然来源,一些成分浓度由于自然或人为影响升高,没有明显的趋势。

4级：不可接受质量，化学成分来自自然和人为来源，一些成分浓度升高。这些水域通常发生在人类活动密集的非承压含水层地区。

5级：质量较差，化学成分来自自然或人为来源，一些成分浓度较高。

2）评价结果

图2-15为波兰地下水水质评估图，评估图既采用了波兰5级评估法，也采用了《欧盟水框架指令》提出的评估法。根据《欧盟水框架指令》提出的评估法，波兰地下水体基本处于"良好"状况；根据波兰5级评估法，波兰地下水体有2个区域处于5级，2个区域处于4级，其他区域水体都能达到"可接受质量"。

图2-15 波兰地下水水质评估图

3）管理措施

2002年颁布了《水资源法》(Water Act)，用于地下水环境管理。

2.2.11 瑞士

1. 地下水基本情况

在瑞士，80%的饮用水和工业用水来自于地下水资源，与其他国家相比，瑞士地下水资源丰富且质量优良，在瑞士的任何地方都可使用（饮用水需要简单的消毒）[27]。

2. 地下水环境质量标准内容

地下水环境质量标准中所规定的指标及标准值见表2-32。

表 2-32　瑞士地下水质量标准所确定的主要指标限值

污染物指标	标准值	单位
硝酸盐	25	mg/L
氯化物	20	mg/L
硫酸盐	40	mg/L
铅	0.01	mg/L
镉	0.2	μg/L
铬	0.005	mg/L
铜	0.005	mg/L
镍	0.01	mg/L
汞	0.03	mg/L
锌	0.02	mg/L

3. 地下水环境质量评价

地下水监测局(NAQUA)监测全国的地下水质量,全国有500多个监测站点[28]。地下水质量的评价指标主要包括硝酸盐、农药残留及挥发性脂肪酸。

根据评价结果,有25%的监测点地下水中硝酸盐的含量超过了25 mg/L,在农业耕作地区有60%的监测点超过了25 mg/L。图2-16～图2-18分别为地下水中硝酸盐、杀虫剂、挥发性脂肪酸含量的监测结果图。

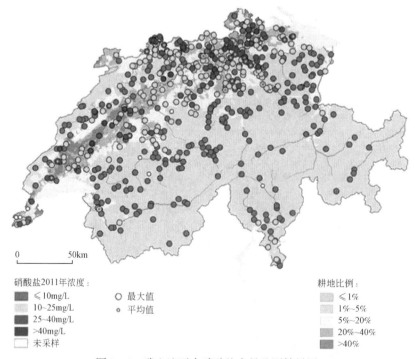

图 2-16　瑞士地下水硝酸盐含量监测结果图

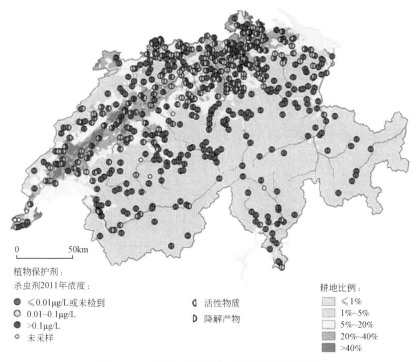

图 2-17 瑞士地下水杀虫剂含量检测结果图

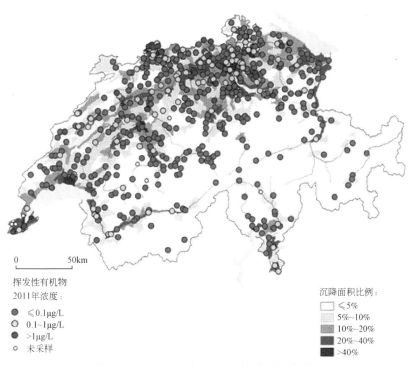

图 2-18 瑞士地下水挥发性脂肪酸分布图

4. 管理措施

地下水方面的管理法律主要有《水保护法案》(Federal Act on the Protection of Waters)和《水资源保护条例》(Waters Protection Ordinance)。

2.3 日 本

日本的地下水质量标准依据日本的《环境基本法》制定,发布于1997年,目前已经过1998年、1999年、2008年、2009年、2011年、2012年、2014年(两次)共8次修订[1]。主要内容包括以下几方面。

1. 环境标准

给出了28项指标的标准限值及分析方法要求,其中指标及标准限值要求见表2-33。

表2-33 日本地下水质量标准

序号	项目	标准值(mg/L)	序号	项目	标准值(mg/L)
1	镉	≤0.003	15	1,1,1-三氯乙烷	≤1
2	总氰化物	不得检出	16	1,1,2-三氯乙烷	≤0.006
3	铅	≤0.01	17	三氯乙烯	≤0.01
4	六价铬	≤0.05	18	四氯乙烯	≤0.01
5	砷	≤0.01	19	1,3-二氯丙烯	≤0.002
6	总汞	≤0.0005	20	秋兰姆	≤0.006
7	烷基汞	不得检出	21	西吗嗪	≤0.003
8	PCB	不得检出	22	乔草丹	≤0.02
9	二氯甲烷	≤0.02	23	苯	≤0.01
10	四氯化碳	≤0.002	24	硒	≤0.01
11	氯乙烯	≤0.002	25	硝酸盐氮和亚硝酸盐氮	≤10
12	1,2-二氯乙烷	≤0.004	26	氟	≤0.8
13	1,1-二氯乙烯	≤0.1	27	硼	≤1
14	1,2-二氯乙烯	≤0.04	28	二噁烷(1,4-二氧六环)	≤0.05

注:标准值为年均值,但总氰化物的标准值为最高值;"不得检出"是指根据指定分析方法测定的结果低于检出限。

2. 地下水的水质测定方法

分析方法需遵循表2-33中的相关规定;实施监测时,应充分考虑地下水水文状况,需在准确掌握地下水水质的监测点位和时间等相关基础信息的条件下开展监测[2]。

3. 关于达标要求

在设定标准后,地下水水质监测结果需低于达标限值,并保持达标状态。

4. 关于标准修订

对标准的修订需考虑两个方面的因素:一是通过科学判断,需修订标准限值或根据具体环境条件的要求,需增加监测项目;二是根据水质污染的状况、污染源状况及环境条件的变化等情况增加监测项目。

2.4 韩 国

韩国将地下水按照使用用途分为两类进行管理,即饮用水和非饮用水。非饮用水可以进一步具体分为生活用水、农业用水、渔业用水和工业用水。用于非饮用水的地下水质量标准包括4项一般污染物和15项特殊污染物,根据用途的不同,标准值有所差异;而用于饮用水的地下水质量标准包括4项微生物指标、11项有害无机物指标、17项有害有机物指标和15项感官性状和美学指标[3],其标准值等同于生活饮用水的标准值。

用作非饮用水和饮用水的地下水质量标准分别见表2-34和表2-35。

表2-34 韩国地下水质量标准(非饮用水用途)

		使用分类		
		居民用水	农业渔业用水	工业用水
一般污染物(4)	pH	5.8~8.5	6.0~8.5	5.0~9.0
	总大肠菌群(组/100 mL)	≤5000	—	—
	硝态氮	≤20	≤20	≤40
	氯离子	≤250	≤250	≤500
有害污染物(15)	镉	≤0.01	≤0.01	≤0.02
	砷	≤0.05	≤0.05	≤0.1
	氰化物	≤0.01	≤0.01	≤0.2
	汞	≤0.001	≤0.001	≤0.001
	有机磷	≤0.0005	≤0.0005	≤0.0005
	苯酚	≤0.005	≤0.005	≤0.01
	铅	≤0.1	≤0.1	≤0.2
	六价铬	≤0.05	≤0.05	≤0.1
	三氯乙烯(TCE)	≤0.03	≤0.03	≤0.06
	四氯乙烯(PCE)	≤0.01	≤0.01	≤0.02
	1,1,1-三氯乙烯	≤0.15	≤0.3	≤0.5
	苯	≤0.015		
	甲苯	≤1		
	乙苯	≤0.45		
	二甲苯	≤0.75		

表 2-35 韩国地下水质量标准(饮用水用途)

指标		生活饮用水卫生标准
微生物指标(4 项)	总菌落数	≤100CFU/mL
	总大肠菌群	ND/100 mL
	埃希氏菌群	ND/100 mL
	粪大肠菌群	ND/100 mL
无机指标(11 项)	氟(F)	≤1.5 mg/L
	铅(Pb)	≤0.01 mg/L
	砷(As)	≤0.01 mg/L
	硒(Se)	≤0.01 mg/L
	汞(Hg)	≤0.001 mg/L
	氰化物(CN)	≤0.01 mg/L
	铬(Cr)	≤0.05 mg/L
	氨氮(NH_3-N)	≤0.5 mg/L
	硝酸盐氮(NO_3^--N)	≤10 mg/L
	镉(Cd)	≤0.005 mg/L
	硼(B)	≤1.0 mg/L
有机指标(17 项)	苯酚	≤0.005 mg/L
	二嗪农	≤0.02 mg/L
	对硫磷	≤0.06 mg/L
	杀螟硫磷	≤0.04 mg/L
	胺甲萘	≤0.07 mg/L
	1,1,1-三氯甲烷(1,1,1-TCE)	≤0.1 mg/L
	四氯乙烯(PCE)	≤0.01 mg/L
	三氯乙烯(TCE)	≤0.03 mg/L
	二氯甲烷	≤0.02 mg/L
	苯	≤0.01 mg/L
	甲苯	≤0.7 mg/L
	乙苯	≤0.3 mg/L
	二甲苯	≤0.5 mg/L
	1,1-二氯乙烯	≤0.03 mg/L
	四氯化碳	≤0.002 mg/L
	1,2-二溴-3-氯丙烷	≤0.003 mg/L
	1,4-二氧六环(二噁英)	≤0.05 mg/L

续表

指标		生活饮用水卫生标准
感官性状指标(15项)	铜(Cu)	≤1 mg/L
	铁(Fe)	≤0.3 mg/L
	锰(Mn)	≤0.3 mg/L
	锌(Zn)	≤3.0 mg/L
	铝(Al)	≤0.2 mg/L
	硫酸根(SO_4^{2-})	≤250 mg/L
	高锰酸盐指数	≤10 mg/L
	气味	ND
	味道	ND
	浑浊度	1NTU
	色(度)	≤5
	总硬度	≤1000 mg/L
	洗涤剂(ABS,阴离子表面活性剂)	≤0.5 mg/L
	pH	4.5~9.5
	氯离子(Cl^-)	≤250 mg/L

到2013年年底,韩国环境部已设定了2595个地下水监测点位,监测的指标包括表2-35中19项指标和电导率。根据2012年的监测结果,4952个样品中有322个(6.5%)样品出现超标,其中,用于饮用水的地下水样品超标率为12.2%,非饮用水用途的地下水样品超标率为8.0%。出现超标的样品中,因常规污染物超标的样品占75.5%,其中总大肠菌群超标的占40.3%,硝酸盐(以N计)超标的占14.4%,氯离子超标的占12.7%;因有毒有害污染物超标的占24.5%,其中三氯乙烯、砷和四氯乙烯超标的样品比例分别为10.1%、6.2%和3.7%。硝酸盐氮在全国的污染范围较为广泛,主要是由农业活动、生活污水和畜禽养殖废水的排放造成的。三氯乙烯和四氯乙烯广泛用于纺织业等,因此在工业区或城市区域的地下水中有检出。

2.5 国外地下水标准对我国的启示

通过对国外地下水质量标准的制定现状进行调研,可以发现国外地下水质量标准有以下特点。

(1)对地下水进行分类,并执行相应的标准。

韩国、美国各州及欧盟成员国按照地下水的水文地质特征、水质状况和指定用途(如饮用水、农业用水或工业用水等)对地下水进行分类,然后分别提出相应的标准。不同类别的地下水标准在项目设置和标准值设置上均存在差异,体现了不同的管理要求。

(2)在项目选择上,充分考虑了一般理化指标和对人体健康有害的指标,并对项目进行分类。

各国地下水质量标准的项目通常包括以下几类：①一般理化指标,如 pH、总溶解性固体、电导率等;②微生物学指标,如粪大肠菌群等;③地下水环境中天然水化学成分,如氯离子、硫酸盐、硝酸盐等;④有毒有害指标,如重金属及由人类活动引入的有毒有机物等;⑤感官形状指标,包括浊度、色度、铁、锰等。不同国家及美国各州的项目数量存在较大差异,充分体现了区域性的地下水污染特征,但普遍将项目进行分类,如分为常规指标和非常规指标,或者特定项目或非特定项目等,实施不同的监测要求。

（3）标准值的确定充分考虑了环境背景值、人体健康风险及分析方法的检出限。

美国及欧盟均要求各州或成员国在确定地下水质量标准中天然成分的标准值时充分考虑背景值的影响,并指出地下水中化学组分在自然条件下的含量水平受水文地质条件、污染途径等多种因素的影响,不同地下水区域的环境背景值差别很大,因此设立完全一致的标准值并不可行。对于具有人体健康风险的污染物,普遍以饮用水标准值作为地下水质量标准值。美国伊利诺斯州和新泽西州的地下水质量标准中,还详细给出了对于缺乏饮用水标准值的项目,如何采用毒理学数据对基准值进行推导,并在标准中同时给出基准值和分析方法的检出限,规定取二者之中的高值作为标准值,说明标准值确定过程中不仅充分考虑了人体健康风险,还考虑了经济技术可行性。

（4）配套提出了监测、评价及污染防治措施。

日本的地下水质量标准中为每项指标都指定了分析方法,并提出了监测、达标、修订等方面的要求。美国各州的地下水质量标准中规定了每项指标的实用定量水平,即分析方法的最低检出限,并且提出了地下水质量反降级的要求。欧盟各成员国的地下水质量标准中还规定了评价标准,用于评价地下水水化学状况和受人类活动影响的程度。这些配套措施有效保证了地下水管理目标的实现。

参 考 文 献

[1] http://www.env.go.jp/kijun/tika.html.
[2] 陈平,李文攀,刘廷良. 日本地下水环境质量标准及监测方法. 中国环境监测,2011,27(6):59-63.
[3] http://eng.me.go.kr/eng/web/index.do? menuId=127&findDepth=1.
[4] Nebraska Department of Environmental Quality. Title 118- Groundwater quality standards and use classification,2006.
[5] Department of Environment and Natural Resources Division of Water Quality. Classifications and water quality standards applicable to the groundwaters of North Carolina,2013.
[6] Recommendation for adoption of proposed amendments to Wisconsin Administrative Code Chapter NR 140, Groundwater Quality,2010.
[7] N. J. A. C. 7:9C Ground Water Quality Standards,2010.
[8] EC, Directive 2000/60/EC of the European Parliament and of the Council establishing a framework for Community action in the field of water policy,2000.
[9] EC, Directive 2006/118/EC of the European Parliament and of the Council on the protection of groundwrater against pollution and deterioration,2006.
[10] Onorati G,T D M,Bussettini M,et al. Groundwater quality monitoring in Italy for the implementation of the

EU water framework directive. Physics and Chemistry of the Earth,2006. 31: 1004-1014.
[11] Stefano L D,S P M,Villarroya F,et al. The establishment of baseline groundwater conditions for the implementation of the Water Framework Directive in Spain. Water Resour Manage,2013. 27: 2691-2707.
[12] Mayorga P,A M,Anawar H M,et al. Temporal variation of arsenic and nitrate content in groundwater of the Duero River Basin (Spain). Physics and Chemistry of the Earth,2013:58-50: 22-27.
[13] Chica-Olmo M Luque-Espinar J A,Rodriguez Galiano V,et al., Categorical Indicator Kriging for assessing the risk of groundwater nitrate pollution: the case of Vega de Granada aquifer (SE Spain). Sci Total Environ,2014,470-471: 229-239.
[14] Lewis J,Sjöström J,Höök M,et al. The Swedish model for groundwater policy: legal foundations, decision-making and practical application. Hydrogeology Journal,2013,21: 751-760.
[15] Sweden,G S O,Environmental Code,1998.
[16] MACDONALD A.,N. S. R., BALL D., et al., An overview of groundwater in Scotland. Scottish Journal of Geology,2005. 41(1): 3-11.
[17] Robertson A. L.,J. W. N. S.,Johns T. et al.,The distribution and diversity of stygobites in Great Britain: an analysis to inform groundwater management. Geological Society of London,2009,42: 359-368.
[18] Survey,B. G.,The natural (baseline) quality of groundwater in England and Wales,2007.
[19] Vonberg D,Vanderborgnt J,Cremer N,et al. 20 years of long-term atrazine monitoring in a shallow aquifer in western Germany. Water Res,2014,50: 294-306.
[20] Wendland F,S. H., Kunkel R,et al. A procedure to define natural groundwater conditions of groundwater bodies in Germany. Water scince & Technology,2005,51(3-4): 249-257.
[21] Richter S,J. V. l., Borchardt D,et al. The Water Framework Directive as an approach for Integrated Water Resources Management: results from the experiences in Germany on implementation, and future perspectives. Environment Earth Science,2013,69: 719-728.
[22] Jørgensen L F,J. S.,Groundwater monitoring in Denmark: characteristics,perspectives and comparison with other countries. Hydrogeology Journal,2009,17: 827-842.
[23] Stockmarr J,Groundwater quality monitoring in Denmark. Geological Survey of Denmark and Greenland Bulletin,2005,7: 33-36.
[24] Hansen B,T. D., Thorling L,et al. Regional analysis of groundwater nitrate concentrations and trends in Denmark in regard to agricultural influence. Biogeosciences,2012,9: 3277-3286.
[25] Hatvani I G,N. M., Zessner M,et al. The Water Framework Directive: Can more information be extracted from groundwater data? A case study of Seewinkel,Burgenland,eastern Austria. Hydrogeology Journal,2014, 22: 779-794.
[26] Cruz J V ,D. P., Cymbron R,et al. Monitoring of the groundwater chemical status in the Azores archipelago (Portugal) in the context of the EU water framework directive. Environment Earth Science, 2010, 61: 173-186.
[27] BAFU,B. f. U.,Waters Protection Ordinance,1998.
[28] BAFU,B. f. U.,Federal Act on the Protection of the Environment,1983.

第3章 地下水环境背景值确定技术研究

3.1 研究思路

地下水环境背景值是指未受人为活动污染情况下地下水中各水化学组分的天然特征值。地下水环境背景值是地下水环境特征的定量反映，不同环境单元的环境背景值存在较大差异，即使同一单元内部，由于地下水流动性和地质体的不均一性，不同地区、上下游之间的水岩相互作用的强度和特点存在差异，环境中各化学要素会表现出局部差异性和渐变性特点。因此，地下水环境背景值具有区域差异性和渐变性。此外，在地下水形成过程中，一般情况下地质、水文地质等条件相对较为稳定，而水文、气象及人为因素等往往随机异变，其影响会使地下水中化学组分含量随时间呈现出一定的变化，即地下水的环境背景值具有时间差异性。地下水的区域差异性和时间差异性给环境背景值的确定带来了诸多困难，包括如何剔除人为活动干扰对地下水化学组分的影响，以及如何在水文地质条件调查的基础上选择适宜的环境背景值确定方法等。因此，开展地下水环境背景值的研究无论是在理论上还是实践上都有重要的意义。

在对国内外地下水环境背景值确定方法进行梳理基础上，系统分析了不同方法的优缺点，提出了地下水环境背景值确定的基本思路，在滹沱河冲洪积扇选择典型区进行试算，进而制定了地下水环境背景值确定技术方法，并在珠江三角洲、西南岩溶地区、柴达木盆地和西北河谷平原的典型区段对技术方法进行了验证和完善。根据水质资料的实际情况，将五个研究区划分为两类，水质资料相对充足区(如华北平原、珠江三角洲、西南岩溶区)和水质资料相对缺乏区(如西北河谷平原、柴达木盆地)，分别开展地下水环境背景值调查和取样工作。针对资料丰富的研究区采用基于水化学方法开展地下水环境背景值研究，资料薄弱的研究区采用基于数理统计简化方法开展地下水环境背景值研究。通过不同研究区水文地质条件和水化学资料分析，开展水文地质单元划分和水文地球化学分带划分研究。对历史监测资料统计与分析，识别地下水典型水化学指标随时间的演变特征，揭示人类活动对地下水典型水化学指标的影响机制。根据研究区背景值取样测试数据，结合天然地下水水化学类型分带和人类活动影响下的地下水典型水化学指标时空演变规律，利用提出的地下水环境背景值确定技术方法进行试算，并进一步完善该方法，建立适合不同实际情况的地下水环境背景值确定技术。地下水环境背景值确定技术路线见图3-1。

第3章 地下水环境背景值确定技术研究

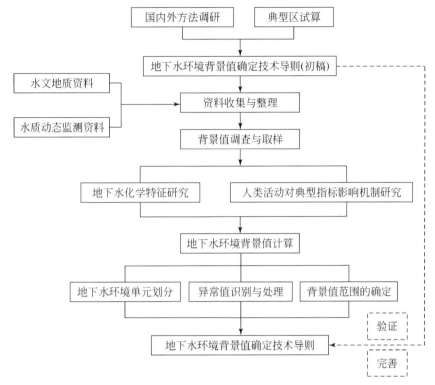

图3-1 地下水环境背景值确定技术路线图

3.2 地下水环境背景值方法研究

3.2.1 环境背景值研究进展

1924年,美国学者F.W.克拉克首先发表了背景值方面的研究报告,此后,人们将地壳、岩石、大气和水体各种化学元素的平均含量称为克拉克值。后来,苏联学者维诺格拉多夫等对岩石、土壤和生命物质中的元素丰度作了进一步的研究。随着环境科学的发展,环境污染的调查和监测要求确定各环境要素中化学元素的正常范围。美国、日本、欧洲、苏联等国家和地区对水、土、植物、岩石的环境背景值开展了不同程度的研究。日本若月利之等对日本不同地区的15个县水稻土中铅、锌、铜、镍、铬和钒的自然本底值的研究成果做了相关报告。1975年,美国学者J.J.康纳等在对各环境要素化学元素丰度值研究的基础上,提出了美国部分地区的环境背景值。

1978年美国开始对地下水背景值进行研究,共采集了736个地下水样品,主要是用于研究微量元素与人体健康的关系,该研究报告还指出有关数据可用于环境污染和找矿的前景。

以色列采取地下井水样品测定了Cu、Cr、Zn、Cd、Pb、Hg等六种重金属元素的背景值,并研究了各种元素的空间分布规律。

苏联曾对本国一些地区的地下水背景值进行调查研究,共分析了 26 种重金属元素。

1991~2001 年,美国水质评价计划(NAWQA)在数据收集和分析阶段对研究区 15 个盆地沉积物含水层采集了水样,并确定了水质背景。同时也调查了地下水水质与自然和人为因素的关系,包括主要离子、微量元素等。通过这些研究,详细地了解影响每个盆地地下水水质的因素,并将 15 个盆地的研究结果进行综合分析,确定影响美国西南部盆地沉积物含水层水质的共同因素。

2005~2007 年,欧洲 14 个国家启动环境起始值划定(BRIDGE)项目,根据各个国家研究尺度和研究程度不同,采取不同方法来确定这些国家的地下水环境背景值,为该地区环境起始值的划定奠定了基础[1,2]。在项目报告中,Edmunds 等提出地下水环境背景值是一个范围值,而不是一个值。Müller 等提出运用简化的预筛选水样的方法(simplified pre-selection methodology)来估计背景值,根据现有数据的数量和质量的不同,分别选取 10%~90% 和 2.3%~97.7% 百分位数作为背景值区间[3]。

我国环境背景值研究是从研究土壤开始,逐渐扩展到水、生物、大气等其他环境要素。其研究过程大体分为两个阶段。

(1)1970 年开始,中国科学院等科研单位先后开展了土壤背景值调查,包括北京、南京、广东、松辽平原、珠穆朗玛峰等地区的调查研究,掌握了部分城市及部分地区的土壤及农作物的环境背景值状况。这些研究具有开创性特点,且是分散的、局部区域的。

(2)自 1982 年开始,我国把环境背景值的研究列入了国家重点科技攻关项目,组织了辽、吉、黑、湘、粤五省的环境监测,开展了松辽平原、湘江谷地的土壤环境背景值研究,松花江水系、洞庭湖水系、珠江流域北江水系的环境背景值调查,以及长江中下游重点地区的地下水环境背景值研究。此阶段不但获得了 30 多个元素的背景值数据,还探索了我国环境背景值研究的方法。主要调查工作如下。

(a)吉林省对第二松花江流域地下水环境背景值的研究,并出版《第二松花江流域地下水环境背景值检测技术》[4],详细介绍了地下水环境背景值调查工作的布点原则、采样技术、实验室分析技术与质量监控技术等方面内容。

(b)由吉林省环境水文地质研究所承担的吉林省地下水化学背景值调研,给出了吉林省环境背景值,并探讨了潜水环境背景值分布规律与时空演化特点[5,6]。

(c)江西省地矿局环境地质大队、湖北省环境地质总站等曾进行长江中下游重点地区地下水环境背景值调查研究。本项目将该区分为江汉平原东部、鄱阳湖、长江三角洲南部三个区,更好地论证了长江中下游地区环境背景特征及其形成的控制因素。其成果的取得,标志着我国在地下水环境背景值领域的研究达到了较高的水平[7,8]。

3.2.2 研究方法对比分析

通过国内外方法梳理,系统总结地下水环境背景值研究方法,并对其进行对比分析,详见表 3-1。

表 3-1 地下水环境背景值研究方法汇总

地区	前提	方法	优缺点
国内研究	不考虑时间序列因子，同一水文地质单元	同一时间不同空间分布水质资料的数理统计	无法体现时间差异性，但可充分利用以往水质资料
	非污染区	平均值法	没有区分样品浓度分布类型，但方法简单，可粗略地反映背景情况
		趋势面分析法	拟合过程中不可避免地带来误差，但可直观清晰地反映出背景值及其分布
	污染区	比拟法	无法体现空间差异性
		剖面图法[9]	比较直观，但需要布设取样剖面，比较费时
		变差曲线法	只适用于正态分布的元素
		历时曲线法	判断化学元素随时间发生阶跃的部分易出现误差，比较粗略
		趋势面分析法	见上面所述
		等值线法	得出的背景值为一单值，不是一个范围
国外研究	对水文地球化学过程了解较少，没有可用数据	比拟法	无法体现空间差异性
	小区域尺度，监测数据质量很好	含水层溶解过程的水化学模拟[10]	获得背景值最复杂的方法，不仅需要专业的水化学知识，还要有最模型的专业知识，耗时
		浓度分布曲线分析——卷积法[11]	可充分利用各采样点数据及参数，但需要深入的统计学知识
	保证水化学均值条件	预筛选法[12-15]	适合有大量数据，统计方法可用的宏观组分，但所选指示剂与其他人为产生的物质浓度不一定完全相关，会导致删除很多必要数据

3.3 地下水环境背景值确定技术框架

在吸收国内外研究成果的基础上，选择珠三角研究区进行地下水环境背景值方法的试算，初步编制了地下水环境背景值确定技术框架，如图 3-2 所示。通过在滹沱河冲洪积扇、西北河谷平原、柴达木盆地和西南岩溶区进行进一步的验证，对技术框架进行补充完善。

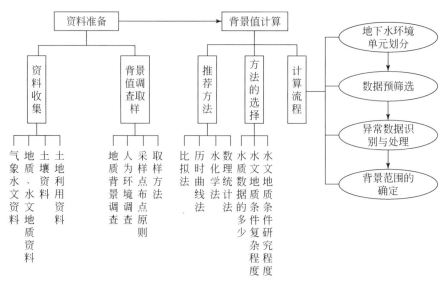

图 3-2 地下水环境背景值确定技术框架

3.4 基于水化学方法的地下水环境背景值研究

3.4.1 滹沱河冲洪积扇地下水环境背景值研究

1. 滹沱河地下水水文地球化学特征研究

系统收集研究区的地质、水文地质和地下水监测资料,掌握研究区基本的地质和水文地质概况[16,17]。

1) 滹沱河冲洪积扇水文地质条件

研究区含水层属河北平原第四系巨厚多层型含水层系统,为山前倾斜平原水文地质区,地处滹沱河冲洪积扇的中上部,一般以 100 m 等高线作为平原山区边界,100 m 等高线以上为前第四系地层构成的剥蚀残丘和丘陵,或下、中更新统地层组成的冰蚀台地,河谷阶地等,100 m 以下为广阔的第四系冲积平原。

研究区含水组划分以地质分层为基础,结合水动力条件、含水层与隔水层分布情况、成因类型、地质结构,并从开采利用出发,将第四系含水层划分为四个含水组。第Ⅰ含水组,地层上相当于 Q_4+Q_3;第Ⅱ含水组,地层上相当于中更新统(Q_2);第Ⅲ含水组,地层上相当于 Q_1 的上、中段;第Ⅳ含水组,地层上相当于 Q_1 的下段。其中第Ⅰ、Ⅱ含水组为浅层地下水,在全区都有分布。第Ⅲ、Ⅳ含水组为深层地下水,在南楼村-北贾村-正定县城-十里铺村-南焦村一线以西为潜水,与上覆第Ⅰ+Ⅱ含水组间无稳定隔水层,可视为统一含水层;该线以东,与上覆第Ⅰ+Ⅱ含水组间有稳定隔水层,为承压水。其特征如下。

(1) 第Ⅰ含水组。

含水层厚度为 5~32 m,含水层主要岩性为砾卵石、砂砾卵石,粒度粗、垂向连续性强,导水性、富水性好,含水层之间无连续隔水层分布,具有强入渗补给及储水条件。近山平原地带与山区河谷平原含水体相连,故侧向径流条件好。由于地下水位的下降,石家庄中东部该含水组大部已基本疏干。

(2)第Ⅱ含水组。

该含水组底板埋深 28~133 m,含水层厚度 13~94 m,岩性为砾卵石夹中粗砂及亚砂土和亚黏土。砂砾卵石分选性好,磨圆度高,透水性和富水性强,厚度从冲积扇轴部向两侧变薄,单层厚度可达 20~40 m,含水层厚度由西部的十几米增到东部的一百多米,底板标高由西部的 70~80 m,到东部 100 m 左右,渗透系数一般 300~400 m/d,最大达 800 m/d,单位涌水量在近扇轴地带 50~80 m³/(h·m),向扇侧缘逐渐减少到 20 m³/(h·m),最大单井涌水量可达 433 m³/(h·m),冲积扇轴部导水系数一般大于 2000 m²/d,冲积扇边缘导水系数减少为 500~1000 m²/d。地面坡度一般大于 1/1000,最大渗透系数可达 700 m³/d 左右。该组与第Ⅰ含水组之间,有不稳定薄层黏性土分布,垂直入渗及水平补给条件较好,地下水水质较好。该含水组在市区为滹沱河水源地供水目的层,其他地区为农业用水主要开采层。

(3)第Ⅲ含水组。

该含水组地下水为微承压水,底板埋深 68~278 m,含水组厚度为 18~170 m。该含水组由冲积、洪积与冰川-冰水堆积作用形成,含水层岩性由 3~4 套中细砂-中粗砂-砾石、卵石(或含砾粗砂)韵律构成,含水组下段砂、砾石、卵石遭受不同程度的风化。单井涌水量在近扇轴部为 50~70 m³/(h·m),扇两翼及前缘一般为 10~30 m³/(h·m)。该含水组垂向补给条件较差,侧向径流补给条件较好。该组目前为生活饮用水主要开采层。

(4)第Ⅳ含水组。

该组地下水为承压水,底板埋深为 137~414 m,含水组厚度 5~277 m。由冲积、洪积、湖积及冰川-冰水堆积作用所形成的 3~4 套中细砂-含砾中粗砂岩性韵律构成,分布范围较小,该组含水层不甚发育,并有不同程度的风化与胶结,透水性与富水性明显减弱。含水层之间及其与第Ⅲ含水组之间,均有较厚的黏土相隔,在山麓前缘地带,一般以厚层黏土与第四系地层呈不整合接触,形成阻水边界,故垂向与侧向补给条件均差。石家庄以北地区,单井单位涌水量为 10~20 m³/(h·m),局部 5~10 m³/(h·m);石家庄以南地区,单井单位涌水量为 5~10 m³/h·m,局部 2.5~5.0 m³/(h·m)。该层是生活饮用水的次要开采层,随着安全饮水意识的提高和重视,该组地下水开采量正在逐年增加。

该区第四系沉积受构造控制,含水层的构成及其空间分布具有明显的差异性和共性。在水平方向上,由西向东含水层单层厚度由厚变薄,颗粒由粗变细,层次由少变多,含水介质的分选性、磨圆性由差到好,富水性由强变弱;在垂向上,含水层变化是上部及下部砂层颗粒较细,厚度较小,中部砂层颗粒较粗,含水层较厚。

该地区地下水化学特征为山前冲洪积扇型水化学特征,矿化度沿冲积扇顶部向中部及前缘由 0.2~0.5 g/L 过渡为 0.5~1.0 g/L,水化学类型由重碳酸盐型水变为重碳酸盐硫酸盐型水,地下水呈中性-弱碱性。

该地区浅层地下水补给来源主要有大气降水入渗补给、西部山区侧向径流补给、地表水入渗补给及农田灌溉回归补给。其中大气降水入渗补给为本区地下水最主要的补给方式。受地形条件影响,区内地下水总体上由西北向东南方向汇流,且径流条件良好。区内地下水的排泄以人工开采为主,其次为侧向径流排泄。

2) 水文地球化学特征研究

a) 现场指标

按照水文地质单元,分别统计各单元的现场测试指标的特征值,见图3-3。

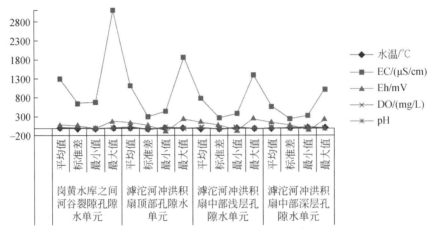

图3-3 研究区地下水现场测试指标统计图

从表中可以看出,各单元水温相差不大,其中平均值介于 15~16℃ 之间。电导率(EC)平均值以岗黄水库之间河谷裂隙孔隙水单元最大,最大值达到 3100 μS/cm,EC 偏高的主要原因在于该单元地下水埋藏较浅,受人类活动影响较大。滹沱河冲洪积扇中部深层孔隙水单元最小,平均值仅 578 μS/cm,地下水位埋藏深,受人类活动影响相对较小。从 Eh 和溶解氧(Do)的统计情况来看,研究区地下水多处于氧化环境,个别点处于还原环境。

b) 地下水水化学空间分布特征

研究区地下水阴离子以 HCO_3^- 为主,阳离子以 Ca^{2+}、Mg^{2+} 为主。受地质条件和地下水循环的影响,在垂直和水平分带上地下水化学特征呈现一定的分带性。另外,随着地下水开发利用活动的加剧,地下水开采对地下水化学场的影响越来越大。

本次各采样点的水化学类型如表3-2所示。

表3-2 不同地下水环境单元地下水化学类型

地下水环境单元	采样点号	经度	纬度	水化学类型
岗黄水库之间河谷裂隙孔隙水单元	HTH001	114.087	38.311	$HCO_3 \cdot SO_4-Ca$
	HTH003	114.151	38.367	$SO_4 \cdot Cl \cdot HCO_3-Ca$
	HTH051	113.946	38.279	$HCO_3 \cdot SO_4-Ca$
	HTH052	113.999	38.269	$HCO_3 \cdot SO_4-Ca$
	HTH053	114.068	38.301	$Cl \cdot SO_4 \cdot HCO_3-Ca \cdot Na$
	HTH054	114.034	38.346	$HCO_3 \cdot SO_4-Ca$
	HTH055	114.068	38.350	$HCO_3 \cdot SO_4-Ca$
	HTH056	114.104	38.367	$Cl \cdot HCO_3-Ca$
	HTH057	114.167	38.387	$HCO_3 \cdot SO_4-Ca$

续表

地下水环境单元	采样点号	经度	纬度	水化学类型
岗黄水库之间河谷裂隙孔隙水单元	HTH058	114.157	38.334	$HCO_3 \cdot SO_4-Ca$
	HTH059	114.162	38.400	$HCO_3 \cdot SO_4 \cdot Cl-Ca$
	HTH060	114.161	38.401	$Cl \cdot HCO_3-Ca$
	HTH061	114.043	38.311	$HCO_3 \cdot SO_4-Ca$
	HTH062	114.045	38.273	$HCO_3 \cdot SO_4-Ca$
	HTH063	114.114	38.313	$HCO_3 \cdot SO_4-Ca$
	HTH064	114.140	38.295	$HCO_3 \cdot SO_4-Ca$
	HTH065	114.130	38.265	$HCO_3 \cdot SO_4-Ca$
	HTH066	114.218	38.318	$HCO_3 \cdot SO_4-Ca$
	HTH067	114.225	38.342	$Cl \cdot SO_4 \cdot HCO_3-Ca \cdot Na$
	HTH068	114.283	38.300	$HCO_3 \cdot SO_4-Ca$
	HTH069	114.210	38.251	$HCO_3 \cdot SO_4-Ca$
	HTH070	114.238	38.238	$HCO_3 \cdot SO_4-Ca$
滹沱河冲洪积扇顶部孔隙水单元	HTH006	114.314	38.231	$HCO_3 \cdot SO_4-Ca$
	HTH007	114.376	38.232	$HCO_3 \cdot SO_4-Ca$
	HTH008	114.301	38.278	$HCO_3 \cdot SO_4-Ca$
	HTH009	114.382	38.295	HCO_3-Ca
	HTH010	114.430	38.251	$HCO_3-Ca \cdot Mg$
	HTH011	114.474	38.216	$HCO_3 \cdot SO_4-Ca \cdot Mg$
	HTH012	114.524	38.203	$HCO_3 \cdot SO_4-Ca$
	HTH013	114.565	38.187	$HCO_3-Ca \cdot Mg$
	HTH014	114.579	38.155	$HCO_3 \cdot SO_4-Ca$
	HTH034	114.337	38.188	$HCO_3 \cdot SO_4-Ca$
	HTH035	114.404	38.167	$HCO_3 \cdot SO_4-Ca$
	HTH036	114.399	38.132	$HCO_3 \cdot SO_4-Ca \cdot Mg$
	HTH037	114.433	38.146	$HCO_3 \cdot SO_4-Ca$
	HTH038	114.505	38.127	$HCO_3 \cdot SO_4-Ca \cdot Mg$
	HTH039	114.527	38.091	$HCO_3 \cdot SO_4-Ca$
	HTH041	114.438	38.050	$HCO_3 \cdot Cl-Ca$
	HTH042	114.443	38.049	$HCO_3 \cdot Cl-Ca$
	HTH043	114.514	38.001	$HCO_3 \cdot Cl-Ca \cdot Mg$
	HTH044	114.450	38.073	$HCO_3 \cdot Cl \cdot SO_4-Ca \cdot Mg$
	HTH045	114.445	38.010	$HCO_3 \cdot Cl-Ca$
	HTH046	114.565	38.055	$HCO_3 \cdot Cl \cdot SO_4-Ca$
	HTH047	114.523	38.071	$HCO_3 \cdot SO_4-Ca$

续表

地下水环境单元	采样点号	经度	纬度	水化学类型
滹沱河冲洪积扇顶部孔隙水单元	HTH071	114.333	38.277	HCO_3-Ca
	HTH072	114.355	38.286	HCO_3-Ca
	HTH073	114.403	38.277	$HCO_3 \cdot SO_4-Ca \cdot Mg$
	HTH074	114.443	38.240	$SO_4 \cdot HCO_3-Ca$
	HTH075	114.515	38.231	$HCO_3 \cdot SO_4-Ca$
	HTH076	114.497	38.173	$HCO_3 \cdot SO_4-Ca \cdot Mg$
	HTH077	114.523	38.162	$HCO_3 \cdot SO_4-Ca \cdot Mg$
	HTH078	114.534	38.186	$HCO_3 \cdot SO_4-Ca$
	HTH101	114.417	38.121	$HCO_3 \cdot SO_4-Ca \cdot Mg$
	HTH102	114.365	38.185	$HCO_3 \cdot SO_4-Ca$
	HTH103	114.347	38.215	$HCO_3 \cdot SO_4-Ca$
	HTH104	114.337	38.258	$HCO_3 \cdot SO_4-Ca \cdot Mg$
	HTH105	114.315	38.247	$SO_4 \cdot HCO_3-Ca$
	HTH106	114.360	38.254	$HCO_3 \cdot SO_4-Ca \cdot Mg$
	HTH107	114.393	38.210	$HCO_3 \cdot SO_4-Ca \cdot Mg$
	HTH108	114.424	38.178	$HCO_3 \cdot SO_4-Ca \cdot Mg$
	HTH109	114.567	38.131	$HCO_3 \cdot SO_4-Ca$
	HTH111	114.415	38.104	$HCO_3 \cdot SO_4-Ca$
	HTH112	114.428	38.065	$HCO_3 \cdot SO_4 \cdot Cl-Ca$
	HTH113	114.419	38.013	$HCO_3 \cdot SO_4 \cdot Cl-Ca$
	HTH114	114.484	37.983	$HCO_3 \cdot Cl-Ca$
	HTH115	114.525	37.991	$Cl \cdot HCO_3-Ca \cdot Mg$
	HTH118	114.447	38.122	$HCO_3 \cdot SO_4-Ca$
	HTH119	114.493	38.119	$HCO_3 \cdot SO_4-Ca \cdot Mg$
滹沱河冲洪积扇中部浅层孔隙水单元	HTH015	114.640	38.162	$HCO_3-Ca \cdot Mg$
	HTH016	114.694	38.167	$HCO_3 \cdot Cl-Ca \cdot Mg$
	HTH017	114.714	38.128	$HCO_3 \cdot Cl-Ca \cdot Mg$
	HTH018	114.769	38.142	$HCO_3-Ca \cdot Mg$
	HTH019	114.817	38.142	$HCO_3 \cdot Cl-Ca \cdot Mg$
	HTH020	114.798	38.082	$HCO_3 \cdot SO_4-Ca \cdot Mg$
	HTH021	114.851	37.995	$HCO_3-Ca \cdot Mg$
	HTH022	114.872	37.945	$HCO_3-Ca \cdot Mg$
	HTH023	114.838	37.960	$HCO_3-Ca \cdot Mg$
	HTH024	114.794	37.987	$HCO_3-Ca \cdot Mg$
	HTH025	114.650	37.926	$HCO_3-Ca \cdot Mg$

续表

地下水环境单元	采样点号	经度	纬度	水化学类型
滹沱河冲洪积扇中部浅层孔隙水单元	HTH026	114.753	37.905	$HCO_3-Ca \cdot Mg$
	HTH027	114.813	37.892	$HCO_3-Ca \cdot Mg$
	HTH028	114.881	37.877	$HCO_3-Ca \cdot Mg \cdot Na$
	HTH031	114.651	37.988	$HCO_3-Ca \cdot Mg$
	HTH033	114.646	38.084	$HCO_3 \cdot SO_4-Ca \cdot Mg$
	HTH040	114.620	38.018	$HCO_3-Ca \cdot Mg$
	HTH079	114.631	38.134	$HCO_3 \cdot SO_4-Ca \cdot Mg$
	HTH080	114.617	38.161	$HCO_3-Ca \cdot Mg$
	HTH081	114.666	38.140	$HCO_3-Ca \cdot Mg$
	HTH083	114.711	38.162	$HCO_3-Ca \cdot Mg$
	HTH084	114.761	38.092	$HCO_3 \cdot SO_4-Ca \cdot Mg$
	HTH086	114.701	38.064	$HCO_3 \cdot SO_4-Ca \cdot Mg$
	HTH087	114.678	38.051	$HCO_3 \cdot SO_4-Ca \cdot Mg$
	HTH088	114.657	38.026	$HCO_3 \cdot Cl-Ca \cdot Mg$
	HTH090	114.731	38.009	$HCO_3 \cdot Cl-Ca \cdot Mg$
	HTH091	114.697	37.989	$HCO_3-Ca \cdot Mg$
	HTH094	114.607	37.999	$HCO_3-Ca \cdot Mg$
	HTH116	114.560	37.939	$Cl \cdot HCO_3-Ca \cdot Mg$
	HTH117	114.615	38.022	$HCO_3 \cdot Cl-Ca \cdot Mg$
	HTH120	114.797	38.017	$HCO_3 \cdot SO_4-Ca \cdot Mg$
	HTH122	114.915	38.019	$HCO_3 \cdot SO_4-Ca \cdot Mg$
	HTH123	114.798	37.974	$HCO_3-Ca \cdot Mg$
	HTH124	114.781	37.945	$HCO_3-Ca \cdot Mg$
	HTH126	114.729	37.904	$HCO_3-Ca \cdot Mg$
	HTH127	114.729	37.857	$HCO_3 \cdot Cl-Ca \cdot Mg$
滹沱河冲洪积扇中部深层孔隙水单元	HTH029	114.730	37.965	HCO_3-Ca
	HTH030	114.710	38.032	$HCO_3 \cdot SO_4-Ca$
	HTH032	114.635	38.062	HCO_3-Ca
	HTH082	114.717	38.147	$HCO_3-Ca \cdot Mg$
	HTH085	114.701	38.064	$HCO_3-Ca \cdot Mg \cdot Na$
	HTH089	114.681	38.005	$Cl \cdot SO_4 \cdot HCO_3-Na \cdot Ca$
	HTH092	114.677	37.886	$HCO_3-Na \cdot Ca$
	HTH093	114.700	37.939	$HCO_3-Ca \cdot Mg$
	HTH110	114.548	38.142	$HCO_3 \cdot SO_4-Ca \cdot Mg$
	HTH121	114.885	38.022	$HCO_3-Ca \cdot Mg$
	HTH125	114.852	37.912	$HCO_3-Na \cdot Ca$

从浅层地下水水化学类型分布图(图3-4)上可以看出,研究区地下水水化学类型主要包括 $HCO_3 \cdot SO_4-Ca(Ca \cdot Mg)$ 型水、$HCO_3-Ca(Ca \cdot Mg)$ 型水、$HCO_3 \cdot Cl-Ca(Ca \cdot Mg)$ 型水及 $Cl \cdot HCO_3-Ca$、$SO_4 \cdot Cl-Ca$ 型水。其中 $HCO_3 \cdot SO_4-Ca(Ca \cdot Mg)$ 型水在全区分布最为广泛,主要分布在岗黄水库滹沱河冲积平原裂隙孔隙水单元的大部分、滹沱河冲洪积扇顶部,以及滹沱河冲洪积扇中部的北部。$HCO_3-Ca(Ca \cdot Mg)$ 型水主要分布在滹沱河冲洪积扇中部的南部区域、滹沱河冲洪积扇顶部的北部和滹沱河冲洪积扇中部,$HCO_3 \cdot Cl-Ca(Ca \cdot Mg)$ 型水主要分布在滹沱河冲洪积扇顶部的南部区域,即石家庄市区南部和栾城一带,$Cl \cdot HCO_3-Ca$ 和 $SO_4 \cdot Cl-Ca$ 型水主要分布在岗黄水库滹沱河河谷平原北部地带。

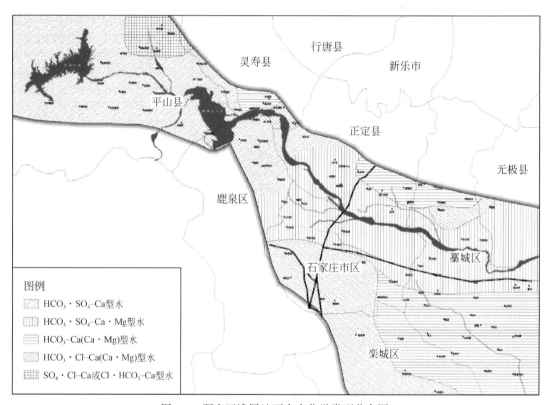

图 3-4 研究区浅层地下水水化学类型分布图

从所有地下水点的 Piper 三线图(图 3-5)可以看出,岗黄水库之间滹沱河冲积平原裂隙孔隙水单元的地下水与滹沱河冲洪积扇的地下水表现出明显的分区特征,尤其以阳离子最为明显,Mg^{2+} 所占毫克当量百分比多小于 20%,阳离子以 Ca^{2+} 为主,滹沱河冲洪积扇的顶部和中部浅层地下水,沿地下水流向,SO_4^{2-} 减小,HCO_3^- 比重呈增加趋势。而滹沱河冲洪积扇中部深层地下水大部分与其对应的扇中部浅层地下水水化学特征呈现一致性,但有部分点与总体偏离较大,分别为 HTH089、HTH092、HTH125,其水化学类型分别为 $Cl \cdot SO_4 \cdot HCO_3-Na \cdot Ca$、$HCO_3-Na \cdot Ca$、$HCO_3-Na \cdot Ca$ 型水。

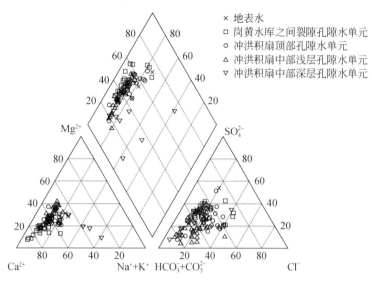

图 3-5 研究区不同地下水环境单元 Piper 三线图

c) 地下水水化学演变特征

随着自然条件的演化和人类活动的影响加剧,石家庄市地下水动力条件发生变化,原来的水岩平衡被打破,地下水盐分运移方向和方式改变,使得石家庄市浅层地下水水化学环境在过去的几十年中发生了显著变化。

(1) 地下水水水化学总体演变特征。

根据 1959 年"石家庄供水水文地质勘察报告"相关资料,当时地下水化学类型主要为 HCO_3-Ca 和 HCO_3-Ca·Mg,地下水的平均 TDS 为 340 mg/L,平均总硬度为 260 mg/L,硝酸盐为 2.35 mg/L,铵根离子和亚硝酸根离子未检出或者仅有检出,地下水化学成分基本保持天然状态。

1970 年石家庄市部分地区地下水水质开始出现变异,根据 1978 年地下水水质年鉴(石家庄和正定),地下水平均 TDS 为 473.4 mg/L,平均硬度为 385 mg/L,硝酸盐达到 15.7 mg/L。

到 1990 年年初,石家庄市区原来大面积的 HCO_3-Ca·Mg 型水被 HCO_3·Cl-Ca·Mg 型水所取代(图 3-6),市区西部孔寨-留营一带出现小面积 Cl-Ca 及 Cl·HCO_3-Ca 型水,大安舍、柏林庄、二十里铺以北地区,因滹沱河受井陉煤矿排水影响,河水呈重碳酸-硫酸盐型水,该地区地下水接受滹沱河水侧向补给,故地下水类型为重碳酸-硫酸型水。1992 年地下水平均 TDS 达到 655 mg/L,平均总硬度为 462.9 mg/L,硝酸盐达 41.62 mg/L。

2004 年前后,石家庄市区南部原有的 HCO_3·Cl-Ca·Mg 型水仍然呈大面积分布,另外在二十里铺-宋村-南焦一带出现条带状的 Cl·HCO_3-Ca·Mg 型水,Cl·HCO_3-Ca 型水、HCO_3·SO_4-Ca、HCO_3·SO_4·Cl-Ca·Mg、Cl·HCO_3-Na·Ca 型水呈小面积分布于孔寨、大宋楼北部、桃园东南部及谈固东北部地区(图 3-7)。

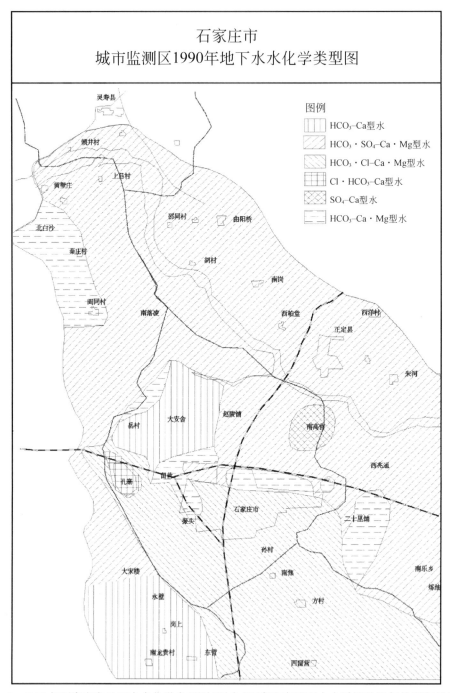

图 3-6　1990 年石家庄市地下水水化学类型图(引自《石家庄市地下水水质评价及保护研究报告》)

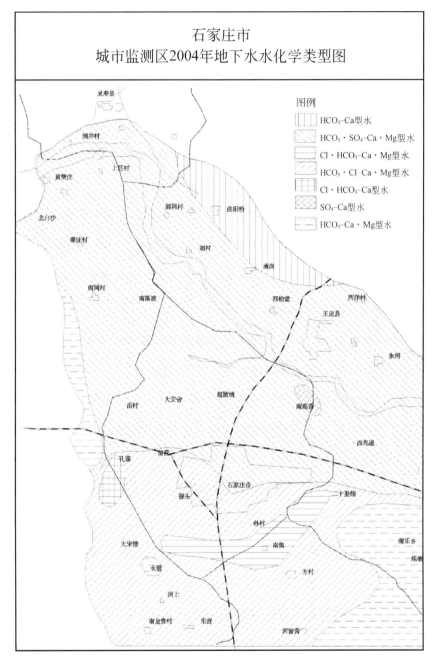

图 3-7 2004 年石家庄城市监测区水化学类型图
[引自《河北省石家庄市地质环境监测报告(2001—2005 年)》]

至 2009 年,研究区地下水化学类型总体分布情况与 2004 年基本一致,冲洪积扇扇顶部以 $HCO_3·SO_4$-$Ca·Mg$ 型水为主,中部以 HCO_3-$Ca·Mg$ 型水为主。相比 2004 年水化学类型分布情况,孔寨附近的 $Cl·HCO_3$-Ca 型水的分布面积有所扩大,而二十里铺附近的 $Cl·HCO_3$-$Ca·Mg$ 型水的分布面积减小(图 3-8)。

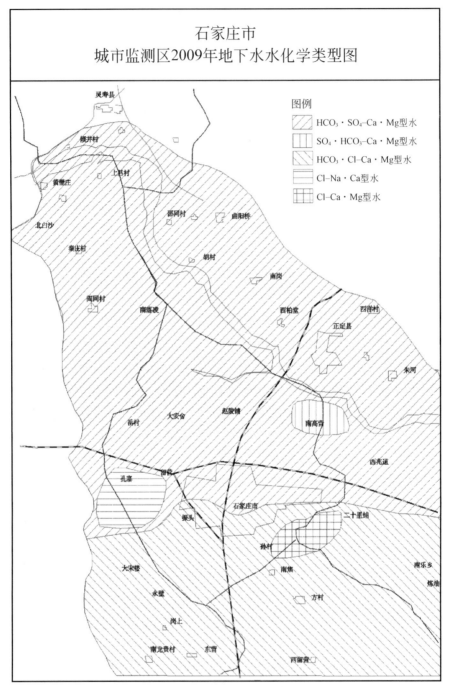

图 3-8　2009 年石家庄城市监测区水化学类型图
[引自《河北省石家庄市地质环境监测报告(2006—2010 年)》]

(2) 滹沱河冲洪积扇水化学变化特征。

(a) 滹沱河冲洪积扇扇顶部水化学变化特征。

通过对 1978 年地下水水质年鉴(石家庄、正定)水化学数据和本次测试数据(滹沱河冲洪积扇顶部)进行对比(图3-9),相对于1978年水质数据,本次测试数据阳离子变化不大,阴离子出现明显的偏移,以硫酸根离子最为明显,其所占的毫克当量百分比由20%左右变为30%~40%左右,相应的重碳酸根离子比重减少。

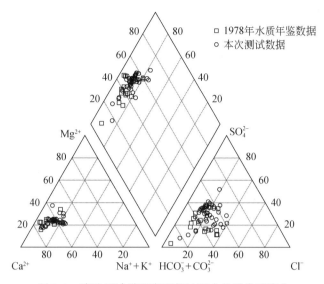

图3-9 滹沱河冲洪积扇顶部地下水化学类型演化

(b)滹沱河冲洪积扇扇中部水化学变化特征。

通过对1978年地下水水质年鉴(藁城)水化学数据和本次测试数据(滹沱河冲洪积扇中部)进行对比(图3-10),可以看出,各阳离子比重无明显变化,阴离子变化较为显著,相对于1978年水质年鉴数据,地下水中SO_4^{2-}所占毫克当量百分比由15%~20%变为15%~40%,Cl^-所占毫克当量百分比也呈增加趋势。

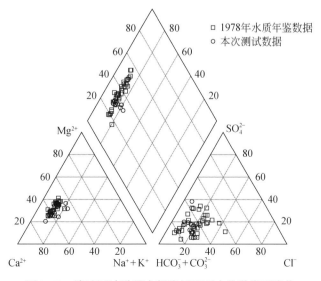

图3-10 滹沱河冲洪积中部浅层地下水化学类型演化

(3) 典型水化学指标的演变过程。

滹沱河冲洪积扇地下水化学成分除了受水岩相互作用控制外,也受到人类活动的强烈影响。本项目通过对测试数据的宏量组分进行方差对比分析,初步判断地下水化学组分的物质来源,综合利用水化学方法和历时曲线法,来揭示自然条件演化和人类活动影响下地下水的演变特征。

(a) 地下水化学组分物源判断。

在数理统计中,方差用于描述随机变量对于数学期望的偏离程度,一组变量的方差越大,表示该变量越离散,波动越大。一般来讲,在地下水中,人为输入物质在空间上具有离散程度高、波动性大的特征,因此用方差来研究地下水组分,可以确定受人类活动影响的地下水组分。另外,影响地下水组分方差的因素不仅有人为输入,一些自然条件也可能引起地下水组分方差变大,如降雨、水文地质条件等,研究区降雨的频率和降雨量相差不大,且取样时间段前后均未受到降雨影响,对地下水组分的影响较小;研究区内也没有分布离散的水文地质结构,因此水文地质条件对方差影响也较小。

为进行多变量的对比,先对每个变量取衬度系数(v),$v=\dfrac{X_i}{\overline{X}}$,然后对每个变量的衬度系数求方差,这样就把每个变量转化为均值为1的另一个变量,将均值不等的多变量转化为均值相等的多变量,以便于进行方差比较。

本次测试数据宏量组分的衬度系数方差如表3-3所示。按照方差大小排序,可以看出,岗黄水库之间滹沱河冲积平原氯离子方差最大,其次为硝酸根和Na^+,HCO_3^-的方差最小;而滹沱河冲洪积扇的方差相比岗黄水库之间地下水均偏小,以硝酸根离子的方差最大,其次为氯离子,HCO_3^-的方差也是最小。可以看出,研究区浅层地下水硝酸根和氯离子受人类活动影响最大,其次为硫酸根和钠、钾离子,而Ca、Mg和HCO_3^-受人类活动影响较小,其中以HCO_3^-受人类活动影响最小,主要受水岩相互作用控制。

表3-3 研究区浅层地下水各宏量组分衬度系数方差表

组分	岗黄之间滹沱河冲积平原	滹沱河冲洪积扇
K^+	0.25	0.19
Na^+	0.95	0.3
Ca^{2+}	0.15	0.15
Mg^{2+}	0.42	0.11
Cl^-	1.02	0.42
SO_4^{2-}	0.24	0.34
HCO_3^-	0.03	0.05
NO_3^-	0.92	0.54

(b) 水岩作用控制的典型指标演化特征。

由上述分析可知，HCO_3^-和钙、镁离子主要受水岩作用控制，即它们的演化特征代表了受水岩作用控制的化学组分的演化特征，故选择HCO_3^-和总硬度指标作为典型指标进行水化学演化分析。

地下水的化学成分是在漫长的地质历史时期形成的，其成分的演化受到各种地球化学作用的严格控制。影响研究区地下水中常规离子最重要的水文地球化学过程是矿物溶解作用和离子交换作用。

方差分析表明，人为输入对钙镁和重碳酸根浓度影响较小，故从水岩相互作用的观点来研究这三种离子。由于研究区地下水含水层是第四系沉积物，HCO_3^-和Ca、Mg很可能来自碳酸盐矿物或含钙镁矿物的溶解。以往研究表明，$c(Ca+Mg)/c(HCO_3+SO_4) \gg 1$，则为碳酸盐溶解；$c(Ca+Mg)/c(HCO_3+SO_4) \ll 1$，则为硅酸盐溶解；$c(Ca+Mg)/c(HCO_3+SO_4) \approx 1$，则既有碳酸盐溶解又有硅酸盐溶解。图3-11为石家庄地区1959年、1978年和2014年$c(Ca+Mg)/c(HCO_3+SO_4)$的散点图，大部分点的$c(Ca+Mg)/c(HCO_3+SO_4)$在0.9~1.3之间，说明该地区Ca^{2+}、Mg^{2+}、HCO_3^-来源以碳酸盐矿物溶解为主，硅酸盐矿物溶解次之[18,19]。

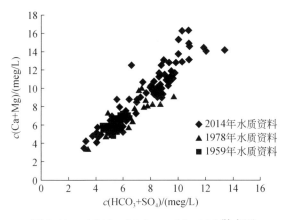

图3-11 $c(HCO_3+SO_4)$ vs $c(Ca+Mg)$散点图

对比1959年石家庄地区水质资料，HCO_3^-的中位值由276 mg/L上升至现在的300 mg/L，Ca中位值由76 mg/L上升至132 mg/L，Mg的中位值由20 mg/L上升至34 mg/L。另外，从总硬度（反映钙镁离子的总量）的历时曲线图（图3-12）上可以看出，总硬度指标从1959年

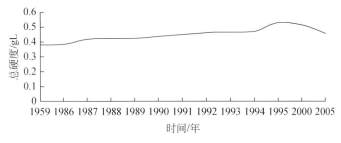

图3-12 石家庄市浅层地下水总硬度平均含量变化曲线

至2005年基本呈逐年增高的趋势。虽然这些组分大部分来源于矿物溶解,但其浓度远远大于天然水文地球化学作用下这些组分的浓度,即在人类活动作用下,矿物的溶解作用大大加快。地下水超量开采使地下水动力场发生改变,包气带厚度加大,导致大气降水入渗到地下水的路径延长,淋滤距离变大。生活污水渗漏和二氧化碳分压的增加使pH条件改变,热岛效应使温度升高等使岩石风化速度加快,加速矿物溶解作用[20]。

地下水中离子交换作用是最普遍发生的水文地球化学作用,尤其Na-Ca交换,是地下水化学成分形成和演变过程中最重要的阳离子交换过程。从图3-13中可以看出,Na-Cl与(HCO$_3$+SO$_4$)-(Ca+Mg)的毫克当量数呈正相关关系,说明该地区存在Na-Ca的离子交换作用,地下水中Na$^+$将土壤中的Ca^{2+}置换出来,使地下水中Ca^{2+}、Mg^{2+}增大。

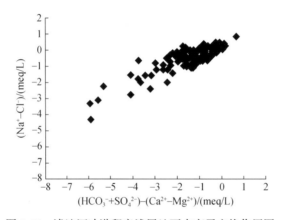

图3-13 滹沱河冲洪积扇浅层地下水离子交换作用图

2. 人类活动对滹沱河冲洪积扇地下水典型水化学指标的影响机制研究

从前面的分析可知,研究区地下水中硝酸根受人类活动影响较大。根据1959年"石家庄供水水文地质勘察报告",地下水中硝酸根平均值为2.35mg/L,最大值6.64 mg/L,最小值仅0.22 mg/L;至20世纪80年代,上升至40 mg/L,范围值为4~70 mg/L;90年代超国家饮用水标准的井数不断增加,在66处取样点中,1994年硝酸根超标率为3%,到1997年达到13.9%。从图3-14也可以看出,石家庄市地下水硝酸根含量整体呈逐年增加的趋势,仅80年代末出现减小的情况。

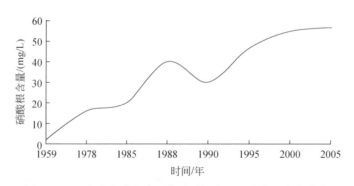

图3-14 石家庄市浅层地下水硝酸根离子平均含量变化曲线

第3章 地下水环境背景值确定技术研究

相关研究表明[21,22],石家庄市地下水氮污染来源主要有:氮肥的使用、工业污水、垃圾堆放场、人畜粪便等,天然有机氮或腐殖质的降解和硝化为地下水中硝酸盐的潜在来源。

从研究区地下水硝酸根的含量分布图(图3-15)上可以看出,硝酸根的高值点主要分布在岗黄水库之间地下水埋深较浅的地区,这些地区多为农业种植区,肥料的使用是硝酸根的主要来源。超过饮用水标准的水井出现在黄壁庄水库下游滹沱河河道两侧、滹沱河石家庄市区北部段河道两侧,以及市区西部和南部。其中滹沱河河道两侧多为农业种植区,包括农田和菜地,而市区西部和南部为人口密集区,硝酸根超标与大量施肥和生活污水排放有密切的关系。另外,石家庄地区地下水位降落漏斗的形成使得一定范围的包气带加厚,且使其处于氧化环境。包气带是污染物下渗的必由之路,地下水位下降,污染物质入渗途径加长,有利于入渗过程中各化学交替转化和生物分解作用的进行。大量施肥和生活污水的排放均可使土壤中氨含量明显增高,超采地下水形成降落漏斗,使包气带不断加厚,加速了硝化作用,引起地下水中的硝酸根含量升高。

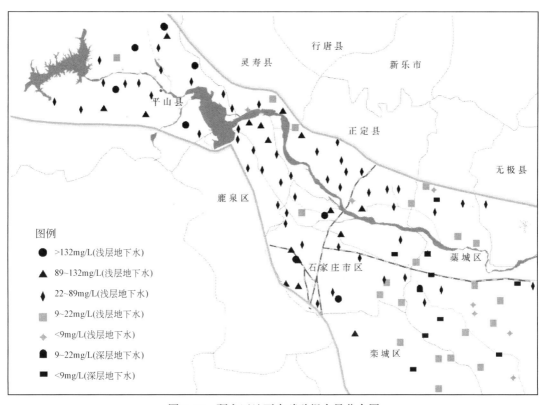

图3-15 研究区地下水硝酸根含量分布图

统计分析表明,研究区硝酸根与总硬度存在显著的正相关关系,且从区域分布上来看,硝酸根的高值区与硬度的高值区也具有一致性(图3-16)。其主要影响机理在于酸性溶滤作用。硝酸根高值区多为与农田、菜地和果园和人类活动密集区,氨氮的排放量相对较高,加之石家庄市区地下水降落漏斗的加剧,包气带加厚,这种人工形成的氧化环境加速硝化作用的进行,pH减小,酸性溶滤作用加强,进而导致总硬度升高。

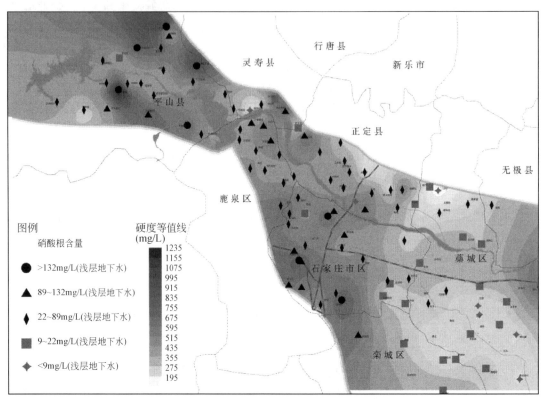

图 3-16 研究区地下水硝酸根与总硬度分布情况

3. 滹沱河冲洪积扇地下水天然水化学组分环境背景值确定

1) 地下水环境单元划分

根据研究区地下水的形成条件(地形地貌、含水层岩性及地下水埋藏条件等)划分地下水环境单元。首先根据水文地质单元,将研究区划分为两部分,岗黄水库之间山地丘陵区和滹沱河冲洪积扇区;然后进一步细分滹沱河冲洪积扇区,考虑地下水埋藏条件,将滹沱河冲洪积扇划分为深层地下水单元和浅层地下水单元,结合水文地球化学分带,浅层地下水单元又进一步划分为扇顶部和扇中部单元,其中扇顶部以 $HCO_3 \cdot SO_4 - Ca(Ca \cdot Mg)$ 型水为主,扇中部以 $HCO_3 - Ca(Ca \cdot Mg)$ 型水为主;最后将本地区共划分为 4 个地下水环境单元,分别是岗黄水库之间的河谷平原裂隙孔隙水环境单元(一单元)、滹沱河冲洪积扇顶部浅层孔隙水环境单元(二单元)、滹沱河冲洪积扇中部浅层孔隙水环境单元(三单元)、滹沱河冲洪积扇中部深层孔隙水环境单元(四单元),采样点就是根据环境单元进行布设的(图 3-17)。

四个地下水环境单元的水文地质条件如下。

岗黄水库之间的河谷平原裂隙孔隙水环境单元,主要分布于平山背斜变质岩区,包括基岩风化裂隙水和滹沱河冲积平原孔隙水,含水层以各种片麻岩及大理岩裂隙、溶蚀裂隙和第四系松散冲积物为主,含水层厚度 10~20 m,水量较小,单井用水量 1~20 $m^3/(h \cdot m)$,水位埋藏较浅,一般 2~20 m。主要接受大气降水补给。

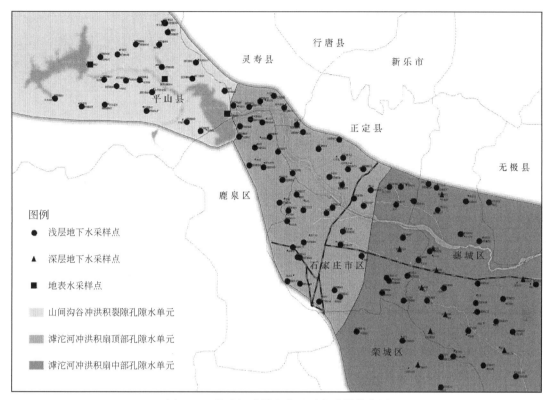

图 3-17 滹沱河冲洪积扇地下水采样分布图

滹沱河冲洪积扇顶部浅层孔隙水环境单元,主要包括石家庄、灵寿、鹿泉和正定,含水层岩性为砾卵石、砂砾卵石,厚度 20~35m,导水性、富水性好,渗透系数一般 300~400 m/d,最大 800 m/d,单井涌水量在近扇轴地带 50~80 m³/h·m,向扇侧缘逐渐减小到 20 m³/h·m。

滹沱河冲洪积扇中部浅层孔隙水环境单元,主要包括正定和栾城的一部分和藁城,底板埋深 80~100 m,含水层厚度 25~60 m,主要岩性为砂砾石、含砾粗砂、中砂,导水性富水性较好,渗透系数 100~200 m/d,单井涌水量在扇轴部大于 30 m³/(h·m),向两翼减少到 10~30 m³/(h·m)。

滹沱河冲洪积扇中部深层孔隙水环境单元,分布范围与浅层孔隙水单元一致,底板埋深 125~238 m,含水层厚度 110~140 m。含水层岩性为砂砾卵石、含砾粗砂,下部含水层有不同程度的风化。其富水性在轴部地带,石家庄市东开发区至藁城市城关一线最好,渗透系数 150~250 m/d,单井涌水量 80~100 m³/(h·m)。

2)数据预筛选

对每个地下水系统单元的监测数据进行预筛选,剔除不合理的数据。筛选原则如下:①不满足电荷平衡(>5%)和碳酸平衡,采样深度不详,含水层类型不详的样品需剔除;②数据质量不高,指标不全的数据需剔除;③监测点的时间序列数据应转换为中位数。

四个单元经过数据预筛选,均满足进行地下水环境背景值计算的基本条件。

3)异常数据识别与处理

利用 Piper 三线图法、离子交换作用图及各种离子比例关系图(Gibbs 图),将水文地球化学作用相对集中的总体归为一类,识别离群的异常数据。

(1)Piper 三线图法。

将四个单元的七大离子含量投在 Piper 三线图上,然后运用马氏距离法识别异常数据。图 3-18 中圆形为马氏距离法识别出的异常值,可以看出大部分采样点(正方形)相对集中,部分采样点(圆形)偏离主体部分。

(2)离子交换作用图法。

将四个单元的七大离子含量投在离子交换作用图上,然后运用马氏距离法识别异常数据。

(3)离子比例关系图法。

将四个单元的七大离子含量投在离子比例关系图上,然后运用马氏距离法识别异常数据。

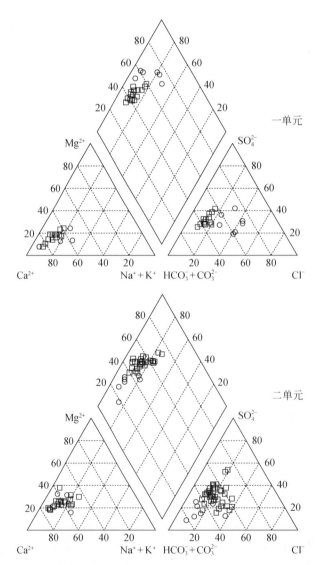

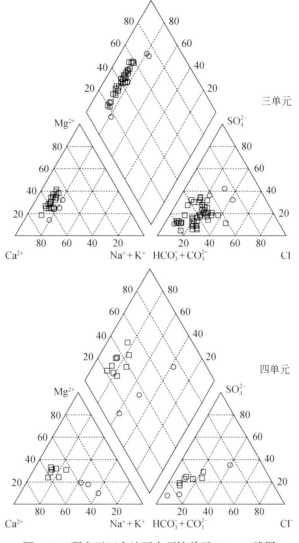

图 3-18 研究区四个地下水环境单元 Piper 三线图

综合以上三种方法,四个单元分别筛选出的异常数据及异常原因分析如表(表 3-4 ~ 表 3-7)所示。

表 3-4 滹沱河冲洪积扇一单元异常数据及原因分析

异常样点	异常分析
HTH053	Cl^-、TFe、SO_4^{2-}、NO_3^-、TDS、TH、Fe 超标严重
HTH056	NO_3^-、NO_2^-、TDS、TH、COD 超标严重
HTH059	NO_3^-、TH 超标严重
HTH060	NO_3^-、TH、TDS 超标严重
HTH067	Cl^-、SO_4^{2-}、NO_3^- 超标严重
HTH065	SO_4^{2-}、NO_3^-、TDS、TH、Fe 超标严重

表 3-5　滹沱河冲洪积扇二单元异常数据及原因分析

异常样点	异常分析
HTH039	NH_4^+、NO_3^-、TH 超标严重
HTH041	TH、NO_3^-、Mg^{2+}、TDS 超标严重
HTH074	SO_4^{2-}、NO_3^-、TH、TDS 超标严重
HTH105	SO_4^{2-}、NO_2^-、COD 超标严重
HTH113	TH、NO_3^- 超标严重
HTH115	TH、NO_3^-、TDS、Mg^{2+} 超标严重
HTH009	TDS、TH、NH_4^+ 超标严重
HTH011	TH、NO_3^- 超标严重
HTH073	TH、NO_3^- 超标严重
HTH043	TH、NO_3^- 超标严重
HTH119	TH、NO_3^- 超标严重

表 3-6　滹沱河冲洪积扇三单元异常数据及原因分析

异常样点	异常分析
HTH116	Mg^{2+}、NO_3^-、TH 超标严重
HTH117	Fe 超标严重
HTH015	Mg^{2+}、TH 超标严重
HTH086	NO_3^- 超标严重

表 3-7　滹沱河冲洪积扇四单元异常数据及原因分析

异常样点	异常分析
HTH089	TDS、Na^+ 略偏高
HTH092	TDS、Na^+ 略偏高
HTH125	TDS、Na^+ 略偏高

4) 地下水环境背景值范围的确定

(1) 宏量组分及部分微量组分。

将剔除完异常值之后的数据(即背景数据)做累积概率密度曲线(图 3-19),截取 5% 和 95% 分位数来作为背景值的范围,中位数来作为背景集中特征值,得出研究区各单元地下水环境背景值范围如表 3-8 所示。

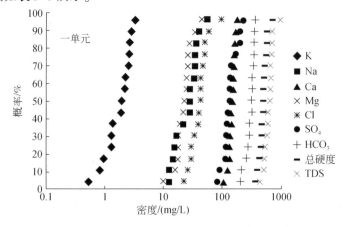

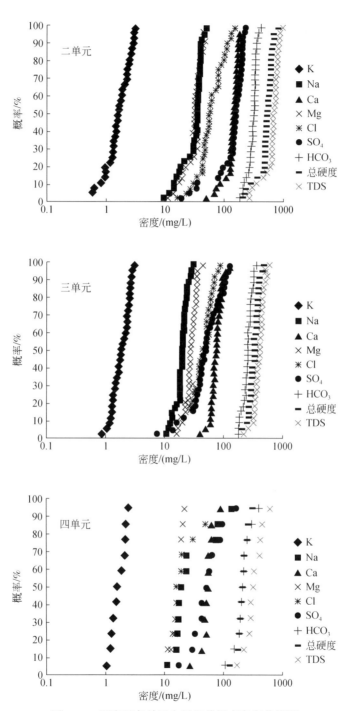

图 3-19 研究区各单元宏量组分概率密度曲线图

表 3-8 研究区各地下水环境单元宏量组分及部分微量组分背景值范围统计表（mg/L）（pH 除外）

地下水环境单元	背景值	pH	K^+	Na^+	Ca^{2+}	Mg^{2+}	Cl^-	SO_4^{2-}	HCO_3^-	总硬度($CaCO_3$)	溶解性总固体	偏硅酸	F^-	铁	锰
一单元	背景下限	6.79	0.72	12.71	118.12	14.37	23.48	88.95	213.92	374.5	486.64	15.77	0.15	0.019	0.001
	集中特征值	5.18	2.03	28.5	150.25	23.15	43.08	131	319.05	463.4	623.8	23.71	0.36	0.078	0.003
	背景上限	5.57	3.15	46.02	178.78	40.1	76.11	213.14	361	589.14	808.28	25.36	0.55	0.241	0.028
二单元	背景下限	5.10	0.74	14.5	79.03	15.82	29.08	35.81	218.8	251.7	329.8	18.93	0.07	<0.01	<0.001
	集中特征值	3.40	1.64	35.23	151.2	34.65	55.98	158.6	325.15	509.15	690.55	22.23	0.23	0.022	0.005
	背景上限	5.70	2.92	41.45	181.55	43.46	122.05	212	360.05	635.75	834.5	28.81	0.38	0.19	0.008
三单元	背景下限	5.39	1.17	12.86	60.75	18.87	19.74	15.34	188.4	248.4	325.98	24.34	0.36	0.002	<0.001
	集中特征值	5.59	1.86	20.46	75.83	28.17	46.67	49.65	261.3	321.3	410	25.25	0.44	0.018	0.002
	背景上限	5.79	2.67	28	95.3	35.95	70	106.3	322.1	391.4	515.36	29.91	0.66	0.06	0.007
四单元	背景下限	5.51	1.1	12.05	30.42	11.57	12.21	20.34	119.12	125.2	184.8	8.67	0.13	0.002	<0.001
	集中特征值	5.76	1.6	20.17	56	18.28	16.87	53.56	218.8	214.2	326.6	26.1	0.44	0.015	0.006
	背景上限	8.01	2.41	125.98	83.47	22.29	118.65	154.81	380.44	295.38	591.5	33.92	0.56	0.085	0.03

通过对各单元地下水的总硬度和TDS概率密度分布曲线(图3-20和图3-21)进行对比，呈现出明显的分带特征，进一步证实了地下水环境背景值单元划分的合理性。

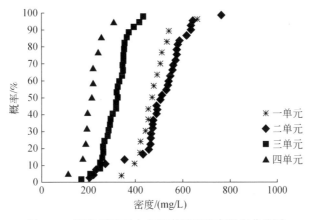

图3-20 研究区地下水总硬度累积概率密度曲线图

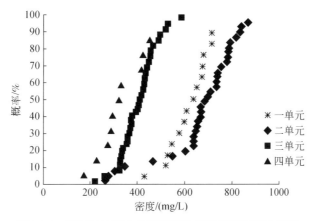

图3-21 研究区地下水总溶解固体累积概率密度曲线图

(2)硝酸根。

滹沱河冲洪积扇浅层地下水硝酸根已经呈面状污染趋势，硝酸根含量呈面状叠加于背景值之上，常规方法无法识别异常值。故本研究将综合历时曲线法及受人类活动较小地区的深层地下水的背景值研究来进行本区地下水环境背景值的确定。

从图3-22中可以看出，该地区在20世纪60年代，工农业发展均较落后，地下水受人类活动相对较小，硝酸根含量仅为2.35mg/L，地下水基本呈天然状态。随着农业发展，人为输入到地下水中氮的含量逐年增加，硝酸根在最初20年增幅为15mg/L，而在之后的20年中，增幅达到30 mg/L，到本次调查取样，研究区浅层地下水中硝酸根含量普遍升高，局部已呈面状污染趋势。

对比滹沱河冲洪积扇中部深层地下水中硝酸根含量，平均值为4.21 mg/L，背景值上限为5.06 mg/L，背景值下限为1.34 mg/L，与20世纪60年代该地区天然状态下的地下水硝酸根含量较为接近。故可用滹沱河冲洪积扇深层地下水硝酸根背景值来表征整个研究区的环境背景值。

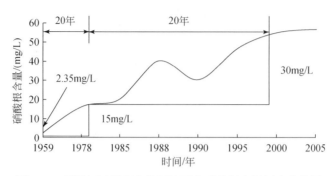

图 3-22　滹沱河冲洪积扇浅层地下水硝酸根含量历史曲线图

3.4.2　珠江三角洲典型研究区背景值研究进展

珠江三角洲作为本项目的研究区,在项目组往期的工作基础之上,综合运用水化学法和数理统计方法对不同单元的测试数据进行异常值的筛查,并进行野外验证,分析异常原因;利用基于分布类型的背景值范围确定方法和累计概率密度曲线法进行背景值的计算。

1. 珠江三角洲地区地下水环境背景值研究

1)珠江三角洲地下水环境单元划分

根据研究区地下水的形成条件(区域地质构造特征、地形地貌演变历史、地层岩性分布规律、埋藏特征和介质特点),结合气象、水文条件等,对珠三角进行地下水环境单元划分,具体划分依据如下。

(1)在地质构造上,珠江三角洲地区地质构造演化历史悠久,其中燕山期地壳的强烈运动而形成的断裂构造体系控制了三角洲形成的基本轮廓,因此,珠江三角洲亦称断块型三角洲。区内以北东-南西向和东西向断裂为珠江三角洲主要控制性构造,并为后期北西-南东向断裂所切割,它们彼此交错、相互干扰。断裂带不仅决定了地表水系的发育和分布模式,而且影响了地下水贮存运移的规律,如西江和北江分别沿西江断裂和北江断裂发育,流溪河受广从断裂控制,东江沿罗浮山-瘦狗岭断裂展布,狮子洋发育于地堑谷中(东为罗岗-太平断裂,西为化龙-黄阁断裂),广从断裂、罗浮山-瘦狗岭断裂和北江断裂的共同作用形成了广花岩溶断陷盆地,珠江三角洲中心沉降区亦即三角洲平原区,基本受限于罗浮山-瘦狗岭断裂、西江断裂和东莞断裂共同围限的断裂下降盘区,而三角洲周边丘陵山地地形地貌起伏突变的差异和地层岩性的分布规律常和断裂构造的分布密切相关。从区域断裂构造的整体布局分析,罗浮山-瘦狗岭断裂、广从断裂和西江断裂为区域性控制断裂构造,其中罗浮山-瘦狗岭断裂将珠江三角洲分成南北两个盘区,而西江和广从断裂又分别将南北盘区分成东西两个部分,其次各分区的次级断裂又分别切割成多个断块,同时,区内断裂多表现为压扭性而导水性较差的阻隔水边界特征。因此,珠江三角洲地区在区域断裂构造的作用下,呈现出地域棋盘状的分布格局。这种特殊的地质构造格局也很大程度上决定了区域地下水系统呈现出不同的水文地质单元。

(2)在地形地貌上,珠江三角洲外围东、北、西三面为由高到低呈阶梯状的山地丘陵和台地环绕,受区域构造的影响,其山脉走向基本呈北东-南西向展布;珠江三角洲中心地段为冲洪积形成的平原区,但珠江三角洲不像一般三角洲为一望无际的平原,而是在平原之上零星散布着一百六十多个大小山丘,面积约占三角洲总面积的五分之一。从形成演化历史上分析,珠江三角洲属于一个复合三角洲,它分别由东部的东江下游三角洲、增江三角洲和东江三角洲;北部北江下游三角洲、绥江三角洲、西江下游三角洲和西北江老三角洲;南部的新会冲缺三角洲、中山冲缺三角洲和番禺冲缺三角洲组成。其中东部东江三角洲、增江三角洲和南部的新会冲缺三角洲、中山冲缺三角洲和番禺冲缺三角洲,它们均沉积有蚝壳层,而蚝只能生活在海湾的潮间带和沿岸的浅海地带,这说明了这些三角洲曾经是广州溺谷湾的一部分,属现代沉积形成的新三角洲。

在珠江三角洲地区,不同的地貌单元往往贮存有不同类型的地下水,在三角洲平原区以第四系松散沉积层的孔隙水为主,在丘陵山地则以基岩裂隙及岩溶水为主。因而,区域地下水系统的水文地质单元在一定程度上和区域地貌类型具有相对应的特征。

(3)在地层岩性上,珠江三角洲地层岩性分布类型较多,沉积岩、岩浆岩和变质岩三大岩类均有分布,其中岩浆岩主要以燕山期花岗岩-侵入岩见多;变质岩包括花岗片麻岩、片麻岩及混合岩类等;沉积岩以白垩系-老第三系红色碎屑岩见多,在地表上各个地层时代的岩类基本均有出露。岩浆岩主要分布于区东北部从化和增城,东部东莞,西南部的五桂山脉一带;变质岩类主要零星分布于区东北部及东部山区;沉积岩类的红层主要集中铺垫于三角洲中心区基底,碳酸盐岩类主要呈条带状展布于广花盆地,地层时代较老的沉积岩类主要分布于区西部及东部的丘陵山地;而在三角洲平原的广大地区广泛覆盖有第四系松散沉积物。

综合上述分析,共划分为 11 个地下水环境单元(图 3-23),具体如下。

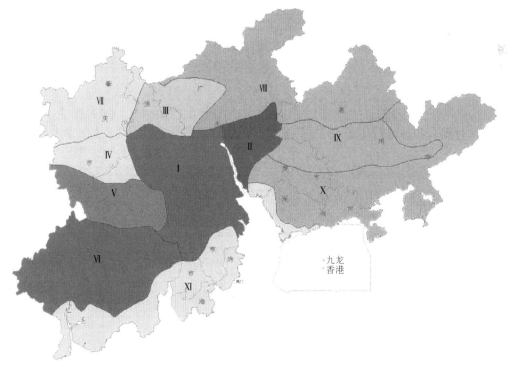

图 3-23　珠江三角洲地区地下水环境单元分布示意图

Ⅰ. 西、北江三角洲冲积平原孔隙水环境单元。

组成物质以黏土和碎屑沉积为特征,在地表以下普遍发育有黑色有机淤泥沉积。地下水位埋深较浅,含水层颗粒变细而厚度相对增大,并出现多层含水层结构特征,承压及微承压水出现,地下水径流变得迟缓,包气带黏土层层数增多且厚度增大,但受河网切割,其连续性变差。富水性中等。

Ⅱ. 东江三角洲冲积平原孔隙水环境单元。

在地貌上主要表现为冲积平原和积水洼地,沉积物类型以陆相沉积为主。地下水埋深较浅,一般为 2~4 m。含水层以粗颗粒的砂砾石及粗砂为主,包气带黏土层薄而多呈透镜状出现。富水性中等。

Ⅲ. 广花平原区孔隙水环境单元。

含水层主要由冲洪积的中粗砂及亚黏土组成,并偶见砾石。盆地冲积层的厚度在不同地段有较大差异,一般厚度在 20~40 m,个别可达 60 余米。在盆地基底为条带状的石炭-二叠系灰岩,呈北东-南西向展布,受多期断裂构造的切割影响,岩溶发育。富水性中等-贫乏。

Ⅳ. 高要冲积平原孔隙水环境单元。

构造上本区属高要向斜一部分,南北两侧为古生代及中生代岩层,向斜内部为红色岩系构造盆地。区内冲积平原、洼地和台地在其间交互错综。地下水随所处地貌类型及岩性种类不同而贮存介质各异,因而不同地区地下水位埋深相差较大。富水性较贫乏。

Ⅴ. 新兴-鹤山台地丘陵区裂隙水环境单元。

本单元中部出露坚硬的石英砂岩及三叠系-侏罗系软弱岩层,而东部为沙坪-新会台地,台地平缓,出露花岗岩,经受长期的剥蚀,成为丘陵与台地。地下水类型以基岩裂隙水为主,富水性中等-贫乏。

Ⅵ. 潭江河谷平原、台地、丘陵区裂隙孔隙水-裂隙水环境单元。

主要分布侏罗系的砂页岩和砾岩,其中潭江两岸出露较好。地貌上主要表现为丘陵、台地和冲积平原。地下水以裂隙孔隙水及裂隙水为主,富水性中等-贫乏。

Ⅶ. 四会低山丘陵基岩裂隙水环境单元。

主要分布有泥盆系的石英砂岩、页岩、上泥盆系灰岩及中生代花岗岩。最新冲积物则分布在四会盆地及绥江河谷地带。地貌上主要表现为低山、丘陵和山间冲积平原。地下水以基岩裂隙水为主,富水性中等。

Ⅷ. 从化-增城低山丘陵区块状基岩裂隙水环境单元。

从化盆地边缘为花岗岩所成的 200~300 m 高丘。盆地的基底垫伏着石炭-二叠系的灰岩,其地表上覆红土层及现代河流冲积物。从化盆地以南,属粤北山丘地带,组成岩性主要是泥盆系和石炭系砂页岩及石英砂岩。在增城与从化之间,主要是花岗岩上升岩体,地表起伏不大,风化壳发育较厚。地下水以块状基岩裂隙水为主,富水性中等-丰富。

Ⅸ. 东江谷地平原孔隙水环境单元。

受东江河面加宽、水势减缓影响,盛行堆积加速,沙洲普遍发育。洪水期,河床位置经常摆动不定,常沿两岸地形低洼处形成积水洼地。地貌主要表现为台地、冲积平原和积水洼地。地下水以孔隙水为主,富水性中等。

Ⅹ. 东部山地丘陵区基岩裂隙水环境单元。

以低山、丘陵、台地为主。本区现代堆积物较薄,基底为红土层,风化层较深,可达5~6 m,四周花岗岩低丘形成崩岗地形,坡面冲刷和冲沟均很强烈。地下水以基岩裂隙水为主,富水性中等-贫乏。

Ⅺ. 海积平原环境单元。

海积平原上海成沙堤及沙滩零散分布,岩性以第四系松散沉积物为主,水质多为咸水-半咸水。孔隙含水层富水性较差,区内部分裂隙水含水层富水性较好。

2) 异常值剔除

为了获取真实的水环境背景值,除在布点、采样、贮运和分析过程中进行全面的质量保证,尽量避免人为污染外,需对测定数据进行检验。本次背景值计算所采取的剔除异常值的方法[24,25]是:首先运用散点图法,从宏观上确定要剔除的离群数据;然后运用 Thompson 法,对散点图法确定的异常值进行检验[26]。

对异常数据的剔除应比较慎重,以少剔除为原则,并充分结合野外环境地质条件。显著性水平取 $\alpha=0.01$。对由人类活动作用而造成的异常应予以剔除,如果确实属于地球化学异常,即天然本底值较高,且呈现一定的分布规律,可单独圈定异常区另行分析。

3) 地下水环境背景值的计算

在不考虑时间序列因子的前提下,对同一环境背景值单元内、同一时间段、不同空间分布的水质资料,采取以下方法计算:

在剔除异常数据、分组计算频率及累积频率、绘制直方图的基础上,检验地下水中各种组分含量的分布类型;以平均值、几何平均值、中位数作为集中值,以标准差、几何标准差作为衡量离散程度的指标;以检出率、分布类型、集中值、离散程度、变异系数、背景值(95%的置信区间)等参数全面描述各种组分背景含量的统计特征[27]。背景值统计见表3-9。

表3-9 珠江三角洲地区地下水化学组分环境背景值统计表

元素	地下水环境背景单元	检出率/%	背景集中特征值/(mg/L)	背景值范围/(mg/L)
Cl$^-$	1	100	38.96	13.90~72.01
	2	100	29.24	8.69~56.65
	3	100	25.15	4.92~53.00
	4	100	26.32	5.26~38.61
	5	100	25.73	11.63~43.83
	6	100	16.84	4.70~55.97
	7	100	14.51	3.47~21.55
	8	100	14.89	6.93~32.01
	9	100	20.18	3.51~43.87
	10	100	14.04	3.51~65.39
	11	100	28.32	6.22~68.31

续表

元素	地下水环境背景单元	检出率/%	背景集中特征值/(mg/L)	背景值范围/(mg/L)
TDS	1	100	571.24	123.94~785.67
	2	100	353.46	49.04~719.08
	3	100	230.03	54.21~444.26
	4	100	175.14	80.10~285.58
	5	100	150.89	51.02~246.86
	6	100	121.54	26.37~345.30
	7	100	193.74	81.33~345.20
	8	100	155.16	85.54~224.78
	9	100	212.61	42.45~373.27
	10	100	99.97	55.54~173.67
	11	100	154.05	40.17~362.44
SO_4^{2-}	1	100	44.15	20.94~65.36
	2	100	34.58	0.23~82.12
	3	100	31.74	0.78~75.20
	4	100	28.10	0.83~73.44
	5	100	6.10	1.24~30.03
	6	95	6.02	0.22~44.96
	7	93	4.29	0.86~51.89
	8	86	5.06	0.83~20.59
	9	91	8.98	0.15~54.86
	10	98	1.84	0.17~31.47
	11	97	25.17	1.43~65.24
HCO_3^-	1	100	262.78	11.05~375.26
	2	100	74.95	5.63~294.79
	3	100	75.62	15.29~135.95
	4	100	24.41	2.88~83.52
	5	100	23.44	4.83~60.48
	6	100	19.62	6.97~55.19
	7	100	48.01	6.13~58.3
	8	100	44.92	19.206~70.642
	9	100	45.18	25.62~79.65
	10	100	32.16	13.4~60.70
	11	100	43.40	9.66~124.41

续表

元素	地下水环境背景单元	检出率/%	背景集中特征值/(mg/L)	背景值范围/(mg/L)
K	1	100	12.26	5.13~19.39
	2	100	23.54	2.39~48.81
	3	100	10.18	0.38~19.87
	4	100	21.52	0.43~33.70
	5	100	13.73	2.55~26.81
	6	100	3.38	1.30~8.82
	7	100	8.47	0.36~15.17
	8	100	4.47	1.88~10.64
	9	100	10.47	1.23~39.40
	10	100	2.96	1.06~8.30
	11	100	4.60	1.98~10.70
Na	1	100	30.27	5.29~50.40
	2	100	25.51	13.37~56.59
	3	100	16.56	5.34~25.77
	4	100	13.95	1.90~20.07
	5	100	14.20	3.58~18.83
	6	100	5.89	3.18~19.55
	7	100	9.44	1.47~18.22
	8	100	6.83	2.03~16.43
	9	100	28.57	1.63~38.55
	10	100	5.65	2.44~13.05
	11	100	18.15	3.66~46.69
Ca	1	100	68.04	8.90~93.56
	2	100	32.06	5.61~86.05
	3	100	24.45	4.65~61.89
	4	100	20.54	10.40~30.69
	5	100	11.22	1.74~26.09
	6	100	8.27	3.39~20.15
	7	100	15.28	5.07~45.6
	8	100	19.08	8.91~29.25
	9	100	22.38	11.40~33.35
	10	100	12.93	3.98~25.09
	11	100	16.03	3.77~33.46

续表

元素	地下水环境背景单元	检出率/%	背景集中特征值/(mg/L)	背景值范围/(mg/L)
Mg	1	100	5.95	2.07~13.36
	2	100	5.53	0.49~23.49
	3	100	2.75	1.26~4.24
	4	100	3.69	1.85~8.71
	5	100	2.86	0.52~5.59
	6	100	3.40	0.24~10.26
	7	100	1.73	0.24~4.38
	8	100	2.09	1.04~3.14
	9	100	2.48	0.07~6.42
	10	100	2.72	0.94~6.47
	11	100	3.04	0.48~8.61
TFe	1	99	0.08	0.020~0.367
	2	100	0.06	0.009~0.360
	3	93	0.05	0.009~0.241
	4	93	0.05	0.004~0.370
	5	78	0.04	0.004~0.310
	6	63	0.03	0.004~0.190
	7	80	0.02	0.004~0.130
	8	97	0.05	0.013~0.168
	9	91	0.03	0.004~0.465
	10	96	0.02	0.010~0.062
	11	92	0.05	0.004~0.250
Mn	1	97	0.11	0.004~0.714
	2	100	0.10	0.005~1.204
	3	100	0.04	0.009~0.205
	4	100	0.06	0.012~0.393
	5	93	0.05	0.003~0.534
	6	97	0.03	0.005~0.150
	7	100	0.01	0.004~0.140
	8	98	0.02	0.003~0.418
	9	100	0.05	0.010~0.280
	10	96	0.04	0.009~0.140
	11	100	0.02	0.003~0.168

续表

元素	地下水环境背景单元	检出率/%	背景集中特征值/(mg/L)	背景值范围/(mg/L)
F⁻	1	89	0.17	0.10～0.29
	2	81	0.16	0.08～0.59
	3	68	0.14	0.08～0.26
	4	13	0.05	<0.05～0.13
	5	43	0.05	<0.05～0.37
	6	39	0.05	<0.05～0.27
	7	73	0.10	0.05～0.25
	8	86	0.10	0.06～0.16
	9	44	0.05	<0.05～0.36
	10	59	0.14	0.07～0.25
	11	59	0.09	0.05～0.26

2. 珠江三角洲典型研究区——广州市地下水环境背景值研究

珠江三角洲地区地下水环境背景值研究主要是应用传统的数理统计方法对该地区背景值进行计算,由于研究方法的不断改进,单纯的数理统计方法表现出一些缺点和不足之处,如数据剔除过多,异常值的分析不够等。另外,由于目前珠江三角洲研究区的基础资料主要来源于项目组前期项目基础,在前期研究中地下水的水化学时空演化特征也未进行系统的分析。故本项目将选择广州市作为典型研究区,进一步研究该地区地下水化学特征及演化规律;综合运用水化学法和数理统计方法对不同单元的测试数据进行异常值的筛查,并进行野外验证,分析异常原因;利用基于分布类型的背景值范围确定方法和累计概率密度曲线法进行背景值的计算。

1) 珠江三角洲典型研究区——广州市水文地质条件

广州市地处珠江三角洲的北部边缘,是三角洲平原与低山丘陵区的过渡地带,地形总的特征是东北高、西南低。东北部是由花岗岩与变质岩组成的低山丘陵区,西部是由河流堆积组成的冲积平原,南部为微向南倾斜的珠江三角洲平原,并分布零星的残丘和台地。

根据本区地下水的形成、赋存条件,将地下水划分为三大类型:松散岩类孔隙水、基岩裂隙水、碳酸盐类岩溶水。松散岩类按含水层成因可分为:三角洲相沉积层孔隙水和冲洪积相沉积层孔隙水,基岩裂隙水又划分为块状岩类裂隙水、层状岩类裂隙水和红层裂隙水(图 3-24)。

(1) 松散岩类孔隙水。

松散岩类孔隙水包括海陆交替相孔隙水和冲洪积层孔隙水。其中海陆交替层孔隙水主要分布于珠江两岸,水位埋深小于 1.5m,具有弱承压性。含水层以中细砂为主,局部为粗砾砂,埋深 2～4 m,厚度 1～15 m。单位涌水量大于 0.5 L/s 的钻孔分布在沿江地段,如黄沙-大沙头、赤岗、石围塘等地,离河流较远的地段,砂层厚度减小,富水性变弱。水质以微咸水和淡水为主,水化学类型复杂,矿化度 1～2 g/L,主要为 Cl·HCO₃-Na·Ca 型水、Cl-Na 型

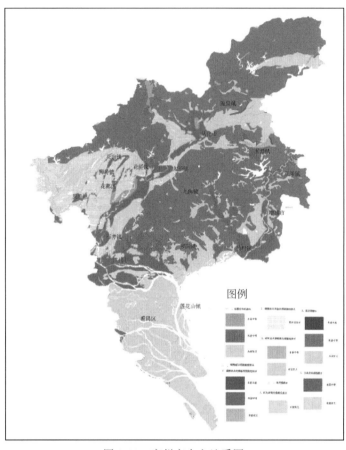

图 3-24 广州市水文地质图

水、Cl-Na·Ca 型水。冲洪积层孔隙水,主要分布在溪流河冲积平原与杨箕涌、冼村涌、车陂河、乌涌两岸的河谷地带,含水层以中粗砂为主,次有砾砂,层厚 2~8 m,呈南北向带状分布,埋藏深度一般在 3 m 左右,地下水位 2~6 m。水化学类型主要是 $HCO_3·Cl-Na·Ca$ 型。冲洪积层孔隙水受大气降水补给和北部丘陵区基岩裂隙水的侧向补给,矿化度高,水质良好。但主要含水砂层厚度不稳定,且地处沟谷,补给面积有限,故水量不大。仅能作为少量生活用水。溪流河沿岸和广华冲积平原地区,地下水相对丰富,是当地居民主要的生活用水。由于大规模开采,地下水位普遍下降 3~5 m。冲洪积砂层水埋藏浅且上部无良好的隔水层,易受环境污染,区域性供水意义不大。

(2) 基岩裂隙水。

红层裂隙水主要为下第三系和白垩系紫红色砂岩、砾岩和泥岩等赋存的地下水。地下水位 0.3~19.2 m,富水性贫乏,矿化度 0.096~0.915 g/L,地下水化学类型为 $Cl-Na·Ca$ 型水、$Cl·HCO_3-Na·Ca$ 型水。块状岩裂隙水主要分布在白云山至萝岗一带低山丘陵区,该地区古生界混合岩、燕山期黑云母花岗岩节理发育,贮存丰富的块状岩裂隙水,富水性中等。地下水位埋深 0.8~4.88 m,矿化度 0.09~0.17 g/L,地下水化学类型为 HCO_3-Ca、$Cl·HCO_3-Ca·Na$ 型水,pH5.6~6.7,属弱酸性水,水质好。层状岩类裂隙水,分布在广花盆地内及边缘,三叠系、二叠系、石炭系和泥盆系砂岩、页岩、泥岩互层夹煤呈彼此分隔之条带状分布,富水性贫乏,个别中等。地下水埋深 0.8~5.57 m,钻孔单位涌水量 0~0.124 g/L,矿化度 0.125~0.374 g/L,属 HCO_3-Ca、$SO_4-Na\cdot Ca$、$Cl-Na$ 型水。

(3)碳酸盐类岩溶水。

碳酸盐类岩溶水主要分布在广花冲积平原南部,被第四系覆盖,向南过渡为埋藏型。第四系厚度 8~28 m,埋藏型上部底层厚度 600~940 m,分布在王圣堂至西村、流花公园。地下水埋藏 3.6~10.5 m,矿化度 0.21~1.2 g/L,水化学类型为 HCO_3-Ca、$HCO_3-Ca\cdot Mg$、$HCO_3\cdot Cl-Ca\cdot Na$ 和 $Cl-Na$ 型水,以 HCO_3-Ca 型为主。

广州市地下水主要接受大气降水渗入补给,其次为河流等地表水补给,还接受基岩山区裂隙水的侧向补给和中小型水库水渗漏补给。山区径流速度快,主要岩基岩裂隙和层面流动,平原松散孔隙水径流相对缓慢,流程长,岩溶水流速快。市区由于街道铺砌、道路修筑,第四系海陆交替层能直接受降水补给的面积不大,上部淤泥层又为弱透水层,故地下水补给条件差,渗流缓慢。地下水的主要排泄方式有泉、排向河道、人工抽排、含水层之间渗流排泄。

2)广州市水文地球化学特征研究

(1)现场测试指标。

按照水文地质单元,分别统计各单元的现场测试指标的特征值,见图 3-25。

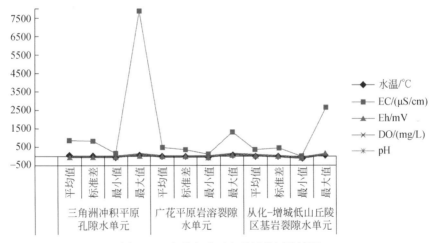

图 3-25　广州市地下水现场指标统计图

广州市酸雨频率高,pH 低,受其影响 pH 总体偏低。对比三个水文地质单元,从丘陵区到平原区,随着地势降低,地下水 pH 逐渐升高,一方面受包气带介质影响,另一方面与海陆作用有关。在丘陵台地区,包气带介质以坡残积黏土质、砂质松散盖层和层状及块状岩类为主,厚度多在 5m 以上。表层土壤较薄,以红壤、赤红壤及山地黄壤为主,pH 平均值为 5.92,对酸的缓冲能力低。土壤黏结性差,呈块状结构,通透性好。下部岩性以层状、块状岩类为主。平原地区包气带介质以黏土、粉质黏土为主,厚度一般在 3m 以下。表层土壤以水稻土和菜园土为主,pH 大多在 6.0 以上。土壤中黏土含量高,黏结性强,通透性较弱。由于颗粒细小,土壤对阳离子,尤其是 H^+ 的吸附能力较强。由于包气带介质不同,丘陵地区地下水很容易受到酸雨的酸化影响,而平原地区酸雨对地下水的影响相对较弱。

地下水中的溶解氧值除受其生成条件影响外,还与人类活动有关。污染较严重的水体,溶解氧多偏低。平原区人口密布、工厂众多,水体受人类活动影响大,多种化学物质溶入地下水,导致溶解氧偏低。

研究区地下水电导率具有区域性分布特征,河网平原区地下水电导率较高,多数在1000 μS/cm以上,而丘陵台地区地下水电导率多数在500 μS/cm以下。电导率表征的是水体中导电离子的总浓度,丘陵台地区地下水电导率明显小于平原区及沿海地带,说明丘陵区地下水受人类活动影响小,水中离子含量较少,纯净度较高。平原区大多处于地下水系统的排泄区,人类生产生活影响大,并受地表河流补给地下水影响。沿海地区海水入侵的影响较大,电导率值变大。

(2)地下水水化学空间变化特征。

广州市地下水化学类型较多(表3-10),从三线图(图3-26)上可看出,阳离子是以Na^+、Ca^{2+}为主,阴离子主要是HCO_3^-、Cl^-。地下水类型主要是重碳酸盐型(包括重碳酸为主的混合型)地下水。多数点位碱土金属离子超过碱金属离子。

表3-10 分区地下水化学类型表

水文地质单元	地下水化学类型
三角洲冲积平原孔隙水单元	$HCO_3-Na \cdot Ca$
	$Cl-Na \cdot Ca$
	$Cl \cdot -SO_4-Na \cdot Ca \cdot Mg$
	$HCO_3 \cdot Cl-Na \cdot Ca$
	$SO_4-Ca \cdot Mg$
	HCO_3-Ca
广花平原岩溶裂隙水单元	$HCO_3 \cdot SO_4-Na \cdot Ca$
	$HCO_3 \cdot Cl-Na \cdot Ca$
	$Cl \cdot -SO_4-Na \cdot Ca$
	$SO_4-Na \cdot Ca$
从化-增城低山丘陵区基岩裂隙水单元	$HCO_3-Na \cdot Ca$
	$HCO_3-Na \cdot Ca$
	$HCO_3-Na \cdot Ca \cdot Mg$
	$HCO_3 \cdot Cl-Na \cdot Ca$
	$HCO_3 \cdot SO_4-Na \cdot Ca$
	HCO_3-Ca
	$Cl \cdot -SO_4-Na \cdot Ca$

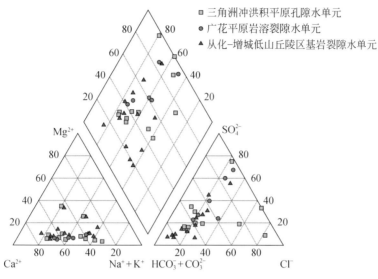

图 3-26 广州市地下水 Piper 三线图

三角洲冲积平原和广花平原地下水阳离子以 Na^+、Ca^{2+} 为主,阴离子主要以 HCO_3^-、Cl^- 为主。平原区地下水主要是重碳酸盐型(包括重碳酸为主的混合型)和氯化型为主的地下水(图 3-27)。地下水大多点位碱土金属离子超过碱金属离子,碳酸盐硬度超过 50%。广州平原区经济发展相对较快,人口众多,人类活动对下水的影响逐渐增加,加上采样点多为浅层地下水,且大多是居民生活用水井,受人类活动影响大,使得平原区地下水化学组分复杂多样。

从化–增城低山丘陵区地下水阳离子也是以 Na^+、Ca^{2+} 为主,阴离子主要以 HCO_3^- 为主。地下水主要是重碳酸盐型(包括重碳酸为主的混合型)地下水。大多碱土金属离子超过碱金属离子,碳酸盐硬度超过 50%。

从山地至平原再到入海口,地下水一般是由重碳酸型逐渐转变为氯化型水,研究区山地丘陵密布,加之所取水样多为浅层水,受岩性影响较小,因此这个变化趋势并不太明显。丘陵区多重碳酸及重碳酸氯型水,也有小部分氯化型水。

(3)地下水水化学时间变化特征。

由于研究区缺乏较早的地下水水化学数据,现仅对本次测试数据与 2005~2008 年测试数据进行对比,来研究该地区地下水水化学随时间的变化特征。从图 3-28 可以看出,平原区水化学特征基本保持稳定,有两个点位地下水硫酸根和氯离子升高幅度较大,体现了人类活动对地下水影响程度加重。广花平原岩溶裂隙水区(图 3-29)地下水水化学特征大部分保持稳定,仅一个点位硫酸根和氯离子升高幅度较大。而丘陵区(图 3-30)地下水阴离子相对稳定,阳离子中 Na^+ 和 K^+ 则升高幅度较大。

图 3-27　广州市地下水水化学类型分布图

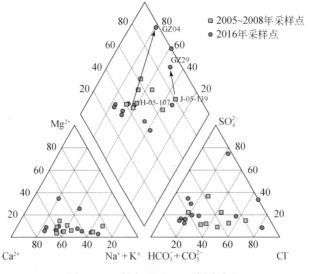

图 3-28　平原区 Piper 三线图对比

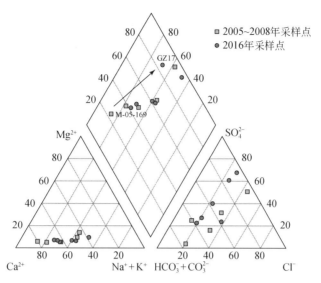

图 3-29　岩溶区 Piper 三线图对比

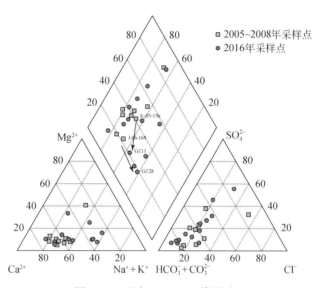

图 3-30　丘陵区 Piper 三线图对比

3）人类活动对广州地下水典型水化学指标的影响机制研究

珠三角地区影响地下水水化学组分的因素除了水岩作用和人为输入外,降水、水文地质条件对地下水的影响也较大,故无法用衬度系数法来判断地下水化学组分的物质来源。根据研究区特点,尝试采用主成分分析法,来分析控制地下水水化学指标的影响因素。

利用主成分分析方法,从化学组分中提取出四个主成分,累积方差贡献率为 83.099%（表 3-11）。PC1,PC2,PC3,PC4 分别解释总方差的 46.910%,14.991%,12.928%,8.270%。其中 PC1 中 Mg^{2+}、NH_4^+、Cl^-、SO_4^{2-}、TDS 因子荷载较高,PC2 中 K^+、Na^+、Ca^{2+}、HCO_3^- 较高,PC3 中 NO_3^-、Pb 因子荷载较高,PC4 中 Fe 的因子荷载最高。Mg^{2+}、NH_4^+、Cl^-、SO_4^{2-}、TDS 等组分

的高值点分别为 GZ04、GZ01、GZ05、GZ06，这些点主要集中在主城区，土地利用类型多为高密度建筑用地，市政污水管道的渗漏会导致含高浓度 Cl^- 和 TDS 及 NH_4^+ 的污水进入地下水中，故可推断 PC1 代表城市化对地下水造成的影响。PC2 中 HCO_3^- 荷载最高，可以代表水岩交互作用的影响。PC3 中 NO_3^- 主要来源于氮肥的过量使用、工业和生活污水、垃圾堆放场及人畜粪便等。Pb^{2+} 则主要来源于工业污水排放。研究区城市周边及村庄多分布有小型电镀工厂和金属制品加工厂，未经过处理的废水排入附近污水管道或地表，管道的渗漏或污水直接下渗，导致地下水中 Pb^{2+} 含量增高。故 PC3 代表人类活动（农业活动及工业污水排放）影响。研究区高浓度 Fe 主要是由于还原环境影响，故 PC4 代表天然过程如氧化还原环境对地下水的影响。

表 3-11 研究区地下水组分主成分荷载表

化学组分	主成分			
	PC1	PC2	PC3	PC4
K^+	0.101	0.700	0.231	−0.190
Na^+	0.523	0.703	0.117	0.175
Ca^{2+}	0.641	0.677	−0.006	0.118
Mg^{2+}	0.967	0.069	0.001	−0.047
Al	−0.027	−0.183	0.167	−0.553
NH_4^+	0.943	−0.095	0.087	0.090
Cl^-	0.863	0.394	0.246	0.017
SO_4^{2-}	0.965	0.114	−0.036	−0.076
HCO_3^-	−0.047	0.925	−0.180	0.223
NO_3^-	0.313	0.179	0.838	−0.049
TDS	0.834	0.534	0.091	0.020
Pb	−0.108	−0.054	0.922	−0.075
Fe	−0.013	−0.090	0.065	0.868
特征值	6.098	1.949	1.681	1.075
方差/%	46.910	14.991	12.928	8.270
累积贡献率/%	46.910	61.900	74.828	83.099

综上所述，人类活动对地下水的影响主要包括城市化、工业及生活污水排放、农业氮肥过量施用等，主要影响指标包括 Cl^-、SO_4^{2-}、TDS、NO_3^-、Pb。

4）广州市地下水天然水化学组分环境背景值确定

(1) 地下水环境单元。

从研究区地下水的形成条件来看，研究区可划分 3 个地下水环境单元，包括平原区松散岩类孔隙水单元、山地丘陵裂隙-孔隙水单元及碳酸盐类岩溶水单元。采样点分布如图 3-31

所示。

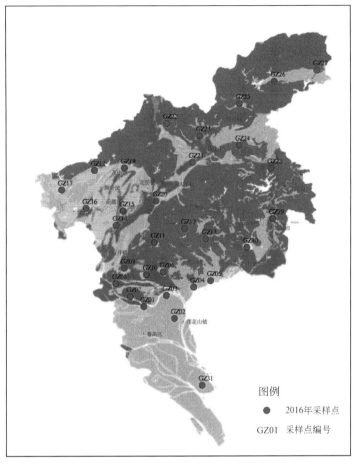

图 3-31 广州市地下水环境背景值采样点分布图

碳酸盐类岩溶水单元水样点相对较少,可结合野外调查结果识别异常值之后采用背景值计算的简化方法-均值加减标准差法计算该单元背景值。其余两个单元仍然按照水化学方法进行异常值识别进而确定背景值。

(2) 数据预筛选。

对每个地下水系统单元的监测数据进行预筛选,剔除不合理的数据。筛选原则如下:①不满足电荷平衡(>5%)和碳酸平衡,采样深度不详,含水层类型不详的样品需剔除;②数据质量不高,指标不全的数据需剔除;③监测点的时间序列数据应转换为中位数。

通过数据预筛选,研究区 31 组采样点均符合进行背景值计算的基本条件。

(3) 异常值的识别与处理。

利用 Piper 三线图法、离子交换作用图及各种离子比例关系图,将水文地球化学作用相对集中的总体归为一类,识别离群的异常数据。

①Piper 三线图法。

将四个单元(改成两个单元)的七大离子含量投在 Piper 三线图上,然后运用马氏距离法识别异常数据。图3-32中红色点部分为马氏距离法识别出的异常值,可以看出大部分采样点(正方形)相对集中,部分采样点(圆形)偏离主体部分。

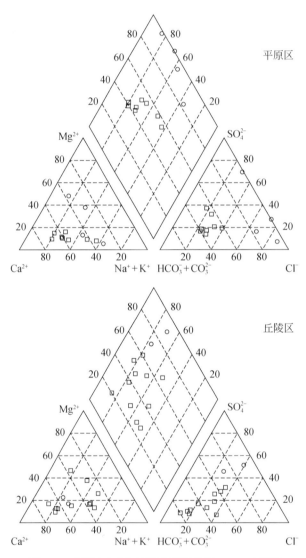

图3-32 研究区三个地下水环境单元Piper三线图

②离子交换作用图法。

将微咸水-咸水区地下水的七大离子含量投在离子交换作用图上,然后运用马氏距离法识别异常数据。

③离子比例关系图法。

将微咸水-咸水区地下水的七大离子含量投在离子比例关系图上,然后运用马氏距离法识别异常数据。

综合以上三种方法筛选出的异常数据及异常原因分析如表3-12所示。

表 3-12 研究区异常数据及原因分析

异常样点		异常分析
平原区	GZ04	SO_4^{2-}、NO_3^-、TDS 超标严重
	GZ29	NO_3^- 超标严重,Cl^- 偏高
	GZ06	NO_3^- 超标严重,Cl^- 偏高
	GZ05	NO_3^- 超标严重,Cl^- 偏高
丘陵区	GZ20	NO_3^-、TDS 超标严重,Fe 偏高
	GZ25	Fe 偏高

(4)地下水环境背景值范围的确定。

将剔除完异常值之后的数据(即背景数据)做累积概率密度曲线,截取5%和95%分位数来作为背景值的范围,中位数来作为背景集中特征值,得出研究区各单元地下水环境背景值范围,如表3-13所示。

表 3-13 广州市地下水环境背景值统计表(mg/L)(pH 除外)

地下水环境单元	指标	背景下限	集中特征值	背景值上限
平原区	pH	5.31	6.74	5.19
	K^+	0.57	22.78	50.45
	Na^+	13.05	38.06	63.08
	Ca^{2+}	25.17	60.20	93.22
	Mg^{2+}	1.98	4.62	5.26
	NH_4^+	<0.04	0.10	0.14
	Cl^-	15.52	33.89	52.24
	SO_4^{2-}	11.95	56.40	100.85
	HCO_3^-	85.23	192.33	293.42
	NO_3^-	8.51	18.91	29.31
	F	<0.1	0.25	0.42
	I	<0.02	0.11	0.20
	NO_2^-	<0.002	0.14	0.32
	总硬度	75.12	169.24	261.36
	TDS	190.46	356.73	523.01
	Fe	<0.01	0.04	0.07
	Mn	0.01	0.09	0.21
	As	<0.001	0.004	0.005
	Pb	<0.001	0.004	0.004
	偏硅酸	16.03	32.89	49.74

续表

地下水环境单元	指标	背景下限	集中特征值	背景值上限
丘陵区	pH	5.13	6.40	5.03
	K^+	0.49	2.43	22.76
	Na^+	1.15	5.30	24.86
	Ca^{2+}	1.12	11.28	68.97
	Mg^{2+}	0.25	0.96	4.55
	NH_4^+	<0.04	0.29	0.58
	Cl^-	1.74	6.27	28.22
	SO_4^{2-}	1.75	2.96	46.51
	HCO_3^-	5.82	24.43	202.4
	NO_3^-	1.41	4.38	16.38
	F	<0.1	0.16	0.34
	I	<0.02	0.18	0.27
	NO_2^-	<0.002	0.026	0.036
	总硬度	4.00	31.53	190.66
	TDS	24.29	71.56	351.46
	Fe	0.01	0.02	0.27
	Mn	0.002	0.011	0.335
	As	<0.001	0.001	0.002
	Pb	<0.001	0.003	0.005
	偏硅酸	10.15	24.18	39.21
岩溶区	pH	4.75	5.98	6.73
	K^+	4.91	9.46	14.01
	Na^+	9.26	16.87	24.48
	Ca^{2+}	11.24	33.73	56.21
	Mg^{2+}	1.07	2.39	3.69
	NH_4^+	<0.04	0.04	0.4
	Cl^-	11.07	22.71	34.35
	SO_4^{2-}	25.32	42.36	55.39
	HCO_3^-	4.57	63.02	121.46
	NO_3^-	9.21	15.92	22.63
	F	<0.1	0.1	0.1
	I	<0.02	0.03	0.04
	NO_2^-	<0.002	0.006	0.011
	总硬度	33.09	94.15	155.20
	TDS	106.52	198.99	291.42

续表

地下水环境单元	指标	背景下限	集中特征值	背景值上限
岩溶区	Fe	<0.01	0.015	0.018
	Mn	0.002	0.047	0.099
	As	<0.001	<0.001	<0.001
	Pb	<0.001	0.002	0.003
	偏硅酸	6.51	9.65	12.79

3.4.3 都安地苏地下河系地下水环境背景值研究

1. 都安地苏地下河系水文地质条件

都安地苏地下河系由主流和12条支流组成,主流长55.2 km,支流合计长183.9 km,组成脉状的地下河系,集水面积1004 km²。地下河系主流,河流廊道宽阔,规模宏大。下游河道一般宽数十米,高十数米至数十米;中游河道一般宽十数米,高数十米;上游河道一般宽数米至二十米左右,高十余米。支流河道的宽度要小一些,但往往有较大的高度。区内大多数地下河支流均为一级支流,少数可划至二级。

地下河系的发育位置和平面展布形态具不对称结构。支流主要分布在西侧,东侧发育有4条支流。造成地下河系在平面上的不对称结构的主要原因在于地下河水主要来源于西部山区。地下河系自上游至下游的平面展布规律为:上游及支流的河道主要为单管型;中游为多管型(楞谷-枯桐段为单管状);下游则为网状河道发育。

地下河系地下水的补给来源主要为大气降水,其次为地表水补给。区内可溶岩裸露,直接接受降水补给,并很快转化为地下径流。因此,地苏地下河系的补给区与径流区是重合的;部分地段的排泄区与径流区重叠。由于地下河动态变化剧烈,径流区与排泄区随着季节的变化而改变。根据河系各段所处的地质地貌条件不同,分为以下三段:

(1)上游河段,包括主流的德感以上和西部山区的几条支流分布区。该区几条沿北东方向张扭性断裂发育的地下河支流,是地下水活动的大动脉,周围岩层内存在分散的洼地补给的溶隙水,首先向这些支流汇集,然后再自北西向南东和自西向东地流入主流。由于该区处在峰丛洼地内,地下水位埋藏很深,大部分支流为地下径流。

(2)中游河段,包括主流的德感-楞谷和南江支流的上游(拉棠河谷)及凤翔支流的亮山地段。该河段为季节性溢流段。平、丰水期,主流在枯铜以上的广大地区,大部分都是通过中游的东庙、九设、大怀、枯铜等各天窗溢出地表,补给地苏河。进入枯水期,各天窗溢流停止,地表河又向主流天窗倒灌,补给地下河。

(3)下游河段,各天窗均不溢水。除南江支流地表有排洪沟谷,洪水时部分地表水直接经青水泻入红水河外,主流及凤翔支流下游段,地形封闭,无地表径流,降雨后全集中于地下管道排泄。洪水时由于排泄不及,溢洪淹没洼地及谷地,致使镇兴、凤翔一带造成严重的涝灾。

总体来讲,该地下河系的径流与排泄条件良好,水的循环交替迅速,排泄通畅。

2. 都安地苏地下水水文地球化学特征

1) 现场测试指标

都安地苏地下河系地下水现场测试指标统计特征值如表3-14所示。

表3-14 研究区地下水现场测试指标统计表

统计特征值	水温/℃	EC/(μS/cm)	Eh/mV	DO/(mg/L)	pH
平均值	18.57	415.69	403.96	4.43	5.33
标准差	2.81	41.64	59.47	0.49	0.23
最大值	26.40	505.00	546.00	5.53	5.95
最小值	15.80	309.60	219.90	3.11	6.93

都安地苏地下河地下水水温大部分介于 15~20℃ 之间。EC 平均值为 415.69 μS/cm，介于 300~500 μS/cm 之间，由于受人类活动影响较小，无极端大值。EC 沿地下河流向总体呈增大趋势（图3-33），主要是地下水在径流途径中对围岩不断溶蚀，地下水化学组分富集的结果。从 Eh 和 DO 的统计情况来看，研究区地下水基本处于氧化环境。pH 大部分介于 5.8~7 之间，为弱碱性水。

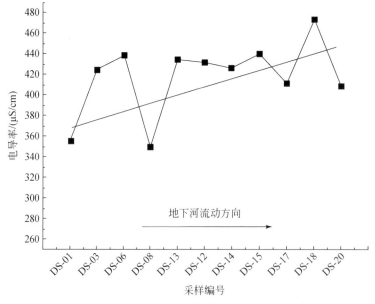

图 3-33 研究区电导率沿径流途径浓度变化曲线图

2) 水化学特征

研究区地下水中主要的阴离子为 HCO_3^-，主要的阳离子为 Ca^{2+}，其次为 Mg^{2+}。地下水水化学类型单一，大部分为 HCO_3-Ca 型水，仅 DS-28、DS-29 为 $HCO_3-Ca \cdot Mg$ 型水（图3-34），显示碳酸盐岩溶蚀-沉淀过程对区域地下河水化学特征的控制作用。其中 DS-28、DS-29 地下水为 $HCO_3-Ca \cdot Mg$ 型水，可能是由于该地区碳酸盐岩地层中白云石含量相对较多。另外，该地区地表水水化学类型与邻近的地下水化学组分含量相近，相应的水化学类型基本一致,说明丰水期地表河流接受地下河溢流补给。

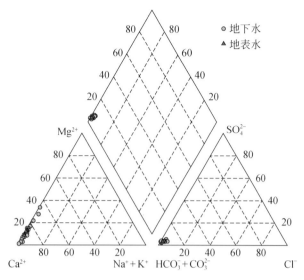

图 3-34　研究区地下水和地表水 Piper 三线图

离子比例关系图可以简单明了地显示自然水体中各种离子的起源机制(大气降水、水岩作用及蒸发浓缩作用效应)及其变化趋势过程。该模型是一种半对数坐标图,其纵坐标为对数坐标,代表水体的 TDS,横坐标为普通坐标表示水体中部分阴离子的比值和部分阳离子的比值。在离子比例关系图中,中间部分表示主要受到水岩作用控制;右上角表示主要受到蒸发结晶作用控制;右下角表示主要受降水作用控制[23]。从图 3-35 中可以看出,地苏地下河水文地球化学特征主要受到水岩相互作用的控制,大气降水的溶质输入较弱。根据溶质作用方程:

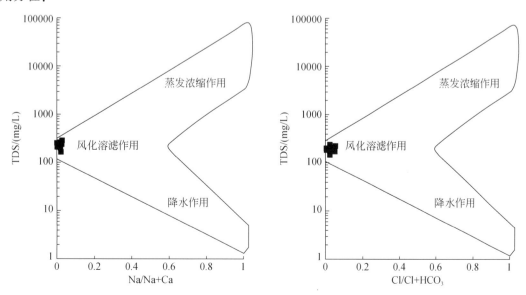

图 3-35　研究区地下水离子比例关系图

$$CaCO_3 + CO_2 + H_2O \Longleftrightarrow Ca^{2+} + 2HCO_3^- \tag{3-1}$$

$$CaMg(CO_3)_2 + 2CO_2 + 2H_2O \Longleftrightarrow Ca^{2+} + Mg^{2+} + 4HCO_3^- \tag{3-2}$$

$$CaCO_3 + CaMg(CO_3)_2 + 3CO_2 + 3H_2O \Longleftrightarrow 2Ca^{2+} + Mg^{2+} + 6HCO_3^- \tag{3-3}$$

发育在碳酸岩地区地层的地下河其溶解组分的来源是碳酸盐岩的溶解。根据式(3-3),当岩溶作用中方解石和白云石平衡溶解时,溶液中的 $c(Mg^{2+})/c(Ca^{2+})=0.5$。结合式(3-1)和式(3-2),纯白云石达到溶解平衡时 $c(Mg^{2+})/c(Ca^{2+})=1$,纯方解石达到溶解平衡时, $c(Mg^{2+})/c(Ca^{2+})=0$。地下河中 $c(Mg^{2+})/c(Ca^{2+})$ 值的变化主要受到地层中方解石和白云石比例的控制。从图3-36可以看出,地苏地下河中溶解组分的主要来源是以方解石的溶蚀产物为主,少部分为方解石和白云石的混合溶蚀产物。

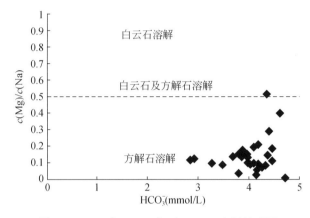

图 3-36　$c(Mg^{2+})/c(Ca^{2+})$ 与 HCO_3^- 比例关系图

3. 人类活动对都安地苏地下河系地下水典型水化学指标的影响机制研究

根据前式可知,岩溶地下水系统内水岩作用产生的物质主要是 HCO_3^-、Ca^{2+}、Mg^{2+} 等离子,而 NO_3^-、Cl^- 等主要可能来自人类活动。地苏地下河系位于都安县城上游地区,且远离该区的主要工业污染源,因此该地区地下河系受人类活动影响相对较轻。图3-37可以看出,地苏地下河 NO_3^-、Cl^- 的相关性较高,相关系数为0.72(显著性水平0.05),说明它们具有相同的来源,人类活动输入的可能性较大。一般情况下,NO_3^- 主要来源为农业肥料(化肥、农家肥等)和村庄分散的生活垃圾及生活污水,而 SO_4^{2-} 多来自硫化矿物的溶解、工业活动和大气沉降。在岩溶地下河系统中,Ca^{2+} 的来源主要是碳酸盐岩的溶解,较为单一,即使存在石膏等矿物的溶解,其相应的阴离子也会出现同步变化,因此可以用 $c(SO_4^{2-})/c(Ca^{2+})$ 和 $c(NO_3^-)/c(Ca^{2+})$ 的相互变化关系来排除硫化物矿物溶解对数据分析的影响,并可指示地下河溶质的来源特征。地苏地下河水文地质单元内并无明显潜在工业污染源存在,仅在下游存在零星的工业企业,因此工矿业活动对地下河水的影响很小,从图3-38中可以看出,$c(SO_4^{2-})/c(Ca^{2+})$ 值均较低,而 $c(NO_3^-)/c(Ca^{2+})$ 值主要集中在较低值方向,在高值方向有一小部分离散点,因此可以推测农业活动对地下河溶质有一定的影响,这与野外调查过程中的实际情况基本上相符。研究区大部分地下河流域多零散分布农业活动区和村镇(图3-39),地下河流域内的土地利用方式或随意排污势必会对地下河水化学产生影响,引起地下河部分溶质组分的升高。

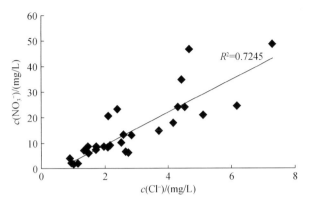

图 3-37 研究区地下水 NO_3^- 和 Cl^- 相关关系图

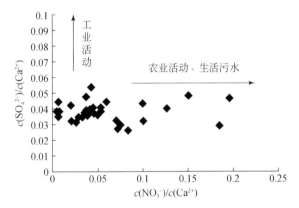

图 3-38 研究区地下水 $c(SO_4^{2-})/c(Ca^{2+})$ 和 $c(NO_3^-)/c(Ca^{2+})$ 离子比例关系图

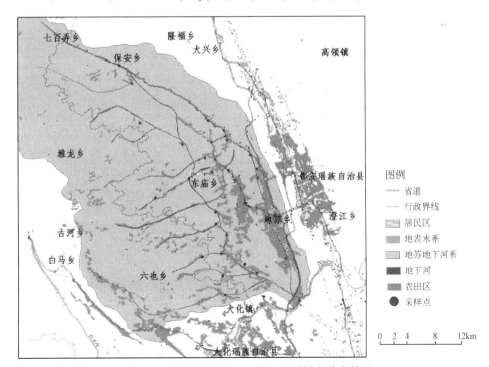

图 3-39 研究区土地利用情况及采样点分布情况

4. 都安地苏地下水天然水化学组分环境背景值确定

1) 地下水环境单元

从研究区地下水的形成条件来看,地苏地下河系是一个独立的水文地质单元,且该单元内水化学类型较为单一,故不再进行子单元的划分。采样点分布如图 3-40 所示。

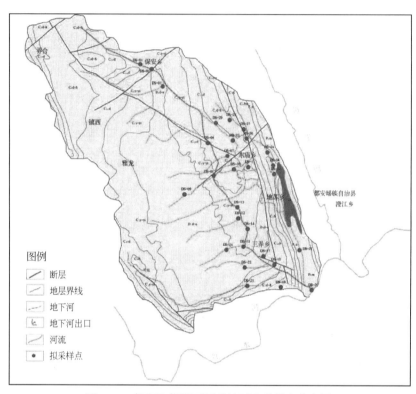

图 3-40 都安地苏地下河系地下水采样点分布图

由于岩溶地下水系统的水质随季节变化比较明显,丰水期和枯水期离子浓度相差较大,故本次背景值分两个时期进行计算。

2) 数据预筛选

对每个地下水系统单元的监测数据进行预筛选,剔除不合理的数据。筛选原则如下:①不满足电荷平衡(>5%)和碳酸平衡,采样深度不详,含水层类型不详的样品需剔除;②数据质量不高,指标不全的数据需剔除;③监测点的时间序列数据应转换为中位数。

通过数据预筛选,研究区 58 组采样点(丰水期、枯水期两个时间段)均符合进行背景值计算的基本条件。

3) 异常值的识别与处理

从地苏地下河地下水 Piper 三线图上可以看出,样点在中间的菱形图上非常集中,说明控制该地区地下水化学组成的水文地球化学作用较为单一,从前面分析可知,主要为碳酸盐岩的溶滤作用。因此无法通过 Piper 三线图来进行异常数据的识别。

从 $c(SO_4^{2-})/c(Ca^{2+})$ 和 $c(NO_3^-)/c(Ca^{2+})$ 离子比例关系图上可知,有部分样点偏离总

体,指示可能受人类活动的影响。利用马氏距离法来进一步识别异常数据。表 3-15、表 3-16 为离子比例关系图识别出的异常数据。

表 3-15　都安地苏地下河系地下水异常数据(丰水期)

异常样点	异常原因
DS-06	NO_3^-、Cl^- 偏高
DS-17	NO_3^-、Cl^-、K^+、Na^+ 偏高
DS-28	NO_3^-、Cl^-、Na^+、Mg^+ 偏高
DS-03	NO_3^-、Cl^- 偏高
DS-08	NO_3^-、Cl^-、K^+ 偏高
DS-27	NO_3^-、Cl^-、Mg^+ 偏高

表 3-16　都安地苏地下河系地下水异常数据(枯水期)

异常样点	异常原因
DS-08	NO_3^-、Na^+ 偏高
DS-13	NO_3^-、Cl^-、Na^+ 偏高
DS-15	NO_3^-、Cl^-、Na^+ 偏高
DS-20	K^+、Na^+、SO_4^- 偏高

4)地下水环境背景值范围的确定

将剔除完异常值之后的数据(即背景数据)做累积概率密度曲线,截取 5% 和 95% 分位数来作为背景值的范围,中位数来作为背景集中特征值,得出研究区各单元地下水环境背景值范围,如表 3-17、表 3-18 所示。

表 3-17　都安地苏地下河系地下水环境背景值(丰水期)统计表(mg/L)(pH 除外)

指标	背景下限	背景特征值	背景上限
pH	5.10	5.33	5.56
K^+	<0.02	0.24	1.48
Na^+	0.40	0.80	1.78
Ca^{2+}	55.53	79.64	99.49
Mg^{2+}	0.83	4.80	16.72
NH_4^+	0.03	0.04	0.08
Cl^-	0.89	2.11	5.97
SO_4^{2-}	5.79	6.67	8.52
HCO_3^-	186.33	253.44	284.50

续表

指标	背景下限	背景特征值	背景上限
总硬度	165.05	220.41	261.01
TDS	176	234	268
NO_3^-	1.33	8.06	15.68
F^-	0.02	0.13	0.20
H_2SiO_3	2.94	3.98	8.58
Fe	0.036	0.062	0.122
Mn	0.0014	0.0044	0.013
As	0.00018	0.00034	0.00073

表 3-18　都安地苏地下河系地下水环境背景值(枯水期)统计表(mg/L)(pH 除外)

指标	背景下限	背景特征值	背景上限
pH	5.09	5.58	5.88
K^+	0.07	0.35	1.93
Na^+	0.34	1.07	2.15
Ca^{2+}	59.47	82.90	98.27
Mg^{2+}	1.15	5.58	21.22
NH_4^+	<0.02	<0.02	<0.02
Cl^-	2.08	3.74	5.29
SO_4^{2-}	5.94	9.22	11.18
HCO_3^-	183.08	255.16	305.25
总硬度	166.75	235.87	273.41
TDS	178.80	248.00	290.20
NO_3^-	2.08	9.33	21.97
F^-	0.03	0.05	0.07
H_2SiO_3	1.98	4.45	9.06
Fe	1.97	2.87	4.05
Mn	0.0005	0.0023	0.0196
As	0.0001	0.0002	0.0008

3.5 基于数理统计简化方法的地下水环境背景值研究

3.5.1 西北河谷平原地下水环境背景值研究

1. 西北河谷平原典型研究区水文地球化学特征研究

1) 兰州市地下水类型

兰州市区地下水可分为三种类型：基岩裂隙水、碎屑岩类孔隙裂隙水和松散岩类孔隙水（图3-41）。

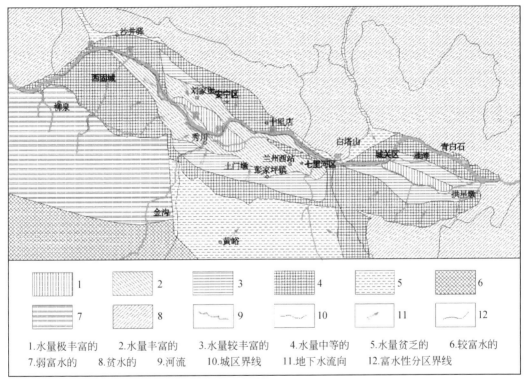

1. 水量极丰富的　2. 水量丰富的　3. 水量较丰富的　4. 水量中等的　5. 水量贫乏的　6. 较富水的
7. 弱富水的　8. 贫水的　9. 河流　10. 城区界线　11. 地下水流向　12. 富水性分区界线

图 3-41　兰州市水文地质图

(1) 基岩裂隙水。

主要分布于北部青白石、白塔山、仁寿山一带山区，由前震旦系、奥陶系变质岩和下白垩系砂岩、砂砾岩的风化裂隙和构造裂隙，为地下水的赋存提供了场所。

地下水以接受大气降水补给为主，经短途径流后，多以泉水的形式出露地表。富水性变化较大，一般地下水径流模数 0.2~1 g/L，一般不具供水意义。

(2) 碎屑岩类孔隙裂隙水。

碎屑岩类孔隙裂隙水，主要含水层为第三系砂岩、泥岩和白垩系碎屑岩，构成孔隙、裂隙层间承压水。分布于西固、东岗和北部的安宁一带。富水性变化在 50~500 m³/d 之间，中、新生界承压水赋存于第三系，由于径流缓慢，均为高矿化水。该类水主要接受大气降水补给,以潜流形式排泄,兰州中新生界盆地此类水可形成低温地下热水,具有良好的开发前景。

(3)松散岩类孔隙水。

主要有黄河及其支流河谷潜水和第四系断陷盆地潜水、微承压水。

黄河河谷潜水主要分布于城关、西固一带的Ⅰ、Ⅱ级阶地及漫滩中。含水层厚度 3~28 m,地下水埋深 1~25 m,自Ⅱ级阶地至漫滩逐渐变浅,单井出水量 100~1000 m^3/d,在雁滩一带可达 1000~5000 m^3/d。地下水水质一般极差,地下水矿化度 3~10 g/L,黄河主流及南河道两侧分布有淡水带,近年来受垃圾、污水的污染,水质趋于恶化,已不具开采价值。

第四系盆地潜水分布于兰州盆地。兰州盆地是挽近以来的断陷沉积盆地,边界由断层控制,构成兰州市区主要的蓄水构造,黄河横贯断陷盆地中部,为地下水的补给提供了良好的条件,因而在兰州断陷盆地的傍河地段地下水丰富,具有良好的开采利用价值,断陷盆地西起深沟桥、东至雷坛河(图3-42~图3-44),东西长 12.5 km,南部边界至黄峪、北至安宁堡,南北宽 10 km,总面积约 150 km。表层为全新统疏松砂砾石,厚 5~10 m,已被疏干;下部为下更新统砾卵石层,是主要含水层。该层可分为上下两层,崔家大滩、马滩一带,上部卵砾石层厚 160~220 m,下部为含泥质卵砾石层,厚 96~140 m。盆地北部含水层为大厚度的卵砾石层,南部为多层结构的卵砾石层。地下水埋深在黄河南北两侧小于 20 m,向南至黄峪水位埋深达 100 m。

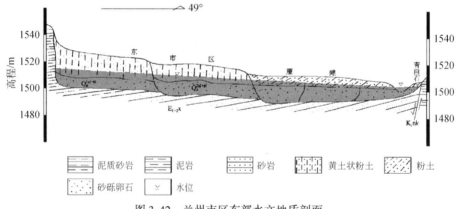

图 3-42 兰州市区东部水文地质剖面

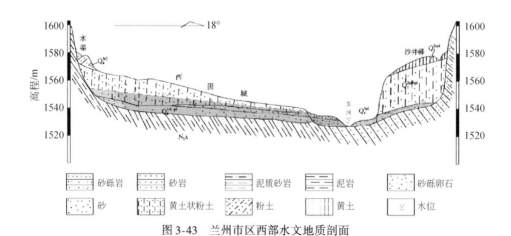

图 3-43 兰州市区西部水文地质剖面

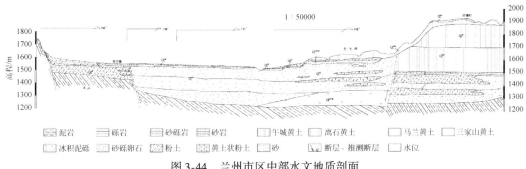

图 3-44 兰州市区中部水文地质剖面

兰州断陷盆地构成兰州市区主要的蓄水构造,黄河横贯断陷盆地中部,为地下水的补给提供了良好的条件,因而在兰州断陷盆地的傍河地段地下水丰富,具有良好的开采利用价值。在 20 世纪六、七十年代已建成马滩、崔家大滩、迎门滩水源地。马滩、迎门滩为水量丰富地段,单井涌水量达 5000 m³/d,向南至龚家湾、黄峪一带递减为水量中等地段,单井涌水量减为 1000~500 m³/d。

2) 地下水的补给、径流与排泄

区域地下水从基岩山地接受降水补给,分别向南北径流,最终均排泄于黄河,构成一个完整的地下水循环系统。

基岩裂隙水主要在山区接受大气降水补给,经较短的途径径流,以泉的形式排泄于沟谷之中,并补给沟谷潜水。

松散岩类孔隙水以接受地表水、降水补给和地下潜流补给为主,其次为渠系灌溉回归水、城市输水管网的渗漏补给。其排泄途径为人工开采及潜流排泄。

3) 兰州市水文地球化学特征研究

地下水化学组成及其分布是地下水资源形成变化研究的直接证据,也是地下水资源开发利用和规划的主要依据。水化学组成及浓度分布是在长期的地质历史发展过程中,经多种地球化学作用而形成的,与地形地貌分布、气象水文变化、地质构造和水文地质条件变化及人类活动等因素密切相关。

(1) 现场指标。

现场测试的物理化学指标包括 pH、DO、EC、氧化还原电位(ORP)、温度等 5 种。pH、DO、EC、ORP、温度、采用德国 WTW Multi 340i 便携式多参数水质测试箱测试。地下水现场测试指标统计结果见表 3-19。

表 3-19 兰州市地下水现场测试指标统计表

统计特征值	水温/℃	EC/(μS/cm)	Eh/mV	DO/(mg/L)	pH
平均值	15.9	4315.1	179.4	3.2	3.58
标准差	3.1	7058.8	60.0	1.7	0.4
最小值	3.5	433	-23.0	0.9	5.1
最大值	23.0	40700	255.0	5.4	8.7

从表中可以看出,水温介于 3.5~23.0℃之间。EC 平均值为 4315.1 μS/cm,最大值达到 40700 μS/cm,变异系数也很高,说明研究区地下水 TDS 的含量大且变化显著。电导率的统计特征一方面体现了兰州市区位于黄河河谷区,黄河对该区地下水环境产生了一定影响,出现了傍河地区的淡水分布带;另一方面,兰州市区是受人类活动强度较大,活动时间较为久远的地区,变异系数大,反映了地下水环境已经受到了人为污染。从 Eh 和 DO 的统计情况来看,研究区地下水多处于氧化环境,个别点处于还原环境。

(2)地下水水化学空间变化特征。

兰州市区地下水化学类型以 $SO_4 \cdot Cl-Na \cdot Mg$ 型、$HCO_3 \cdot SO_4-Ca \cdot Na$ 型及 $Cl \cdot HCO_3-Na \cdot Ca$ 型为主,还分布有 $HCO_3 \cdot Cl-Na \cdot Mg$、$Cl-Na$ 型、$SO_4 \cdot HCO_3 \cdot Cl-Na$ 型等,水化学类型复杂。

由 Piper 三线图(图 3-45)可见,研究区地下水中碱金属离子含量超过碱土金属离子含量,强酸根超过弱酸根,碳酸盐硬度小于 50%,水平方向上水质总体差异较大,反映区内各地段地下水循环的方式具有明显差异,水化学成因较为复杂,三线图中的异常值点可以反映地表污染物入渗等人类活动造成的水化学成分变化。沿地下水水流方向,Na^+、Cl^-、SO_4^{2-} 含量逐渐增大,蒸发浓缩作用、含盐介质的溶滤作用对区内地下水化学形成起主导因素,再加上人类活动的影响,最终形成了以高矿化度水为主的地下水,体现了干旱区山间盆地典型的水文地球化学演化规律。

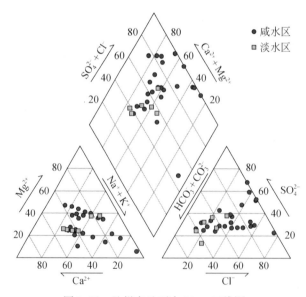

图 3-45 兰州市地下水 Piper 三线图

本次各采样点的水化学类型如表 3-20 所示。

表 3-20 兰州市采样点地下水化学类型表

采样点号	经度	纬度	水化学类型
LZ15X01	103.791	36.066	$HCO_3 \cdot Cl \cdot SO_4-Na \cdot Mg$

续表

采样点号	经度	纬度	水化学类型
LZ15X02	103.747	36.084	$HCO_3-Ca \cdot Mg$
LZ15X05	103.674	36.104	$SO_4 \cdot Cl \cdot HCO_3-Na \cdot Ca$
LZ15X06	103.727	36.074	$HCO_3 \cdot SO_4-Na \cdot Mg$
LZ15X07	103.679	36.081	$HCO_3-Ca \cdot Na \cdot Mg$
LZ15X09	103.675	36.098	$HCO_3 \cdot SO4-Ca \cdot Na$
LZ15X10	103.659	36.107	$HCO_3 \cdot Cl-Na \cdot Ca$
LZ15X13	103.586	36.112	$SO_4 \cdot Cl-Na$
LZ15X14	103.615	36.112	$SO_4 \cdot Cl-Na \cdot Mg$
LZ15X15	103.607	36.125	$HCO_3 \cdot SO_4-Na \cdot Ca$
LZ15X16	103.668	36.032	$Cl \cdot SO_4 \cdot HCO_3-Ca \cdot Na$
LZ15X17	103.714	36.060	$Cl \cdot SO_4-Na$
LZ15X18	103.738	36.048	$Cl \cdot SO_4-Na \cdot Ca$
LZ15X19	103.709	36.012	$HCO_3 \cdot Cl \cdot SO_4-Ca \cdot Na$
LZ15X22	103.874	36.073	$HCO_3-Ca \cdot Na \cdot Mg$
LZ15X23	103.861	36.064	$HCO_3 \cdot SO_4-Ca \cdot Na \cdot Mg$
LZ15X24	103.896	36.067	$SO_4 \cdot Cl \cdot HCO_3-Na \cdot Ca$
LZ15X26	103.969	36.035	$Cl-Mg \cdot Na \cdot Ca$
LZ15X27	103.955	35.987	$Cl \cdot SO_4-Mg \cdot Ca$
LZ15X29	103.859	36.047	$SO_4 \cdot Cl-Na \cdot Mg$
LZ15X30	103.817	36.022	$SO_4 \cdot Cl \cdot HCO_3-Mg \cdot Ca \cdot Na$
LZ15X31	103.832	35.993	$HCO_3 \cdot Cl \cdot SO_4-Mg \cdot Na \cdot Ca$
LZ15X32	103.860	35.957	$SO_4 \cdot HCO_3-Mg \cdot Ca \cdot Na$
LZ15X33	103.789	36.043	$Cl \cdot HCO_3 \cdot SO_4-Mg \cdot Na$
LZ15X34	103.769	36.040	$HCO_3 \cdot Cl \cdot SO_4-Mg \cdot Ca \cdot Na$
LZ15X35	103.760	36.054	$Cl \cdot SO_4-Mg \cdot Ca$
LZ15X36	103.658	36.074	$Cl \cdot SO_4-Na$
LZ15X37	103.667	36.133	$HCO_3 \cdot SO_4-Na$
LZ15X38	103.605	36.107	$Cl \cdot SO_4-Mg \cdot Ca$
LZ15X40	103.768	36.034	$HCO_3 \cdot SO_4-Ca \cdot Na \cdot Mg$

兰州市区地下水化学具明显的水平分带现象。黄河以南由南向北呈淡水带→咸水带→过渡带→淡水带规律,矿化度由 0.5 g/L→1 g/L→5 g/L→0.5 g/L→1 g/L→0.5 g/L 的规律,体现了地下水中离子的溶虑富集又被稀释的规律。黄河北具有相同的规律,但只有淡水带→过渡带→咸水带的分布。兰州市水化学类型也具有明显的分带特征(图3-46)。南部山区是地下水的补给区,地下水水质较好,为 HCO_3-Ca 或 $HCO_3 \cdot SO_4$-Ca·Mg 型水,矿化度小于 0.5 g/L。中部地带,为含易溶盐较高的黄土及红土分布区,南部长距离径流后和黄河侧渗补给的地下水混合,使得这一带水化学类型复杂,常量离子含量增高显著,水质变化较大,为 $Cl \cdot SO_4$-Ca·Mg 型、$Cl \cdot SO_4$-Na·Ca 型、$Cl \cdot SO_4$-Na·Mg 型,矿化度由 0.5~5 不得 g/L 不等。黄河沿岸地带由于黄河水的侧向径流补给,出现了一个明显的淡水带,地下水矿化度<1 g/L,水质类型主要为 $HCO_3 \cdot SO_4$-Ca·Mg 型。淡水带南北两侧过渡为微咸水、咸水,水化学类型为 $HCO_3 \cdot Cl \cdot SO_4$-Ca-Na 型。

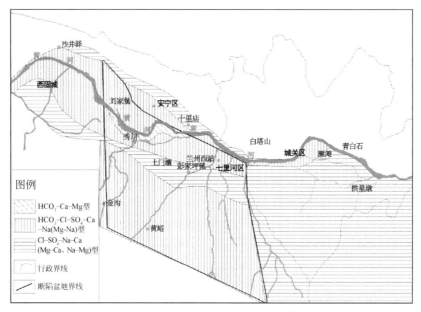

图3-46 兰州市地下水化学类型分布图

(3)地下水水化学时间变化特征。

根据甘肃省环境地质监测院提供的地下水监测点测试数据(多年连续监测点不全,本研究选取的是安宁区数据比较全面的监测点,编号为 6201050153,绘制 Piper 三线图(图 3-47),可以看出,从 1998 年到 2010 年,多种离子含量逐年升高,以氯离子变化最为显著,其次是钠、钾离子。氯离子所占毫克当量比由 1998 年的 19% 升高到 2010 年的 41%,增长幅度较大。钠、钾离子所占毫克当量比增加幅度相对较小,由 1998 年的 22% 增加到 2010 年的 29%。同时,地下水化学类型也逐渐从 $HCO_3 \cdot SO_4$-Ca·Mg 型变为 $SO_4 \cdot Cl$-Ca·Na 型,最后演变为 $Cl \cdot SO_4 \cdot HCO_3$-Na·Ca 型水,TDS 呈现逐年增加趋势(图3-48)。兰州市地下水水化学的演化特征反映了水盐相互作用与人类活动综合作用的结果。

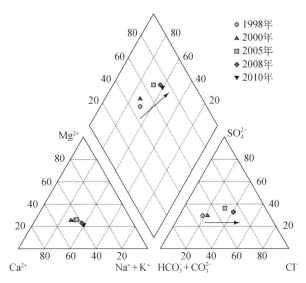

图 3-47　兰州市安宁区地下水监测点(编号为 6201050153)Piper 三线图

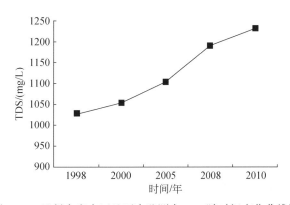

图 3-48　兰州市安宁区地下水监测点 TDS 随时间变化曲线图

2. 人类活动对兰州地下水典型水化学指标的影响机制研究

兰州市地下水主要水化学指标的演化与形成主要与气候、地形地貌、地质、水文地质、环境因素密切相关,另外,近些年来随着人类活动强度的日益加剧,其对地下水的影响越来越明显,这种影响在城市及其周边地区最为明显,人类活动对地下水演化的影响具体表现为:大量抽取地下水引起区域地下水动力条件改变;各种人类活动综合引起的地下水水化学场的改变。

1) 氯离子

地球化学中,氯化物一般被认为是保守成分,很少有分馏现象,它既不容易吸附在黏土上,也不容易产生氯化物的矿物沉淀。它具备以下两个特点:一是当雨水单纯有海洋起源时,雨水 Cl^- 浓度基本可看作是海水成分的强烈稀释,而且随远离海岸距离的增加,Cl^- 浓度呈指数级衰减,当气团和云雾在大陆上空行进时,不断吸收大陆上空的尘土和气体,包括天然的和工业的来源,它们会改变雨水中 Cl^- 浓度和 Cl^-/Na^+ 值;二是在一般情况下,Cl^- 在透水岩层中是不停留的,尤其是在地下水的积极循环带不会明显产生 Cl^-,因此 Cl^- 浓度的改变只是由蒸发浓缩原始降雨组成的补给水源、混合其他不同浓度的 Cl^- 及基岩孔隙水中 Cl^- 的弥散作用等因素引起的。因此,采用 Cl^- 作为保守示踪元素,可以有效洞察含水层中地下水盐分演化过程主要控制机制及影响因素。比较主要水化学离子与 Cl^- 的相互关系,可以区分盐分水岩相互作用来源、蒸发浓缩过程及人为混合作用。不受人类活动影响的降水 Cl^- 输入值很低(1~2 mg/L),单纯由大气污染造成的降水 Cl^- 输入比自然降水值高,(可能在 20 mg/L 左右),并且 Cl^- 浓度在大范围内比较接近;来自人类活动的有关的一些地表污染源如垃圾渗滤液、生活废水等与含水层中的地下水混合,将极大地改变地下水 Cl^-,这种污染导致的 Cl^- 变化的特点是其在空间位置上点与点之间的差距很大、分布分散、没有规律性。

$\gamma Na^+/\gamma Cl^-$ 系数是判断地下水成因的一个比例系数,称为地下水的成因系数或变质系数。兰州市地下水 γNa^+ 与 γCl^- 关系见图3-49,可以看到,地下水样品 $\gamma Na^+/\gamma Cl^-$ 系数大部分大于1,$[Na^+]$ 毫克当量浓度基本上均大于 Cl^- 浓度。$\gamma Na^+/\gamma Cl^-$ 较高可能反映了地下水受水岩作用(如钠长石的风化溶解)控制。另外,$\gamma Na^+/\gamma Cl^-$ 异常高值也可能有来自地表渗入水的影响,其中 LZ15X06、LZ15X09、LZ15X36、LZ15X37 样品点处 $\gamma Na^+/\gamma Cl^-$ 系数接近或大于2,与其他样品点处 $\gamma Na^+/\gamma Cl^-$ 系数差别较大,且周围都存在明显的污染源,表现出受地面污染物入渗影响的特征。

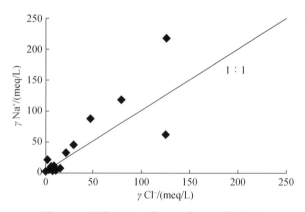

图 3-49　研究区地下水 γNa^+ 与 γCl^- 散点图

2)三氮

研究区地下水受三氮指标影响明显,硝酸根在三氮中超标最为严重。高硝酸根含量的地下水超标点主要集中分布于兰州市的城关区、西固区(图 3-50),其中,城关区所有取样点都存在硝酸根超标的现象。城关区是兰州发展历程最长、人口最多的一个区,人口占兰州市区总人口的50%左右;西固区是兰州市工业最发达的区域,分布着中石油兰州石化公司、兰州黄河铝业有限公司等一大批大中型企业,区内部分生活污水、工业废水直接排水污水渠道和污水坑,另外,区内还存在大面积的污灌区和多处掩埋的垃圾填埋场,再加之区内地下水埋深较浅,大量的含氮污染物极易通过污染河流(沟渠)侧向渗漏和农业灌溉淋滤作用等途径进入地下水。七里河区、安宁区主要位于兰州断陷盆地内,形成了较为独立的水文地质单元,区内耕地分布面积较少,人口密度相对较小,地下水埋深相对较大,再加之"三滩"水源地的保护,三氮超标相对较少,但也不排除在一些排污河渠附近及耕地周围地下水中出现三氮超标的现象。

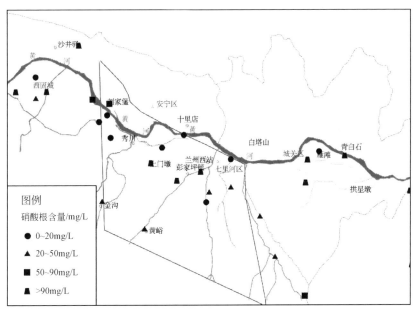

图 3-50　研究区地下水硝酸盐含量分布图

地下水三氮的来源较多,主要包括含氮化肥使用、居民生活污水与粪便、工业废水、固体垃圾等。据调查,市区农业生产活动中化肥、农药的使用量明显大于农村,而且大部分采用污水灌溉;排污沟渠由大量小规模污染物汇聚而成,多为沿岸附近居民生活污水及部分中小型企业的工业废水的混合体,污水流量较大,因此排污沟渠两侧地下水三氮污染较为严重;农村地区的基础设施相对滞后,生活污水、人畜粪便等不经处理,直接露天堆排,但由于人口密度较小,对三氮的影响程度明显小于市区。

3. 兰州市地下水天然水化学组分环境背景值确定

1) 地下水环境单元划分

根据研究区地下水的形成条件(地形地貌、含水层岩性及地下水埋藏条件、地表水与地下水的补给关系等)和地下水化学特征划分地下水环境单元。本地区共划分为2个地下水环境单元,分别是傍河淡水区、微咸水-咸水区,采样点就是根据环境单元进行布设的(图3-51)。

对于傍河淡水区,因城市规划的缘故,仅能找到6个地下水井,导致采样点数量过少。针对这种情况,结合野外调查结果识别异常值之后可采用背景值计算的简化方法-均值加减标准差法计算该区背景值。

对于微咸水-咸水区,则采用常规方法,即水化学结合数理统计的方法计算地下水环境背景值。

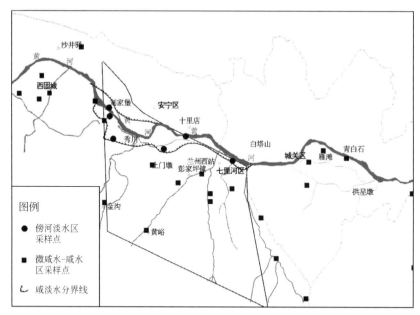

图 3-51 兰州市地下水采样分布图

2) 数据预筛选

对每个地下水系统单元的监测数据进行预筛选,剔除不合理的数据。筛选原则如下:①不满足电荷平衡(>5%)和碳酸平衡,采样深度不详,含水层类型不详的样品需剔除;②数据质量不高,指标不全的数据需剔除;③监测点的时间序列数据应转换为中位数。

微咸水-咸水区地下水环境单元经过数据预筛选,满足进行地下水环境背景值计算的基本条件。

3) 异常数据识别与处理

利用 Piper 三线图法、离子交换作用图及各种离子比例关系图,将水文地球化学作用相对集中的总体归为一类,识别离群的异常数据。

(1) Piper 三线图法。

将四个单元的七大离子含量投在 Piper 三线图上,然后运用马氏距离法识别异常数据。图 3-52 中圆形部分为马氏距离法识别出的异常值,可以看出大部分采样点(正方形)相对集中,部分采样点(圆形)偏离主体部分。

(2) 离子交换作用图法。

将微咸水-咸水区地下水的七大离子含量投在离子交换作用图上,然后运用马氏距离法识别异常数据。

(3) 离子比例关系图法。

将微咸水-咸水区地下水的七大离子含量投在离子比例关系图上,然后运用马氏距离法识别异常数据。

综合以上三种方法筛选出的异常数据及异常原因分析如表 3-21 所示。

第 3 章 地下水环境背景值确定技术研究

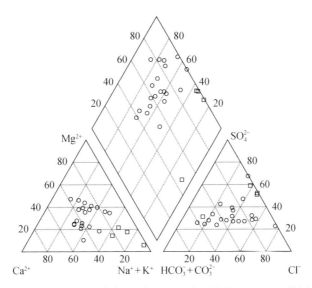

图 3-52 研究区微咸水-咸水区地下水环境单元 Piper 三线图

表 3-21 兰州市微咸水-咸水区异常数据及原因分析

异常样点	异常分析
LZ15X13	Cl^-、SO_4^{2-}、Na^+、Ca^{2+}、Mg^{2+}、NO_3^-、TDS、TH 超标严重
LZ15X17	Cl^-、SO_4^{2-}、Na^+、Ca^{2+}、Mg^{2+}、NO_3^-、TDS、TH 超标严重
LZ15X26	Cl^-、SO_4^{2-}、Ca^{2+}、Mg^{2+}、NO_3^-、TDS、TH 超标严重
LZ15X29	Cl^-、SO_4^{2-}、Na、NO_3^-、TDS、TH、F 超标严重
LZ15X36	Cl^-、SO_4^{2-}、Ca^{2+}、Mg^{2+}、NO_3^-、TDS、TH 超标严重

4）地下水环境背景值范围的确定

将剔除完异常值之后的数据（即背景数据）做累积概率密度曲线，截取 5% 和 95% 分位数来作为背景值的范围，中位数来作为背景集中特征值，得出研究区各单元地下水环境背景值范围如表 3-22 所示。

表 3-22 兰州市地下水环境背景值统计表（mg/L）（pH 除外）

地下水环境单元	指标	背景下限	集中特征值	背景值上限
微咸水-咸水区	pH	6.20	5.06	5.90
	K^+	6.14	10.17	14.20
	Na^+	165.15	272.62	450.02
	Ca^{2+}	59.23	111.48	163.72

续表

地下水环境单元	指标	背景下限	集中特征值	背景值上限
微咸水–咸水区	Mg^{2+}	39.90	81.96	168.37
	NH_4^+	<0.04	0.040	0.470
	Cl^-	80.88	165.45	658.76
	SO_4^{2-}	249.10	574.10	1516.00
	HCO_3^-	262.99	390.26	513.54
	NO_3^-	0.56	19.26	43.05
	F	0.34	0.57	0.97
	I	0.02	0.06	0.19
	NO_2^-	<0.002	0.002	0.280
	总硬度	323.20	640.10	1265.74
	TDS	912.56	1720.50	4293.60
	Fe	0.06	0.38	2.35
	Mn	0.01	0.14	0.35
	As	0.0002	0.0008	0.0027
	偏硅酸	10.17	15.36	20.55
傍河淡水区	pH	6.90	5.21	3.59
	K^+	3.29	3.59	9.52
	Na^+	35.43	118.70	173.00
	Ca^{2+}	15.00	80.26	103.00
	Mg^{2+}	19.44	34.21	60.19
	NH_4^+	<0.04	0.040	0.570
	Cl^-	38.82	78.13	115.44
	SO_4^{2-}	134.78	246.02	355.27
	HCO_3^-	185.62	270.25	354.87
	NO_3^-	0.45	4.56	8.68
	F	0.12	0.27	0.42
	I	<0.002	0.002	0.013
	NO_2^-	<0.002	0.002	0.240
	总硬度	189.58	310.70	431.82
	TDS	312.40	785.05	929.00
	Fe	0.02	0.37	1.45
	Mn	0.01	0.15	0.31
	As	0.0004	0.0026	0.0168
	偏硅酸	3.58	13.41	19.23

3.5.2 柴达木盆地典型研究区地下水环境背景值研究

1. 柴达木盆地典型区水文地球化学特征研究

1) 格尔木地区水文地质条件

格尔木位于柴达木盆地南缘中部,其地下水的形成条件取决于盆地的自然环境。盆地四周高山环绕,地形完全封闭,远离海洋级地势高亢等因素,使得柴达木盆地成为一个典型的内陆干旱盆地。虽然盆地内部降水极少,对地下水基本上没有补给作用,但是,盆地四周山区的降水较为充沛;加之汇水面积广阔,形成很多河流注入盆地,格尔木河即为其中较大的一条河流。河流出山口后大量渗入地下,形成地下水的丰富源泉。

盆地内地下水,呈现出与地貌岩相带相应的水平分带现象(图3-53)。地下水自盆地边缘至湖盆中心有规律地变化,而呈现出水量、水质、埋藏条件等一系列的共生连续变化。它具体表现为由单一的潜水层变为多层的承压-自流水;含水层岩性由粗到细,厚度由大变到小,富水性由强到弱,径流条件由强—弱—停滞,水化学作用也相应出现盐分的溶滤、搬运、积聚等[28]。

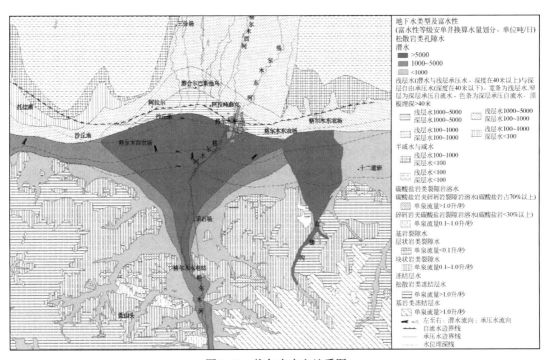

图3-53 格尔木水文地质图

a) 地下水含水系统

地下水系统是在一定的地貌、地质构造和含水介质岩性等主要因素制约下,具有共同水文地质特征与演变规律的,相对独立的水文地质单元。根据地下水系统的内涵,含水介质特征和地下水循环特征,结合地域分布及地下水资源评价和开发利用等因素,格尔木调查区主要为孔隙水,在戈壁带为单一的孔隙潜水,细土平原为孔隙承压-自流水。

(1) 戈壁带上更新统–中更新统砾石层孔隙潜水。

分布于青新公路以南 1~2 km 之广大戈壁带，含水层岩性主要为含泥质的砂卵砾石层。含水层厚度，根据石油局 12 号孔（在格尔木南 18 km 青藏公里西侧），于 313.5 m 见下更新统半胶结砾石层，可视为隔水底板；而格 16 号孔（在石油局 12 号孔北 7 km），水位埋深 83.12 m，按水力坡度 1‰计算，12 号孔水位埋深应为 90 m 左右，因此，含水层厚度为 230 m 左右。

岩性松散未胶结，颗粒粗大，补给源充足，故一般富水性极强。一系列大口井单井抽水试验资料证明，大多数钻孔单位涌水量超过 5000 t/(d·m)。在冲洪积扇两侧之扇间地带，富水性一半较差，单位涌水量可降至 200~1000 t/(d·m)。

由于径流条件良好，均为矿化度小于 1 g/L 的淡水，而绝大部分矿化度小于 0.5 g/L，化学类型均属 $HCO_3·Cl-Na·Mg$ 型。

埋藏深度，自南而北递减，由 80 余米，减至 10 m 左右，水力坡度在 11‰左右。

(2) 冲洪积—冲湖积细土平原上更新统—中更新统孔隙潜水及承压—自流水。

第Ⅰ含水岩组—潜水（局部承压）（Q_3）。

该含水岩组属上更新冲洪积—冲湖积层，岩性自南向北，由含砾中粗砂相变为细粉砂与亚砂土互层。厚度 30 m 左右。在 ZK7 号孔以北由潜水变为浅层承压水。

大量钻孔及坑探资料表明，在 ZK6 号孔以南地区富水性较强，钻孔单位涌水量可达 200 t/(d·m)，矿化度均小于 1 g/L。在 ZK6 号孔以北，矿化度多为 1~3 g/L 微咸水，水量变小，钻孔单位涌水量不足 10 t/(d·m)。

总之，本含水岩组，水量小而质差，虽局部有承压现象，但仍与上部潜水保持水力联系，水质仍较差，故无供水实际意义。

第Ⅱ含水岩组—承压自流水（Q_{22}）。

含水层岩性由南而北递变。在青新及宁格公里两侧，为砂砾石，向北相变为含砾中粗砂及至细粉砂。含水层顶板埋深在宁格公路两侧为 30~40 m，向北至 ZK7 号孔增深至 70 m 左右。含水层厚度亦由南向北渐减，由 60 m 向北逐渐减小至 20 m，甚至 10 m 左右，尖灭于 ZK3 号孔之北。

其富水性和水质亦由南向北相应发生变化，在青新公路两侧 3~5 km 范围内，水量丰富，钻孔单位涌水量达 200~1000 t/(d·m)，至 ZK7 号孔减弱至 100~200 t/(d·m)。在 ZK7 号孔以北的广大地区水量更小，单位涌水量减弱至均小于 100 t/(d·m)。

水质均为矿化度小于 1 g/L 的淡水，化学类型多为 $HCO_3·Cl-Na·Mg$ 型。

水头压力特征，在青新公路两侧，均为承压不自流，向北 2~3 km 地区内水头高出地表 10 m 以下，再向北之广大范围，水头高出地表 10 m 以上，有的高达 20 余米。

本含水岩组，与上部潜水无水力联系，水量较丰富，大部地区可自流，含水层埋藏不深，开采方便，亦为本区可开采利用的含水岩组。

第Ⅲ含水岩组—承压自流水（Q_{21}）。

含水层顶板埋藏自南部的 120 m 向北逐渐加深至 230 m，其厚度自南部 50 m 向北减至 20 m 至 ZK3 号孔以北尖灭。岩性有砂砾石（泥砾）向盆地中心过渡为中粗砂类，以至粉细砂和亚砂土互层。

其富水性和水质亦由南向北渐变，据资料，西藏商店井，单位涌水量 249 t/(d·m)，矿化度为 0.4 g/L;至北 ZK6 号孔单位涌水量仅 2.76t/(d·m),矿化度为 0.44 g/L。

第Ⅳ含水岩组—承压自流水(Q21)。

含水层顶板埋藏自南部(水文队井)1170 m,向盆地中心加深至 300 余米,含水层厚度由 40 m 左右减薄至 20 m,岩性由砂砾石、中粗砂渐变为粉细沙夹亚黏土,富水性很弱。

第Ⅴ、Ⅵ含水岩组—承压自流水(Q11)。

据 ZK5、ZK3 号孔揭露,其含水层埋深为:第Ⅴ含水层为 330~360 余米,厚 40 余米减薄到 10 余米。第Ⅵ含水层顶板埋深 420 m 左右,厚度由 40 m 减薄到 20 m,其岩性均为粉细砂与亚黏土互层,由于埋藏太深颗粒太细,均未作抽水试验,推测水量水质均很差,无实际供水意义。

综上所述,本区最有实际开采利用价值的主要含水岩组如下:一为戈壁带孔隙潜水,水量极丰富,单位涌水量高达 5000 t/(d·m)以上,水质良好,绝大多数为矿化度小于 0.5 g/L 的淡水,埋深较浅开采极为方便。二为细土平原的第Ⅱ含水岩组,水量丰富,单位涌水量达 200 t/(d·m)以上,水质良好,多为矿化度小于 1 g/L 的淡水,埋藏浅 80~120 m,大部地区可自流,开采利用方便。

b)地下水补径排特征

区内地下水补给、径流、排泄条件,主要受地貌、构造、地质岩性、气候、水文、植被和降水等因素综合控制。调查区属于典型的内陆盆地水文地质特征(图 3-54),即山区为地下水补给区,山前冲洪积平原为地下水径流区、湖积平原区为地下水排泄区[29]。

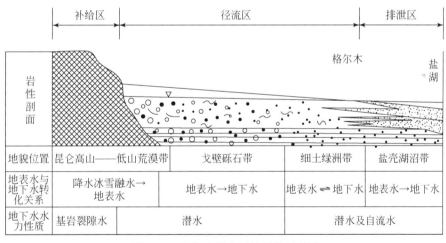

图 3-54 格尔木研究区补径排示意图

(1)地下水补给。

调查区地下水的主要补给源为大气降水入渗补给,此外还有来自区外的侧向地下水径流补给及农田灌溉回归水补给。山区气候潮湿,降水较充沛,且在 5100 m 以上的高山,发育有现代冰川,在气温升高的情况下,大量冰雪融化和大气降水,一部分形成地表径流,另一部分渗入地下,补给基岩裂隙水,在地形较低的凹地或沟谷中,常以泉水泄出,单泉流量达 1.0 L/s,一般在 0.1~1.0 L/s,矿化度小于 1.0 g/L,为 $HCO_3·SO_4-Na·Ca$ 型水。

在昆仑桥以南格尔木河接受地下水补给,以北由于第四系沉积物逐渐加厚,河水产生垂向渗漏补给地下水。但此段为单河道,且第四系沉积物厚度不大,河流渗漏补给地下水量也相应较小,进入乃吉里水库后,由于水库的调蓄作用,人为地抬高了河水水位,加之两岸防渗措施不严,存在岸边渗漏,根据资料绕坝渗漏 25.1 m³/s。河流经分水枢纽后,由单河道变为散流,加之松散沉积物厚度大、松散、渗漏加剧,根据前人实测资料渗入量 14.28~15.24 m³/s。为减少河流入渗量,防治地下水水位上升,修建了人工河,长 12.5 km,1992 年建成通水,实测渗入量 8.98~10.28 m³/s,可以看出,河水归入人工河道后渗入量减少 5.0 m³/s。

人为活动对地下水补给占一定比重,东西干渠引水工程,虽大多数渠道为水泥板铺垫,但由于管理、维修跟不上,特别是近人为开荒种地、挖掘放水的增多,破坏更趋严重。渠道每天输水时间约 205 天,平均输水量 6.005 m³/s,渗漏率 0.32 m³/(s·km);市绿化渠道每年输水时间 180 天,实测流量 0.285 m³/s,主要用于树木、花草灌溉,除部分蒸发外,几乎全部渗入地下;农田灌溉水的渗入,生活污水等都是补给地下水的途径之一。

(2)地下水径流。

格尔木冲洪积扇堆积了巨厚的松散岩类,不但利于地表水的垂向渗漏,而且有利于地下水的垂向渗漏,也有利于地下水的径流。在冲洪积扇中上部潜水埋藏深度 180~39 m,水力坡度 0.51~0.87‰,渗透系数 130~205.3 m/d;细土带水力坡度 1.4~4.3‰,渗透系数 0.8~1.4 m/d,随着深度增加和岩性颗粒变细,进入察尔汗盐湖区,地下水径流极其缓慢,局部处于停滞状态。

(3)地下水排泄。

地下水径流进入细土带后,地形变缓,岩性颗粒变细,透水性变差,导致地下水水位壅高,在低洼处以泉水出露地表并汇集成泉集河,具有固定河床,一般宽 3~6 m,下游逐渐加宽 8~10 m。在入湖处形成漫流状,最终消耗蒸发;另一部分,当地下水位埋深小于地下水临界深度时,在毛细作用下,产生垂向蒸发,使地表产生盐渍化和盐类矿物析出;人们的生活、生产用水也是排泄地下水的又一途径。

2)格尔木地区地下水水文地球化学特征研究

地下水化学组成及浓度分布是在长期的地质历史发展过程中,经多种地球化学作用而形成的,与地形地貌分布、气象水文变化、地质构造和水文地质条件变化及人类活动等因素密切相关。

a)现场指标

现场测试的物理化学指标包括 pH、DO、EC、ORP、温度 5 种。pH、DO、EC、ORP、温度采用德国 WTW Multi 340i 便携式多参数水质测试箱测试。地下水现场测试指标统计结果,见表 3-23。

表 3-23 格尔木市地下水现场测试指标统计表

统计特征值	水温/℃	EC/(μS/cm)	Eh/mV	DO/(mg/L)	pH
平均值	12.13	1081.93	173.54	1.60	8.02
标准差	3.93	685.37	143.07	1.67	0.45
最小值	5.00	498.50	-12.00	0.07	5.01
最大值	24.00	2893.00	452.50	4.94	9.47

从表中可以看出,水温介于 5.00~24.00℃ 之间。EC 平均值为 1081.93 μS/cm,最大值达到 2893.00 μS/cm,从 Eh 和 DO 的统计情况来看,研究区地下水多处于氧化环境,个别点处于还原环境。

b)地下水水化学空间变化特征

格尔木市区地下水化学类型以 $HCO_3·Cl-Na·Mg$ 型、$Cl-Na$ 型、$SO_4·Cl-Na·Mg·Ca$ 型、$SO_4-Mg·Ca$ 型为主(图3-55),水化学类型较为复杂。

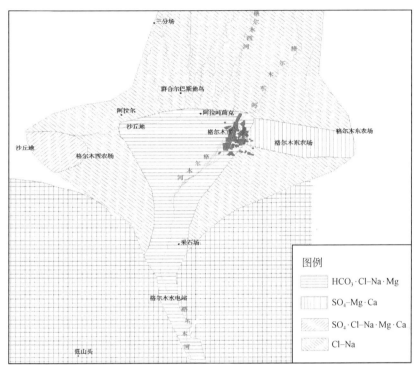

图 3-55 格尔木市地下水化学类型分布图

地下水的水化学特征主要受地形、地貌、气候、地层岩性及补给、径流、排泄条件的影响,地下水水化学具宏观的水平演化规律与垂直分带特征。水化学成因由冲洪积扇顶部和轴部地带的溶滤型逐渐过渡到蒸发浓缩型,其化学成分与地下水的运移有密切的关系。

(1)潜水水化学特征。

冲洪积扇顶部和扇轴部地带,潜水埋藏深,不受蒸发影响,含水层颗粒粗大,河水下渗量大,水力坡度大,径流速度快,溶滤作用时间较短,故潜水基本保持了裂隙水和河水的化学特性,矿化度均小于 1.0 g/L,水化学类型以 $HCO_3·Cl-Na$ 型为主。

冲洪积扇前缘和两翼地带水化学类型以 $Cl-Na$ 型为主。扇翼主要是因为地下水补给因素影响。研究区基岩裂隙水受柴达木盆地小气候的环境影响(含盐水气在周边山区的凝聚、蒸发、结盐、荒漠作用下),周边基岩裂隙水为 $Cl-Na$ 型水,矿化度一般大于 3 mg/L。因扇翼地带远离格尔木河,基岩裂隙水对地下水的补给增加,水化学类型从 $HCO_3·Cl-Na$ 型渐变为 $Cl-Na$ 型,矿化度稍高,由扇轴部的 0.65 g/L 增加至两翼的 0.74 g/L。在地下水溢出带,潜水埋藏变浅,含水层颗粒变细,地下水径流缓慢,溶滤作用加强,蒸发量加大,某些离子(如氯离子、硫酸根、钠离子、钾离子)在水中积聚,而重碳酸根和钙离子等结盐沉淀而形成。

冲洪积扇两侧的河东农场地下水类型为 SO_4-Mg·Ca,河西农场地下水类型 SO_4·Cl-Na·Mg·Ca,这两种水的形成除了受补给因素影响,可能与人类农业活动有关。

细土平原带,含水层颗粒更细,潜水埋藏变浅,主要以泉形式排泄,部分以蒸发蒸腾形式排泄,水化学类型向 Cl-Na 型和 Cl·SO_4-Na 型的咸水演化。

(2) 承压—自流水化学特征。

冲洪积扇前缘细土平原地带的承压—自流水,因直接接受上部潜水的侧向径流补给,埋藏较深,迳流条件较好,不受蒸发作用影响,矿化度一般在 0.57~0.60 g/L 之间,水化学类型仍为 Cl·HCO_3-Na 型;分布在细土平原北部冲湖积平原地带的承压—自流水,水化学特征和细土平原地带的承压—自流水基本一致,仅局部地段地下水矿化度有明显升高,水化学类型变为 Cl-Na 型水。

2. 人类活动对格尔木地下水典型水化学指标的影响机制研究

格尔木市地下水主要水化学指标的演化与天然水岩作用密切相关,然而,近些年来随着人类活动强度的日益加剧,其对地下水的影响越来越明显,这种影响在城市及其周边工农业地区相对较为明显,人类活动对地下水演化的影响具体表现为:人口急剧增长和工矿企业的快速发展,地下水开采量越来越大,导致区域地下水动力条件发生改变;各种人类活动综合引起的地下水水化学场的改变。

1) 硝酸根

在有氧条件下,NO_3^- 被认为是一种惰性示踪成分,广泛存在于干旱-半干旱地区的地下水中,并保留作为环境条件的标记。硝酸盐浓度的大气降水基线很低(小于 0.1 mg/L,NO_3-N),一般地,地下水中硝酸盐浓度升高都是由人类活动排放的污染物引起的,硝酸盐浓度可以用来表征人类活动污染物对地下水的影响程度。

研究区内大部分地下水 NO_3^- 含量均处于Ⅲ类水级别以内,68% 的水样 NO_3^- 含量低于 10 mg/L,基本处于天然背景条件,说明整个格尔木地区地下水中 NO_3^--N 指标污染影响程度很小。仅在一养殖场附近的浅层地下水中 NO_3^- 含量高达 100.88 mg/L,部分农场附近 NO_3^- 含量在 10~20 mg/L 之间。NO_3^- 含量升高与动物粪便、农作物施肥密切相关。

2) 氯离子

地球化学中 Cl^- 一般被认为是保守成分。一般地,Cl/Na 的相互关系(图 3-56) 可以用来对地下水中的盐类的入渗进行解释,测试结果中两种的离子的相关系数仅为 0.8351,这表明研究区地下水系统中除了降雨及矿物溶解作用产生 Cl^- 和 Na^+ 之外,还存在着其他作用,如污水的入渗等。

3. 柴达木盆地典型区(格尔木市)地下水天然水化学组分环境背景值确定

根据研究区地下水的形成条件(地形地貌、含水层岩性及地下水埋藏条件等)和地下水化学特征划分地下水环境单元。本地区共划分为 6 个地下水环境单元(图 3-57),分别为山前砾石补给区、戈壁砾石径流区、细土平原绿洲区、溢出带排泄区、盐壳湖沼区和戈壁荒漠承压区。其中细土平原绿洲区地下水又进一步划分为潜水和浅层承压水,溢出带排泄区、盐壳

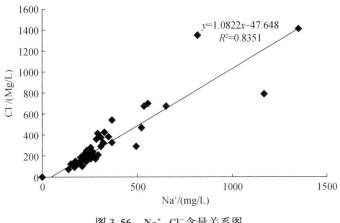

图 3-56　Na^+-Cl^- 含量关系图

湖沼区地下水进一步划分为浅层承压水和深层承压水。因山前砾石补给区、隔壁砾石径流区、湖沼草原区、盐壳湖沼区水样点数少于 6 个,不满足统计学要求,故不进行地下水环境背景值计算。

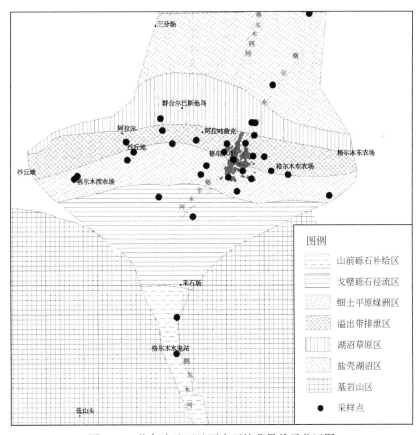

图 3-57　格尔木地区地下水环境背景单元分区图

由于研究区采样点数量相对较少,故该地区采用简化的地下水环境背景值计算方法。根据野外调查情况先剔除周围有明显污染源的地下水点,然后运用均值加减标准差的方法计算地下水环境背景值范围。研究区地下水环境背景值统计表见表3-24。

表3-24　格尔木地区地下水环境背景值范围统计表(mg/L)(pH除外)

地下水环境单元	指标	背景下限	集中特征值	背景值上限
细土平原绿洲区（潜水）	pH	5.62	8.23	8.84
	K^+	4.15	6.69	9.23
	Na^+	75.00	130.62	184.24
	Ca^{2+}	36.54	41.99	45.43
	Mg^{2+}	30.68	36.29	41.90
	NH_4^+	<0.04	<0.04	<0.04
	Cl^-	95.64	112.76	125.88
	SO_4^{2-}	80.38	194.59	253.56
	HCO_3^-	171.84	231.24	290.64
	NO_3^-	4.22	11.01	15.79
	F	0.19	0.40	0.61
	I	<0.002	0.002	0.007
	NO_2^-	<0.004	0.044	0.078
	TDS	513.48	648.65	1461.87
	Fe	0.02	0.16	0.31
	Mn	<0.005	0.005	0.009
	As	<0.001	<0.001	<0.001
	Pb	<0.005	<0.005	<0.005
	偏硅酸	8.72	12.27	15.82
细土平原绿洲区（浅层承压水）	pH	5.61	8.24	8.80
	K^+	4.14	6.70	9.12
	Na^+	142.21	206.27	270.32
	Ca^{2+}	42.21	50.03	55.86
	Mg^{2+}	34.46	39.26	44.06
	NH_4^+	<0.04	<0.04	<0.04
	Cl^-	73.53	205.93	336.34
	SO_4^{2-}	53.26	153.40	253.59
	HCO_3^-	171.81	231.20	290.61
	NO_3^-	4.12	9.14	11.03
	F	0.15	0.39	0.67
	I	<0.002	0.002	0.007

续表

地下水环境单元	指标	背景下限	集中特征值	背景值上限
细土平原绿洲区 （浅层承压水）	NO_2^-	<0.004	0.043	0.078
	TDS	713.48	848.65	1129.60
	Fe	0.01	0.14	0.30
	Mn	<0.005	0.005	0.009
	As	<0.001	<0.001	<0.001
	Pb	<0.005	<0.005	<0.005
	偏硅酸	8.71	12.20	15.63
溢出带排泄区 （浅层承压水）	pH	5.47	5.82	8.18
	K^+	1.96	5.67	13.37
	Na^+	185.90	211.00	234.10
	Ca^{2+}	36.32	43.26	50.20
	Mg^{2+}	35.62	48.97	60.32
	NH_4^+	<0.04	0.04	0.18
	Cl^-	108.87	155.40	201.93
	SO_4^{2-}	292.58	334.85	375.12
	HCO_3^-	154.13	261.23	368.33
	NO_3^-	3.74	5.17	10.59
	F	0.10	0.39	0.69
	I	<0.002	0.002	0.005
	NO_2^-	<0.004	0.028	0.055
	TDS	825.14	945.88	1066.63
	Fe	0.02	0.22	0.61
	Mn	<0.005	0.005	0.070
	As	<0.001	<0.001	0.001
	Pb	<0.005	<0.005	<0.005
	偏硅酸	5.01	11.27	13.52
溢出带排泄区 （深层承压水）	pH	5.45	5.88	8.19
	K^+	1.98	5.66	13.35
	Na^+	144.02	189.40	234.78
	Ca^{2+}	29.16	54.28	79.40
	Mg^{2+}	26.07	35.37	45.49
	NH_4^+	<0.04	0.04	0.16
	Cl^-	43.93	135.61	209.81
	SO_4^{2-}	38.16	150.57	292.98
	HCO_3^-	154.18	261.29	366.37

续表

地下水环境单元	指标	背景下限	集中特征值	背景值上限
溢出带排泄区 （深层承压水）	NO_3^-	3.72	6.17	8.61
	F	0.09	0.36	0.78
	I	<0.002	0.002	0.004
	NO_2^-	<0.004	0.028	0.056
	TDS	412.72	673.49	986.26
	Fe	0.02	0.21	0.60
	Mn	<0.005	0.005	0.069
	As	<0.001	<0.001	0.001
	Pb	<0.005	<0.005	<0.005
	偏硅酸	5.01	10.29	13.54

3.6 总结与建议

（1）本研究以划分地下水环境单元为基础，采用多种地下水环境背景值计算方法，建立了五个典型研究区的地下水环境背景值系列。从环境单元的确定，野外选点调查，样点的布设及样品的采集、保存、测试分析，数据处理等全过程都进行了严格的质量控制，确保资料的可靠性和代表性。

（2）以水文地球化学理论为基础，建立了水化学与数理统计相结合的地下水环境背景值计算方法，避免了以往单纯利用数理统计而忽略水文地球化学条件的局限性，使计算结果更可信。

（3）地下水环境背景值受水文地球化学环境如气候、含水层岩性、氧化还原环境、介质的酸碱度、地貌和水动力条件等的控制，表现出明显的区域差异性。西北河谷平原和柴达木盆地典型区地下水受地层岩性、地下水的蒸发浓缩作用和对含盐介质的溶滤作用影响，地下水宏量组分背景值相比其他三个地区明显偏高，表现为高硬度、高 TDS、高硫酸盐现象，盐化特征突出，体现了西北干旱地区典型的水文地球化学演化规律。东部地区南北方地下水环境背景值也存在明显的差异性，华北平原典型区地下水矿化度、总硬度、硫酸盐等宏量组分背景值比珠三角偏高，主要受含水层岩性影响。而 Fe、Mn 等组分受氧化还原条件的影响，在南方三角洲地区相对偏高。西南岩溶地下水系统的水质随季节变化比较明显，枯水期背景值偏高，主要是由于枯水期地下水径流相对较缓慢，滞留时间长，对围岩溶蚀相对充分，而丰水期地下水径流较快，地下水滞留时间短，溶蚀不充分。

（4）地下水环境背景值的建立是地下水污染评价的基础，对于研究污染来源和污染物运移规律具有重要意义。地下水环境背景值有助于微量元素高值异常的研究，为探明地方病的起因和地方病防治工作提供重要依据。地下水环境背景值研究意义重大，因此，在本次五个典型区研究基础上，建议全国开展地下水环境背景值的研究，建立地下水环境背景值演变趋势的监测网络。

参 考 文 献

[1] Müller D, Blum A, et al. Final proposal of a methodology to set up groundwater threshold values in Europe. Specific targeted EU research project BRIDGE (contract No SSPI-2004-006538) report D18.
[2] Hart A, Müller D, Blum. A Preliminary methodology to derive environmental threshold values. Specific targeted EU research project BRIDGE(contract No SSPI-2004-006538) report D15.
[3] Panno S V, Kelly W R, Martinsek A T, et al. Estimating background and threshold nitrate concentrations using probability graphs. Ground Water, 2006, 44(5):697-709.
[4] 第二松花江流域地下水环境背景值调查研究课题组. 第二松花江流域地下水环境背景值检测技术. 北京:地质出版社,1990.
[5] 于文礼. 吉林省地下水环境背景值特征及其变异规律. 吉林地质,1991,3,(1):38-43.
[6] 腾继奎. 吉林省潜水地球化学分区及其背景特征. 吉林地质,1990,12,(4):54-61.
[7] 曾昭华,丁汉,文多超等. 江西省鄱阳湖地区地下水环境背景形成的控制因素. 水文地质工程地质,1990,3:46-48.
[8] 曾昭华. 长江中下游地区地下水中化学元素的背景特征及形成. 地质学报,1996,70(3):262-269.
[9] 邱汉学,黄巧珍. 地下水环境背景值及其确定方法. 青岛海洋大学学报,1994,12:16-20.
[10] Wendland F, Berthold G, Blum A, et al. Derivation of natural background levels and threshold values for groundwater bodies in the Upper Rhine Valley (France, Switzerland and Germany). Desalination, 2008, 226: 160-168.
[11] Gehrels J C. Groundwater level fluctuations. Separation of natural from anthropogenic influences and determination of groundwater recharge in the Veluwe, the Netherlands. the Netherlands. Amsterdam: Vrije University, 1999.
[12] Nieto P, Custodio E, Manzano M. Baseline groundwater quality: A European approach. Environmental Science and Policy ,2005,8:399-409.
[13] Marleen C, Petra B. Natural background levels and threshold values for groundwater in fluvial Pleistocene and Tertiary marine aquifers in Flanders, Belgiun. Environ Geol, 2009, 57: 1155-1168.
[14] Wendland F, Hannappel S. A procedure to define natural groundwater conditions of groundwater bodies in Germany. Water Science and Technology,2005,51(3-4):249-257.
[15] Edmunds W M, Shand P(eds). Natural groundwater quality. Oxford: Blackwell, 2008:469.
[16] 韩振民,王孟科,崔致君,等. 石家庄市水文地质工程地质环境地质综合评价报告. 河北省环境水文地质总站,1990.
[17] 刘建,张少才,冯创业,等. 南水北调中东线(河北段)受水区域地质环境影响评价及战略规划研究. 石家庄:地质矿产部河北水文工程地质勘察院,2006.
[18] Rajmohan N, Elango L. Identification and evolution of hydrogeochemical processes in the groundwater environment in an area of the Palar and Cheyyar river basin, southern Indian. Environmental Geology, 2004, 46:47-61.
[19] Subba R N. Geochemistry of groundwater in parts of Guntur district, Andhra Pradesh, India. Environmental Geology,2002,(41):552-562.
[20] 程东会. 北京城近郊区地下水硝酸盐氮和总硬度水文地球化学过程及数值模拟. 北京:中国地质大学(北京),2007.
[21] 毕二平,李政红. 石家庄市地下水中氮污染分析. 水文地质工程地质,2001,(2):31-34.
[22] 张翠云,张胜,马琳娜. 污灌区地下水硝酸盐污染来源的氮同位素失踪. 地球科学-中国地质大学学

报,2012,37(2):350-356.
[23] 蒲俊兵,袁道先,蒋勇军,等. 重庆岩溶地下河水文地球化学特征及环境意义. 水科学进展,2010,21(5):628-636.
[24] 孙杉,刘为典. 天津市第二承压含水层某些地下水环境因子背景值及其分布规律. 河北地质学院学报,1987,10(3):225-256.
[25] 宇庆华,曹玉和. 地下水化学背景值研究中的异常值判定与处理. 吉林地质,1991,(2):75-79.
[26] 长江中下游重点地区地下水环境背景值调查研究课题组. 长江中下游重点地区地下水环境背景值调查研究.1991,1:39-41.
[27] 周仰效. 娘子关泉流量的时间序列叠加模型. 工程勘察,1986,(4):31-34.
[28] 青海省第一地质水文地质大队. 区域水文地质普查报告(格尔木幅)J-46-[35]. 青海省地质局,1984:29-48.
[29] 格尔木环境地质监测站. 青海省格尔木(含察尔汗、诺木洪)地区地下水动态及污染监测五年报告(1991—1995年),1996,8:11-15.

第4章 区域地下水主要污染物筛选方法研究

4.1 研究思路

地下水环境污染特征是环境管理和污染防控的基础,本章以人类活动影响下地下水环境污染特征研究为核心目标,针对主要研究内容,以地表环境污染特征为基础,建立地表污染源量化体系来表征地表人类活动强度;结合污染物属性和包气带介质属性,建立折减系数计算方法;以地下水环境污染特征研究为核心,选择典型研究区进行主要污染物筛选,用筛选出的主要污染物来描述不同研究区的地下水环境污染特征。通过对比分析研究区差异性,最终建立了两套地下水中主要污染物筛选方法,研究框架见图4-1。

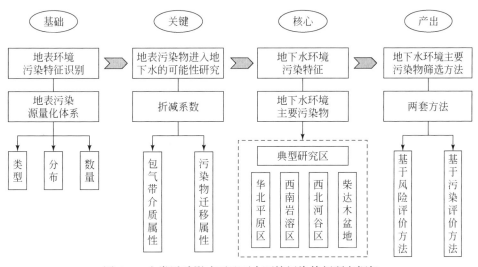

图4-1 人类活动影响下地下水环境污染特征研究框架

选择华北平原、西南岩溶地区、柴达木盆地和西北河谷平原的典型地段为研究区。首先收集各个研究区各类化学品的使用情况和污染源分布情况等信息,并进行补充调查,了解污染源的数量及分布、污染物的种类及其排放量等信息,结合地表土壤或地表水环境中污染物的检测结果,完成研究区地表污染的空间分布特征研究。对于污染物进入地下水的可能性研究,则需要将研究区分为两类分别进行考虑。华北平原区与西北河谷平原研究区由于存在较厚的包气带,污染物从地表水环境进入地下水环境的过程中,在包气带中会进行一定的迁移转化过程,造成大量的污染物衰减。由于岩溶含水层有着自身复杂和独特的特征,即岩溶介质非均匀性,地下水赋存、运移也极不均匀,岩溶含水层具有空隙、裂隙、管道的三重介质的特性。正是由于这些特性,所以污染物质在岩溶系统中的滞留时间短,与含水层的反应有限,因此污染物在包气带中的衰减、化学生物衰退作用经常是无效的。故在岩溶区地下水主要污染物筛选方法探究中不重点考虑污染物在包气带的迁移转化过程,而是无结合地下水脆弱性考虑。

从研究区的基础资料丰富程度和资料获取难易程度出发,建立的主要污染物筛选技术方法体系主要包括两类。一是对于基础资料丰富且易获取的研究区,可以通过收集各类化学品的使用情况和污染源分布情况等信息,并进行补充调查,了解污染源的数量及分布、污染物的种类及其排放量等信息,结合地表土壤或地表水环境中污染物的检测结果,识别主要的污染物及其对地下水环境的影响方式。并通过研究区水文地质情况对研究区包气带介质进行分区概化,利用折减系数法对污染物穿透包气带介质后进行量化计算。耦合穿透包气带介质的污染物的毒性,运用层次分析法对污染物的总量、量的中位数及毒性赋予权重,经过计算得到地下水中污染物的排列顺序,即地下水中主要污染物清单,最终建立了基于风险评价的地下水中主要污染物筛选体系。二是对于基础资料薄弱且难以获取的研究区,能够收集到的资料有限,无法准确识别地表污染源分布及数量、污染物种类及排放量等信息,也

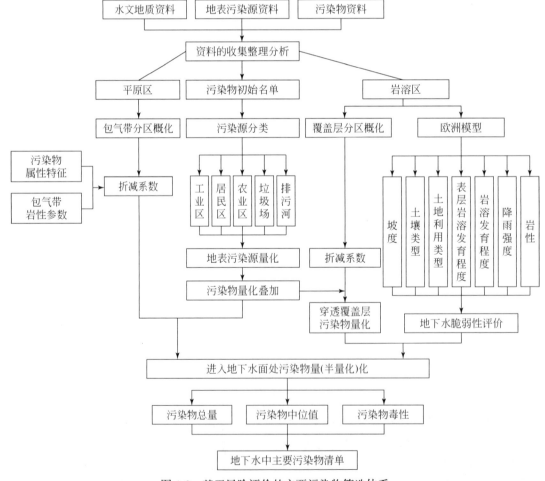

图 4-2 基于风险评价的主要污染物筛选体系

无法准确地对包气带介质分区概化。直接从地下水角度出发,利用污染评价方法对地下水中的每种污染物污染程度进行识别,根据地下水中污染物的检出种类及含量,考虑污染指标的毒性参数,结合单指标污染评价体系,叠加计算各指标的污染指数并排序,最终建立了基于污染评价的地下水中主要污染物筛选体系。

综上,本研究最终建立了两套地下水中主要污染物筛选体系:一是基于风险评价的地下水中主要污染物筛选体系,适用于污染源基础资料充足的地区(图4-2);二是基于污染评价的地下水中主要污染物筛选体系,适用于污染源基础资料不足的地区(图4-3)。

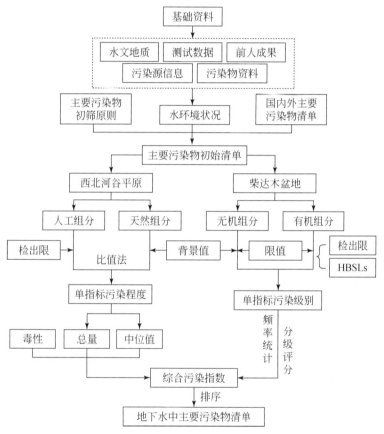

图4-3 基于污染评价的主要污染物筛选体系

4.2 基于风险评价的地下水中主要污染物筛选方法

4.2.1 地下水中主要污染物筛选方法探究

1. 地下水中主要污染物筛选体系建立

以地下水质量标准(GB/T 14848—2017)中污染物指标作为地下水中主要污染物筛选初始名单,根据地表污染源分布、数量、类型等对污染物指标排放量进行定量计算。以

Multi-cell 模型原理,对污染物经历包气带介质过程进行详细刻画,并对污染物在该过程中发生的衰减变化进行了定量计算,得到污染物到达地下水面时污染物的量化值。再耦合污染物毒性特征,得到污染物综合得分并排序,进而得到地下水中主要污染物名单。地下水中主要污染物筛选方法体系中多次运用概化思想,每一个计算层次中涉及多个参数,为了弄清主要参数对地下水中主要污染物筛选结果的影响程度,对主要的参数值和耦合因子权重作敏感性分析,为以后的研究工作提供支持。该方法体系主要研究内容为以下几个方面。

(1)地表环境中污染源污染物量化方法研究。

依据研究区污染源类型、数量和分布对污染物种类、性质进行分析研究,针对不同的污染源类型应用不同的污染物排放量计算公式,得到地表污染源污染物的排放量。

(2)污染物经历包气带过程中衰减量化方法研究。

基于研究区水文地质资料,对地质结构和成因进行分析,合理地对包气带进行分区概化。利用 Multi-cell 模型原理,结合污染物在土壤水介质中发生的一系列反应,推导出折减系数的计算公式,通过折减系数方法求得污染物穿透包气带到达地下水面时的量化值。

(3)地下水中主要污染物筛选方法研究。

针对前述研究得到的污染物到达地下水的量,综合污染物的毒性因子,探索主要污染物排序计算方法。

(4)地下水中主要污染物筛选方法体系敏感性分析。

针对地下水环境中主要污染物筛选方法体系构成特征,筛选不同层次的不确定因素,开展敏感性分析,确定整个方法体系中的主要敏感因子。

平原区地下水环境中主要污染物筛选的技术路线见图 4-4。

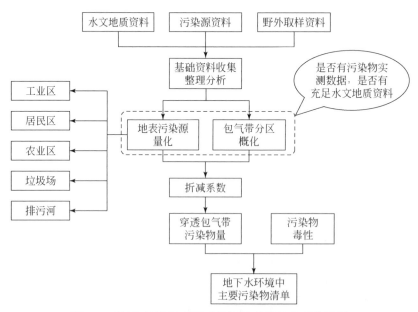

图 4-4　平原区地下水环境主要污染物筛选技术路线图

本方法体系中污染物进入地下水环境主要影响因素为两个:地表污染物的富集程度、包气带的分区概化。地表污染源排放污染物是否有实测数据、包气带概化阶段研究区是否有足够钻孔,水文地质条件资料是否充足,本研究针对不同的条件提出不同的方法。

2. 地表污染源量化体系

地表污染源其中,主要包括农业区、工业区、居民区、垃圾填埋场、季节性排污河等。工业污染源又分为化工、冶炼、医药、棉纺、食品等存在生产、排放污水的行业;农业污染源又分为农田区与养殖场。农田区分为污灌区与清灌区;垃圾填埋场分为正规垃圾填埋场与非正规垃圾填埋场两种。

不同类型污染源排放污水的量与污染物的种类存在较大差异,在地表污染源量化阶段需要考虑的污染源类型很多,不可能对研究区每一种污染源都进行样品采集与测试、污水排放量等资料的调查。因此,对于平原区地表污染源量化阶段分为两种情况考虑:①无污染源排放污染物实测数据;②有部分排放污染物实测数据。

1) 无污染源实测数据地表污染物量化过程

如果研究区无各类污染源的实测数据,利用全国污染源普查中各类污染源各类污染物的排放标准进行计算。

(1) 工业区。

工业污染源废水是天然水体的最主要的污染源之一。它们种类繁多,排放量大,所含污染物组成复杂,具有毒性、难处理、不容易净化等特点。这里只考虑工业区废水的排放,不考虑工业区的固体废弃物的处置问题。

对研究区工业区基本信息进行搜集整理,包括工业区的企业类型、工业区的面积、工业区污水排放量、企业类型污水排放标准及工业区内的地表入渗系数等参数。工业区污水排放量按照工业区用水量来计算。搜集整理获得不同行业污水排放标准,以污水排放标准中各个污染物的浓度限值作为量化计算的浓度值。按照每个工业区内的主要行业类型找到相对应的污水排放标准,如果没有相对应的行业污水排放标准,则按照污水综合排放标准计算。

运用针对工业区污染源污染物量化的计算公式对工业区污染物进行量化。工业区污染物排放量计算公式为:单位面积上污染物排放量=总工业区污水排放量÷总工业区面积×污染物排放浓度限值×地表入渗系数。

(2) 居民区。

搜集整理研究区居民区的资料,包括居民区的数量、地理位置、人口数、居民区面积、污水排放量、地表入渗系数、降雨入渗系数及居民区污水排放标准等资料。居民区生活污水中污染物排放浓度限值参考污水排入城市下水道水质标准 B 等级和城镇污水排放标准。

居民区生活污水中污染物排放量计算公式为:居民区降雨径流量=年降水量×径流系数×居民区面积。单位面积上污染物排放量 =(居民区污水排放量+居民区降雨径流量)×地表入渗系数×污染物排放浓度限值÷居民区面积。

(3) 农业区。

农业区污染源有畜牧和禽类的粪便、农药、化肥及农业灌溉引来的污水等,这些都会随下渗水流污染土壤和地下水。目前,我国城市污水回用于农田的灌溉率很高,其中

50%～60%为工业废水,其余为生活污水。由于废水中含有大量污染物,包括重金属、氮、磷、有机物等,它们在土壤中累积并随水流下渗进入地下水,对地下水造成污染。

搜集研究区农业区的资料,包括农业区的地理位置及数量、农业区面积、入渗系数、灌溉水用量等参数。圈画研究区内清灌区和污灌区的分布范围。

污灌区污染物排放标准参考再生水水质标准或城镇污水处理厂污染物排放标准中的二级标准,来确定污灌区中污染物排放浓度限值。入渗系数参考降雨入渗系数。清灌区由于采用地下水灌溉,所以污染物排放标准参考《地下水质量标准》(GB/T 14848—2017)Ⅲ类水标准。清灌区地下水用量参考污灌区单位面积上用水量。

农田使用的农药化肥也是农业区污染物的一大来源。因此依据全国污染源普查资料,对农田中的农药化肥所涉及的污染物进行量化计算,主要有氨氮、硝酸盐氮和敌敌畏。依据全国污染源普查种植业中的化肥系数手册和农药系数手册,研究确定农药化肥的常规流失量,化肥农药中污染物的量化公式为:污染物排放量=农业区面积×常规流失量,即单位面积上污染物排放量=常规流失量。

清灌区量化公式为:单位面积上污染物排放量=单位面积地下水用量×污染物排放浓度限值×降雨入渗系数+常规流失量;污灌区量化公式为:单位面积上污染物排放量=再生水或污水排放量×降雨入渗系数×污染物排放浓度限值÷农业区面积+常规流失量。其他污染物则是灌溉水中的量化计算得到的,清灌区量化公式为:单位面积上污染物排放量=单位面积地下水用量×污染物排放浓度限值×降雨入渗系数;污灌区量化公式为:单位面积上污染物排放量=再生水或污水排放量×降雨入渗系数×污染物排放浓度限值÷农业区面积。

(4)垃圾填埋场。

研究区垃圾填埋场一般分为正规垃圾填埋场与非正规垃圾填埋场。搜集研究区内每一个垃圾填埋场的面积、研究区年降水量和降雨入渗系数等参数。

正规垃圾填埋场的污染物量化公式为:卫生垃圾填埋场垃圾渗滤液=卫生垃圾填埋场面积×下部防渗层饱和渗透速率;单位面积上污染物排放量=垃圾渗滤液×污染物浓度限值÷垃圾填埋场面积;非正规垃圾填埋中的垃圾渗滤液的计算公式为:简易垃圾填埋场垃圾渗滤液=简易垃圾填埋场面积×降雨量×降雨入渗系数;单位面积上污染物排放量=垃圾渗滤液×污染物浓度限值÷垃圾填埋场面积。

垃圾场内的污染物排放浓度限值参考国内外典型污染物组成及浓度变化范围取平均值和中国污水处理工程网;正规垃圾填埋场垃圾渗滤液中大气降水对其产生的影响较小,主要考虑防渗层的渗透系数。按照《生活垃圾填埋场污染控制标准》(GB 16889—2008),卫生垃圾填埋场下部防渗层饱和渗透系数为小于 1.0^{-7} cm/s,如果连续饱和渗透,入渗速率换算可得出其速率为 0.0315 m/a。

(5)排污河。

排污河污染物量化计算公式:单位面积上污染物排放量=底泥入渗速率×污染物排放浓度限值×1 m 河道宽度×1 m 河道长度。

搜集研究区排污河资料,明确排污河水质类型,地理位置。按照不同的水质类型选择不同的水质标准,来确定排污河内的污染物浓度限值。四类水、五类水参考《地表水环境质量标准》(GB 3838—2002)Ⅳ类和Ⅴ类标准,单位为 mg/L;劣Ⅴ类水进一步划分为五类1和五类2,有对应的标准,参见北京市环保局网站。水参考《城镇污水处理厂污染物排放标准》(GB 18918—2002)规定的一级限值 A 标准和 B 标准,单位为 mg/(L·d);五类3和五类4水参考 GB 8919—2002 规定的二级限值标准,单位为 mg/(L·d)。此外,底泥入渗速率,该参数参考淤泥质土的入渗速率 $1.50×10^{-9}$ m/s。

2)有部分污染源实测数据地表污染物量化过程

如通过野外调查与采样获取了研究区各类污染源的实测数据,则利用污染源的实测数据对地表污染源进行量化计算。

(1)工业区。

工业区污染物排放量计算公式为:单位面积上污染物排放量=总工业区污水排放量×地表入渗率×污水中污染物浓度÷工业区面积。

由于工业类型复杂,不同企业类型用到的材料与工艺存在差异,所以每一种行业排放的污水中污染物的种类与浓度也不尽相同,且采样受野外现场因素限制,部分类型无法采集到污水样品,则该类型污染源污水中污染物浓度依照该类型工业污染物的城市下水道排放标准作为污水中污染物浓度进行计算。对于在测试指标内但在污水排放标准指标外的污染物浓度值则按照各类型工业污染源测试指标的均值来代替。依照研究区总供水量与污水排放量的差值除以总供水量求得工业区入渗率,此系数计算考虑大气降雨量的影响。

(2)居民区。

居民区单位面积上污染物排放量=(居民区污水排放量+居民区降雨径流量)×地表入渗系数×污水中污染物实测值÷居民区面积。

其中:居民区污水排放量=各县市居民区人口数量×人均用水量;居民区降雨径流量=研究区年降水量×径流系数×居民区面积。

搜集整理的资料主要为研究区居民区的数量、地理位置、人口数、面积、污水排放量、地表入渗率和降雨入渗系数。居民区生活污水中污染物排放浓度依照就近污水厂排污口处污染物浓度进行计算。居民区以降雨与居民日常生活用水总量作为污水排放量进行计算。

(3)农田区。

清灌区量化公式为:单位面积上污染物排放量=单位面积地下水用水量×施加到单位面积上污染物的浓度×降雨入渗系数。

污灌区量化公式为:单位面积上污染物排放量=(单位面积地下水用水量×施加到单位面积上污染物的浓度+单位面积地下水用水量×污灌河水污染物)×降雨入渗系数。

清灌区地下水污染物主要来源于化肥农药的施用,污灌区地下水污染物来源除了农药化肥施用之外还有灌溉污水。实际采样测试得到污灌水的污染物浓度。通过调研获取研究区农药化肥施用量、农业区的地理位置及数量、农业区面积、入渗系数、灌溉水用量等参数。

(4)垃圾填埋场。

垃圾场一般分为正规垃圾填埋场和非正规垃圾填埋场。

正规垃圾填埋场主要考虑的因素是防渗层的饱和入渗速率。正规垃圾填埋场单位面积上污染物排放量＝卫生垃圾填埋场面积×下部防渗层饱和渗透速率×垃圾渗滤液中污染物浓度÷垃圾场面积。

非正规垃圾填埋场单位面积上污染物排放量＝垃圾填埋场面积×降雨量×降雨入渗系数×污染物浓度限值÷垃圾场面积。

分别对研究区正规和非正规垃圾填埋场渗滤液进行了采样测试。正规垃圾填埋场污染物进入包气带的入渗速度参照 GB 16889—2008，卫生垃圾填埋场下部防渗层饱和渗透系数为小于 1.0^{-7} cm/s，如果连续饱和渗透，入渗速率换算可得出其速率为 0.0315 m/a。正规填埋场大气降水对地下水渗滤液进入包气带影响较小，卫生垃圾填埋场垃圾渗滤液中大气降水对其产生的影响较小，主要考虑防渗层的渗透系数。

（5）季节性排污河。

季节性排污河单位面积上污染物排放量＝底泥入渗速率×河水中污染物实测浓度×1 m 河道宽度×1 m 河道长度。

搜集研究区季节性河流的资料，明确河流水来源，地理位置和有无水情况。现场对不同河流进行取样测试，河水中污染物的浓度直接按照测试值对季节性河流污染物量化进行计算。底泥入渗速率，参考淤泥质土的入渗速率 $1.50×10^{-9}$ m/s。

（6）养殖场。

养殖场单位面积上污染物排放量＝底泥入渗速率×养殖场产生污水量×污水中污染物实测浓度。

通过调研获取搜集各养殖场规模、类型、地理位置、污水排放量等信息。对研究区不同类型养殖场分别进行采样测试。考虑养殖场周边修建一些化粪池，长期养殖场废水汇集在底部形成较厚的一层淤泥，所以养殖场的入渗率依照底泥入渗速率，即参考淤泥质土的入渗速率 $1.50×10^{-9}$ m/s 来计算。

3. 包气带分区概化

由于对研究区水文地质条件资料获取的不统一性，对研究区包气带介质单元划分精细程度就存在一定的差异。本研究对水文地质条件资料获取的多少进行了不同的包气带分区概化方法。

如北京地区，已经获取了 1200 多个钻孔资料，对该地区包气带介质分区采用数学统计的方法，分别考虑包气带介质的厚度与包气带中的岩性变化，利用统计方法统计出包气带厚度与地下水位相近岩性结构类似的钻孔分为一类，再与其中统计出最具有代表性与典型性的钻孔点。利用该钻孔点土壤岩性来代替整个地质区的土壤岩性，钻孔点的潜水位埋深作为整个地质的分区的包气带介质厚度。

对于水文地质条件资料不够充分的研究区，通过研究区已有的钻孔剖面资料对研究区进行包气带介质分区，利用钻孔剖面与研究区地下水位等值线图结合研究区包气带形成过程，考虑研究区地形地貌特征，推断不同包气带介质中最具典型的包气带岩性与厚度。

4. 折减系数

地表污染物穿透包气带介质进入地下水的这一过程，涉及水文地质环境，即地质、水文地质条件及与地下水有关的地球化学条件。其中表层地质环境是确定地表环境污染物能否引起地下水污染的重要条件之一,也是控制污染物质进入地下含水层的途径和通道。表层土体的原生、次生化学组分及其含量又是污染物质进入地下水前在环境中降解的主要因素。为了更简便快捷地得到污染物穿透包气带介质后的量,本研究引入了折减系数的概念。

地表污染物随着下渗水流进入包气带介质,并可能与土壤水发生扩散、吸附、解吸、降解等反应,引起流出包气带介质的污染物的量发生变化。流出包气带介质的污染物质量与进入包气带介质的污染物质量之比即为污染物穿透包气带时的折减系数。所以,只要得到折减系数的推导公式,即可计算出污染物穿透包气带介质后的量。

包气带介质类型决定着土壤层和含水层之间岩土介质对污染物的削减特性。各种物理化学过程,包括降解、吸附、沉淀、溶解等作用,均可以在包气带介质内发生。但是,污染物在包气带介质中主要发生的反应有吸附和降解,其余作用对污染物向下运移量的削减效果较弱,这里忽略不计。包气带介质还控制着渗流路径的长度和渗流途径,影响着污染物的削减时间及污染物与土壤介质之间的反应程度。因此,为了便于最后结果的对比,将穿透包气带介质的污染物量进行归一化处理。

1)不发生反应时的折减系数

假设污染物在包气带介质中不发生反应,则质量守恒定理可得

$$M_{in} = M_{out} \tag{4-1}$$

式中,M_{in}为在t时间内进入单元体的溶质质量;M_{out}为在t时间内流出单元体的溶质质量。假设在理想条件下,包气带是由均匀介质构成的,溶质经过t时间从地表随水流下渗穿透包气带介质。认为污染物进入包气带介质单元体的质量等于污染物流出单元体的质量。即

$$nVC_0 = nVC_1 \tag{4-2}$$

式中,n为土壤孔隙度;V为垂向单位土壤介质的体积;C_0为初始时刻液相浓度;C_1为t时间单元体的液相浓度。

假设折减系数用W表示,则$W = \dfrac{M_{out}}{M_{in}} = \dfrac{C_1}{C_0}$;由式(4-2)可以推出$C_0 = C_1$,将其带入折减系数公式中得到$W=1$。

根据研究区的水文地质条件划分为多个折减系数计算区,每一个水文地质区的包气带介质的厚度不同,因此,本研究将计算出的折减系数进行归一化处理,因此,认为污染物穿透包气带后在每一个水文地质分区内的归一值=该污染物穿透包气带介质的量÷水流穿透该包气带介质厚度的时间。

2)只发生吸附反应时的折减系数

假设污染物进入包气带介质中只发生吸附反应,依据质量守恒定理可得

$$M_{in} = M_{out} + M_s \tag{4-3}$$

式中,M_{in}为在t时间内进入单元体的溶质质量;M_{out}为在t时间内流出单元体的溶质质量;M_s为t时间内单元体增加的溶质质量。

$$nVC_0 = nVC_1 + \rho V S_1 \tag{4-4}$$

式中，n 为土壤孔隙度；ρ 为土壤介质容重；V 为垂向单位土壤介质的体积；C_0 为初始时刻液相浓度；C_1 为 t 时间单元体的液相浓度；S_1 为 t 时间内单元体的固相浓度。

假设在理想条件下，包气带介质是由均匀介质构成的，溶质经过 t 时间从地表随水流下渗穿透包气带介质。研究表明，大多数污染物在包气带介质上的吸附反应符合线性关系，于是本研究中将污染物发生的吸附反应认为是瞬时平衡的可逆线性吸附，所以符合线性吸附公式 $S_1 = k_d C_1$，将线性吸附公式带入式(4-4)中，得到

$$nCV_0 = nVC_1 + \rho V k_d C_1 \tag{4-5}$$

化简上式可以得到，折减系数 W 为

$$W = \frac{M_{\text{out}}}{M_{\text{in}}} = \frac{C_1}{C_0} = \frac{1}{1 + \frac{\rho k_d}{n}} \tag{4-6}$$

而污染物的阻滞系数 $R = 1 + \frac{\rho k_d}{n}$，因此式(4-6)可以化简得到

$$W = \frac{M_{\text{out}}}{M_{\text{in}}} = \frac{C_1}{C_0} = \frac{1}{R} \tag{4-7}$$

然而，实际情况中包气带介质垂向结构十分复杂，由不同类型的土壤介质组成，每一种土壤介质都有不同的阻滞系数，而且每一种土壤介质的厚度及渗透系数都不同，所以污染物穿透每一层土壤介质的时间 t 也不同。按照土壤介质结构顺序，把包气带介质分成多个部分，每一种介质作为一个单独的均质结构，使用上述均质公式(4-7)进行计算，将在包气带介质中发生吸附作用后流出的该部分的污染物液相浓度作为进入下一个均质部分的初始浓度进行计算，其他各个土壤介质遵循同样的方法，最终从最后一个土壤介质类型中流出的液相浓度即为污染物穿透整个包气带厚的出水浓度。

在包气带介质中只发生吸附反应的污染物穿透包气带介质时的折减系数 W 推导公式为

$$W = \frac{M_{\text{out}}}{M_{\text{in}}} = \frac{C_1}{C_0} = \prod_{i=1}^{x} \frac{1}{R_i} \quad x = 1, 2, 3 \cdots \tag{4-8}$$

3) 发生吸附、降解反应时的折减系数

假设污染物进入包气带介质中发生吸附反应和降解反应，依据质量守恒定律可得

$$M_{\text{in}} = M_{\text{out}} + M_s + M_d \tag{4-9}$$

式中，M_{in} 为在 t 时间内进入单元体的溶质质量；M_{out} 为在 t 时间内流出单元体的溶质质量；M_s 为 t 时间内单元体增加的溶质质量；M_d 为在 t 时间内由于降解反应消耗的溶质质量。

假设在理想条件下，包气带是由均匀介质构成的，溶质经过 t 时间从地表随水流下渗穿透包气带。包气带介质中溶质的溶解和吸附能够迅速地达到平衡，属于线性等温吸附。并且，在包气带土壤水介质中发生的生物降解反应符合一级衰减动力学方程，于是可以得到

$$nVC_0 = nVC_1 + \rho V S_1 + nV D_1 \tag{4-10}$$

$$S_1 = k_d C_1 \tag{4-11}$$

$$D_1 = C_1(1 - e^{-kt}) \tag{4-12}$$

式中，n 为土壤孔隙度；ρ 为土壤介质容重；V 为垂向单位土壤介质的体积；C_0 为初始时刻液相浓度；C_1 为 t 时间单元体的液相浓度；D_1 为 t 时间内单元体消耗的浓度；k_d 为达到吸附平衡时固相和液相污染物的分配系数；k 为降解速率常数。

将式(4-11)、式(4-12)代入式(4-10)中解得折减系数 W：

$$W = \frac{M_{\text{out}}}{M_{\text{in}}} = \frac{C_1}{C_0} = \frac{1}{1+\dfrac{\rho k_d}{n}+1-e^{-kt}} \tag{4-13}$$

而污染物的阻滞系数 $R = 1 + \dfrac{\rho}{n}k_d$，因此式(4-13)可简化为

$$W = \frac{M_{\text{out}}}{M_{\text{in}}} = \frac{C_1}{C_0} = \frac{1}{R+1-e^{-kt}} \tag{4-14}$$

倘若得到污染物在包气带介质中的降解率，则可以根据在包气带介质中发生吸附和降解反应时的折减系数的推导原理计算得到

$$nVC_0 = nVC_1 + \rho VS_1 + nVD_1 \tag{4-15}$$

$$S_1 = k_d C_1 \tag{4-16}$$

$$D_1 = C_1 d \tag{4-17}$$

式中，n 为土壤孔隙度；ρ 为土壤介质容重；V 为垂向单位土壤介质的体积；C_0 为初始时刻液相浓度；C_1 为 t 时间单元体的液相浓度；D_1 为 t 时间内单元体消耗的浓度；k_d 为达到吸附平衡时固相和液相污染物的分配系数；d 为降解率常数。

将式(4-16)、式(4-17)代入式(4-15)中解得折减系数 W：

$$W = \frac{M_{\text{out}}}{M_{\text{in}}} = \frac{C_1}{C_0} = \frac{1-d}{1+\dfrac{\rho k_d}{n}} \tag{4-18}$$

而污染物的阻滞系数 $R = 1 + \dfrac{\rho}{n}k_d$，因此式(4-18)可简化为

$$W = \frac{M_{\text{out}}}{M_{\text{in}}} = \frac{C_1}{C_0} = \frac{1-d}{R} \tag{4-19}$$

由于污染物自身的特性，其在包气带介质中物理、化学及生物作用的差异使得污染物穿透包气带介质时的降解系数不同，降解消耗掉的污染物量存在明显差异，所以，针对不同的污染物，根据文献调研得到适当的降解系数来进行计算。

实际情况中包气带介质垂向结构十分复杂，由不同类型的土壤介质组成，因此，针对每一种土壤介质都有不同的 R 值，而且污染物穿透每一层土壤介质的时间 t 也不同，所以按照土壤介质结构顺序，把包气带介质分成多个部分，每一种介质作为一个单独的均质结构，使用上述均质公式(4-14)进行计算，将经过吸附作用和降解作用后流出的该部分的污染物液相浓度作为进入下一个均质部分的初始浓度进行计算，其他各个土壤介质遵循同样的方法，最终从最后一个土壤介质类型中流出的液相浓度即为污染物穿透整个包气带后的出水浓度。

在包气带介质中发生吸附反应、降解反应的污染物穿透包气带介质时的折减系数 W 推导公式为

$$W = \frac{M_{\text{out}}}{M_{\text{in}}} = \frac{C_1}{C_0} = \prod_{i=1}^{x} \frac{1}{R_i + 1 - e^{-kt_i}} \quad x = 1,2,3\cdots \quad (4-20)$$

或者

$$W = \frac{M_{\text{out}}}{M_{\text{in}}} = \frac{C_1}{C_0} = \prod_{i=1}^{x} \frac{(1-d)^i}{R_i} \quad x = 1,2,3\cdots \quad (4-21)$$

总地来说对于污染物在包气带中迁移转化过程中主要发生的反应为吸附与降解,不同污染物在包气带中发生的不同反应类型及相应折减系数计算公式如表4-1所示。

表4-1 污染物在包气带中的折减系数计算公式

反应类型	折减系数计算公式	参数解释
无反应	$W = 1$	W 为折减系数
只有吸附	$W = \frac{M_{\text{out}}}{M_{\text{in}}} = \frac{C_1}{C_0} = \prod_{i=1}^{x} \frac{1}{R_i}$	$W = \frac{M_{\text{out}}}{M_{\text{in}}} = \frac{C_1}{C_0} = \frac{1}{1+\frac{\rho k_d}{n}}, R = 1+\frac{\rho}{n}k_d$ 式中,n为土壤孔隙度;ρ为土壤介质容重;k_d为达到吸附平衡时固相和液相污染物的分配系数
既有吸附又有降解	$W = \frac{M_{\text{out}}}{M_{\text{in}}} = \frac{C_1}{C_0} = \prod_{i=1}^{x} \frac{1}{R_i + 1 - e^{-kt_i}}$	$R = 1+\frac{\rho}{n}k_d$ 式中:R为污染物的阻滞系数;n为土壤孔隙度;ρ为土壤介质容重;k_d为达到吸附平衡时固相和液相污染物的分配系数;k为降解速率常数
	或 $W = \frac{M_{\text{out}}}{M_{\text{in}}} = \frac{C_1}{C_0} = \prod_{i=1}^{x} \frac{(1-d)^i}{R_i}$	$R = 1+\frac{\rho}{n}k_d$ 式中,R为污染物的阻滞系数;d为降解率常数;C_0为初始时刻液相浓度;C_1为t时间单元体的液相浓度

5. 地下水主要污染物筛选

以定量的方式从污染物的总量、中位数及毒性三个方面进行计算,对地下水中污染物进行排序。计算出地表污染物穿过包气带介质到达含水面后,得到地下水面上污染物量分布图,利用ArcGIS 9.3软件统计得到污染物在地下水面上的总量和量的中位数。在得到每一种污染物穿透包气带介质到达含水面时的总量及中位数后,二者再结合污染物的毒性,污染物毒性参考GB/T 14848—2017和GB 5749—2006,其中,污染物浓度限值越大,说明其毒性越小。将穿透包气带介质后的污染物的总量、中位数量及污染物自身毒性作为最终耦合的因子,采用分级评分的方法,将污染物总量、中位数按照数值由小到大的顺序,依次递增分级赋值;污染物毒性参考标准中污染物浓度限值,按照其数值由小到大的顺序,依次递减分级赋值。

利用层次分析法计算出总量、中位数及毒性的权重值,再结合污染物的总量的评分、中位数的评分及该污染物毒性的评分,按照公式计算得到污染物的得分。计算公式为:地下水中污染物得分=污染物总量评分×污染物总量权重+污染物中位数评分×污染物中位数权重+污染物毒性评分×污染物毒性权重。依据该公式计算每一种地下水中的污染物的得分,并按照得分的大小进行排序,从而得到地下水中优先控制污染物的顺序名单。

6. 地下水中主要污染物筛选方法体系敏感性分析

地下水中主要污染物筛选体系主要包括的四个层次,对地表污染源污染物量化、包气带介质分区概化和污染物穿透包气带介质后的量化三个层次中对6个重要参数的参数值进行了敏感性分析,依次得到每一个参数值在改变5%后对地下水中主要污染物的敏感系数。

然后针对第四个层次在地下水主要污染物筛选计算得分的过程中利用污染物总量、中位数及毒性的权重值,采用单因素敏感性分析方法对三个参数进行敏感性分析。

选取三者具有同等重要性的情况对其进行敏感性分析,所以污染物总量、中位数及毒性的权重相等均为0.3333。假设污染物总量的权重增加5%,而其他参数值和参数的权重值都不变的情况下,计算污染物得分并排序,进而计算出该方案的敏感系数。

敏感系数=污染物排序位次增加的污染物个数÷污染物总个数÷参数变化率。敏感系数为正数,则说明结果的变化与参数同方向变化;敏感系数为负数,则说明结果的变化与参数反方向变化,并且敏感系数的绝对值越大说明该参数的变化对结果的影响程度越大。

4.2.2 华北平原区地下水中主要污染物筛选

1. 石家庄研究区概况

石家庄冲洪积扇平原研究区主要包括石家庄市区、鹿泉市、正定县、灵寿县与平山县区域。区内最大河流为滹沱河,所形成的河床及河漫滩一般宽度为2000~4000 m。由于上游修建了黄壁庄水库,河水受到人工控制,所以通常滹沱河河道内只有汛期才有水通过。研究区内有黄壁庄水库与岗南水库两大水库,岗南水库是河北省管辖的库容最大的水库,岗南水库与黄壁庄水库主要作用以防洪为主,并结合发电、农业灌溉、工业供水和省会石家庄城市生活、环境供水等为一体,为石家庄最重要的水源地。该区地下水主要赋存于多层交叠第四系松散沉积物中,水文地质条件具有明显的水平和垂直分带性。自西向东含水层介质粒径变小,含水层层次逐渐增多,富水性由强变弱;在垂向上,含水层的上部及下部砂层粒度较细,厚度较小,中部砂层粒度较粗,厚度较大。岩性结构也由最初的单一砂、卵砾石层过渡至顶部有薄层黏性土覆盖的砂、卵砾石层,最后变成黏性土夹杂着多层砂卵砾石层。地下水径流条件由强变弱,富水性由好变差。整个研究区包气带岩性类似,地下水位从西北至东南呈降低趋势,受降雨漏斗影响,市区南侧包气带厚度达到最大,石家庄市水文地质情况见图4-5。

2. 地表污染物量化计算

石家庄研究区主要考虑的地表污染源类型为工业区、农业区、居民区、垃圾填埋场、季节性河流。农业区分为农田区(清灌区与污灌区)和养殖区,由于石家庄地区奶牛养殖规模庞大,故不能忽略。垃圾填埋场分为正规垃圾填埋场与非正规垃圾填埋场。根据调研与现场踏勘获取的不同类型污染源的地理坐标与分布范围,绘制如下石家庄地区不同类型污染源空间分布图。对石家庄研究区进行了污染源的踏勘与采样工作,对不同类型污染源排放污水污染物浓度都进行了测试。故地表污染物量化方法按照前文介绍的有实测地表污染物排放量计算方法对石家庄研究区地表污染源污染物排放量进行计算。

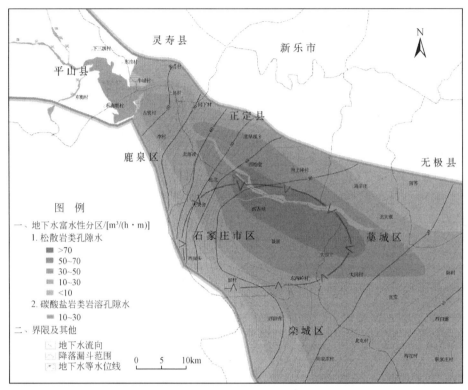

图 4-5　石家庄市水文地质略图

石家庄平原区污染源类型主要包括垃圾填埋场、工业区、农田区、养殖场、居民区与地表排污河 6 类，见图 4-6 ~ 图 4-11。这几类污染源都会将污染物排入环境进入包气带，地表污染物空间分布是由这 6 类污染源释放污染物的叠加共同作用造成的。利用 ArcGIS 9.3 软件分别对某一种污染物在 6 类污染源类型中的排放量进行矢量图绘制，并利用软件中的栅格叠加功能将该种污染物在每一种污染源类型中的排放量进行叠加计算，最终得到该种污染物在石家庄市平原区地表分布情况。

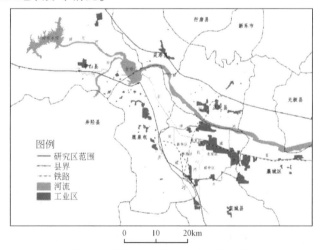

图 4-6　石家庄平原区工业区分布图

第4章 区域地下水主要污染物筛选方法研究

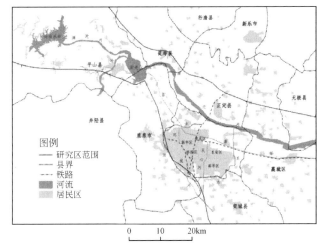

图 4-7 石家庄平原区居民区分布图

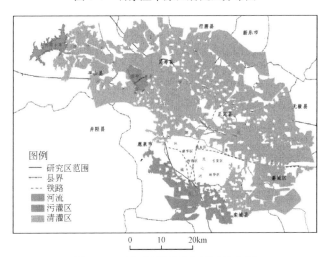

图 4-8 石家庄平原区农田区分布图

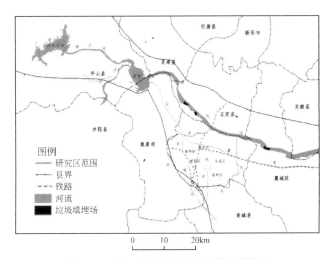

图 4-9 石家庄平原区垃圾场填埋分布图

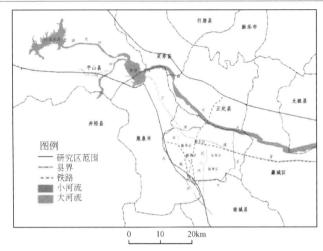

图 4-10　石家庄平原区季节性河流分布图

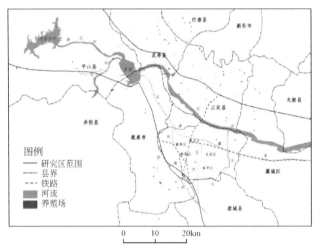

图 4-11　石家庄平原区养殖场分布图

农业区分为种植区、水产养殖与畜禽养殖区。种植区、居民区可在 Google Earth 上直接找出详细分布位置与占地面积。石家庄市平原区主要污染源类型有工业区、居民区、农田区、垃圾填埋场、养殖场及排污河 6 类，地下水中主要的污染物在这 6 类污染源类型中都会产生，因此，认为地表每一种污染物的排放量是由 6 类污染源排放的共同结果。为了更清楚地表示出某一种污染物在 6 类污染源类型中各自的浓度限值及污染物排放量，绘制双坐标图来直观地表示。

列举 6 类污染源量化结果叠加中部分污染物的量化分布图，并将该污染物在 6 类污染源中的量化值和其对应的污染物排放浓度限值作图表示。石家庄市平原区氯离子排放量分布图，如图 4-12 所示，Cl^- 排放量最大的地区主要分布在石家庄的工业区，即石家庄市区东北侧，作为石家庄老工业基地及其他工业聚集区，该区域分布较多不同行业工业企业，如河北钢铁、华北制药厂、石药集团维生药业、石家庄市焦化厂、第三棉纺厂、第六棉纺厂等几个大型企业都分布于该区域，另外该处还分布较多化工厂，这些工厂排出的污水都是该区地下水中污染物的重要来源。另外石家庄市区人口居住密集,市区内也分布较多工业源,大量的生活污水与工业废水被排入环境,穿透包气带进而污染地下水。从 Cl^- 在 6 类污染源类型中各自的排放量及实测量化值的图上也可以看出,工业区、居民区和垃圾场中排放量较大,其余类型的排放量较低。养殖场污水污染物含量较高,但由于模型计算的时候考虑污水收集池底部由于长时间汇集养殖废水形成了一层渗透性极小的"淤泥层",所以排放量也相对较小。这也可以证实滹沱河平原区氯离子的地表排放量分布图的合理性。石家庄市平原区其他主要污染物的地表排放量分布见图 4-13 ~ 图 4-25。

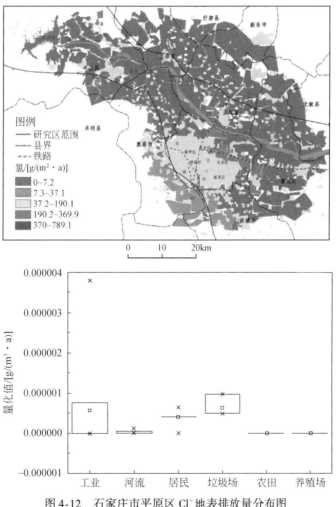

图 4-12 石家庄市平原区 Cl^- 地表排放量分布图

通过地表污染物排放量的箱型图可以看到,污染物排放较为严重的为工业企业与垃圾填埋场,但由于垃圾填埋场的数量有限,对地下水的污染程度较轻;通过地表污染物排放量空间分布特征也可以看出,污染较为严重的均位于工业区;其次为居民区的生活污水排放,人口密度越大的居民区集中排放的污水量也就越大,越容易对地下水造成污染;其他类型污染物对地下水的污染影响相对较轻。

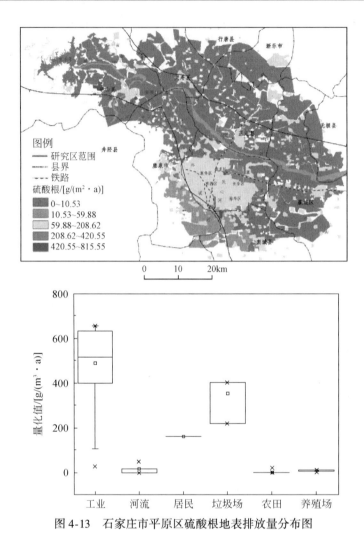

图 4-13　石家庄市平原区硫酸根地表排放量分布图

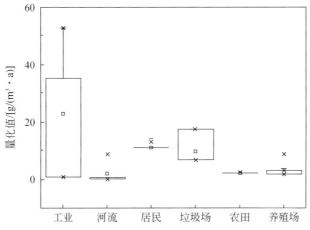

图 4-14　石家庄市平原区氨氮地表排放量分布图

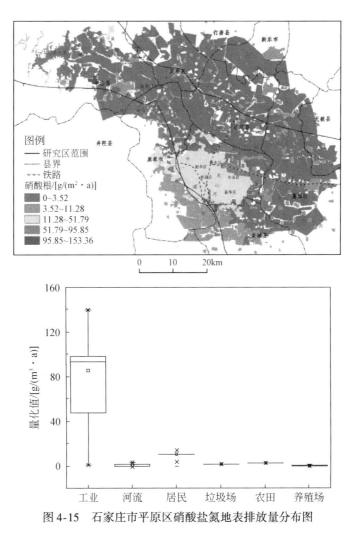

图 4-15　石家庄市平原区硝酸盐氮地表排放量分布图

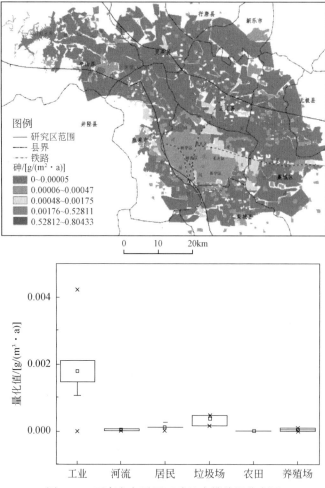

图 4-16 石家庄市平原区砷地表排放量分布图

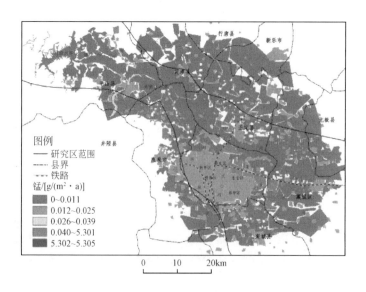

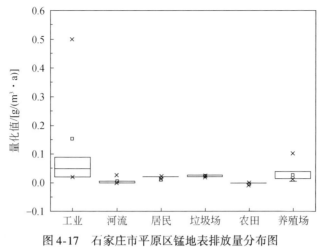

图 4-17　石家庄市平原区锰地表排放量分布图

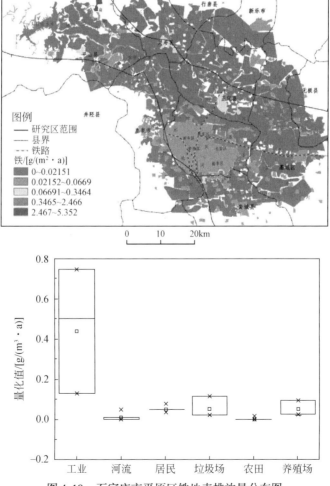

图 4-18　石家庄市平原区铁地表排放量分布图

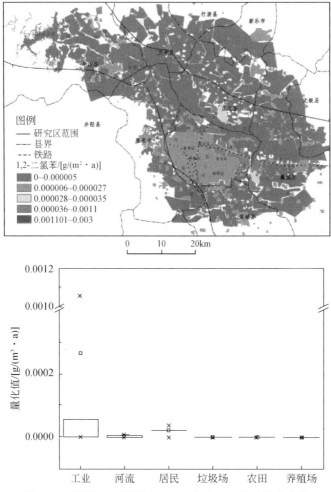

图 4-19 石家庄市平原区 1,2-二氯苯地表排放量分布图

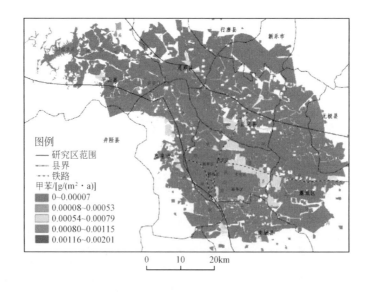

第 4 章 区域地下水主要污染物筛选方法研究

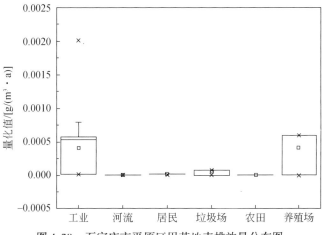

图 4-20　石家庄市平原区甲苯地表排放量分布图

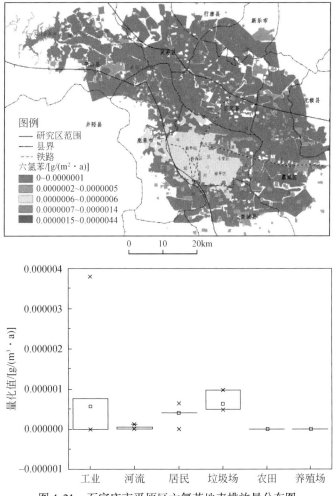

图 4-21　石家庄市平原区六氯苯地表排放量分布图

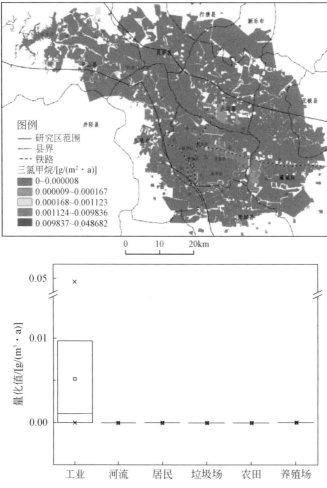

图 4-22 石家庄市平原区三氯甲烷地表排放量分布图

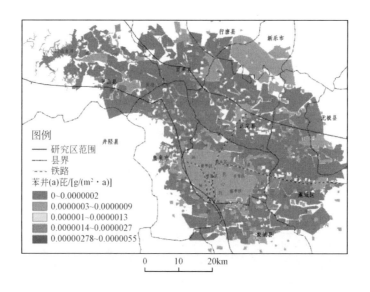

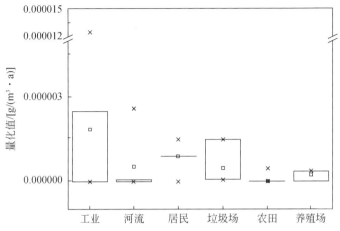

图 4-23　石家庄市平原区苯并[a]芘地表排放量分布图

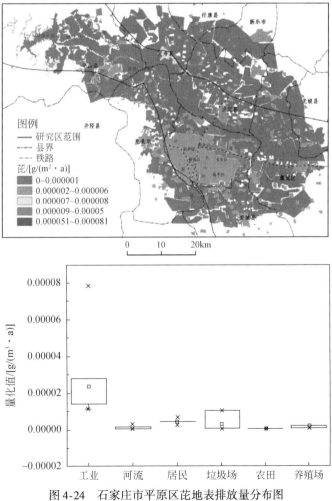

图 4-24　石家庄市平原区芘地表排放量分布图

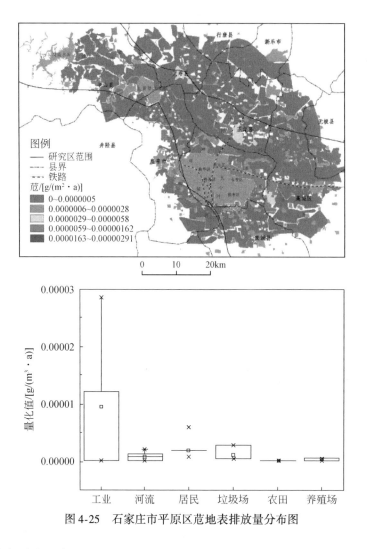

图 4-25 石家庄市平原区苊地表排放量分布图

3. 包气带介质分区概化

该区地下水主要赋存于多层交叠第四系松散沉积物中,水文地质条件具有明显的水平和垂直分带性。自西向东含水层介质粒径变小,含水层层次逐渐增多,富水性由强变弱;在垂向上,含水层的上部及下部砂层粒度较细,厚度较小,中部砂层粒度较粗,厚度较大。岩性结构也由最初的单一砂、卵砾石层过渡至顶部有薄层黏性土覆盖的砂、卵砾石层,最后变成黏性土夹杂着多层砂卵砾石层。地下水径流条件由强变弱,富水性由好变差。影响污染物在包气带中迁移转化的程度与进入地下水中量的多少取决于包气带的岩性和包气带的厚度。通过岩性剖面图(图 4-26 ~ 图 4-29)可以看出,整个研究区包气带岩性类似,由于获取的岩性剖面没有覆盖整个研究区,考虑研究区主要为滹沱河的冲洪积扇形成,滹沱河两侧包气带岩性存在一定相似性,研究区东南侧包气带岩性参考滹沱河对称区域包气带。

第4章 区域地下水主要污染物筛选方法研究

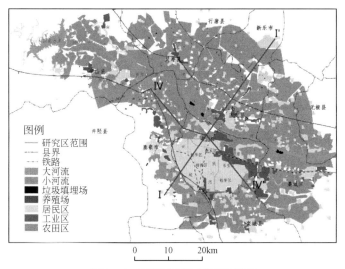

图 4-26 石家庄研究区岩性剖面

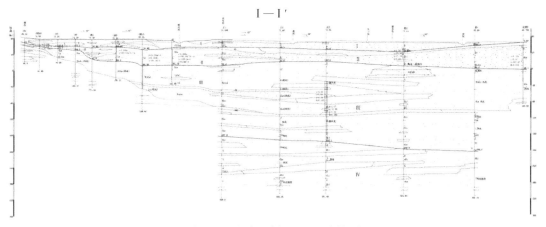

图 4-27 研究区剖面 I-I′岩性图

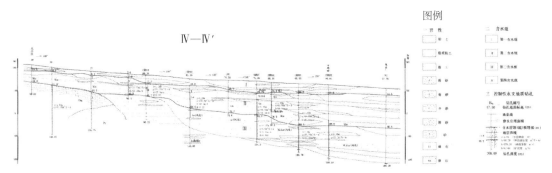

图 4-28 研究区剖面 IV-IV′岩性图

图 4-29　石家庄平原区地下水位等值线图

包气带的厚度主要与研究区的地下水位相关,石家庄 2010 年地下水位埋深及标高等值线图(图 4-29)显示,研究区地下水位从西北至东南呈降低趋势,受降雨漏斗影响,市区南侧包气带厚度达到最大。

由于石家庄研究区水文地质条件资料有限,在包气带分区概化时可能要基于已有钻孔资料基础上考虑地下水位变化规律与研究区包气带形成过程等条件等对研究区包气带介质分区,并推测其他包气带介质典型钻孔的岩性与厚度。

依照搜集整理的石家庄平原区岩性剖面资料与石家庄地下水位埋深等值线图对石家庄平原区包气带介质进行分区概化,共概化为 9 个不同类型包气带介质,如图 4-30 所示,分别为 A 区、B 区、C 区、D 区、E 区、F 区、G 区、H 区和 I 区,对于每个地质区包气带岩性剖面参考相应区域整体包气带属性来代替整个水文地质区的岩性。岩性剖面用典型的钻孔岩性来代替整个水文地质区的岩性。包气带分区岩性概况如图 4-31 所示,可以看到研究区西北到东南包气带厚度逐渐增加,位于滹沱河附近的包气带岩层中卵砂砾石层较厚,其他区域岩性类似,主要岩性有黏土、粉土、砂质黏土、粗砂和卵砂砾石。

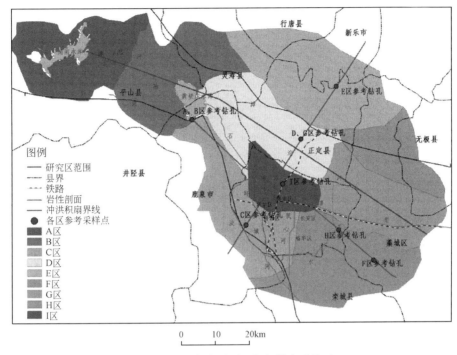

图 4-30　石家庄平原区包气带介质分区

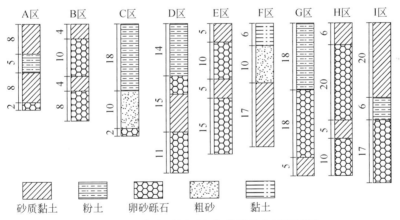

图 4-31　石家庄平原区包气带岩性分区概括图

4. 污染物穿透包气带介质结果验证

地表污染物随着下渗水流进入包气带介质,并可能与土壤水发生扩散、吸附、解吸、降解等反应,导致流出包气带介质的污染物的量发生变化。流出包气带介质的污染物质量与进入包气带介质的污染物质量之比即为污染物穿透包气带时的折减系数。只要得到折减系数的推导公式,即可计算出污染物穿透包气带介质后的量。研究区分为 9 个包气带介质,每个包气带介质的岩性与厚度存在差异,污染物在其中的迁移转化过程也不尽相同,故每个包气带介质分别对应一个折减系数。各包气带介质的岩性基本参数如表 4-2 所示。

表 4-2　石家庄市平原区包气带介质参数

包气带分区	岩性	厚度/m	渗透系数/(m/d)	时间/d	穿透总时间/d	土壤容重	分配系数	孔隙度
A	砂黏	8	0.0288	277.8	563.9	1.3	0.5	0.47
	粉土	5	0.6	8.3		1.35	0.5	0.45
	砂黏	8	0.0288	277.8		1.3	0.5	0.47
	砂卵砾石	2	100	0.0		1.5	0.03	0.35
	总厚度	23						
B	砂质黏土	4	0.0288	138.9	278.0	1.3	0.5	0.47
	砂卵砾石	10	100	0.1		1.5	0.03	0.35
	砂质黏土	4	0.0288	138.9		1.3	0.5	0.47
	砂卵砾石	8	100	0.1		1.5	0.03	0.35
	总厚度	26						
C	砂质黏土	18	0.0288	625.0	625.2	1.3	0.5	0.47
	粗砂	10	50	0.2		1.5	0.1	0.40
	砂卵砾石	2	100	0.0		1.5	0.03	0.35
	总厚度	30						
D	粉土	14	0.6	23.3	370.7	1.35	0.5	0.45
	砂卵砾石	5	100	0.1		1.5	0.03	0.35
	砂质黏土	10	0.0288	347.2		1.3	0.5	0.47
	砂卵砾石	11	100	0.1		1.5	0.03	0.35
	总厚度	40						
E	砂质黏土	5	0.0288	173.6	347.5	1.3	0.5	0.47
	砂卵砾石	10	100	0.1		1.5	0.03	0.35
	砂质黏土	5	0.0288	173.6		1.3	0.5	0.47
	砂卵砾石	15	100	0.2		1.5	0.03	0.35
	总厚度	35						
F	黏土	6	0.048	145.8	666.9	1.2	0.6	0.5
	粗砂	10	50	0.2		1.5	0.1	0.4
	砂质黏土	15	0.0288	520.8		1.3	0.5	0.47
	总厚度	31						

续表

包气带分区	岩性	厚度/m	渗透系数/(m/d)	时间/d	穿透总时间/d	土壤容重	分配系数	孔隙度
G	粉土	18	0.6	30.0	203.8	1.35	0.5	0.45
	砂卵砾石	18	100	0.2		1.5	0.03	0.35
	砂质黏土	5	0.0288	173.6		1.3	0.5	0.47
	总厚度	41						
H	砂质黏土	6	0.0288	208.3	382.2	1.3	0.5	0.47
	砂卵砾石	20	100	0.2		1.5	0.03	0.35
	砂质黏土	5	0.0288	173.6		1.3	0.5	0.47
	砂卵砾石	10	100	0.1		1.5	0.03	0.35
	总厚度	41						
I	砂质黏土	20	0.0288	694.4	704.6	1.3	0.5	0.47
	粉土	6	0.6	10.0		1.35	0.5	0.45
	砂卵砾石	17	100	0.2		1.5	0.03	0.35
	总厚度	43						

包气带介质类型决定着土壤层和含水层之间岩土介质对污染物的削减特性。各种物理化学过程,包括降解、吸附、沉淀、溶解等作用,均可以在包气带介质内发生。但是,污染物在包气带介质中主要发生的反应有吸附和降解,其余作用对污染物向下运移量的削减效果较弱,这里忽略不计。包气带介质还控制着渗流路径的长度和渗流途径,影响着污染物的削减时间,以及污染物与土壤介质之间的反应程度。因此,为了便于最后结果的对比,将穿透包气带介质的污染物量进行归一化处理。

1) 无机物穿透包气带介质后量的计算与验证

基于地表污染物量化分布图和折减系数的推导,利用ArcGIS 9.3软件中的裁剪功能,根据包气带介质的9个水文地质分区,将污染物量化的地表分布图对应包气带介质的9个分区划分成9部分,每一个部分所对应的水文地质条件不同,折减系数也不相同。通过ArcGIS 9.3软件中的栅格计算功能,将地表污染物的量与折减系数相乘,得到污染物穿透包气带介质后的量。最后对到达地下含水面上的污染物量进行归一化。下面介绍7种无机指标穿透包气带介质后的量的计算,并利用ArcGIS 9.3软件绘制污染物归一化之后的量化分布图。

(1) 氯。

氯离子穿透包气带介质后的量=氯离子地表量×折减系数1。归一化值=氯离子穿透包气带介质后的量÷水流穿透该包气带介质厚度的时间。氯离子穿透包气带介质后的量化归一值分布如图4-32所示。

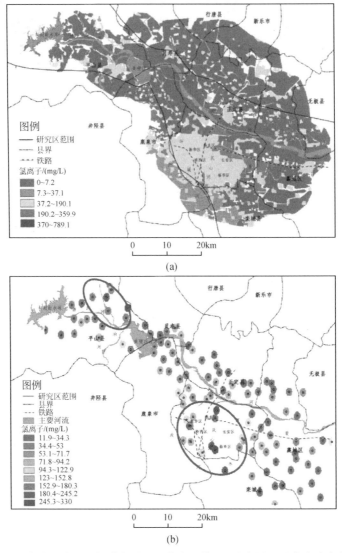

图 4-32 氯离子穿透包气带介质后量化归一值(a)及实测地下水中浓度值(b)

氯离子来源主要为:①水源流经含有氯化物的地层;②水源受生活污水或工业废水的污染;③近海地区的水源受海水的影响。地面水会因潮汐影响或枯水季节而海水倒灌;海洋面上吹来的海风也会挟带氯离子;地下水有时会由海水渗入补给,这些都会使氯离子的含量增高。

针对本研究区地下水中氯离子分布情况、研究区实际地层情况与污染源分布情况可知地下水中较高氯离子含量分布主要受污染源类型影响。氯离子浓度较高的一处区域主要位于石家庄市区,居民区与工业区高度密集、生活污水与工业废水综合影响造成该区域地下水中氯离子浓度偏高。市区东北侧石太铁路附近是石家庄主要工业区,不同类型工业企业的污水排放会对地下水造成较大影响。另外一处地下水氯离子含量较高的地区位于研究区西北侧平山县南甸镇,该处坐落河北敬业钢铁有限公司,该企业覆盖了烧结、炼铁、炼钢、轧钢等全部生产线,附带很多化工厂,相应的污水排放可能是造成该地区地下水中氯离子含量较高的一个原因,实测值与模型计算值显示的地下水中氯离子浓度含量空间分布特征类似。

(2)氟。

氟离子穿透包气带介质后的量化归一值分布如图4-33所示。

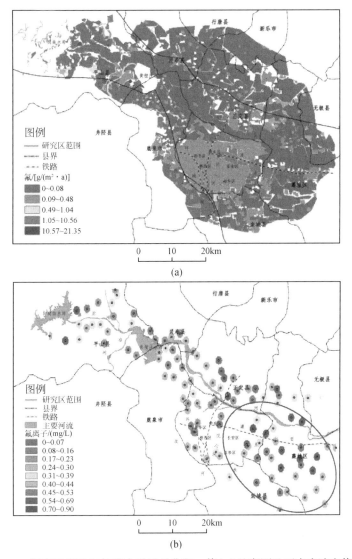

图4-33 氟离子穿透包气带介质后量化归一值(a)及实测地下水中浓度值(b)

氟是一种很活泼的元素,极易发生反应。地下水中氟以多种形式存在,可以形成很多类的氟化物,而这些氟化物大多有很好的水溶性,地下水中氟的含量与地方氟病分布有着非常密切的关系。由图4-33中可以看出地下水中氟含量较高的区域位于石家庄市区东南侧无极县、藁城区与栾城县。该区域大部分为农业区与居民区,与氟相关的工业企业较少,且地层不富含氟的岩层。地下水中高氟原因可能是天然条件形成的背景值较高,可能是上游富含氟的地下水在径流途中到达滹沱河中下游遇到地势平坦或者低洼地带,由于水文网不发育,水径流滞缓,水力坡度小,水动力条件差,地表蒸发作用强烈,氟在特定表生地球化学环境下浓缩富集,形成地下水背景高氟区域。

由模拟与实测地下水中氟空间含量分布特征图看出,虽然石家庄市区模拟结果与实测结果存在一定的相似性,但东南侧大面积高浓度氟分布区域与模拟结果有较大差异,该区域大部分为农田分区,可能是天然环境条件对地下水的影响比地表污染源影响较大所致。

(3) 硝酸盐氮。

由于硝酸盐氮在包气带中发生的迁移转化作用很小,所以进入地下水的硝酸盐氮需将氨氮发生反硝化作用转换的硝酸盐氮加到原来进入地下水中的硝酸氨上去。在最终到达地下水面的硝酸盐氮的量一部分来源于硝酸盐氮本身穿透包气带介质后的量,还有一部分是氨氮在氧化条件下转化为硝酸盐氮的量。因此,硝酸盐氮穿透包气带介质后的量 =硝酸盐氮地表量×折减系数1+氨氮转化为硝酸盐氮的量。归一化值=硝酸盐氮穿透包气带介质后的量÷水流穿透该包气带介质厚度的时间。硝酸盐氮穿透包气带介质后的量化归一值分布如图 4-34 所示。

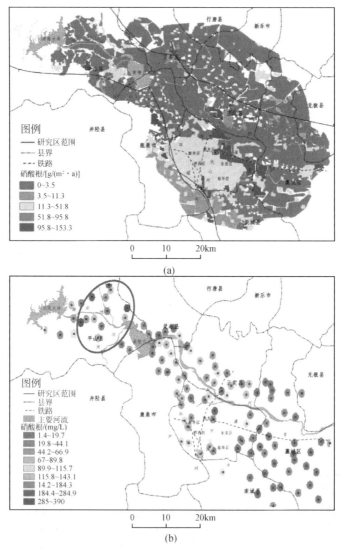

图 4-34　硝酸盐穿透包气带介质后量化归一值(a)及实测地下水中浓度值(b)

地下水中硝酸根的含量较高主要是由人类活动影响所致,受地表垃圾场淋滤液渗漏及污水河流入渗影响,由图4-34可以看出地下水中硝酸根浓度含量较高的区域主要位于以下几个地区。①石家庄市区。市区东北侧区域为老工业基地及其他工业聚集区,如河北钢铁股份限公司、华北制药股份有限公司、石家庄市焦化集团有限责任公司、第三棉纺厂、第六棉纺厂等几个大型企业都分布于石太铁路周边区域,市区西南侧分布较多的制药厂、化工厂与化肥厂等成为影响该区域地下水质量的主要影响因素;市区人口居住密集,大量生活污水排放进入地下也会造成地下水中硝酸根含量增加。②滹沱河上游区域。该区域北侧分布河北敬业钢铁有限公司等重工业企业,南侧分布石家庄柏坡正元化肥有限公司与较多石材厂等企业,这些工业污染源可能为地下水中硝酸根含量较高的一个重要原因。③排污河道两侧区域。通过地下水中污染物实测值浓度空间分布图可以看出,在滹沱河两侧地下水中硝酸根含量相对较高,主要是受上游水库截流的影响,研究区内大多数河流常年断流,形成"有河皆干、有水皆污"的状况,且该区域包气带基本以砂性土为主,这种包气带结构和岩性,有利于地下水的补给,但是其防污性能也相对较差,工厂排污、垃圾填埋场渗滤液入渗、污水沟渠渗漏等均可造成地下水中各组分含量异常。而且石家庄市区西南侧洨河部分地区采用污水灌溉加大了部分地区影响范围。采样期间滹沱河内基本全段无水,故采集滹沱河景区内河道水作为初始值利用模型进行计算,样品的水质较好代表性稍弱,导致模拟结果可能与实际情况存在一定差异。

虽然局部地区模拟与实测地下水中硝酸根离子的空间含量分布存在一定差异,但整体上污染严重区域基本一致,模拟结果具有一定的参考价值。

(4)硫酸根。

作为一种基础化工原料,硫酸应用非常广泛,主要是冶金、化工、医药、石油、钢铁等行业。硫酸根在包气带中的活动性和迁移能力在阴离子中仅次于氯离子,在包气带介质中发生的一系列的物理化学反应和生物降解作用都比较弱,所以这里认为硫酸根在包气带介质中不发生反应,折减系数 W 为1。硫酸根穿透包气带介质后的量化归一值分布如图4-35所示。

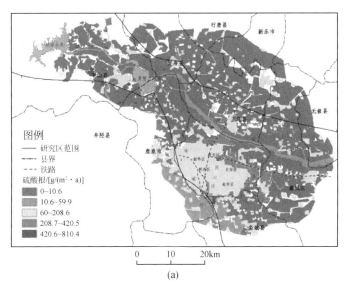

(a)

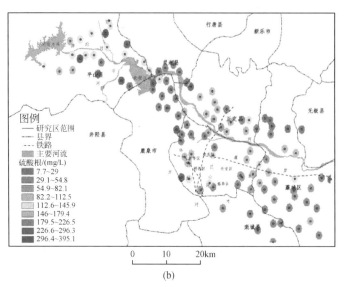

(b)

图 4-35　硫酸根穿透包气带介质后量化归一值(a)及实测地下水中浓度值(b)

通过研究区地下水中实测硫酸根空间分布特征图可以看出,与其他离子不同,实测图中硫酸根离子浓度较高的区域主要分布于黄壁庄水库与石家庄市区之间滹沱河河道南侧,该区域内以农田为主,西侧除分布较多水泥厂外无其他工业污染源,也没有密集居民区存在。由于鹿泉市及井陉等地分布着大量的优质水泥灰岩资源,该区地层岩性以灰岩为主,推断可能灰岩中夹杂硫元素,降雨淋滤导致地下水中硫酸根天然背景值较高,人类活动与天然作用共同作用下,形成该区地下水中硫酸根空间分布特征。

(5)铁、锰。

铁、锰在包气带介质中主要发生吸附反应。铁穿透包气带介质后的量化归一值分布如图 4-36 所示。

锰穿透包气带介质后的量化归一值分布如图 4-37 所示。

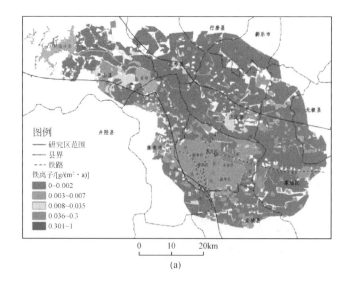

(a)

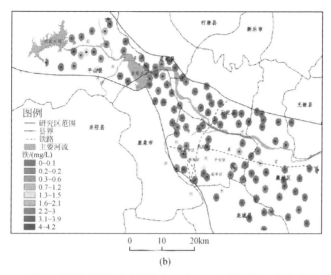

(b)

图 4-36　铁穿透包气带介质后量化归一值(a)及实测地下水中浓度值(b)

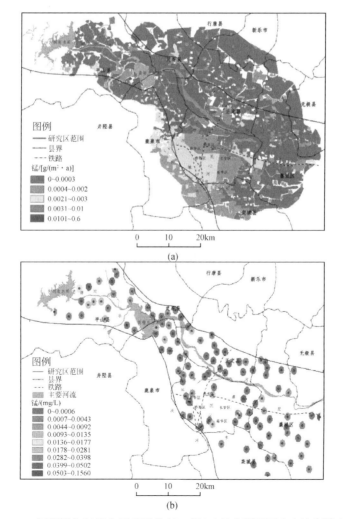

图 4-37　锰穿透包气带介质后量化归一值(a)及实测地下水中浓度值(b)

研究区地下水中铁与锰的实测浓度与超标率较低。浓度较高的两处分别位于石家庄到藁城的国道307中段与平山县南甸镇附近,而这两处分别位于河北钢铁股份有限公司和河北敬业钢铁有限公司附近。这两个大型钢铁有限公司可能是地下水中铁锰的主要来源。地下水中有较多采样点铁与锰的实测浓度都低于检出限,而在模拟计算的时候是从地表污染出发进行计算的,根据模型计算到地下水中必然还是存在的,所以模型计算出的地下水中污染物空间分布特征与实测值存在一定的差异,但在整体高低趋势上有一定的参考作用。

(6)砷。

砷是常见污染物之一,也是对人体毒性作用比较严重的无机有毒物质之一。砷在穿透包气带介质时的折减系数为0.7。砷穿透包气带介质后的量化归一值分布如图4-38所示。

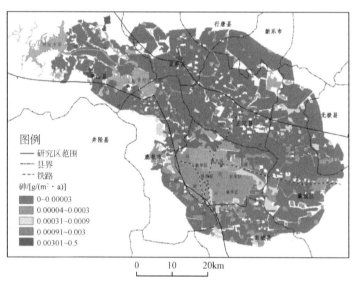

图4-38 砷穿透包气带介质后量化归一值

砷在地表水中的检出率与地下水中检出率都较低,砷在地下水中的检出率不足1%,由于地表水中砷的检出率相对地下水较高,所以模拟计算时,肯定会有污染物穿过包气带进入地下水,故模拟计算出进入地下水的砷的量只能反映一个浓度分布趋势,并不是直接反映出地下水现状与地下水中污染物的含量大小。

2)有机物穿透包气带介质后量的计算与验证

地下水中无机物在特定的天然环境条件下就会存在,即自身就有一个背景值,故地下水实测值为背景值与人为影响进入地下水的污染物的总和,直接与以地表污染物空间分布特征为初始值模拟计算出的地下水中污染物分布特征进行对比验证,可能会存在一定误差。有机物在天然地下水条件下很少存在,可认为地下水中有机物的来源完全是人为活动,即有机物在地下水中背景值为0。利用地下水中有机物的实测值与模拟出的结果进行对比,更能准确地验证模型的可靠性。

选择计算对比验证的有机物指标主要考虑两个方面:①选取的指标均包含地下水污染调查评价规范中重点区调查水样测试指标中的必测大类别项目,尽量包含选测项中的大类别项目;②指标在地表水与地下水测试结果中检出率较高。本次有机物对比验证指标选取分别为氯代烃类、多环芳烃(polycyclic aromatic hydrocarbon,PAHs)类、氯代苯类、有机氯农药类与单环芳烃类共9种有机物。

(1) 多环芳烃。

多环芳烃是由两个或两个以上的苯环以线性、弯接或簇聚的方式而构成,根据苯环的连接方式分为联苯类、多环代脂肪烃和稠环芳香烃三类。多环芳烃大多是无色或者淡黄色的结晶,多环芳烃的基本结构单位是苯环,苯环的数目和连接方式的不同引起分子量、分子结构变化,进而导致其物理化学性质及迁移性的差异。

多环芳烃根据来源不同又可分为自然来源和人为来源。天然源包括森林和草原火灾、火山喷发、植物和微生物合成等,其中高等植物和微生物合成、燃烧是多环芳烃天然源的主要贡献者。而人为来源主要包括工业生产和加工(如焦炭、煤炭和煤焦油的热解、生产,原油及衍生物的精炼、分馏等过程),以及有机物的不完全燃烧(如垃圾焚烧、交通污染等过程中排放的多环芳烃)等。与自然源相比,人为源是多环芳烃的主要污染源。多环芳烃为非极性或弱极性物质,在水中的溶解度很小,常温下,其溶解度一般在 μg/L ~ mg/L 范围内。多环芳烃在环境中大多数是以吸附态和乳化态形式存在,一旦进入环境,便受到各种自然界固有过程的影响,发生变迁。它们不断通过复杂的物理迁移、化学及生物转化反应,在大气、水体、土壤和生物体等系统中不断改变它们的分布状况。人为源中产生的多环芳烃部分随废水、废渣直接进入水体或土壤。虽然多环芳烃在土壤中会发生吸附与降解反应,但是多环芳烃的降解速率很低,进入自然界之后,难以通过生物降解消除而形成长期积累,进而在自然界中重新分布,水体、土壤、沉积物等是其主要归宿。

大量的研究证明微生物是去除土壤中多环芳烃的最主要途径。由于多环芳烃在土壤中存留的时间比较长,许多微生物经过自然驯化,就能利用其作为碳源和能源得以生长和繁殖。因此,认为苯并[a]芘、荧蒽、芘、芴和苊在包气带介质中发生吸附和降解反应,根据 EPIsuit 软件查到苯并[a]芘、荧蒽、芘、芴和苊在土壤环境中的半衰期为 120d、120d、120d、30d 和 75d,根据公式

$$k = \frac{\ln 2}{t_{\frac{1}{2}}} \quad (4-22)$$

式中,k 为反应速率常数;$t_{\frac{1}{2}}$ 为污染物半衰期。计算得到苯并[a]芘、荧蒽、芘、芴和苊的降解系数为 0.0058、0.0058、0.0058、0.0231 和 0.0092。参考穿透包气带介质时发生吸附和降解反应时的折减系数的推导公式,计算得到苯并[a]芘、荧蒽、芘、芴和苊的折减系数。

苯并[a]芘穿透包气带介质后的量化归一值及地下水中实测浓度分布如图 4-39 所示。

荧蒽穿透包气带介质后的量化归一值及地下水中实测浓度分布如图 4-40 所示。

芘穿透包气带介质后的量化归一值及地下水中实测浓度分布如图 4-41 所示。

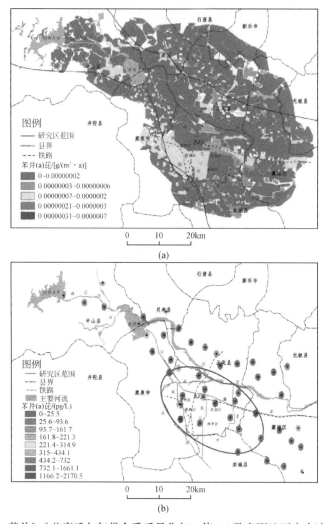

图 4-39 苯并[a]芘穿透包气带介质后量化归一值(a)及实测地下水中浓度值(b)

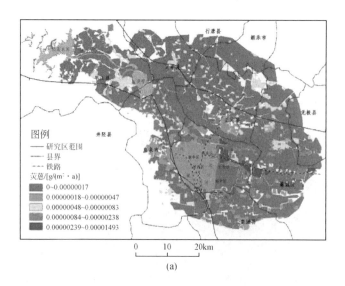

第4章 区域地下水主要污染物筛选方法研究

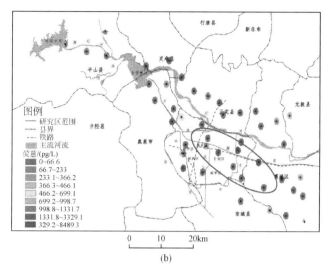

图 4-40 荧蒽穿透包气带介质后量化归一值(a)及实测地下水中浓度值(b)

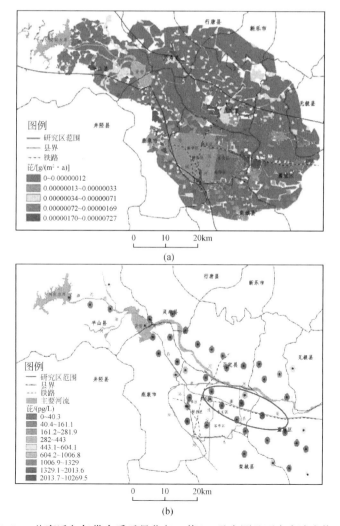

图 4-41 芘穿透包气带介质后量化归一值(a)及实测地下水中浓度值(b)

芴穿透包气带介质后的量化归一值及地下水中实测浓度分布如图4-42所示。

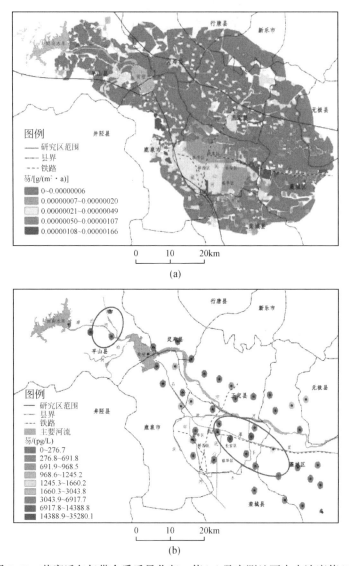

图4-42　芴穿透包气带介质后量化归一值(a)及实测地下水中浓度值(b)

范穿透包气带介质后的量化归一值及地下水中实测浓度分布如图4-43所示。

研究区地下水中多环芳烃空间含量分布特征与模拟出的结果存在类似性,地下水中多环芳烃含量较高区域主要分布于石家庄市区石太铁路附近、石家庄市区西侧与平山县南甸镇。石家庄市区东北侧石太铁路附近分布分布较多大型企业,河北钢铁股份有限公司、石家庄光明正大日化有限公司、华北制药股份有限公司、石家庄四药有限公司等污染企业均分布于该处;河北星宇化工有限公司、石家庄华新药业有限责任公司、石家庄协和药业有限公司、石家庄双联化工有限责任公司与较多塑料制品加工厂均分布于此;河北敬业钢铁股份有限公司位于平山县南甸镇,属于典型重工业企业,该集团下属分有中厚板、冶炼、化工等子公

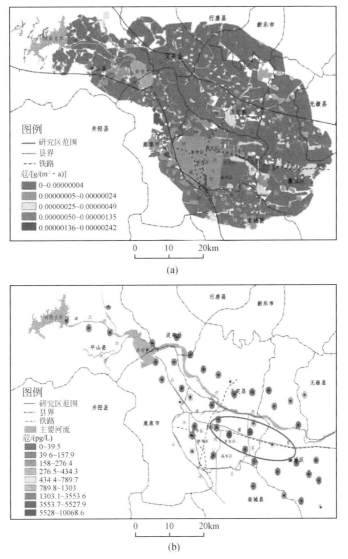

图 4-43 苊穿透包气带介质后量化归一值(a)及实测地下水中浓度值(b)

司,对当地空气与水体的污染不容忽视。由于地下水中多环芳烃来源主要是人类活动包括工业生产和加工(如焦炭、煤炭和煤焦油的热解、生产,原油及衍生物的精炼、分馏等过程),以及有机物的不完全燃烧(如垃圾焚烧、交通污染等过程中排放),这些污染物主要污染来源为工业企业,这与污染物模拟与实测在地下水中的空间分布特征相吻合。

(2)单环芳烃甲苯。

随着石油工业的迅速发展,落地原油、污水和输油管道破裂渗漏等原因造成的原油组分进入包气带土壤,对地下水系统的安全造成极大的威胁。包气带是连接地表水和地下水的重要通道,是众多污染物在环境中迁移转化的载体、归宿和蓄积场所[1],特别是表层土壤对污染物有一定的截留作用。原油组分主要由难溶于水的直链烃类、多环芳烃类、含氯有机添加剂及醚类组成,代表物是苯系物(BTEX)。BTEX 由苯、甲苯、乙苯和二甲苯组成,对人类和其他生物具有致癌、致畸、致突变的危害[2]。原油组分进入土壤环境后发生一系列的物理、化学和生化作用,对环境造成污染。

甲苯是最为常见的挥发性有机污染物之一,在华北平原地下水中甲苯栓出的区域主要分布在城市及近城市区域(城近郊区)。甲苯在包气带中会发生吸附降解反应,在好氧环境下比在厌氧环境下降解速率要快,土壤及地下水中溶解氧含量很低,且很快被微生物消耗殆尽,使得污染系统长期处于缺氧状态,降解速率比较慢。

因此,认为甲苯在包气带介质中发生吸附和降解反应,根据 EPIsuit 软件查到甲苯在土壤环境中的半衰期为30d,根据公式

$$k = \frac{\ln 2}{t_{\frac{1}{2}}} \quad (4\text{-}23)$$

式中,k 为反应速率常数;$t_{\frac{1}{2}}$ 为污染物半衰期。计算得到甲苯的降解系数为0.02311。参考穿透包气带介质时发生吸附和降解反应时的折减系数的推导公式,计算得到甲苯折减系数,甲苯穿透包气带介质后的量化归一值及地下水中实测浓度分布如图4-44所示。

地下水中的甲苯主要来源于地表石油产品泄漏,甲苯大量用作溶剂和高辛烷值汽油添加剂,是有机化工的重要原料,与同时从煤和石油得到的苯和二甲苯相比,目前的产量相对过剩,因此相当数量的甲苯用于脱烷基制苯或岐化制二甲苯。甲苯衍生的一系列中间体,广泛用于染料、医药、农药、火炸药、助剂和香料等精细化学品的生产,也用于合成材料工业。石太铁路周边地下水中较高浓度甲苯可能与国道307石家庄到藁城路上较多加油站与化工厂有关。正定县周边分布较多印染厂与化工厂,生产过程中甲苯存在随污水排放进入环境污染地下水的可能。滹沱河港南水库出口附近地下水中甲苯含量较高,该区域没有明显的工业污染源与密集居民区,主要为农田分布,除了包气带厚度与该地区包气带渗透性大原因之外,其他原因还需要后续深入研究。虽然包气带厚度较小,模拟计算时该区域按照农田区计算,故进入地下水的甲苯也较少。地表污水中甲苯除了工业污染源检出较多外其他污染源类型基本未检出,所以模拟出的地下水中污染物也集中分布于工业区。模型计算出的石家庄市区北侧工业区进入地下水的污染物量相对较少,主要是受降落漏斗影响,该处包气带厚度较大,污染物在包气带中经历更长途径,相应损失也较多。整体模拟结果与实测结果相类似,部分存在差异区域还需要进一步分析讨论。

(3)卤代烃三氯甲烷。

挥发性有机化合物(VOCs)对生态环境和人体健康造成了极大的威胁和危害。其中含氯 VOC 因生物难降解、化学性质稳定等特点而在一般环境条件下难于自然分解。三氯甲烷是被广泛使用的有机化合物,是常见的地下水中氯代烃类污染物。三氯甲烷作为液体,可用于制造麻醉剂、药品、氟碳制冷剂和塑料,还可用作溶剂和杀虫剂。由于密度比水大,如果溢漏到地表的量超过其残余饱和度,就会向下迁移,穿过包气带介质,进入地下水。由于它们易溶于水,可作为溶解相随地下水流迁移。

三氯甲烷在包气带介质中发生吸附和降解反应,根据 EPIsuit 软件查到三氯甲烷在土壤环境中的半衰期为75d,根据公式

$$k = \frac{\ln 2}{t_{\frac{1}{2}}} \quad (4\text{-}24)$$

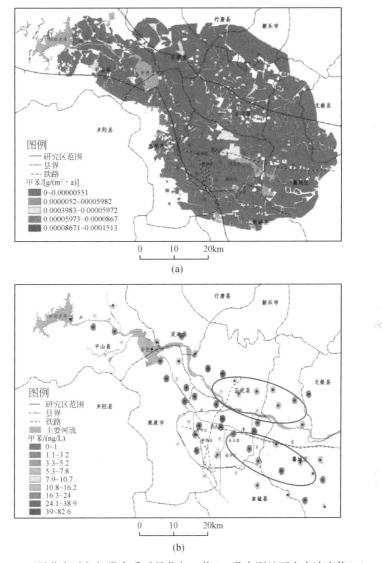

图 4-44　甲苯穿透包气带介质后量化归一值(a)及实测地下水中浓度值(b)

式中,k 为反应速率常数;$t_{\frac{1}{2}}$ 为污染物半衰期。计算得到三氯甲烷的降解系数为 0.0092。参考穿透包气带介质时发生吸附和降解反应时的折减系数的推导公式,计算得到三氯甲烷折减系数。三氯甲烷穿透包气带介质后的量化归一值及地下水中实测浓度分布如图 4-45 所示。

三氯甲烷实测浓度与模型计算出进入地下水的量在石家庄市区东北侧工业区地下水中都比较高,该区有很多不同行业的工业企业,华北制药股份有限公司、石药集团有限公司、河北威远生物化工有限公司等跟三氯甲烷相关的企业都位于此区域。地下水中三氯甲烷在黄壁庄水库附近浓度含量较高,可能与包气带厚度较小有关,具体原因还需要进一步研究。由于地表污水采样点数量有限,污水中三氯甲烷检出频率很低,以地表污水为源头结合模型计算出进入地下水的污染物分布只有部分工业区较多,农业区与居民区等其他污染源区域进入地下水中污染物含量均很低。

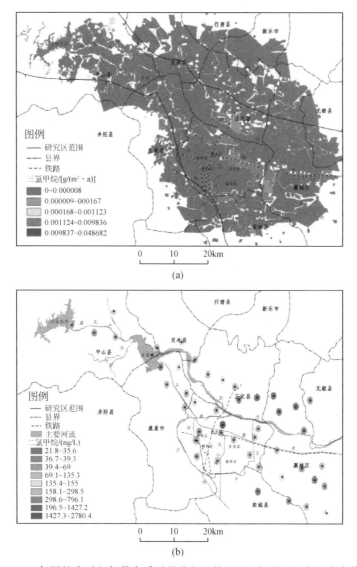

图 4-45 三氯甲烷穿透包气带介质后量化归一值(a)及实测地下水中浓度值(b)

(4) 有机氯农药六氯苯。

六氯苯(HCB)是氯代苯类有机污染物,也是环境中典型的持久性有机污染物,具有高毒性和潜在的致癌性,且被美国环境保护局列为内分泌干扰物。HCB 主要用作谷类作物种子防治真菌危害的拌种剂农药,还可用作焰火着色剂,生产五氯酚及五氯酚钠的原料,生产合成橡胶、聚氯乙烯塑料、烟火、军火、木材防腐剂和染料中作为中间体或添加剂[3,4]。累积在土壤中的 HCB 会在土壤-作物系统中迁移,影响农产品安全,危及生态系统和人类健康;或被土壤吸附固定暂时失去生物活性,但在环境条件改变后,其可再次释放。

土壤对有机污染物的吸附实际上是由土壤矿物和有机质共同作用的结果。由于矿物质表面具有极性,在水环境中发生偶极作用,极性水分子与矿物质表面结合,占据矿物质表层的吸附位,非极性的有机物较难与矿物质结合而易分配到非水相中。因此,对于水溶解性弱和正辛醇-水分配系数高的 HCB 而言,土壤矿物组分的吸附是次要的,对其吸附起作用的主要是土壤有机质。由于 HCB 的持久性,其在自然条件下很难发生纯化学降解,而土壤中大量的微生物能够通过各种生物化学作用参与分解土壤中的有机污染物。因此,微生物降解是土壤中 HCB 降解的最主要和最彻底的方式。正是氯取代基的存在使 HCB 的持久性大大增强,HCB 经过脱氯反应脱除了氯取代基后,其毒性和持久性均大大降低,同时其脱氯产物更易被好氧微生物进一步降解,直至完全矿化。

因此,认为 HCB 在包气带介质中发生吸附和降解反应,根据 EPIsuit 软件查到 HCB 在土壤环境中的半衰期分别为 360d,根据公式

$$k = \frac{\ln 2}{t_{\frac{1}{2}}} \tag{4-25}$$

式中,k 为反应速率常数;$t_{\frac{1}{2}}$ 为污染物半衰期。计算得到 HCB 的降解系数为 0.0231。参考穿透包气带介质时发生吸附和降解反应时的折减系数的推导公式,计算出其在包气带中的折减系数。HCB 穿透包气带介质后的量化归一值及地下水中实测浓度分布如图 4-46 所示。

环境中 HCB 的来源主要是农业生产、HCB 原料生产工厂、五氯酚和五氯酚钠生产工厂与生产合成橡胶、聚氯乙烯塑料、烟火、军火、木材防腐剂和染料的工厂等。HCB 地下水空间分布特征与其他有机物基本一致,石家庄市区东北侧浓度较高,该区为老工业基地及其他工业聚集区,工业类型很多,排放的污水混合后有机物种类复杂且浓度较高,相应进入地下水中的污染物也较多。石家庄市区西侧分布较多制革制鞋厂、塑料制品厂与部分化工厂,这些类型工业企业都是 HCB 的污染来源;正定县地下水中 HCB 含量较高的原因跟该地区存在大量印染厂有关。石家庄市区居民区除了高密集居民产生大量污水外还混杂较多市区内不同类型工厂企业排出的废水,所以研究区市区地下水中污染物整体含量稍偏高。

(5) 氯代苯类 1,2-二氯苯。

1,2-二氯苯作为有机溶剂、杀虫剂、消毒剂及染料、农药、有机合成中间体被广泛应用于化工、纺织、电子、医药、制造等工业。由于其化学性质较为稳定,又具有生物毒性,作为环境外来物进入土壤环境中后难以被微生物自然降解,通过富集,容易对环境造成持久性污染[5]。1,2-二氯苯进入土壤中,受其自身物化性质、土壤多介质体系特性及外界环境条件等因素的制约,主要经历①挥发进入大气,②被土壤颗粒吸附与解吸,③渗滤至地下水,④被生物降解等几个过程。这些过程往往同时发生,并且每个过程相互关联,相互影响。

在 1,2-二氯苯的迁移过程中,吸附与解吸过程是 1,2-二氯苯生物可利用性的重要影响因素,也是影响其向大气挥发和向地下水渗滤的主要因素。1,2-二氯苯是非离子型有机化合物,难溶于水,很难与水分子竞争而吸附在土壤矿物质表面。但其易溶于土壤有机质,在土壤有机质中分配时,服从溶解平衡原理,不存在竞争吸附现象,因此,在土壤-水体系中的吸附主要是分配作用,且吸附等温线呈直线[6,7]。1,2-二氯苯与芳烃类化合物相比,生物降解性能大大降低,主要是因为其取代基氯原子的高电负性,强烈吸引苯环上的电子,使苯环成为很难被氧化的疏电子环。而通过酶催化脱氯是降解 1,2-二氯苯的关键[8,9]。1,2-二氯苯取代基较少,与多取代氯苯类化合物相比,苯环上的电子密度相对较大,可以被具有氧化能力的分子攻击的位置较多,易被氧化而失去电子,因此也较易于在好氧条件下被生物降解。其降解途径基本遵循先开环再降解的降解机制。

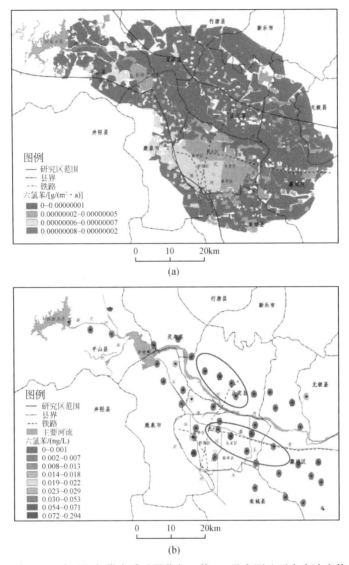

图 4-46 HCB 穿透包气带介质后量化归一值(a)及实测地下水中浓度值(b)

因此,认为 1,2-二氯苯在包气带介质中发生吸附和降解反应,根据 EPIsuit 软件查到 1,2-二氯苯在土壤环境中的半衰期为 75d,根据公式

$$k = \frac{\ln 2}{t_{\frac{1}{2}}} \quad (4-26)$$

式中,k 为反应速率常数,$t_{\frac{1}{2}}$ 为污染物半衰期。计算得到 1,2-二氯苯的降解系数为 0.0092。参考穿透包气带介质时发生吸附和降解反应时的折减系数的推导公式,计算得到 1,2-二氯苯折减系数。1,2-二氯苯穿透包气带介质后的量化归一值及地下水中实测浓度分布如图 4-47 所示。

地下水中 1,2-二氯苯浓度较高的区域主要分布于石家庄市区东北侧石太铁路附近,这与其他污染物在地下水中分布特征类似,该区域为石家庄工业区,不同类型的制药厂、纺织厂、钢铁厂、化工厂等大量工厂企业分布在此区域;平山县南甸镇地下水中污染物浓度较高

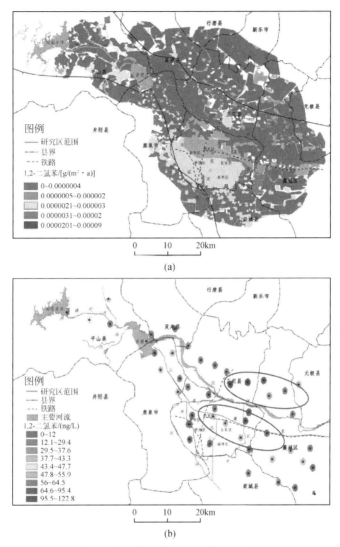

图 4-47 1,2-二氯苯透包气带介质后量化归一值(a)及实测地下水中浓度值(b)

可能也与河北敬业钢铁有限公司附属化工厂有关;浓度较高的区域还有正定县城东北侧,该处坐落纳爱斯集团有限公司、石家庄正定金石化工有限公司、河北金源化工股份有限公司与较多印染厂。这与模拟出的污染物进入地下水中量的分布区域基本一致。1,2-二氯苯广泛应用于化工、纺织、电子、医药、制造等工业,污染来源行业类型与该地段工业类型相匹配。考虑石家庄市区内居住人口密集且居民区内混杂大量的工业企业,所以产生的废水相应较多,模拟出进入地下水中的污染物的量也相对较大。

滹沱河中段地下水中污染物浓度较高,该处基本以农田区为主,可能与该段包气带厚度与渗透性有关,河道周边地下岩性以细砂与粗砂卵砾石层为主,渗透性很大,污染物较易穿透包气带进入地下水。模拟计算时该区域滹沱河河道按照滹沱河河水作为初始值处理,周边区域按照农田区处理,所以作为源头的水样中污染物含量就比较低,模拟出该段地下水中污染物也就相应很低。

3) 小结

运用地表水污染物分布特征结合折减系数模拟计算得到污染物进入地下水量的空间分布特征具有一定的参考性,某些特殊地区地下水中污染物分布特征模拟与实测存在差异,可能与模拟过程中对某些污染源区域的划分、包气带介质的分区概化与计算折减系数所用到的参数相关。

模拟出的石家庄市区东北侧区域地下水污染较为严重,其次为平山县南甸镇附近与石家庄市区,污染最轻的地区为研究区的农田区。石家庄东北侧为工业密集分布区,较多的化工厂、制药厂、棉纺厂、冶炼厂分布在此区域,由于该区域为老工业基地,前期长时间的工业污水排放已经对该区域地下水造成了一定的污染。平山县南甸镇主要坐落河北敬业钢铁有限公司,与其一体的附带有很多污染较为严重的工业污染企业,且该区域包气带中砂卵砾石层较厚,由于没有较厚的土壤层阻隔,污染物在包气带中衰减程度较轻,污染物进入地下水中的可能性也就越大。石家庄市区地下水污染程度较高主要是因为人口居住密度较大,虽然居民区的生活污水会统一排入污水处理厂进行处理,但还是有大量的污水会直接排入外界环境中,加上密集的居民区随处乱堆积的垃圾在降雨过程中会将渗滤液随着降水入渗进入地下水,这些都是市区地下水污染的原因。总体来说该方法模拟计算出的地下水中污染物空间分布特征具有一定的实际意义。影响地下水的最主要污染源是工业企业,其次为居民区,农田农药化肥的施用对地下水的污染程度较轻。

5. 地下水中主要污染物排序

1) 耦合因子的确定

以定量的方式从污染物的总量、中位数及毒性三个方面进行计算,对地下水中污染物进行排序。石家庄市研究区地表污染物穿过包气带介质到达含水面后,得到地下水面上污染物量分布图,利用 ArcGIS 9.3 软件统计得到污染物在地下水面上的总量和量的中位数。每一种污染物量化结果中的中位数利用箱型图形式直观地表示出来,如图 4-48 所示。在得到每一种污染物穿透包气带介质到达水面时的总量及中位数后,二者再结合污染物的毒性,污染物毒性参考 GB 14848—2017 和 GB 5749—2006,具体赋值,见表 4-3,其中,污染物浓度限值越大,说明其毒性越小。

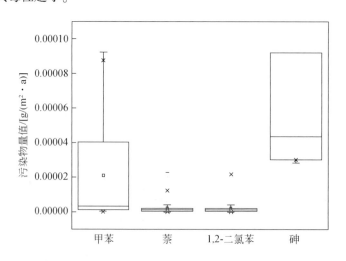

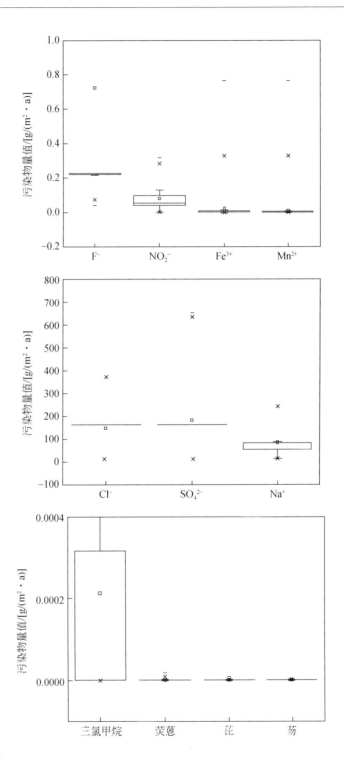

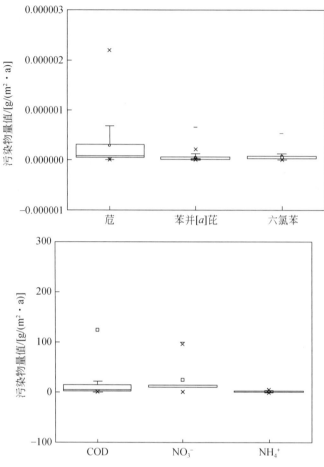

图 4-48 污染物穿透包气带介质后量化中位值箱型图

表 4-3 污染物浓度限值　　　　　　　　　　（单位：mg/L）

序号	指标	限值	序号	指标	限值
1	COD（COD_{Mn}法，以O_2计）	3	12	钠	200
2	TDS	1000	13	铁	0.3
3	总硬度（以$CaCO_3$计）	450	14	锰	0.1
4	氨氮（以 N 计）	0.5	15	铜	1.0
5	亚硝酸盐（以 N 计）	1.0	16	锌	1.0
6	硝酸盐（以 N 计）	10，地下水源限制 20	17	铝	0.2
7	硫酸盐	250	18	汞	0.001
8	氯化物	250	19	砷	0.01
9	碘化物	0.08	20	硒	0.01
10	氟化物	1	21	镉	0.005
11	硫化物	0.02	22	铬（六价）	0.05

续表

序号	指标	限值	序号	指标	限值
23	铅	0.01	54	甲苯	0.7
24	铍	0.002	55	乙苯	0.3
25	硼	0.5	56	二甲苯	0.5
26	锑	0.005	57	苯乙烯	0.02
27	钡	0.7	58	2,4-二硝基甲苯/(μg/L)	5
28	镍	0.02	59	2,6-二硝基甲苯/(μg/L)	5
29	钴	0.05	60	萘/(μg/L)	100
30	钼	0.07	61	蒽/(μg/L)	1800
31	银	0.05	62	荧蒽/(μg/L)	240
32	铊	0.0001	63	苯并[b]荧蒽/(μg/L)	4
33	挥发性酚类(以苯酚计)	0.002	64	苯并[a]芘	0.00001
34	阴离子合成洗涤剂	0.3	65	多氯联苯总量/(μg/L)	0.5
35	氰化物	0.05	66	六六六(总量)	0.005
36	三氯甲烷	0.06	67	γ-六六六(林丹)	0.002
37	四氯乙烯	0.002	68	滴滴涕(总量)	0.001
38	1,1,1-三氯乙烷	2	69	六氯苯	0.001
39	三氯乙烯	0.07	70	七氯	0.0004
40	四氯乙烯	0.04	71	莠去津	0.002
41	二氯甲烷	0.02	72	五氯酚	0.009
42	1,2-二氯乙烷	0.03	73	2,4,6-三氯酚	0.2
43	1,1,2-三氯乙烷/(μg/L)	5	74	邻苯二甲酸二辛酯	0.008
44	1,2-二氯丙烷/(μg/L)	5	75	克百威/(μg/L)	7
45	三溴甲烷	0.1	76	涕灭威/(μg/L)	3
46	氯乙烯	0.005	77	敌敌畏	0.001
47	1,1-二氯乙烯	0.03	78	甲基对硫磷	0.02
48	1,2-二氯乙烯	0.05	79	马拉硫磷	0.25
49	氯苯	0.3	80	乐果	0.08
50	邻二氯苯	1	81	百菌清	0.01
51	对二氯苯	0.3	82	2,4-滴	0.03
52	三氯苯(总量)	0.02	83	毒死蜱	0.03
53	苯	0.01	84	草甘膦	0.7

2) 分级评分叠加计算

将穿透包气带介质后的污染物的总量、量的中位数及污染物自身毒性作为地下水中主要污染物筛选的耦合因子,采用分级评分的方法,将污染物总量、中位数按照数值由小到大的顺序,依次递增分级赋值;污染物毒性参考标准中污染物浓度限值,标准中污染物浓度限值越大污染物的毒性越小,所以按照其数值由小到大的顺序,依次递减分级赋值,具体的污染物分级赋值见表4-4。由表4-4可得,SO_4^{2-}、Cl^-、Na^+、NO_3^-不论是污染物的总量,还是污染物量的中位数分级赋值都较其他污染物分值高,但是他们的毒性分值较其他污染物分值低。

表4-4 污染物因子分级赋值

污染物	总量/ [g/(m²·a)]	中位数/ [g/(m²·a)]	浓度限值/ (mg/L)	总量分级	中位数分级	毒性分级
硫酸根	273.5308230	1.60×10²	250	21	20	1
氯离子	224.1801957	1.60×10²	250	20	19	1
钠离子	161.0114220	5.23×10¹	200	19	18	3
硝酸根	36.7857359	1.40×10¹	10	18	17	4
COD	13.4862774	4.34	3	17	16	5
铵根离子	3.1897095	1.42	0.5	16	15	13
氟离子	0.7378207	2.27×10⁻¹	1	15	14	6
亚硝酸根	0.1665303	5.62×10⁻²	1	14	13	6
铁	0.0440276	3.36×10⁻³	0.3	13	12	14
锰	0.0137162	1.51×10⁻³	0.1	12	11	16
砷	0.0055531	4.36×10⁻⁵	0.01	11	10	19
三氯甲烷	0.0002509	8.90×10⁻⁷	0.06	10	9	18
甲苯	0.0000182	3.29×10⁻⁶	0.7	9	8	9
萘	0.0000054	1.47×10⁻⁶	0.1	8	7	16
1,2-二氯苯	0.0000044	1.52×10⁻⁶	1	7	6	6
荧蒽	0.0000023	4.50×10⁻⁷	0.24	6	5	15
芘	0.0000012	3.10×10⁻⁷	0.7	5	4	9
芴	0.0000005	2.50×10⁻⁷	0.7	4	3	9
苊	0.0000005	9.00×10⁻⁸	0.7	3	3	9
苯并芘	0.0000001	3.00×10⁻⁸	0.00001	2	1	21
六氯苯	0.0000001	4.00×10⁻⁸	0.001	1	2	20

为了得到石家庄研究区地下水中主要污染物排序,利用层次分析法计算出总量、中位数及毒性的权重值,再结合污染物的总量的评分、中位数的评分及该污染物毒性的评分,按照公式计算得到污染物的得分。计算公式为:地下水中污染物得分 = 污染物总量评分 × 污染物总量权重 + 污染物中位数评分 × 污染物中位数权重 + 污染物毒性评分 × 污染物毒性权重。依据该公式计算每一种地下水中的污染物的得分,并按照得分的大小进行排序,从而得到地下水中主要污染物的顺序名单。

层次分析法主观性很大,因此这里给出多个权重的计算结果。当认为污染物总量、中位数及毒性三者具有相同的重要性时,计算出三者的权重都是0.3333;当认为污染物总量和中位数具有相同的重要性,二者较毒性具有微小的重要性时,计算出权重分别是总量:0.4,中位数:0.4,毒性:0.2;当认为污染物总量和中位数具有相同的重要性,毒性较二者具有微小的重要性时,计算出的权重分别是总量:0.25,中位数:0.25,毒性:0.5;当认为污染物总量和中位数具有相同的重要性,二者较毒性具有稍微重要性时,计算出的权重分别是总量:0.4286,中位数:0.4286,毒性:0.1429;当认为污染物总量和中位数具有相同的重要性,毒性较二者具有稍微重要性时,计算出的权重分别是总量:0.2,中位数:0.2,毒性:0.6;当认为污染物总量和毒性具有相同的重要性,二者较中位值具有微小的重要性时,计算出的权重分别是总量:0.4,中位数:0.2,毒性:0.4,按照上述公式计算得到污染物得分并排序,结果见表4-5。

表4-5 三个耦合因子不同权重时主要污染物筛选名单

排序	污染物总量、中位数及毒性的权重					
	均为0.3	0.4、0.4、0.2	0.25、0.25、0.5	0.43、0.43、0.14	0.2、0.2、0.6	0.4、0.2、0.4
1	氨	硫酸根	砷	硫酸根	砷	氨
2	硫酸根	氯离子	氨	氯离子	锰	砷
3	氯离子	钠离子	锰	钠离子	氨	锰
4	钠离子	氨	铁	硝酸根	铁	铁
5	砷	硝酸根	三氯甲烷	氨	苯并[a]芘	硫酸根
6	硝酸根	COD	萘	COD	萘	钠离子
7	锰	氟离子	苯并[a]芘	氟离子	六氯苯	三氯甲烷
8	铁	铁	硫酸根	铁	荧蒽	氯离子
9	COD	锰	钠离子	亚硝酸根	COD	硝酸根
10	氟离子	砷	硝酸根	锰	蒽	COD
11	三氯甲烷	亚硝酸根	COD	砷	硝酸根	氟离子
12	亚硝酸根	三氯甲烷	六氯苯	三氯甲烷	氟离子	萘
13	萘	萘	氯离子	甲苯	钠离子	亚硝酸根
14	甲苯	甲苯	氟离子	萘	亚硝酸根	荧蒽
15	荧蒽	荧蒽	荧蒽	1,2-二氯苯	甲苯	苯并[a]芘
16	苯并[a]芘	1,2-二氯苯	亚硝酸根	荧蒽	硫酸根	甲苯
17	六氯苯	芘	甲苯	芘	氯离子	六氯苯
18	1,2-二氯苯	苯并[a]芘	1,2-二氯苯	苯并[a]芘	芘	1,2-二氯苯
19	芘	六氯苯	芘	芴	芴	芘
20	芴	芴	芴	六氯苯	1,2-二氯苯	芴
21	苊	苊	苊	苊	苊	苊

石家庄市研究区列举了部分污染物,并根据上述方法进行计算,按照石家庄市研究区地下水中污染物得分由高到低进行排序,得到石家庄市研究区地下水中主要污染物名单。由上述不同的权重值得到的地下水中主要污染物排序有所不同。当污染物总量和中位数的权

重较毒性的权重大时,得到地下水中污染物的得分排序结果相似,无机指标排序整体靠前,有机指标排序靠后;当污染物的毒性较总量和中位数的权重大时,得到的污染物得分排序结果较前二者结果不同,即有机指标排序整体靠前,而无机指标则排序靠后,这与有机污染物毒性较大存在直接关系。

6. 华北平原石家庄研究区地下水中主要污染物清单

1) 参数权重敏感性分析

石家庄市研究区地下水中主要污染物按照污染物的得分由大到小的顺序排列。其中,计算得分的过程中利用污染物总量、中位数及毒性的权重值。因而,采用单因素敏感性分析方法对三个参数进行敏感性分析。

本节选取三者具有同等重要性的情况对其进行敏感性分析,所以污染物总量、中位数及毒性的权重相等均为 0.3333。假设污染物总量的权重增加 5%,而其他参数值和参数的权重值都不变的情况下,计算污染物得分并排序,进而计算出该方案的敏感系数。敏感系数 = 污染物排序位次增加的污染物个数÷污染物总个数÷参数变化率。敏感系数为正数,则说明结果的变化与参数同方向变化,敏感系数为负数,则说明结果的变化与参数反方向变化,并且敏感系数的绝对值越大说明该参数的变化对结果的影响程度越大。

因此,方案 A 认为污染物总量权重增加 5%,其他一切不变,计算污染物得分,见表 4-6。按照上述敏感系数计算公式计算得到方案 A 的敏感系数为 0。方案 B 认为污染物中位数权重增加 5%,其他一切不变,计算污染物得分,见表 4-7。按照上述敏感系数计算公式计算得到方案 B 的敏感系数为 0.9524。方案 C 认为污染物毒性权重增加 5%,其他一切不变,计算污染物得分,见表 4-8。按照上述敏感系数计算公式计算得到方案 C 的敏感系数为 2.8571。

表 4-6 A 方案敏感性计算

污染物	总量评分	权重	中位数评分	权重	毒性评分	权重	得分	原始排序	A 排序	排序差
铵根离子	16	0.35	15	0.3333	13	0.3333	14.93	1	1	0
硫酸根	21	0.35	20	0.3333	1	0.3333	14	2	2	0
氯离子	20	0.35	19	0.3333	1	0.3333	13.67	3	3	0
钠离子	19	0.35	18	0.3333	3	0.3333	14	4	4	0
砷	11	0.35	10	0.3333	19	0.3333	14	5	5	0
硝酸根	18	0.35	17	0.3333	4	0.3333	13.3	6	6	0
铁	13	0.35	12	0.3333	14	0.3333	13	7	7	0
锰	12	0.35	11	0.3333	16	0.3333	13	8	8	0
COD	17	0.35	16	0.3333	5	0.3333	12.95	9	9	0
氟离子	15	0.35	14	0.3333	6	0.3333	11.92	10	10	0
三氯甲烷	10	0.35	6	0.3333	18	0.3333	12	11	11	0
亚硝酸根	14	0.35	13	0.3333	6	0.3333	11.23	12	12	0
萘	8	0.35	7	0.3333	16	0.3333	10.47	13	13	0

续表

污染物	总量评分	权重	中位数评分	权重	毒性评分	权重	得分	原始排序	A排序	排序差
甲苯	9	0.35	9	0.3333	9	0.3333	9	14	14	0
荧蒽	6	0.35	5	0.3333	15	0.3333	8.77	15	15	0
苯并[a]芘	2	0.35	1	0.3333	21	0.3333	8.03	16	16	0
六氯苯	1	0.35	2	0.3333	20	0.3333	7.68	17	17	0
1,2-二氯苯	7	0.35	8	0.3333	6	0.3333	7.12	18	18	0
芘	5	0.35	4	0.3333	9	0.3333	6	19	19	0
芴	4	0.35	3	0.3333	9	0.3333	5.4	20	20	0
苊	3	0.35	3	0.3333	9	0.3333	5	21	21	0

表 4-7 B 方案敏感性计算

污染物	总量评分	权重	中位数评分	权重	毒性评分	权重	得分	原始排序	B排序	排序差
铵根离子	16	0.3333	15	0.35	13	0.3333	14.92	1	1	0
硫酸根	21	0.3333	20	0.35	1	0.3333	14	2	2	0
氯离子	20	0.3333	19	0.35	1	0.3333	13.65	3	3	0
钠离子	19	0.3333	18	0.35	3	0.3333	14	4	4	0
砷	11	0.3333	10	0.35	19	0.3333	14	5	5	0
硝酸根	18	0.3333	17	0.35	4	0.3333	13.28	6	6	0
铁	13	0.3333	12	0.35	14	0.3333	13	8	7	1
锰	12	0.3333	11	0.35	16	0.3333	13	7	8	−1
COD	17	0.3333	16	0.35	5	0.3333	12.93	9	9	0
氟离子	15	0.3333	14	0.35	6	0.3333	11.9	10	10	0
三氯甲烷	10	0.3333	6	0.35	18	0.3333	11	11	11	0
亚硝酸根	14	0.3333	13	0.35	6	0.3333	11.22	12	12	0
萘	8	0.3333	7	0.35	16	0.3333	10.45	13	13	0
甲苯	9	0.3333	9	0.35	9	0.3333	9	14	14	0
荧蒽	6	0.3333	5	0.35	15	0.3333	8.75	15	15	0
苯并[a]芘	2	0.3333	1	0.35	21	0.3333	8.02	16	16	0
六氯苯	1	0.3333	2	0.35	20	0.3333	7.7	17	17	0
1,2-二氯苯	7	0.3333	8	0.35	6	0.3333	7.13	18	18	0
芘	5	0.3333	4	0.35	9	0.3333	6	19	19	0
芴	4	0.3333	3	0.35	9	0.3333	5.38	20	20	0
苊	3	0.3333	3	0.35	9	0.3333	5	21	21	0

表 4-8　C 方案敏感性计算

污染物	总量评分	权重	中位数评分	权重	毒性评分	权重	得分	原始排序	C 排序	排序差
铵根离子	16	0.3333	15	0.3333	13	0.35	14.88	1	1	0
硫酸根	21	0.3333	20	0.3333	1	0.35	14	2	2	0
砷	11	0.3333	10	0.3333	19	0.35	14	5	3	2
钠离子	19	0.3333	18	0.3333	3	0.35	13	4	4	0
氯离子	20	0.3333	19	0.3333	1	0.35	13.35	3	5	−2
锰	12	0.3333	11	0.3333	16	0.35	13	7	6	1
铁	13	0.3333	12	0.3333	14	0.35	13	8	7	1
硝酸根	18	0.3333	17	0.3333	4	0.35	13.07	6	8	−2
COD	17	0.3333	16	0.3333	5	0.35	12.75	9	9	0
氟离子	15	0.3333	14	0.3333	6	0.35	11.77	10	10	0
三氯甲烷	10	0.3333	6	0.3333	18	0.35	12	11	11	0
亚硝酸根	14	0.3333	13	0.3333	6	0.35	11.1	12	12	0
萘	8	0.3333	7	0.3333	16	0.35	10.6	13	13	0
甲苯	9	0.3333	9	0.3333	9	0.35	9	14	14	0
荧蒽	6	0.3333	5	0.3333	15	0.35	8.92	15	15	0
苯并[a]芘	2	0.3333	1	0.3333	21	0.35	8.35	16	16	0
六氯苯	1	0.3333	2	0.3333	20	0.35	8	17	17	0
1,2-二氯苯	7	0.3333	8	0.3333	6	0.35	7.1	18	18	0
芘	5	0.3333	4	0.3333	9	0.35	6	19	19	0
芴	4	0.3333	3	0.3333	9	0.35	5.48	20	20	0
苊	3	0.3333	3	0.3333	9	0.35	5	21	21	0

通过 A、B 和 C 方案的敏感性分析得到对地下水中主要污染物排序影响程度最大的参数为毒性,其次为污染物的中位数。

2) 参数值敏感性分析

地下水中主要污染物筛选不仅要考虑污染物的量,还要考虑污染物对人体健康的影响程度,综合评价污染物对地下水的影响。结合地表取样测试结果与地下水质量标准比较,得到在本研究中的 21 种污染物指标中有机物指标基本没有超标的,无机物中超标的主要有硝酸盐、铁、亚硝酸盐。污染物指标在地下水中的总量不同,硝酸根离子、铁、亚硝酸根离子,其总量要远大于有机指标,有机指标的毒性远大于无机指标。但是,污染物的毒性很大,地下水中量极小,其对地下水污染程度的影响并不大,因此,研究区地下水中污染物排序无机指标靠前,有机指标靠后。综上在本节采用总量、中位数、毒性权重依次为 0.4、0.4、0.2 来进行敏感性分析。

地下水中主要污染物的筛选过程可以分为 4 个层次,分别是地表污染物量化计算、包气带介质分区概化、污染物穿透包气带介质量化计算和地下水中污染物排序。每一个步骤在计算的时候用到了许多参数,参数的取值存在不确定性。

本研究对参数值做了敏感性分析,弄清楚参数值的变化对地下水中主要污染物筛选的影响程度。其中,敏感性分析的参数选取包气带介质分区概化中的土壤渗透系数、岩性厚度、土壤孔隙度、土壤容重及穿透包气带介质后量化计算中的分配系数。对于参数值的敏感性分析按照参数值的变化率对污染物得分的影响程度的大小判断该参数值对地下水中主要污染物筛选的影响程度。敏感系数 =(方案得分-原始方案得分)÷原始方案得分÷参数值变化率。敏感系数为正数,则说明结果的变化与参数值同方向变化,敏感系数为负数,则说明结果的变化与参数值反方向变化,并且敏感系数的绝对值越大说明该参数的变化对结果的影响程度越大。

由于本研究中涉及的污染物毒性参考值相差几个数量级,如果不采用分级评分的方法计算污染物的得分,则得到的污染物排序受到污染物毒性值很大的影响,即便污染物其他参数值的改变很大也不会对地下水中主要污染物排序的顺序产生影响。所以这里只针对污染物本身的得分来对参数值进行敏感性分析。即污染物总量、中位数和毒性不采用分级评分的方法计算得分,按照参数值本身的计算结果来参与计算。由于毒性参考的 GB 14848—2017 和 GB 5749—2006 中的浓度限值越大说明该污染物的毒性越小,毒性与浓度限值成负相关,这里将毒性值认为是浓度限值的倒数来参与计算。具体污染物的参数值和权重计算如表4-9 所示。

表4-9 污染物总量、中位数及毒性得分计算表

序号	污染物	总量/[g/(m²·a)]	权重	中位数/[g/(m²·a)]	权重	毒性/(mg/L)	权重	得分
1	亚硝酸根	1.67×10^{-1}	0.4	5.62×10^{-2}	0.4	100000	0.2	20000.09
2	1,2-二氯苯	4.41×10^{-6}	0.4	1.52×10^{-6}	0.4	1000	0.2	200.00
3	硫酸根	2.74×10^{2}	0.4	1.60×10^{2}	0.4	0.005	0.2	173.49
4	氯离子	2.24×10^{2}	0.4	1.60×10^{2}	0.4	0.1	0.2	153.77
5	钠离子	1.61×10^{2}	0.4	5.23×10	0.4	0.333	0.2	85.39
6	硝酸根	3.68×10^{1}	0.4	1.40×10	0.4	1	0.2	20.50
7	锰	1.37×10^{-2}	0.4	1.51×10^{-3}	0.4	100	0.2	20.01
8	COD	1.35×10^{1}	0.4	4.34	0.4	1	0.2	7.33
9	铵根离子	3.19	0.4	1.42	0.4	16.667	0.2	5.18
10	铁	4.40×10^{-2}	0.4	3.36×10^{-3}	0.4	10	0.2	2.02
11	砷	5.55×10^{-3}	0.4	4.36×10^{-5}	0.4	10	0.2	2.00
12	甲苯	1.82×10^{-5}	0.4	3.29×10^{-6}	0.4	4.167	0.2	0.83
13	三氯甲烷	2.51×10^{-4}	0.4	8.90×10^{-7}	0.4	3.333	0.2	0.67
14	氟离子	7.38×10^{-1}	0.4	2.27×10^{-1}	0.4	1	0.2	0.59
15	萘	5.36×10^{-6}	0.4	1.47×10^{-6}	0.4	2	0.2	0.40
16	荧蒽	2.31×10^{-6}	0.4	4.50×10^{-7}	0.4	1.429	0.2	0.2857
17	芘	1.22×10^{-6}	0.4	3.10×10^{-7}	0.4	1.429	0.2	0.2857
18	苊	5.16×10^{-7}	0.4	2.50×10^{-7}	0.4	1.429	0.2	0.2857
19	蒽	4.73×10^{-7}	0.4	9.00×10^{-8}	0.4	1.429	0.2	0.2857

续表

序号	污染物	总量/[g/(m²·a)]	权重	中位数/[g/(m²·a)]	权重	毒性/(mg/L)	权重	得分
20	苯并[a]芘	1.43×10^{-7}	0.4	3.00×10^{-8}	0.4	0.004	0.2	0.0008
21	六氯苯	8.70×10^{-8}	0.4	4.00×10^{-8}	0.4	0.004	0.2	0.0008

对地表污染源污染物量化、包气带介质分区概化和污染物穿透包气带介质后的量化三个层次中 6 个重要参数的参数值进行了敏感性分析，依次得到每一个参数值在改变 5% 后对地下水中主要污染物的敏感系数，统计列表如 4-10 所示。由表 4-10 可见，参数值的变化对无机指标影响程度较对有机指标的影响程度大，尤其是第一层次和第二层次中对 TDS、COD 和 Cl⁻ 的影响程度。

表 4-10 参数值敏感系数统计表

指标	第一层次	第二层次				第三层次
	浓度限值增 5% 敏感系数	渗透系数增 5% 敏感系数	孔隙度增 5% 敏感系数	岩性厚度增 5% 敏感系数	土壤容重增 5% 敏感系数	分配系数增 5% 敏感系数
亚硝酸根	0.99993	0.00000471	0.00000293	−0.00000424	−0.0000049	−0.000004932
1,2-二氯苯	0.999595	0.00000001	0.00000000	−0.00000001	−0.000000012	−0.000000012
硫酸根	0.9576211	1.07386475		−0.952375		
氯离子	0.9431557	1.0562		−0.952257		
钠离子	0.561475	1.02575		−0.951637		
硝酸根	0.456114	1.06248		−0.0002899		
锰	0.413244	0.000313	0.00034790	−0.943091	−0.000388	−0.000388278
COD	0.40125446	1.05023	0.45476947	−0.915005	−0.894998	−0.894998465
氨	0.3561447	0.37445	0.19744366	−0.339001	−0.39481588	−0.394815884
铁	0.315446	0.00994	0.01071342	−0.0089418	−0.011516049	−0.011516049
砷	0.2449139	0.00112		−0.001064		
甲苯	0.015569	0.00001149	0.00000686	−0.000099	−0.000009722	−0.000009722
三氯甲烷	0.001546	0.000185	0.00015675	−0.0001465	−0.00015402	−0.00015402
氟离子	0.0001544	0.694637		−0.627398		
萘	0.000124	0.000008	0.00000410	−0.00000664	−0.000006778	−0.000006778
荧蒽	0.000045	0.0000045	0.00000270	−0.0000038	−0.000003826	−0.000003826
芘	0.00001626	0.0000025	0.00000141	−0.00000211	−0.000002192	−0.000002192
芴	0.000164	0.0000011	0.00000037	−0.00000102	−0.000001028	−0.000001028
苊	0.000008912	0.0000094	0.00000057	−0.00000077	−0.000000796	−0.000000796
苯并[a]芘	0.00000594	0.00038	0.00006185	−000008686	−0.000088526	−0.000088526
六氯苯	0.0000462	0.000075	0.00002775	−0.00006225	−0.000064566	−0.000064566

不同的污染物在穿透包气带介质的过程中与土壤介质发生的反应不同，使得不同的污染物受到的参数值的敏感性也不同。为了更好地呈现出不同的参数值的变化对污染物最终的得分的影响程度，利用柱状图表示同一种污染物不同的参数值增 5% 时的敏感系

数,见图 4-49。从图 4-49 可知,同一种污染物不同参数值变化的敏感系数不同,不同污染物同一种参数值变化的敏感系数也不同,即对最终该污染物的得分影响程度不同。因此,在地下水中主要污染物的筛选过程中,针对不同参数值的确定方法要格外严谨,尽量贴近实际情况下的参数值。

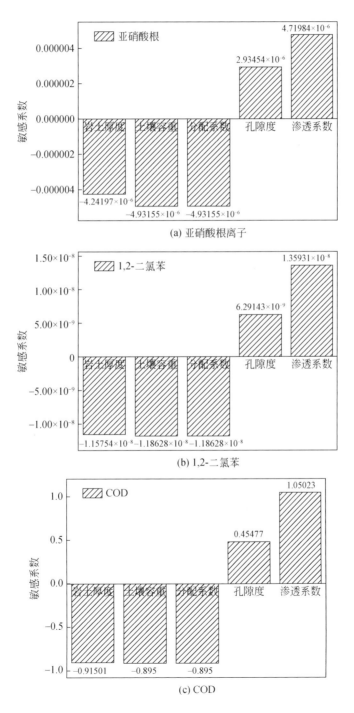

(a) 亚硝酸根离子

(b) 1,2-二氯苯

(c) COD

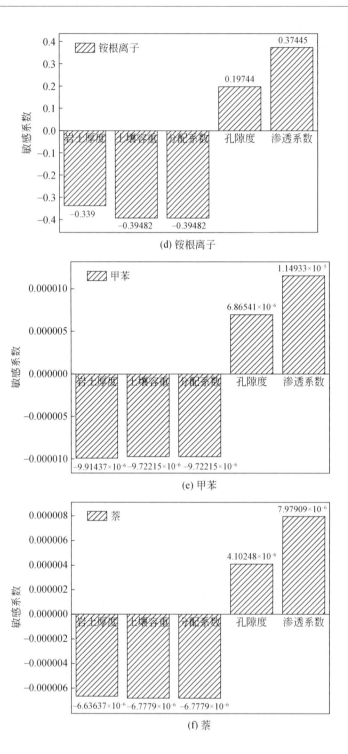

第 4 章 区域地下水主要污染物筛选方法研究

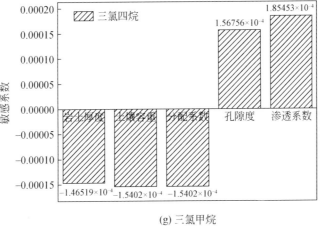

(g) 三氯甲烷

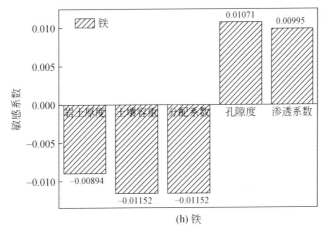

(h) 铁

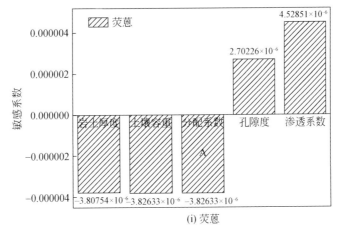

(i) 荧蒽

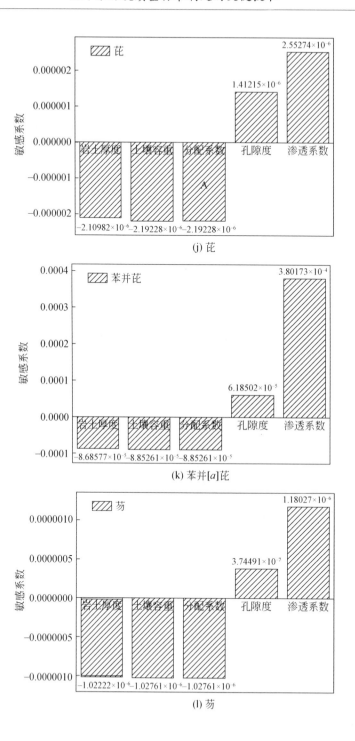

第 4 章 区域地下水主要污染物筛选方法研究

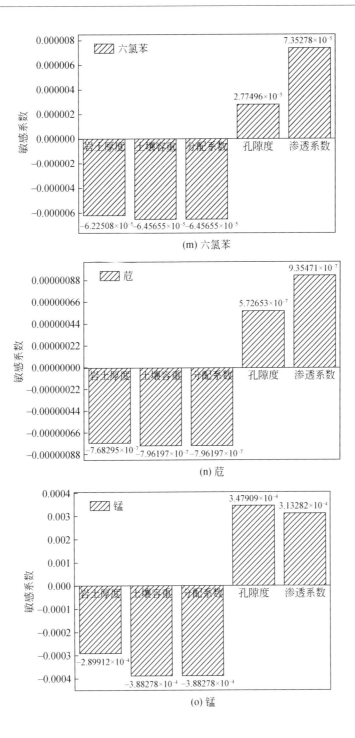

(m) 六氯苯

(n) 苊

(o) 锰

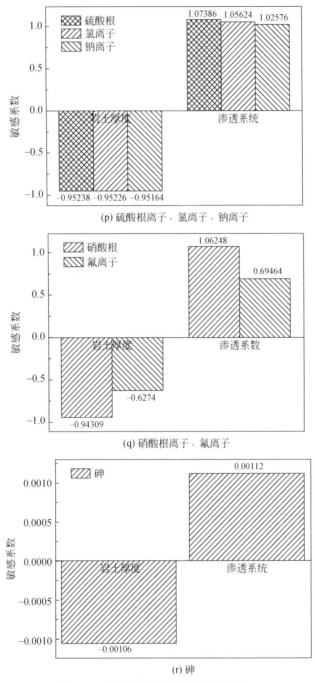

图 4-49 污染物不同参数值的敏感系数

由石家庄市研究区地下水中主要污染物的筛选敏感性分析得到,地下水中污染物的总量、中位数及污染物的毒性当中,污染物的毒性对地下水中污染物的排序顺序影响最大。同一种污染物不同参数值的变化对最终污染物的得分影响程度也不同。

3)主要污染物清单

通过权重敏感性分析和参数值敏感性分析,最终确定石家庄研究区地下水中污染物的总量、中位数、毒性参数权重分别为0.4、0.4、0.2,进行叠加计算评分并从大到小排序,将评分值排序前15的污染物列为华北平原滹沱河冲洪积扇研究区地下水中的主要污染物,见表4-11。

表4-11 华北平原滹沱河冲洪积扇研究区地下水中主要污染物清单

序号	污染物	总量/[g/(m²·a)]	权重	中位数/[g/(m²·a)]	权重	毒性/(g/L)	权重	得分
1	亚硝酸根	1.67×10^{-1}	0.4	5.62×10^{-2}	0.4	100000	0.2	20000.09
2	1,2-二氯苯	4.41×10^{-6}	0.4	1.52×10^{-6}	0.4	1000	0.2	200.00
3	硫酸根	2.74×10^{2}	0.4	1.60×10^{2}	0.4	0.005	0.2	173.49
4	氯离子	2.24×10^{2}	0.4	1.60×10^{2}	0.4	0.1	0.2	153.77
5	钠离子	1.61×10^{2}	0.4	5.23×10^{1}	0.4	0.333	0.2	85.39
6	硝酸根	3.68×10^{1}	0.4	1.40×10^{1}	0.4	1	0.2	20.50
7	锰	1.37×10^{-2}	0.4	1.51×10^{-3}	0.4	100	0.2	20.01
8	COD	1.35×10^{1}	0.4	4.32	0.4	1	0.2	7.33
9	铵根离子	3.19	0.4	1.42	0.4	16.667	0.2	5.18
10	铁	4.40×10^{-2}	0.4	3.36×10^{-3}	0.4	10	0.2	2.02
11	砷	5.55×10^{-3}	0.4	4.36×10^{-5}	0.4	10	02	2.00
12	甲苯	1.82×10^{-5}	0.4	3.29×10^{-6}	0.4	4.167	0.2	0.83
13	三氯甲烷	2.51×10^{-4}	0.4	8.90×10^{-7}	0.4	3.333	0.2	0.67
14	氟离子	7.38×10^{-1}	0.4	2.27×10^{-1}	0.4	1	0.2	0.59
15	萘	5.36×10^{-6}	0.4	1.47×10^{-6}	0.4	2	0.2	0.40

7. 小结

通过对比研究区各种无机与有机污染物在地下水中的实测与模拟空间分布特征,可以看出,运用地表水污染物分布特征,结合折减系数模拟计算得到污染物进入地下水量的空间分布特征具有一定的参考性,某些特殊地区地下水中污染物分布特征模拟与实测存在差异,可能与模拟过程中对某些污染源区域的划分、包气带介质的分区概化与计算折减系数所用到的参数相关。模拟与实测基本均显示石家庄市区东北侧石太铁路附近、正定县周边与平山县南甸镇附近地下水中污染物含量偏高,每一种高含量特定污染物地表均分布与该污染物相关的工业企业,故推断研究区地下水污染与地表工业污染源高度相关,石家庄市区内地下水污染物也相对较高,可能与人口居住密集程度有一定关系。石太铁路附近工业企业密集分布,主要有制药、钢铁、化工等类型污染企业工厂;正定县西侧大量分布贴面板厂,对地下水污染可能较小,东侧分布较多化工厂与印染厂,这些工厂是造成该地区地下水污染的主要污染源;平山县南甸镇坐落大型企业河北敬业钢铁有限公司,涵盖冶炼、制板、化工等多个工业类型,是该地区地下水中污染物的一大来源。农业污染源由于局限于农药与化肥的施用,对地下水的影响较小;养殖场排放的污水污染物浓度很高,但是考虑养殖场内的废水排放至蓄污池,蓄污池底部形成淤泥层,所以污水的入渗系数偏小,穿透包气带进入地下水的污染物也就偏少,也就不作为该研究区地下水污染的主要来源存在。该研究区影响地下水污染的主要污染源为集中分布存在排污的工业企业,其次为居民生活污水的排放和非正规垃圾堆放,农田农药化肥的施用对地下水的污染程度较轻。

本模型结合研究区地下水地质结构和包气带特征及地表污染源荷载,评价了地下水的污染风险,本方法的优点在于既考虑了研究区水文地质条件,又对污染物穿透包气带进入地下水的可能性进行了量化计算,更具有参考价值。

地下水中主要污染物筛选考虑了水文地质条件的影响,较以往的地下水中主要污染物的筛选更具有严谨性、合理性。折减系数的推导及应用使得穿透包气带的污染物量计算变得简洁,较软件模拟省去了复杂的参数设置、调节参数等工作量,并且结果与实际情况相符合。

石家庄市研究区地下水中主要污染物筛选方法中地表污染物采用的是取样点测量的结果,使用 ArcGIS 9.3 的 Natural breaks 得到整个研究区的地表污染物情况。污染物穿透包气带介质的过程中,折减系数的推导仅考虑了吸附、降解反应,对于污染物穿透包气带过程中影响较小的对流弥散等作用未做考虑。由石家庄市研究区地下水中主要污染物的筛选敏感性分析得到,地下水中污染物的总量、中位数及污染物的毒性当中,污染物的毒性对地下水中污染物的排序顺序影响最大。同一种污染物不同的参数值的变化对最终污染物的得分影响程度也不同。

4.2.3 西南岩溶区地下水中主要污染物筛选

岩溶含水层有着自身复杂和独特的特征,具有极度非均质性和各相异性。已有的研究表明,岩溶区水文地质和生态环境具有地上地下双层结构的空间介质、可溶岩造壤能力低、岩溶水空间分布不均、地表和地下水关系密切、水源容易漏失及偏碱性环境和生态脆弱等特点。由于岩溶区的独特地质构造,岩溶含水层对污染物有着特殊的敏感性,外部污染物会随着地表水通过入渗或者流入落水洞等方式进入岩溶系统,造成地下水污染,对岩溶系统的影响较大。故前期建立的平原区地下水中主要污染物的筛选方法在岩溶区并不适用。由于岩溶介质的非均匀性,地下水赋存、运移也极不均匀,岩溶含水层具有空隙、裂隙、管道的三重介质的特性。通过现场调查发现研究区地表孔隙裂隙分布特别明显,大量汇水会在较短时间内通过这些孔隙裂隙入渗进入地下河系统,所以污染物质在岩溶系统的中的滞留时间短,与含水层的反应有限,因此污染物在包气带中的化学生物衰减作用经常是无效的。故在岩溶区地下水主要污染物筛选方法探究中不重点考虑污染物在包气带的迁移转化过程。本研究探究岩溶地区地下水中主要污染物筛选方法,基本思路为:首先对岩溶含水层进行脆弱性评价用于平原区主要污染物筛选方法中的"折减系数",结合实际采样获取的研究区地表污染物分布特征,得到地下水中主要污染物。

1. 岩溶区地下水主要污染物筛选体系探究

岩溶地下水是一种主要的地下水类型,我国西南岩溶区总面积约 100 万 km^2,其中裸露岩溶区面积约62万km²。共有地下河2836条，总长度13919km。总枯水流量1482 m³/s，相当于一条黄河。西南岩溶区，作为国家西部大开发战略区域的重要组成部分，是全球联片分布、面积最大的碳酸盐岩分布区。合理开发和利用岩溶水资源可以有效解决我国西南地区水质性缺水问题，对我国经济发展具有重要作用。因此在西南岩溶地区选取典型地段开展工作，具有重要意义。

选取广西河池都安地下河系统主干流为研究对象，该区研究程度高。为完成西南岩溶地区污染物由地表水环境进入地下水环境的可能性与地下水环境中主要污染物的筛选方法研究，基于前期所获取的研究区各类污染源资料及踏勘资料，选择广西都安研究区工业企业、污水处理厂、居民区、垃圾填埋场、季节性河道、农田与地苏地下河补给区域等典型地段进行地表水采集工作，确定地表污染源的污染分布特征。由于研究区与华北平原区地下水补给途径不同，地表污染源有限，且大气降水绝大部分都是通过洼地的落水洞、溶隙或天窗流入或渗入地下，直接补给地下河，故重点对补给地下暗河天窗与落水洞处的地表水进行采样。

都安瑶族自治县研究区野外工作主要围绕两方面开展。①基于前期所获取的研究区各类污染源资料及踏勘资料，选择都安瑶族自治县研究区工业区、农田区、居民区、季节性河流、垃圾填埋场、污水处理厂与地苏地下河补给区域的地下水出露点作为典型地段进行了地表水样品的采集工作。共计布设采样点45个，其中包含1个补充地下河出露采样点。②在已有水文地质资料基础上结合1:50000地形图在研究区开展水文地质补充调查，初步了解典型水文地质点的岩性、构造、水文地质单元与地下水的补径排关系。

对地表水样品中无机与有机指标进行测试分析，全面考察广西都安研究区地表水的污染情况，完成研究区各类污染源污染物排放的量化计算，为后期都安地苏地下河系脆弱性评价研究及华南岩溶地区地下水环境中主要污染物的筛选方法研究提供数据支撑。

2. 都安研究区概况

1) 基本概况

广西都安地苏地下河系位于都安瑶族自治县的中西部，经纬度四限为：107°29′18″~108°41′23″，北纬23°41′36″~24°34′36″，全县面积6750 km²。地苏地下河系位于地苏、大化、雅龙、保安、六也、七百弄、板升等乡范围之内，它是广西目前已知的最大的地下河系。流域内地表荒芜、干旱，没有常年性的地表河。只有数量很少的季节性河流，如地苏河、拉棠河，每年仅4~10月有流水。

都安研究区岩溶个体形态地表地下发育齐全，研究区以厚层块状的纯灰岩为主，夹白云岩及含燧石灰岩等，分布面积6176 km²，占全县面积91.5%，为大型地下河系的发育提供了有利的物质基础。该区位于云贵高原与广西丘陵平原间的斜坡地带，平均年降水量1738.7 mm，水流沿着岩层表面及断裂侵蚀与溶蚀，岩溶强烈发育，形成峰丛洼地、峰丛谷地与峰林谷地地貌，洼地及谷地中洞穴星罗棋布，大量降水很快被洞穴及裂隙吸收，水交替运动强烈，逐渐发育形成现今的地下河系。长期季节性、周期性的短时间内集中降雨形成的暴流冲刷侵蚀，是地苏地下河系形成的主要原因。

本区地下水的来源主要来自大气降水，其次为地表水补给。区内在地下发育着岩溶管道系统，与发育在地表的谷地、洼地、漏斗、落水洞、溶井、天窗等一起，接收大气降水和排泄区内地下水的作用,构成完整的地苏地下河系。降雨后,除少量蒸发及植物蒸腾外,几乎全部通过洼地的落水洞、溶隙或天窗流入或渗入地下,直接补给地下河。地苏地下河的水源主要来源于西北部山区,补给区分布在研究区的西部,也就是地苏河的上游地段。排泄区主要分布在地苏河的中下游地段,中游段排泄区分布在地苏乡附近,在平丰水期,大部分洪水通过中游的东庙、九设、大怀、枯桐等各天窗溢出地表,补给地苏河。其中东庙地段溢流量最大,时间较长,每年4~10月有水流,是地苏河的源头。百陵、灵好、文党、桥孔等天窗向外溢流补给拉棠河。地苏地下河系的总排泄口是青水出口,汇入红水河。研究区范围与地苏地下河分布如图4-50。

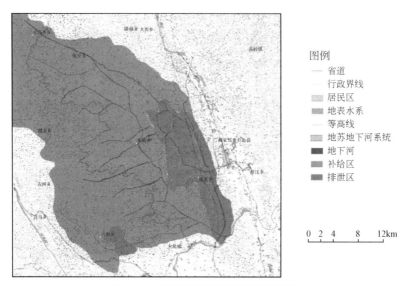

图4-50 地苏地下河系统范围概况图

2)污染源分布

基于前期对研究区污染源初步踏勘调查,污染源采样点布置依照代表性、典型性与均衡性的原则,本次都安污染源野外采样工作计划布设采样点30个,由于受野外复杂条件影响,野外工作中实际采样点25个,采样点类型与采样点个数情况如表4-12所示。污染源采样点具体在研究区分布位置如图4-51所示。

表4-12 染源类型采样点情况

污染源类型	计划采样点数量	实际采样数量
工业企业	4	4
农田区	3	3
污水处理厂	1	1
垃圾填埋场	1	1
季节性河道	5	5
天窗与落水洞	9	9
居民区	3	2

第4章 区域地下水主要污染物筛选方法研究

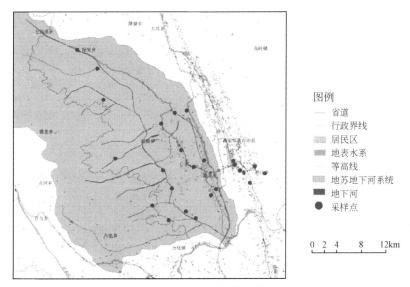

图 4-51 都安采样点分布图

通过分析都安研究区污染源资料及现场野外踏勘总结,得到都安地苏地下河系主流与各支流分布情况、采样点地理位置与研究区各种类型污染源分布情况,如图 4-52 所示。

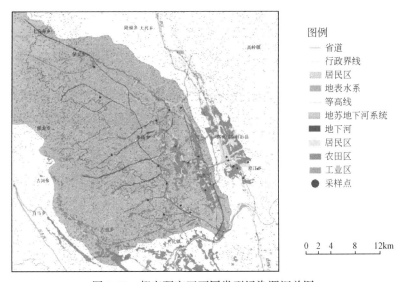

图 4-52 都安研究区不同类型污染源汇总图

3. 地下水脆弱性评价

1) 脆弱性评价方法体系

20 世纪 60 年代法国学者 Margat 首次提出"地下水脆弱性"这一术语。到目前为止,对含水层脆弱性这一概念仍没有统一的标准定义。1993 年美国国家研究委员会给出的地下水脆弱性定义为:污染物质到达含水层系统特定位置的趋势和可能性。

目前,国内外常用的地下水脆弱性评价方法主要分为四类,分别是迭置指数法、统计方法(statistieal methods)、过程数学模拟法和模糊数学法等。这几种方法在应用上各有侧重范围,互有优缺点,如表 4-13 所示。

表 4-13 四种脆弱性评价方法对比

方法	迭代指数法	统计方法	过程数学模拟法	模糊数学法
性质	天然或特殊防污性	特殊防污性	特殊防污性	天然防污性
范围	大范围	大范围	小范围	大范围
对象	定性、半定量、定量	定量	定量	定量
优点	指标数据比较容易获得,方法简单,容易掌控	能描述地下水对某种污染物的脆弱性	能描述影响地下水脆弱性的物理、化学过程	可以分出界限通过函数描述参数及其指标
缺点	指标分级权重多由经验获取,科学与客观性较差	需要大量长期监测资料	需要足够的地质数据	人为拟定函数随意性大,计算过程繁琐
常用评价模型	DRASTIC、SINTACS、AVI、SINTACS、GOD、SEEPAGE 和 EPIK	线性回归分析法、实证权重法		

(1) 迭置指数法。

迭置指数法是通过选取合适的评价参数及其分支参数进行叠加来评价地下水的脆弱性。这种方法是一种半定量、半定性的方法,适合小比例尺区域的浅层地下水评价。此方法又分为水文地质背景参数法和参数系统法。前者是通过与研究区有相似水文地质条件且脆弱性已知的地区做比较得出研究区脆弱性的方法。该方法需要计算多组比较方程求解,一般适用于水文地质条件较为复杂,资料较难获取的大范围研究区。后者是选取有代表性参数指标建立评价函数,并给每个评价参数设置合理的取值范围,然后将这个取值范围分段赋值,各赋值结果累加得到最终脆弱性值,将此值与标准参数系统对比,得出研究区地下水的脆弱性。此方法适于区域层次的地下水脆弱性评价,目前被广泛应用的 DRASTIC 方法、AVI、SINTACS、GOD、SEEPAGE 和 EPIK 等均为此种方法。参数系统法的评价指标和权重来源于经验值,其科学性和客观性有待研究考证。

(2) 统计方法。

统计方法是把已有的地下水污染状况信息和影响因素等资料进行数理统计,然后确定脆弱性评价因子并建立统计模型,把赋值的评价参数放入已建立的模型中进行计算,最后依据计算结果进行脆弱性分析。常用的统计方法包括线性回归分析法、克立金方法、逻辑回归分析法、实证权重法等统计方法。统计方法也用来对脆弱性评价中的不确定性因素进行分析。用统计方法进行脆弱性评价需要有足够的监测资料和信息做支撑,因此,目前此种方法在地下水脆弱性评价中的应用不如迭置指数法及过程数学模拟方法那样得到重视。

(3) 过程数学模拟法。

过程数学模拟法是在水文和污染物质运移模型的基础上建立脆弱性评价数学模型,将各评价因子定量化后代入模型求解,得到一个可以评价地下水脆弱性的综合指数。该方法最大的优点是可以从地下水的物理、化学、生物角度探究地下水的脆弱性,并可估算出污染物质的空间分布状况。虽然描述地下水及其污染物运移的模型较多,但是应用到脆弱性评价并与之紧密结合的模型还不多见。该类方法需要的参数较多,资料和数据的获取较为困难。

(4)模糊数学法。

模糊数学是研究现实世界中许多界限不分明甚至是很模糊的问题的数学工具。模糊数学法用来确定评价因子及其权重、各评价因子分级标准,在一定程度上减少了评价者主观因素的影响,可以更加准确地反映评价要素。

通过对现有地下水脆弱性方法研究,大致总结出其存在以下问题:

(1)岩溶地区地下水脆弱性研究不足。

现有的评价模型大多针对第四系松散岩类孔隙水,对岩溶地区地下水脆弱性的研究较为薄弱,尤其是我国岩溶地区地下水脆弱性的研究尚处在探索阶段。

(2)多种方法相结合的集成研究较少。

目前国内外有关地下水脆弱性评价多以 DRASTIC 方法为主,对于不同水文地质条件下的技术手段的综合评价方法还有待研究。

(3)考虑人为因素较少。

大多数岩溶地区地下水脆弱性评价只考虑了自然因素对地下河的影响,没有考虑人类因素对地下河的影响,脆弱性评价结果存在局限性。

(4)评价结果缺乏统一性和可比性。

由于影响地下水脆弱性的因素多且复杂,研究者根据各研究区的特点,选取了不同的评价指标体系,因而评价结果无法较好地对比。

(5)地下水脆弱性评价结果的客观性检验仍存在问题。

由于检验地下水脆弱性评价结果需要大量的监测数据,如何客观地检验评价结果是目前存在的一个问题。

本研究目的是在充分收集研究区地质、水文地质等资料的基础上,基于研究区区域地下水固有脆弱性研究,加上部分考虑污染源特征和人类活动特征,利用 GIS 技术,半定量分析、评价地苏地下河系地下水含水层脆弱性,基于文献调研与研究区实地调查,对地苏地下河系研究区脆弱性评价考虑以下几点。

(1)地下水脆弱性在空间分布上的特征不仅要显示岩性、土壤、落水洞、岩溶裂隙等自然特征对其脆弱性的影响,同时也要反映人类活动对地下水的影响。

(2)研究区面积有限,降雨强度在研究内没有较大差异,故不考虑降雨强度因素对脆弱性评价的影响。

(3)研究区西北与东南地区地表土壤厚度不同,所以考虑 PI 模型中 P 因子表层土壤厚度指标。

(4)结合脆弱性评价得到地下水中污染物空间分布特征之后,选择各个地下河出口处水样水质评价图对评价结果进行验证。

本研究地下水脆弱性评价方法结合地苏地下河系统的具体情况提出如下参数:研究区地质单元(R)、土地利用类型(L)、表层岩溶发育程度(E)、地形坡度(T)和表层土壤厚度(P)。结合研究区实际情况提出如下该岩溶区地下水中主要污染物的筛选方法体系,如图4-53 所示。

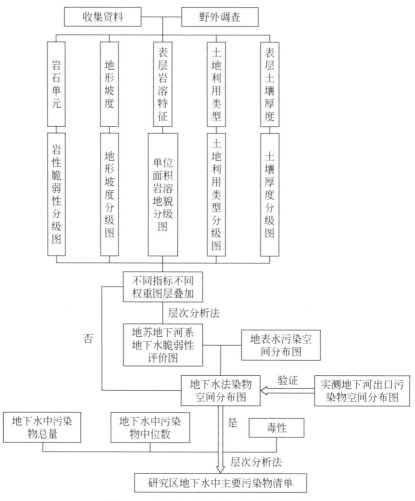

图 4-53　地苏地下河研究区技术路线图

2）脆弱性评价因素的确定

本研究采用欧洲模型的思路实现区域浅层岩溶地下水脆弱性评价。由于研究区面积较小，区域内表层土壤类型、降雨强度与频率无明显差异，故在防污性能评价阶段对于土壤类型与大气降水因素不予考虑。结合都安实际的水文地质条件，选取岩性分布、土地利用类型、补给类型、地形坡度与岩溶发育程度 5 个评价指标。

(1) 岩性分布。

岩性是确定地下岩溶发育的关键因子，同时也是导致地下水防污性的根本自然因素[10]。岩溶区碳酸盐岩的广泛分布，导致区域岩溶形态发育完全，为地下岩溶系统发育提供了有利物质基础。通过不同的岩石类型来体现地下水与降雨及地表水之间的联系程度，区域内各种岩溶形态组合及空间的分布差异较大。这种岩溶发育的不均一性，控制着岩溶地下水的存储和运动特征。研究区出露地层岩性以质纯的厚层石灰岩为主，分布广泛，构成广阔的可溶岩裸露区。

根据1:30万地质图进行岩层矢量化,参阅以往地下水防污性能评价研究成果进行分级赋值[11,12],其结果见表4-14。可视化分级结果如图4-54所示。

表4-14 岩性分级标准表

岩性	岩性描述	指标分级	赋值
难侵蚀	泥岩、黏土岩、泥灰岩	防污性好	1
↓	层状砂岩、页岩	防污性较好	2
	玄武岩、多孔砂岩	防污性中等	3
	互层状碳酸盐、多孔火山岩	防污性较差	4
较易侵蚀	纯灰岩、白云岩	防污性差	5

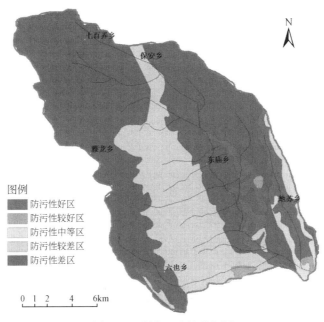

图4-54 研究区岩性分级图

从岩性来看,各防污性能分区面积如表4-15所示。其中,较差及以下防污性区域的面积为956.29 km²,占研究区总面积的87.74%,较好及以上防污性区域面积为103.9 km²,占研究区面积的9.59%。从岩性分级图可以看出,防污性较差区域主要分布于西部山区地段,出露地层主要自中泥盆统至上二叠统,岩性以纯质的厚层石灰岩为主。而东南部以第四系为主区域防污性能较好。

表4-15 地下水防污性能评价因子岩性评价结果

等级 评价因子	防污性能差区		防污性能较差区		防污性能中等区		防污性能较好区		防污性能好区	
	面积/km²	百分比/%	面积/km²	百分比/%	面积/km²	百分比/%	面积/km²	百分比/%	面积/km²	百分比/%
岩性	675.32	62.10	278.87	25.64	29.41	2.70	9.70	0.89	94.20	8.7

(2)补给类型。

补给类型包括岩溶含水层的补给类型和补给强度,在有覆盖层存在的岩溶区,补给类型一般以面状补给入渗为主,同时存在落水洞等点状集中入渗补给,通过各种途径的入渗补给量与土地利用类型、降雨强度、与集中入渗点的距离和地形坡度密切相关。土地利用类型以人类活动为主、降雨强度和坡度较大、距离集中入渗的漏斗或落水洞很近的区域防污性能偏差。对已有资料和现场调查结果进行统计分析,按照不同补给类型的分级标准对研究区补给类型进行分级,如表4-16所示。对不同的补给类型利用ArcGIS对区域内存在集中补给的落水洞等完成可视化表达并分级,可视化结果如图4-55所示。

表 4-16 补给类型分级标准表

补给类型	属性描述	指标分级	赋值
面状补给	其他汇水区域	防污性好	1
↓	落水洞或漏斗 1~1.5 km 之间,坡度>10%的农业区和坡度>25%的草地区	防污性较好	2
	落水洞或漏斗 500~1000 m 之间,坡度<10%的农业区和坡度<25%的草地区	防污性中等	3
	落水洞或漏斗 500~1000 m 之间,坡度>10%的农业区和坡度>25%的草地区	防污性较差	4
点状补给	落水洞或漏斗周围 500 m 内	防污性差	5

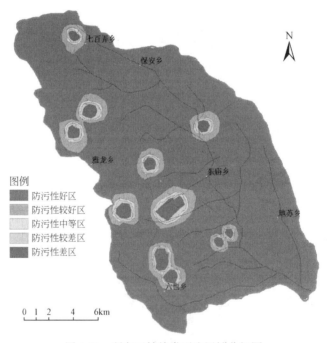

图 4-55 研究区补给类型防污性分级图

从补给类型来看,各防污性能分区面积如表4-17所示。其中,较差及以下防污性区域的面积56.44 km²,占研究区总面积的5.19%,中等防污性区域面积20.11 km²,占研究区总面积的1.85%;较好及以上防污性区域面积为1010.96 km²,占研究区面积的92.96%。从分布区域来看,较差及以下程度防污性区区域主要分布在中西部山区地段。该区域岩溶地貌发育强烈,分布较多的落水洞、漏斗等集中入渗补给的岩溶形态。

表 4-17 区域地下水防污性能评价因子评价结果

等级 评价因子	防污性能差区		防污性能较差区		防污性能中等区		防污性能较好区		防污性能好区	
	面积/km²	百分比/%	面积/km²	百分比/%	面积/km²	百分比/%	面积/km²	百分比/%	面积/km²	百分比/%
补给类型	33.56	3.09	22.88	2.10	20.11	1.85	74.79	6.88	936.17	86.08

(3)土地利用类型。

地下水的污染程度取决于污染源的特性。污染源主要由人类居住和经济活动引起。对不同的土地利用类型进行分级。都安县研究区土地利用类型主要有裸露地层、林灌、草地、水田、居民区与工业区。土地利用类型的资料主要获取于卫星图片和现场踏勘调查。受人为污染影响较为严重且裸露地层区域由于降雨和人为排放的污水会直接入渗进入地下河,防污性能很差。根据区域内土地利用类型的差异将研究区划分为 5 个防污性能不同的等级[13],如表 4-18 所示。对研究区土地利用类型防污性能分区可视化结果如图 4-56 所示。

表 4-18 土地利用类型分级标准表

人类活动程度	土地利用类型描述	指标分级	赋值
人类活动稀少	阔叶林、高覆盖草地	防污性好	1
↓	稀疏林地、中低覆盖草地、耕地	防污性较好	2
	耕地、低密度居民区	防污性中等	3
	中密度居民区	防污性较差	4
人类活动频繁	高密度居民区与工业区	防污性差	5

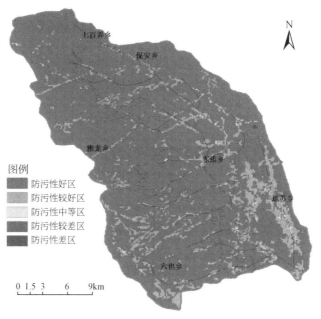

图 4-56 研究区土地利用类型防污性分级图

从土地利用类型来看,各防污性能分区面积如表4-19所示。较差及以下防污性区域的面积11.62 km², 占研究区总面积的1.07%;较好及以上防污性区域面积为1066.48 km², 占研究区面积的98.06%。由于研究区大部分区域为林地覆盖,人类活动影响较小。从分布区域来看,较差及以下防污性区主要分布于东庙乡与地苏乡附近与中东部工业区域,且面积很小,大部分区域均为较好及以上防污性能区。

表4-19 区域地下水防污性能评价因子评价结果

等级 评价因子	防污性能差区		防污性能较差区		防污性能中等区		防污性能较好区		防污性能好区	
	面积/km²	百分比/%	面积/km²	百分比/%	面积/km²	百分比/%	面积/km²	百分比/%	面积/km²	百分比/%
土地利用类型	3.54	0.33	8.08	0.74	9.41	0.86	109.34	10.05	957.14	88.01

(4)地形坡度。

地形是指地表的坡度或坡度的变化。其计算公式为

$$坡度 = (高程差 \div 水平距离) \times 100\% \tag{4-27}$$

通常坡度越大,地表水或大气降水越容易发生径流,污染物越不容易通过入渗作用进入地下岩溶系统,含水层防污性能越好。而地势较为平缓区域,降雨后通常会成为汇水之地,地表水携带表层污染物长时间的入渗使得区域地下水防污性能变差。

运用ArcGIS软件对研究区1:50000地形图进行处理,得到地苏地下河系研究区数字高程模型图,再通过空间分析模块对研究区地形坡度进行分级,将坡度按照0~5%、5%~15%、15%~25%、25%~50%与大于50%分成5个等级,按照不同地形坡度防污性能评价标准不同的分级进行赋值[14],如表4-20所示。利用ArcGIS完成可视化表达得到地形坡度分级图,如图4-57所示。

表4-20 地形坡度分级标准表

地形坡度	地形坡度描述/%	指标分级	赋值
较陡 ↓ 较缓	>50	防污性好	1
	15~25	防污性较好	2
	15~25	防污性中等	3
	5~15	防污性较差	4
	<5	防污性差	5

从地形坡度来看,各防污性能分区面积如表4-21所示。较差及以下防污性区域的面积354.57 km², 占研究区总面积的32.60%;较好及以上防污性能区域面积为612.59 km², 占研究区面积的56.33%。从分布区域来看,较好及以上防污性能区域主要分布在区域西部山区,由于峰丛石林广泛分布,坡度变化较大,易形成地表径流在洼地汇集。较差及以下防污性能区域主要分布在地苏乡与百弄等地势平缓区域。

表4-21 区域地下水防污性能评价因子评价结果

等级 评价因子	防污性能差区		防污性能较差区		防污性能中等区		防污性能较好区		防污性能好区	
	面积/km²	百分比/%	面积/km²	百分比/%	面积/km²	百分比/%	面积/km²	百分比/%	面积/km²	百分比/%
坡度	237.55	21.84	117.02	10.76	120.34	11.07	503.51	46.30	109.08	10.03

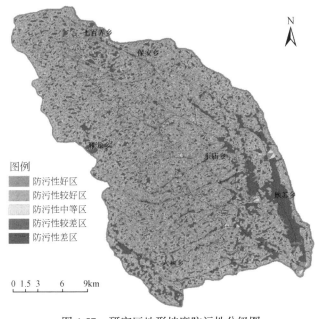

图 4-57 研究区地形坡度防污性分级图

(5)岩溶发育程度。

岩溶发育程度因子是含水层饱水带内集中的横向地下水流流向泉点或者井点的能力[15]。研究区岩溶发育程度间接反映污染物进入地下水的可能性。发育越完全说明汇水范围越大,地表水越容易进入该区域地下水,区域地下水防污性能也较差。

将岩溶含水系统管道信息分为管道清晰、管道和裂隙均有或者未知、只有裂隙三类分别赋值;将地下河运移时间按照小于等于1d、1~10d 和大于 10d 分别进行赋值。将两者相乘得到的值作为岩溶发育程度表征依据[15]。以指标计算出的最值作为差防污性和好防污性的标准值,上下浮动20%作为较差和较好防污性能标准值,较差和较好防污性标准值上下浮动20%并进行调整作为中度防污性标准值[16]。分级结果见表 4-22。利用 ArcGIS 完成可视化表达得到岩溶发育程度分级图,如图 4-58 所示。

表 4-22 岩溶发育程度分级标准表

岩溶发育度	岩溶发育程度	指标分级	赋值
基本无岩溶发育	无岩溶发育或发育不明显	防污性好	1
↓	岩溶微弱发育	防污性较好	2
	岩溶中度发育	防污性中等	3
	岩溶较发育	防污性较差	4
岩溶发育强烈	岩溶高度发育	防污性差	5

从岩溶发育程度来看,各防污性能分区面积如表 4-23 所示。较差及以下防污性能区域的面积431.49 km²,占研究区总面积的 39.67%;中等防污性能区域面积254.35 km²,占研究

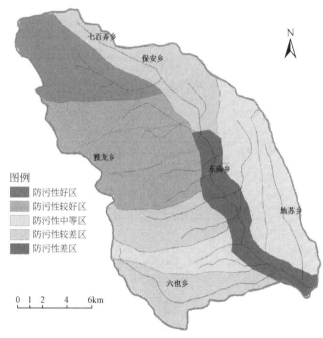

图 4-58 研究区岩溶发育程度分级图

区总面积的 23.34%;较好及以上防污性能区域面积为 401.66 km², 占研究区面积的 36.94%。从分布区域来看,差防污性区域主要分布于地苏地下河系干流区域,该区域汇集地下河各分支汇水,地下岩溶管道发育强烈,宽和高都可达数十米,且消水时间快。

表 4-23 区域地下水防污性能评价因子评价结果

等级 评价因子	防污性能差区		防污性能较差区		防污性能中等区		防污性能较好区		防污性能好区	
	面积/km²	百分比/%	面积/km²	百分比/%	面积/km²	百分比/%	面积/km²	百分比/%	面积/km²	百分比/%
岩溶发育程度	101.60	9.34	329.89	30.33	254.35	23.34	260.87	23.99	140.79	12.95

3) 地下水脆弱性评价结果

研究区水文地质条件复杂,但各指标异质性大,对各因子选用求和形式进行耦合。各项因子的权重大小尽量参考国外已有研究的设置原则[17],由于考虑了土地利用类型评价因子,且该因子在近期国内外脆弱性评价研究中所占比重逐渐增加[18],故权重大小原则设置为:坡度>土地利用类型>补给类型=岩溶发育程度>岩性。运用层次分析法得到各因子最终权重设置结果如表 4-24 所示。

表 4-24 基于层次分析法的区域地下水脆弱性评价的指标权重

指标名称	坡度	土地利用类型	补给类型	岩溶发育度	岩性
权重 W_i	0.30	0.25	0.175	0.175	0.1

利用 ArcGIS 9.3 的栅格空间叠加分析模块,将各个防污性能评价因子进行空间叠加,实现研究区地下水防污性能评价。按照自然断点法,将评价结果分为 5 级,即得到岩溶区域地

下水防污性能评价图,如图4-59所示。

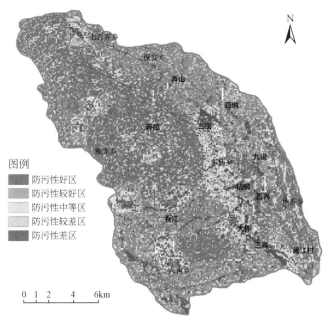

图4-59 区域地下水防污性分布图

研究区各等级防污性能区域面积与所占比例,如表4-25所示。较差及以下防污性能区域面积为279.33 km²,占研究区总面积的25.68%。从分布区域看,由于研究区内峰丛洼地广泛分布于北部中部及西部地区。山峰多呈锥形、塔形,呈族状分布,地势变化迅速,与洼地交替出现。携带污染物的大气降水会迅速在山峰形成地表径流汇集与洼地,通过洼地入渗进入地下水系统。故在峰丛分布区域,会出现较好与较差防污性区域交替出现现象。整体较差防污性区域沿地下河的分布、人类活动区与存在集中补给区域发育。较差及以下防污性区域主要分布于地苏乡、六也乡局部、三团、百纳、百弄等地与地苏地下河干流中下游段及存在集中入渗补给区。区内岩性以块状细晶灰岩与碎屑灰岩为主,岩溶地貌发育强烈,分布大量的落水洞和地下河天窗。旱季阶段,大气降水和人类排放的各类污水都会经过区域东南部地下河下游天窗补给地下河,造成地下河污染。该段地下河为干流中下游段,汇集周边区域大面积降水,地下岩溶管道发育完全,加之该区域人类活动相对频繁,综合原因导致区域地下水较差防污性。

表4-25 区域地下水防污性能评价结果

分布面积	防污性能差	防污性能较差	防污性能中等	防污性能较好	防污性能好
面积/km²	70.07	209.26	230.22	299.38	278.57
百分比/%	6.44	19.24	21.17	27.53	25.62

4. 地下水污染负荷评价

1) 地表污染物量化

研究区内不同类型污染源采样点分布如图4-60所示,本研究将地下河补给区内部分地下河出露点作为地表水补给地下河入口考虑,将出露点处采集的水样作为地表补给源考虑。研究区内主要为地表季节性河流、工业企业、居民区、农田区与地下河出露补给点。

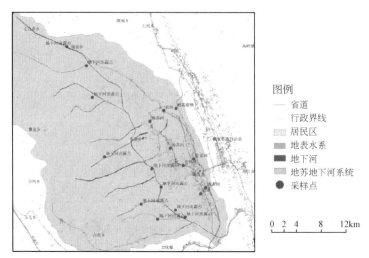

图 4-60　研究区不同类型地表水采样点分布图

将研究区内地表水进行采样测试分析,绘制研究区地表水体中各离子的空间分布特征图见图 4-61~图 4-66。

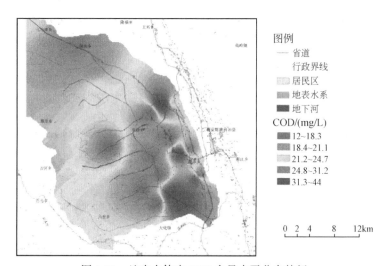

图 4-61　地表水体中 COD 含量水平分布特征

影响地下水体中溶质组成变化的主要因素首先是物质来源,其次是不同的化学反应过程。但其物质来源常受自然条件(如岩性、土壤、大气沉降等)和人类活动(如工业、农业、城市等)的双重影响。

通过研究区地表水各个离子在空间上的分布特征可以看出,各离子在地表水中的分布存在一定的规律,受人为影响较大的氯离子、硝酸根、COD、铵根离子、钾离子和硫酸根离子等在人类活动较为强烈的地苏乡含量水平较高,这些离子分布特征类似,说明它们具有相同

第4章 区域地下水主要污染物筛选方法研究

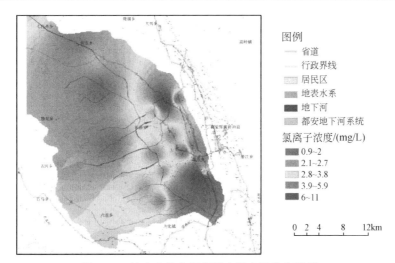

图 4-62 地表水体中氯离子含量水平分布特征

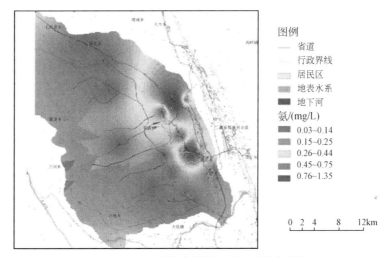

图 4-63 地表水体中氨的含量水平分布特征

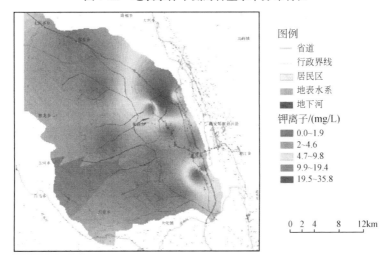

图 4-64 地表水体中钾离子含量水平分布特征

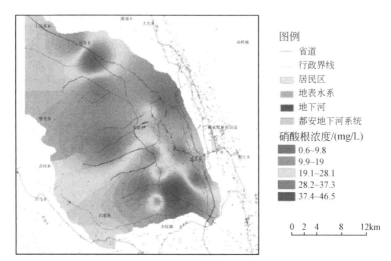

图 4-65 地表水体中硝酸根含量水平分布特征

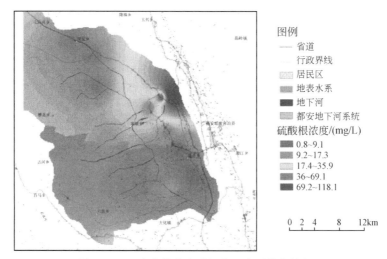

图 4-66 地表水体中硫酸根含量水平分布特征

的来源,人类活动输入的可能性较大。地表水体中的硝酸根、氯离子和铵根离子主要来自于农业化肥的使用和城市生活污水的排放,而硫酸根多来自于硫化矿物的溶解、工矿业活动和大气沉降。钾离子在农田水的样品中含量最高,主要来源为农业水田中化肥的施用。由于本次各个地下河出口采样点均位于地苏地下河的补给区域,采样期间正值雨季,样品基本为雨水与地下河水的混合物,可能各离子的含量水平相对其他地表水采样点较低。

研究区地表水中重金属砷与铜的空间分布特征如图 4-67 和图 4-68 所示,可以看出污染较为严重的都位于废弃砒霜厂废渣堆放处。砒霜厂生产原料主要是雄黄矿和雌黄矿,其中原料中重金属主要为砷、铅、锌、铜、镍、铬、镉。一般采用干法冶炼砒霜生产工艺,原料经水清洗晾干后和焦炭按一定比例混合,经冶炼炉炼烧,砒霜经烟道进入沉降室沉降后得到砒霜。故生产作业产生废渣中重金属含量很高,尤其是砷。该砒霜厂废渣堆积处在外围做了水泥隔离层,并且在上层种植了植物,采样期间正值降雨,样品为水泥墙距离上层大约40 cm的缝隙渗出的水,其中掺杂了较多的雨水。本次采样该砒霜厂废渣堆积处渗水中砷的含量高达14417.2 μg/L,是其他地表水中砷浓度的几千到十万倍。而铜的含量也达到17.8 μg/L,其他重金属铅、锌、镍、铬、镉等含量也都非常高。砒霜在加工处理过程中会经过冶炼煅烧,所以废渣中硫酸根的含量通常也很高(图4-66),如果直接是废渣底部渗出的渗滤液浓度可能会更高。

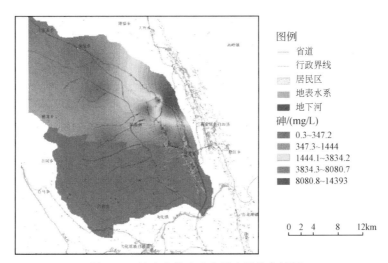

图4-67 地表水体中砷含量水平分布特征

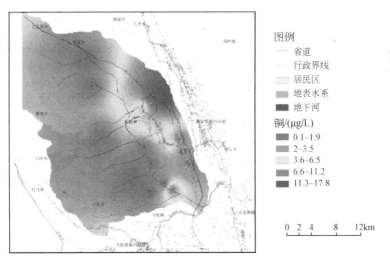

图4-68 地表水体中铜含量水平分布特征

该处上覆盖层岩性以杂填土(废渣)、角砾为主,下伏基岩为灰岩。场区岩溶发育。场区废渣受污染土体在雨水冲刷和少部分随雨水经上部土层孔隙和下伏基岩的风化或溶蚀裂隙缓慢渗流补给地下水。重金属进入地下水后,随着地下水在岩溶管道内迅速运移和扩散,使地下水体污染扩大。故现有的废弃废渣和污染土壤,存在较大的环境风险隐患。

影响地下水体中溶质组成变化的主要因素首先是物质来源,其次是不同的化学反应过程。但其物质来源常受自然条件的影响。由于研究区岩溶地貌发育比较完全,故地下河水文地球化学特征主要受到水岩相互作用的控制,绝大多数地下河中的溶解组分主要来源还是水岩作用。岩溶作用方程如下:

$$CaCO_3 + CO_2 + H_2O = Ca^{2+} + 2HCO_3^-$$

$$CaMg(CO_3)_2 + 2CO_2 + 2H_2O = Ca^{2+} + Mg^{2+} + 4HCO_3^-$$

$$CaCO_3 + CaMg(CO_3)_2 + 3CO_2 + 3H_2O = 2Ca^{2+} + Mg^{2+} + 6HCO_3^-$$

通过岩溶方程可知发育在都安研究区碳酸盐岩地层区的地下河其溶解组分的来源主要是碳酸盐岩的溶解,大部分岩溶地下河中溶解组分的主要来源以方解石的溶蚀产物为主,部分以石灰岩的溶蚀产物及白云石和方解石的混合溶蚀产物为主。在岩溶地下水系统内水岩作用产生的物质主要是钙离子、镁离子、碳酸氢根离子,故该地区地下水中硬度也比较高。据广西地矿局前期调查,地苏地下河系地下水水化学成分比较单一,水中出现的主要阴离子为碳酸氢根,含量一般在 160～230 mg/L,主要阳离子为钙离子,含量在 46～76.5 mg/L,镁离子含量在 1～6 mg/L。地下河虽然流经有石灰岩、白云岩和泥质灰岩等不同岩性的地区,但由于水循环交替条件好,研究区内地下水中钙离子、镁离子与碳酸氢根的浓度不会无休止地增加,只是此区域内离子含量相对比较高,在同一时间内区域性水质变化不大。

通过图 4-69～图 4-72 可以看出,研究区镁离子、总硬度、TDS 与重碳酸根在各个天窗采样点浓度均较高,镁离子与钙离子的含量水平相对于其他地表水采样点也较高。说明该地区地下水受人类活动影响不大,水文地球化学特征的主要影响因素为自然条件。本身天窗采样点处的样品为地表水与地下水的混合物,故地下水中一些离子呈现的规律也会间接地在地表水中呈现出来。故在后期对地下水中主要污染物筛选模型计算出的地下水中污染物的含量分布特征过程中需要考虑背景值对结果的影响。

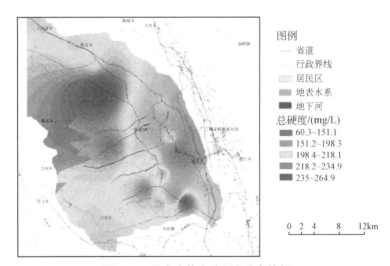

图 4-69 地表水体中总硬度分布特征

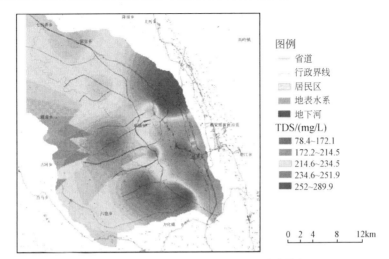

图 4-70　地表水体中 TDS 含量水平分布特征

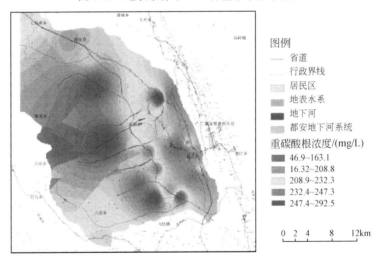

图 4-71　地表水体中重碳酸根含量水平分布特征

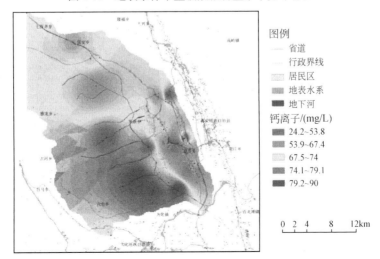

图 4-72　地表水体中钙离子含量水平分布特征

2) 覆盖层分区概化

研究区覆盖层土类型类似,主要由表层 50 cm 的亚黏土与下部含砾石亚黏土构成。基于已获取的水文地质资料与野外表层土壤厚度调查结果,利用以点带面的方法,将覆盖层厚度相近的区域归为一类。研究区西北部为山区地段,地层较为裸露,表层土壤覆盖较薄,从研究区西北向东南地表土壤覆盖厚度逐渐加大。共概化为 7 个覆盖层区,分别为 A 区、B 区、C 区、D 区、E 区、F 区和 G 区,各区分布如图 4-73 所示,7 个分区覆盖层的岩性概况如图 4-74 所示。每个土层区用典型调查点的表层土厚度来代替整个土层区的厚度。依据折减系数的定义,每一个部分所对应的水文地质条件不同,折减系数也不相同。则研究区的覆盖层对应着 7 个不同的折减系数。通过 ArcGIS 9.3 软件中的栅格计算功能,将地表污染物的量与折减系数相乘,即可得到区域污染物穿透覆盖层后进入地下岩溶管道污染物的量。

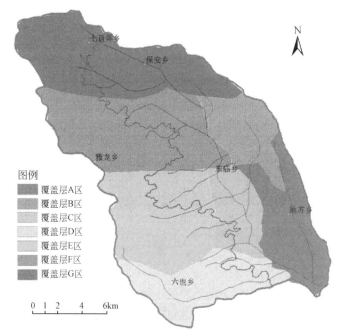

图 4-73 研究区覆盖层分区图

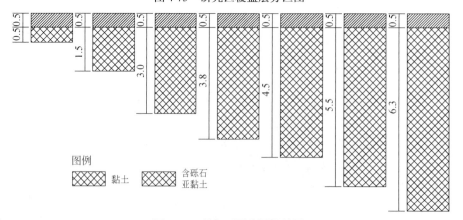

图 4-74 研究区覆盖层岩性图

3) 研究区污染负荷评价结果

利用 ArcGIS 软件的裁剪功能,根据覆盖层的分区概化结果将研究区分为 7 个分区,按照折减系数的计算公式分别计算每个分区的污染物所对应的折减系数。每个水文地质区包气带介质的厚度也不同,因此,本研究中将计算出的折减系数进行归一化处理。污染物在每一个水文地质分区内的归一值 = 该污染物穿透包气带介质后的量 ÷ 水流穿透该包气带介质厚度的时间 t。通过 ArcGIS 的栅格计算功能,将地表污染物的量化结果与对应区域的折减系数进行乘积,可以得到污染物穿透覆盖层进入地下岩溶管道的量。各指标在研究区不同分区中的折减系数如表 4-26 所示。利用 ArcGIS 软件栅格计算功能绘制出污染物穿透覆盖层之后的量化分级图,如图 4-75 ~ 图 4-90 所示。

表 4-26 部分污染物在不同分区覆盖层中的折减系数

污染物	A 区	B 区	C 区	D 区	E 区	F 区	G 区
砷	0.8	0.77	0.72	0.69	0.66	0.63	0.6
锰离子	0.91	0.83	0.70	0.63	0.57	0.49	0.42
硝酸根	0.93	0.88	0.81	0.77	0.73	0.68	0.64
铁离子	0.91	0.83	0.70	0.63	0.57	0.49	0.42
铵根	0.77	0.69	0.58	0.51	0.46	0.38	0.32
镁离子	0.86	0.81	0.74	0.70	0.67	0.62	0.58
亚硝酸根	0.85	0.77	0.66	0.60	0.55	0.47	0.41
钙离子	0.91	0.88	0.82	0.80	0.77	0.74	0.71
钠离子	0.68	0.64	0.59	0.55	0.52	0.49	0.46
甲苯	0.56	0.50	0.41	0.36	0.31	0.25	0.21
硫酸根	0.8	0.8	0.8	0.8	0.8	0.8	0.8
COD	0.75	0.66	0.52	0.45	0.39	0.30	0.23

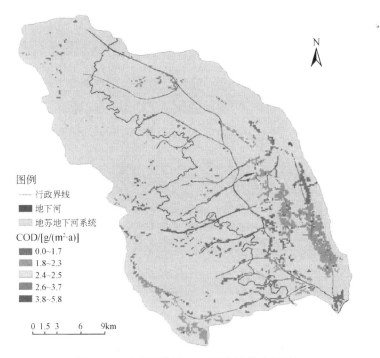

图 4-75 穿透覆盖层 COD 量化结果分级图

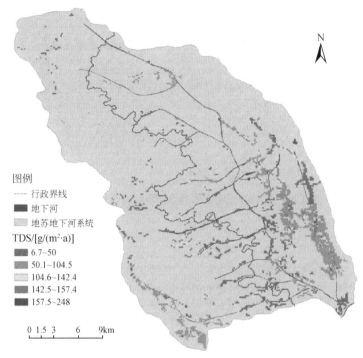

图 4-76 穿透覆盖层 TDS 量化结果分级图

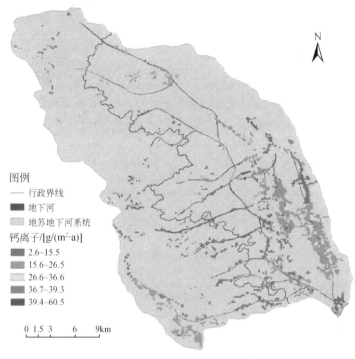

图 4-77 穿透覆盖层钙离子量化结果分级

第4章 区域地下水主要污染物筛选方法研究

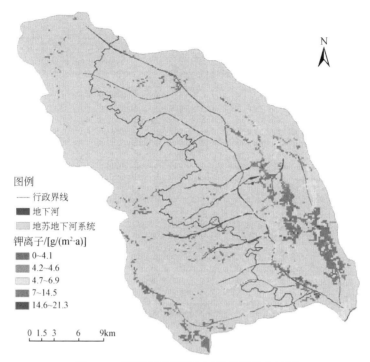

图 4-78 穿透覆盖层钾离子量化结果分级图

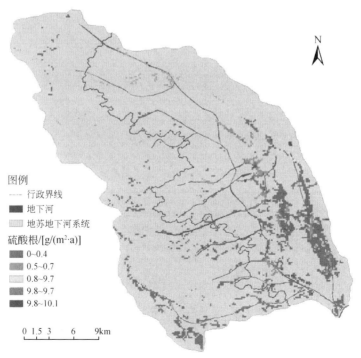

图 4-79 穿透覆盖层硫酸根量化结果分级图

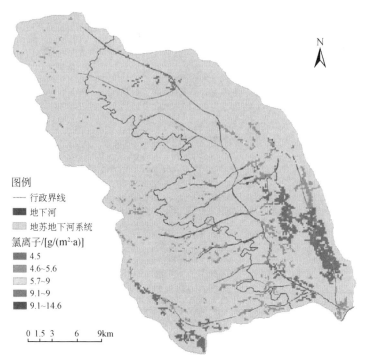

图 4-80　穿透覆盖层氯离子量化结果分级图

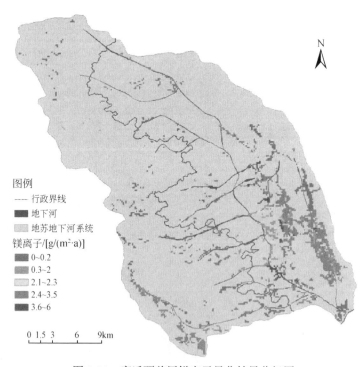

图 4-81　穿透覆盖层镁离子量化结果分级图

第4章 区域地下水主要污染物筛选方法研究

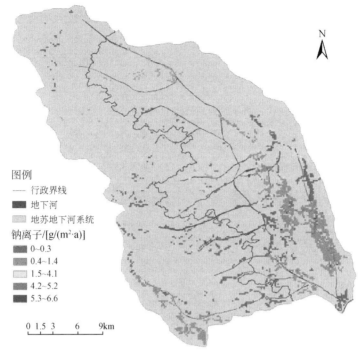

图 4-82 穿透覆盖层钠离子量化结果分级图

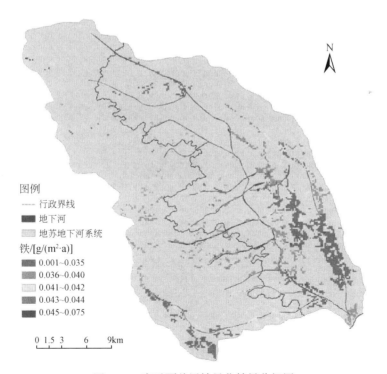

图 4-83 穿透覆盖层铁量化结果分级图

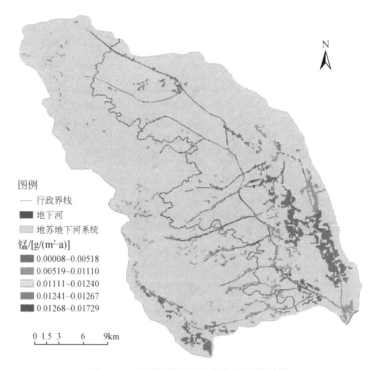

图 4-84 穿透覆盖层锰量化结果分级图

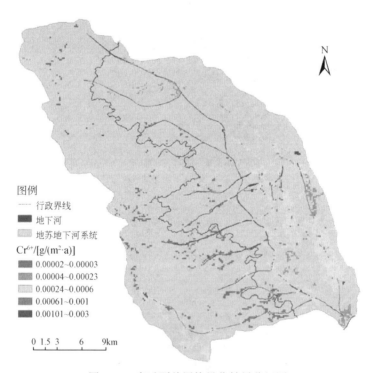

图 4-85 穿透覆盖层铬量化结果分级图

第 4 章 区域地下水主要污染物筛选方法研究

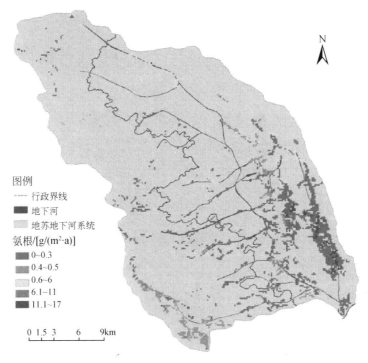

图 4-86 穿透覆盖层铵根量化结果分级图

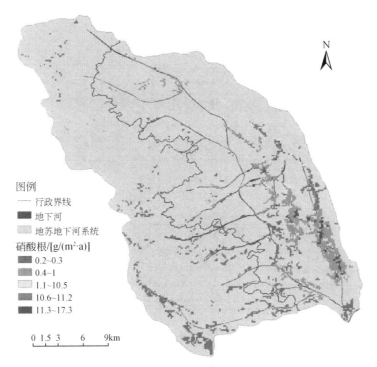

图 4-87 穿透覆盖层硝酸根量化结果分级图

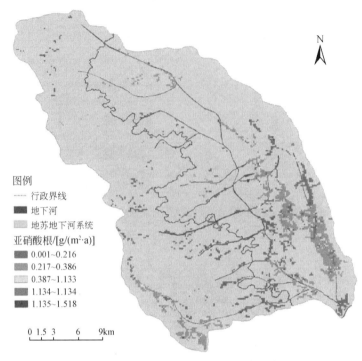

图 4-88 穿透覆盖层亚硝酸根量化结果分级图

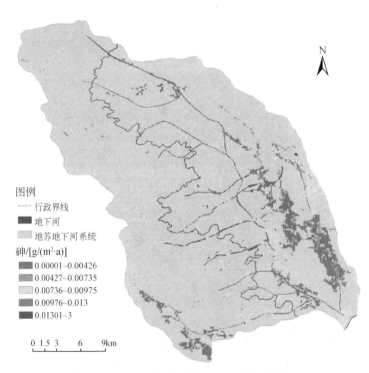

图 4-89 穿透覆盖层砷量化结果分级图

第4章 区域地下水主要污染物筛选方法研究

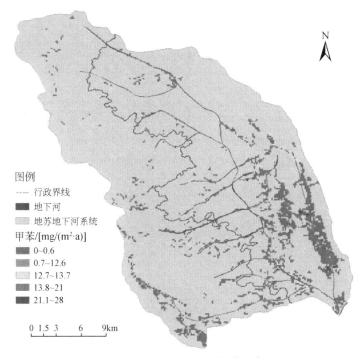

图 4-90 穿透覆盖层甲苯量化结果分级图

通过污染物穿透覆盖层后的量化图可以看出,地下水中典型污染物排放量较大的区域大多位于工业区与居民生活区。表明该区域地下水中污染物的主要来源是工业废水、生活污水与工业废渣和生活垃圾在雨水冲刷作用下产生的渗滤液等。农田区由于农药和化肥的施用,与此相关的污染物在农田区地下水中的量化值也相应偏高,但整体排放量不高。

利用 ArcGIS 软件的空间叠加分析功能将进入地下岩溶管道的不同污染物的量进行叠加,采用数据自然断点法绘制出区域污染负荷分布图,如图 4-91 所示。其中,对于没有人类活动影响的区域按照无负荷处理。

各污染负荷等级所占面积如表 4-27 所示。从数量看,区域潜在污染负荷以较低及以下等级为主,面积为 1001.60 km²,占总面积的 92.10%。中等级别污染负荷区域面积 58.33 km²,占研究区面积的 5.36%。较高及以上级别污染负荷区域面积 27.57 km²,占研究区总面积 2.54%。

表 4-27 研究区污染负荷评价统计

区域		高污染负荷	较高负荷	中等负荷	较低负荷	低或无负荷
研究区	面积/km²	12.68	14.89	58.32	41.52	960.08
	百分比/%	1.17	1.37	5.36	3.81	86.29

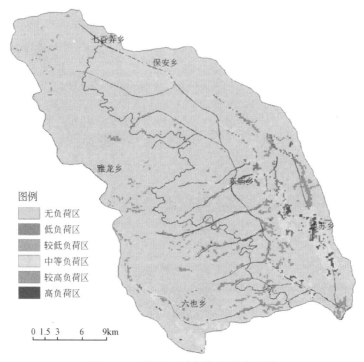

图 4-91 区域地下水污染负荷分布图

由于研究区地处偏远山区,人类活动影响较小,居民区比较零散,工业企业相对较少,故区域潜在污染以低负荷为主。从污染物空间分布特征来看,高风险负荷区主要集中在地苏乡与东庙乡的工业企业与密集居民区,该区域分布一些茧丝厂与早期的砒霜厂废渣堆,乡镇很多居民在此集中居住,工厂废水与居民生活污水的排放及雨水淋滤工业、生活垃圾是区域高负荷的主要原因,另外农业区的农药化肥施用也是某些污染物负荷较高的一个原因。

5. 地下水污染风险评价

1) 污染风险等级划分结果

本节认为地下水防污性能评价结果与穿透覆盖层污染物负荷同等重要,故设置两个模块权重分别为 0.5 与 0.5。为保证两个图层在同一数量级叠加,首先需对污染负荷图层进行归一化处理,即进行重分类再赋值归一化后再开展计算过程。利用 ArcGIS 9.3 的空间叠加功能,耦合区域地下水防污性能与污染源负荷得到研究区地下水污染风险结果,如图 4-92 所示。

各类污染风险区域所占面积如表 4-28 所示。从各风险等级分布面积看,研究区较低及以下等级污染风险区面积为 663.09 km²,占区域面积的 60.98%;较高及以上污染风险区面积 96.21 km²,占区域面积 8.84%;中等污染风险区占区域面积的 30.18%,区域面积为 326.21 km²。

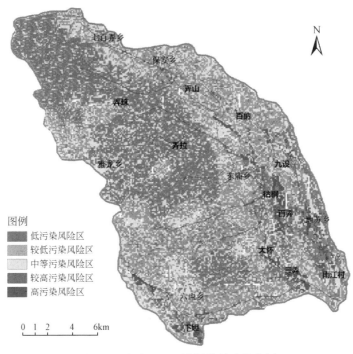

图 4-92 研究区地下水污染风险分布图

表 4-28 研究区地下水污染风险评价结果

区域		高风险	较高风险	中等风险	较低风险	低风险
地苏地下河系流域	面积/km²	34.20	62.01	326.21	383.18	279.91
	百分比/%	3.14	5.70	30.18	35.24	25.74

从分布区域来看,地下水风险较高及以上区域主要分布在地苏乡、百弄、枯桐、六也乡局部等人类活动频繁地势较为平缓区域与地苏地下河中下游段。该段区域以纯碳酸盐岩为主,岩溶地貌发育强烈,地下岩溶管道规模宏大,极易汇集大气降水和地表水。尤其在地苏乡西部,分布着包括东庙、百弄、大怀等大型天窗在内的大量地下河出口。旱季降雨期间,坡面形成的坡面漫流会携带着受侵蚀的土壤颗粒与地表污染物,通过这些天窗与地下河出露直接补给地下河[19]。土地利用和土地覆被变化是人类与地下水环境进行物质、能量交互作用的重要表现,发生于任何时空尺度[20]。人类活动对地下水水质的影响多通过面状等多方面途径,包括工业污水与生活废水的排放、化肥农药的使用、农田污水的灌溉等。各类污染物在大气降水和地表径流的冲刷作用下,通过径流过程汇入受纳水体从而引起区域地下岩溶水体污染。该区域人类活动密集,相对其他地区存在较多工业、居民垃圾与废水的不合理排放现象,且农业活动频繁。综上因素都会削弱该区域岩溶地下水系统的防污能力,使得地下水污染风险上升。研究区中等污染风险区域主要分布于中西部,该区域受人类活动影响不大,地势偏高,虽岩性也以碳酸盐岩为主,由于径流条件较好,汇水面积较小,大气降水多以岩溶孔隙、裂隙补给地下河,在此形成地苏地下河支流分布区。其余降水形成地表径流流入地苏境内。污染风险较低区域多分布在雅龙乡、保安乡东部与三百弄乡。岩性以厚状灰岩夹白云岩为主,地表岩溶发育强

烈,但由于坡度分级大易形成地表径流,地下河发育较弱或发育较小支流发育。居民以零散居住为主,基本没有工业区覆盖,农业活动相对频繁,整体对地下水污染风险较小。

2) 评价结果验证

根据研究区地下水样品的测试结果,绘制区域地下水水质分级图对地下水污染风险评价结果进行验证。采用模糊综合指数法对地下水进行水质评价,评价指标主要参照《地下水质量标准》(GB/T 14848—2017)及测试结果进行筛选。由于有机污染物检出普遍较少,筛选的参评指标以无机指标为主,包括1项阳离子指标:NH_4^+;6项阴离子指标:NO_3^-、NO_2^-、Cl^-、SO_4^{2-}、F^-、I^-;3项特殊项目分析指标:溶解性总固体、高锰酸盐指数、总硬度及6种微量元素:Cr、Mn、Fe、Cu、Zn、As。区域地下水水质评价结果如表4-29所示。利用ArcGIS平台对评价结果进行可视化表达,区域地下水水质空间分布特征如图4-93所示。

表4-29 地下水水质评价结果

采样点	评价结果	采样点	评价结果
DS-01	Ⅳ	DS-16	Ⅲ
DS-02	Ⅱ	DS-17	Ⅴ
DS-03	Ⅲ	DS-18	Ⅲ
DS-04	Ⅲ	DS-19	Ⅳ
DS-05	Ⅳ	DS-20	Ⅴ
DS-06	Ⅴ	DS-21	Ⅴ
DS-07	Ⅱ	DS-22	Ⅳ
DS-08	Ⅳ	DS-23	Ⅲ
DS-09	Ⅱ	DS-24	Ⅲ
DS-10	Ⅲ	DS-25	Ⅳ
DS-11	Ⅱ	DS-26	Ⅴ
DS-12	Ⅴ	DS-27	Ⅴ
DS-13	Ⅳ	DS-28	Ⅴ
DS-14	Ⅴ	DS-29	Ⅲ
DS-15	Ⅲ		

对比研究区污染风险分级图与地下水污染物空间分布图可以看出,该评价结果与实际较为一致。高风险区域与高含量水平污染物分布区域大致吻合,基本都位于东庙乡东北部、地苏乡大部分与地下河干流中下游段区域。表明基于欧洲模型实现岩溶区域地下水防污性能评价耦合量化处理的污染负荷评价得到的地下水污染风险评价结果的方法体系在岩溶区是可行的。本方法体系在进行防污性能评价时,对人类活动影响的土地利用类型因子权重设置相对较大,表明特殊防污性能评价结果对地下水防污性能的影响越来越大,人类活动对地下水的影响作用日益显著。较以往研究中对污染负荷评价利用ArcGIS中的差值法进行绘图分级,本研究考虑了污染物在覆盖层中的迁移转化过程,对各种污染源排放的不同污染物进行分类计算叠加,通过计算区域不同地段的折减系数对进入地下水岩溶系统污染负荷进行了量化计算,且该模块在负荷叠加过程中还考虑了污染物的毒性因素避免了某些浓度高但毒性小的污染物对评价结果造成干扰,使得该模块评价更加准确和简洁,更具说服力。由于岩溶系统地下水补径排过程复杂,且区域地下水的生态价值不能忽略,更精确的地下水污染风险评价有待深入研究。

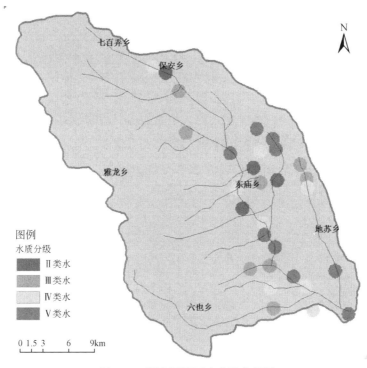

图 4-93 研究区地下水水质分级图

6. 岩溶区地下水中主要污染物识别

1) 耦合因子的确定

地下水受到污染,归根结底是由于地表污染源排放的特征污染物穿透包气带,对地下水系统造成破坏。进入地下水中污染物的数量与污染物自身物化性质与地下水污染程度密切相关。

一般污染物危害性评价研究只考虑污染物毒性与进入地下水中污染物数量两个因子。由于某些污染源存在集中大量排放污染物的现象,导致进入地下水系统的污染物数量较大,但由于潜在污染源面积很局限,其对区域地下水的整体危害性并不是很大。所以为避免某些污染源集中排放污染物现象的存在对污染物危害性结果造成干扰,本节设置污染物的总量(下文统称为总量)、进入地下水中污染物数量的中位值(下文统称为中位值)以及污染物毒性(下文统称为毒性)三个评价因子完成地下水中污染物的危害性评价。

根据地下水污染风险评价已有研究报道,防污性能差的区域地下水中特征污染物浓度大致是防污性能好的区域地下水中特征污染物浓度的两倍[21,22]。在防污性能差区域,污染物穿透覆盖层之后会全部进入地下岩溶系统中;在防污性较差区域,进入岩溶系统地下水中的污染物数量是穿透覆盖层后污染物数量的 0.9 倍;中等防污性区域为 0.8 倍;较好防污性区为 0.7 倍;好防污性区域为 0.6 倍。将穿透覆盖层的污染物数量分别乘以相对应风险评价区赋予的倍数,即可得到污染物进入地下水中的数量。

利用 ArcGIS 9.3 软件统计出研究区进入地下水中特征污染物的数量和单位面积进入地下水中污染物数量的中位数分别作为总量因子和中位值因子的参数。

将污染物自身危害性用毒性来定量表征,毒性指标赋值参照 GB/T 14848—2017 Ⅲ类水限值和 GB 5749—2006 中的限值确定。

由于研究区人口数量少且分散,没有较多的工业企业和大面积的居民区排放污水对地下水造成严重污染。所以在所采集样品中有机指标检出很少,在典型污染物筛选时候,将初始名单分为两类:一类是在所采集样品中有检出的指标;第二类指标依照检测项目中没有检出的且属于《区域地下水污染调查评价规范》(DZ/T 0288—2015)重点区调查水样必测项中的指标。将这些没有被检出的指标按照毒性大小排序进行筛选。共筛选出 35 项指标进行最终危害性计算排序评价。各评价指标如表 4-30 所示。

表 4-30　典型污染物筛选初选指标

指标类型	指标名称	指标数
无机指标	溶解性总固体、硝酸盐、亚硝酸盐、氨氮、硫酸根、氯离子、耗氧量、氟离子、钠、总硬度、铁、锰、铬、汞、砷、铅	16
有机指标	甲苯、三氯苯、六氯苯、四氯化碳、氯乙烯、六六六(总量)、苯、二氯甲烷、苯乙烯、1,2-二氯乙烷、1,1-二氯乙烯、四氯乙烯、1,2-二氯乙烯、三氯甲烷、三氯乙烯、氯苯、对二氯苯、乙苯、二甲苯	19

2)评价因子赋值

将穿透覆盖层介质后进入地下水环境的污染物的总量、单位面积进入地下水中污染物数量的中位数与污染物自身毒性作为地下水中典型污染物筛选的耦合因子。

因子乘积法是常用的耦合方法,直接将总量值与中位值和毒性赋值进行乘除计算,得到的数值作为该种污染物对地下水环境危害性的评判标准。但是,由于本研究中涉及的污染物的总量、中位值相差几个数量级。一般情况下,进入地下水中数量较大的污染物其中位值也较大。如果污染物总量因子与中位值因子直接按照参数值本身进行相乘除计算,会无形中扩大污染物数量本身之间的数量级差异。为避免这种情况发生,对污染物总量因子按照参数本身进行赋值;对中位值因子按照参数本身数值由小到大进行排序,依次递增分别赋值 $1 \sim n$。

将三个因子相乘除最后计算得出的分数值越大,对地下水环境的危害性就越大,后期越应该加强该类污染物排放的治理强度与监管力度。

由计算得到的钙离子和镁离子总量和中位值,按照硬度($CaCO_3$)的计算公式进行计算,得到总硬度的总量值和中位值;将计算出的铵根、亚硝酸根和硝酸根离子的总量和中位值按照相应的转换方式转换成为氨氮(以 N 计)、亚硝酸盐(以 N 计)和硝酸盐(以 N 计)的总量值和中位值。根据以往学者研究,采用 COD_{Cr} 法是 COD_{Mn} 法测试结果的大约 3 倍。由于样品测试采用的是 COD_{Cr} 法,将 COD_{Cr} 总量值和中位值除以 3 作为耗氧量的总量和中位值。各指标评价因子的赋值如表 4-31 所示。

表 4-31　因子乘积法各评价因子参数设置

污染物	因子参数			因子赋值		
	总量/(g/a)	中位值/[g/(m²·a)]	毒性	总量赋值/(g/a)	中位数赋值	毒性赋值
TDS	145366.56	90.41633	1000	145366	18	1000
总硬度	141254.27	62.31045	450	60101	17	450

续表

污染物	因子参数			因子赋值		
	总量/(g/a)	中位值/[g/(m²·a)]	毒性	总量赋值/(g/a)	中位数赋值	毒性赋值
氯离子	12073.53	2.15000	250	12073	16	250
钠离子	3595.05	4.05539	200	5912.26	14	200
硫酸根	3302.78	1.27315	250	5656	13	250
氨氮	2971.86	1.09224	0.5	3820.96	12	0.5
耗氧量	1970.75	1.36322	3	3595	15	3
硝酸盐	1277.16	0.59246	20	3302.78	11	20
氟离子	477.20	0.22152	1	1037	9	1
亚硝酸盐	315.61	0.24626	1.0	477	10	1.0
铁离子	137.27	0.06210	0.3	137.27	8	0.3
锰离子	30.83	0.01439	0.1	30.83	7	0.1
砷	17.28	0.00613	0.01	17.28	6	0.01
铬	1.07	0.00069	0.05	1.07	3	0.05
铅	0.98	0.00072	0.01	0.98	5	0.01
甲苯	0.41	0.00045	0.7	0.41	4	0.7
汞	0.32	0.00037	0.001	0.32	2	0.001
六氯苯	0	0	0.001	0	1	0.001
四氯化碳	0	0	0.002	0	1	0.002
氯乙烯	0	0	0.005	0	1	0.005
六六六(总量)	0	0	0.005	0	1	0.005
苯	0	0	0.01	0	1	0.01
二氯甲烷	0	0	0.02	0	1	0.02
三氯苯	0	0	0.02	0	1	0.02
苯乙烯	0	0	0.02	0	1	0.02
1,2-二氯乙烷	0	0	0.03	0	1	0.03
1,1-二氯乙烯	0	0	0.03	0	1	0.03
四氯乙烯	0	0	0.04	0	1	0.04
1,2-二氯乙烯	0	0	0.05	0	1	0.05
三氯甲烷	0	0	0.06	0	1	0.06
三氯乙烯	0	0	0.07	0	1	0.07
氯苯	0	0	0.3	0	1	0.3
对二氯苯	0	0	0.3	0	1	0.3
乙苯	0	0	0.3	0	1	0.3
二甲苯	0	0	0.5	0	1	0.5

分级评分法则是将污染物总量值、中位数和毒性进行排序,总量与中位值因子按照从小到大排序的先后分别赋值1~n不等;毒性因子则按照因子参数从大到小的顺序进行排序分别赋值1~n不等。利用层次分析法赋予三个因子相应的权重值。按照相乘相加公式计算出污染物危害性得分。最后计算得出的分数值越大,对地下水环境的危害性就越大。

在该方法对因子赋值时,未检出的因子总量与中位值赋值均为1,毒性则按照毒性大小进行排序赋值,具体各因子赋值如表4-32所示。

表4-32 分级评分各评价因子参数设置

污染物	因子参数			因子赋值		
	总量/(g/a)	中位值/[g/(m²·a)]	毒性	总量赋值	中位数赋值	毒性赋值
TDS	145366.56	90.41633	1000	18	18	1
总硬度	141254.27	62.31045	450	17	17	2
氯离子	12073.53	2.15000	250	16	16	3
钠离子	3595.05	4.05539	200	15	14	4
硫酸根	3302.78	1.27315	250	14	13	3
氨氮	2971.86	1.09224	0.5	13	12	9
耗氧量	1970.75	1.36322	3	12	15	6
硝酸盐	1277.16	0.59246	20	11	11	5
氟离子	477.20	0.22152	1	10	9	7
亚硝酸盐	315.61	0.24626	1.0	9	10	7
铁离子	137.27	0.06210	0.3	8	8	10
锰离子	30.83	0.01439	0.1	7	7	11
砷	17.28	0.00613	0.01	6	6	18
铬	1.07	0.00069	0.05	5	3	14
铅	0.98	0.00072	0.01	4	5	18
甲苯	0.41	0.00045	0.7	3	4	8
汞	0.32	0.00037	0.001	2	2	21
六氯苯	0	0	0.001	1	1	21
四氯化碳	0	0	0.002	1	1	20
氯乙烯	0	0	0.005	1	1	19
六六六(总量)	0	0	0.005	1	1	19
苯	0	0	0.01	1	1	18
二氯甲烷	0	0	0.02	1	1	17
三氯苯	0	0	0.02	1	1	17
苯乙烯	0	0	0.02	1	1	17
1,2-二氯乙烷	0	0	0.03	1	1	16
1,1-二氯乙烯	0	0	0.03	1	1	16
四氯乙烯	0	0	0.04	1	1	15

续表

污染物	因子参数			因子赋值		
	总量/(g/a)	中位值/[g/(m²·a)]	毒性	总量赋值	中位数赋值	毒性赋值
1,2-二氯乙烯	0	0	0.05	1	1	14
三氯甲烷	0	0	0.06	1	1	13
三氯乙烯	0	0	0.07	1	1	12
氯苯	0	0	0.3	1	1	10
对二氯苯	0	0	0.3	1	1	10
乙苯	0	0	0.3	1	1	10
二甲苯	0	0	0.5	1	1	9

3) 污染物评分计算

因子乘积法按照如下公式进行计算表征,然后根据计算结果对地下水中的污染物进行排序。

$$S_i = Q_i \times M_i \div C_i \tag{4-28}$$

式中,S_i 为第 i 种污染物对地下水环境造成污染程度的定量表征,为特征污染物对地下水危害性的综合得分;Q_i 为进入地下水环境中第 i 种污染物数量的定量表征,为污染物的排放量;M_i 为进入地下水中第 i 种污染物在区域排放的集中性定量表征,为进入地下水中污染物数量的中位值;C_i 为第 i 种污染物毒性的定量表征,称为污染物的自身危害性。

依照上述公式计算地下水中每一种污染物的得分,并按照得分的大小进行排序,从而得到地下水中典型污染物名单。结果如表 4-33 所示。

表 4-33 地苏地下河系研究区地下水中典型污染物排序(因子乘积法)

污染物	总量赋值/(g/a)	中位数赋值	毒性赋值	评价得分	排序
氨氮	3820.96	12	0.5	91703	1
耗氧量	3595.00	15	3	17975	2
砷	17.28	6	0.01	10368	3
氟离子	1037.00	9	1	9333	4
亚硝酸盐	477.00	10	1	4770	5
铁离子	137.27	8	0.3	3660	6
TDS	145366.00	18	1000	2616	7
总硬度	60101.00	17	450	2270	8
锰离子	30.83	7	0.1	2158	9
硝酸盐	3302.78	11	20	1816	10
氯离子	12073.00	16	250	772	11
汞	0.32	2	0.001	640	12
铅	0.98	5	0.01	490	13
钠离子	5912.26	14	200	413	14

续表

污染物	总量赋值/(g/a)	中位数赋值	毒性赋值	评价得分	排序
硫酸根	5656.00	13	250	294	15
铬	1.07	3	0.05	64	16
甲苯	0.41	4	0.7	2	17
六氯苯	0	1	0.001	0	18
四氯化碳	0	1	0.002	0	18
氯乙烯	0	1	0.005	0	18
六六六(总量)	0	1	0.005	0	18
苯	0	1	0.01	0	18
二氯甲烷	0	1	0.02	0	18
三氯苯	0	1	0.02	0	18
苯乙烯	0	1	0.02	0	18
1,2-二氯乙烷	0	1	0.03	0	18
1,1-二氯乙烯	0	1	0.03	0	18
四氯乙烯	0	1	0.04	0	18
1,2-二氯乙烯	0	1	0.05	0	18
三氯甲烷	0	1	0.06	0	18
三氯乙烯	0	1	0.07	0	18
氯苯	0	1	0.3	0	18
对二氯苯	0	1	0.3	0	18
乙苯	0	1	0.3	0	18
二甲苯	0	1	0.5	0	18

通过因子乘积法得到排序靠前的 10 种典型污染物分别是:氨氮、耗氧量、砷、氟离子、亚硝酸盐、铁离子、TDS、总硬度、锰离子和硝酸盐。由于该方法所用数据综合考虑了地表污染荷载和地质环境因素,具有区域性差异,所以与传统典型污染物筛查以有机物为主不同,该方法筛查出的前 15 种典型污染物中重金属和有机指标只占 20%。由于较多的有机指标没有检出,所以排序比较靠前的离子以无机指标为主。该方法综合考虑了各因子中不同特征污染物之间的差异性,具有一定的合理性和科学性。

分级评分法则是通过以下公式展开计算,按照计算结果大小排序识别出地下水环境中典型污染物。

$$S_i = Q_i \times W_Q + M_i \times W_M \times C_i + W_C \tag{4-29}$$

式中,S_i 为第 i 种污染物对地下水环境造成的危害程度的定量表征;Q_i 为进入地下水环境中第 i 种污染物数量的定量表征,为总量值;W_Q 为总量值的权重;M_i 为进入地下水中第 i 种污染物在区域排放的集中性定量表征,为进入地下水中污染物数量的中位值;W_M 为中位值的权重;C_i 为第 i 种污染物毒性的定量表征,为毒性值;W_C 为毒性因子权重。

采用因子分析法对各因子的权重进行赋值。由于层次分析法主观性很大,为了降低主观因素对地下水中优先控制污染物排序结果的影响程度,这里给出多个权重的计算结果。

当认为污染物总量与毒性具有相同的重要性时,计算出三者的权重都是0.3333,按照上述公式计算得到污染物得分并排序,结果见表4-34。

表4-34 地苏地下河系研究区地下水中典型污染物排序(分级评分法)

污染物	总量赋值	中位数赋值	毒性赋值	评价得分	排序
TDS	18	18	1	12.33	1
总硬度	17	17	2	12.00	2
氯离子	16	16	3	11.67	3
氨氮	13	12	9	11.33	4
钠离子	15	14	4	11.00	5
耗氧量	12	15	6	11.00	5
硫酸根	14	13	3	10.00	7
砷	6	6	18	10.00	7
硝酸盐	11	11	5	8.99	9
铅	4	5	18	8.99	9
氟离子	10	9	7	8.67	11
亚硝酸盐	9	10	7	8.67	11
铁离子	8	8	10	8.67	11
锰离子	7	7	11	8.33	14
汞	2	2	21	8.33	14
六氯苯	1	1	21	7.67	16
铬	5	3	14	7.33	17
四氯化碳	1	1	20	7.33	17
氯乙烯	1	1	19	6.99	19
六六六(总量)	1	1	19	6.99	19
苯	1	1	18	6.67	21
二氯甲烷	1	1	17	6.33	22
三氯苯	1	1	17	6.33	22
苯乙烯	1	1	17	6.33	22
1,2-二氯乙烷	1	1	16	5.99	25
1,1-二氯乙烯	1	1	16	5.99	25
四氯乙烯	1	1	15	5.67	27
1,2-二氯乙烯	1	1	14	5.33	28
甲苯	3	4	8	4.99	29
三氯甲烷	1	1	13	4.99	29
三氯乙烯	1	1	12	4.67	31
氯苯	1	1	10	3.99	32

续表

污染物	总量赋值	中位数赋值	毒性赋值	评价得分	排序
对二氯苯	1	1	10	3.99	32
乙苯	1	1	10	3.99	32
二甲苯	1	1	9	3.67	35

当认为污染物毒性比污染物总量与中位值重要性微大,总量和中位值同等重要时,计算出权重分别是:总量:0.25;中位值:0.25;毒性:0.5,按照上述公式计算得到污染物得分并排序,结果见表4-35。

表4-35 地苏地下河系研究区地下水中典型污染物排序(分级评分法)

污染物	总量赋值	中位数赋值	毒性赋值	评价得分	排序
砷	6	6	18	12.00	1
汞	2	2	21	11.50	2
铅	4	5	18	11.25	3
六氯苯	1	1	21	11.00	4
氨氮	13	12	9	10.75	5
四氯化碳	1	1	20	10.50	6
氯乙烯	1	1	19	10.00	7
六六六(总量)	1	1	19	10.00	7
耗氧量	12	15	6	9.75	9
TDS	18	18	1	9.50	10
总硬度	17	17	2	9.50	10
氯离子	16	16	3	9.50	10
苯	1	1	18	9.50	10
钠离子	15	14	4	9.25	14
铁离子	8	8	10	9.00	15
锰离子	7	7	11	9.00	15
铬	5	3	14	9.00	15
二氯甲烷	1	1	17	9.00	15
三氯苯	1	1	17	9.00	15
苯乙烯	1	1	17	9.00	15
1,2-二氯乙烷	1	1	16	8.50	21
1,1-二氯乙烯	1	1	16	8.50	21
硫酸根	14	13	3	6.25	23
氟离子	10	9	7	6.25	23
亚硝酸盐	9	10	7	6.25	23
硝酸盐	11	11	5	8.00	26

续表

污染物	总量赋值	中位数赋值	毒性赋值	评价得分	排序
四氯乙烯	1	1	15	8.00	26
1,2-二氯乙烯	1	1	14	7.50	28
三氯甲烷	1	1	13	7.00	29
三氯乙烯	1	1	12	6.50	30
甲苯	3	4	8	5.75	31
氯苯	1	1	10	5.50	32
对二氯苯	1	1	10	5.50	32
乙苯	1	1	10	5.50	32
二甲苯	1	1	9	5.00	35

当认为污染物总量比污染物毒性与中位值重要性微大,毒性与中位值因子同等重要时,计算出权重分别是:总量:0.5;中位值:0.25;毒性:0.25,按照上述公式计算得到污染物得分并排序,结果见表4-36。

表4-36 地苏地下河系研究区地下水中典型污染物排序(分级评分法)

污染物	总量赋值	中位数赋值	毒性赋值	评价得分	排序
TDS	18	18	1	13.75	1
总硬度	17	17	2	13.25	2
氯离子	16	16	3	12.75	3
钠离子	15	14	4	12.00	4
氨氮	13	12	9	11.75	5
耗氧量	12	15	6	11.25	6
硫酸根	14	13	3	11.00	7
硝酸盐	11	11	5	9.50	8
砷	6	6	18	9.00	9
氟离子	10	9	7	9.00	9
亚硝酸盐	9	10	7	8.75	11
铁离子	8	8	10	8.50	12
锰离子	7	7	11	8.00	13
铅	4	5	18	7.75	14
汞	2	2	21	6.75	15
铬	5	3	14	6.75	15
六氯苯	1	1	21	6.00	17
四氯化碳	1	1	20	5.75	18
氯乙烯	1	1	19	5.50	19
六六六(总量)	1	1	19	5.50	19

续表

污染物	总量赋值	中位数赋值	毒性赋值	评价得分	排序
苯	1	1	18	5.25	21
二氯甲烷	1	1	17	5.00	22
三氯苯	1	1	17	5.00	22
苯乙烯	1	1	17	5.00	22
1,2-二氯乙烷	1	1	16	4.75	25
1,1-二氯乙烯	1	1	16	4.75	25
四氯乙烯	1	1	15	4.50	27
甲苯	3	4	8	4.50	27
1,2-二氯乙烯	1	1	14	4.25	29
三氯甲烷	1	1	13	4.00	30
三氯乙烯	1	1	12	3.75	31
氯苯	1	1	10	3.25	32
对二氯苯	1	1	10	3.25	32
乙苯	1	1	10	3.25	32
二甲苯	1	1	9	3.00	35

当认为污染物中位值比污染物毒性与总量重要性微大，毒性与总量因子同等重要时，计算出权重分别是：总量:0.25；中位值:0.5；毒性:0.25，按照上述公式计算得到污染物得分并排序，结果见表4-37。

表 4-37 地苏地下河系研究区地下水中典型污染物排序（分级评分法）

污染物	总量赋值	中位数赋值	毒性赋值	评价得分	排序
TDS	18	18	1	13.75	1
总硬度	17	17	2	13.25	2
氯离子	16	16	3	12.75	3
耗氧量	12	15	6	12.00	4
钠离子	15	14	4	11.75	5
氨氮	13	12	9	11.50	6
硫酸根	14	13	3	10.75	7
硝酸盐	11	11	5	9.50	8
砷	6	6	18	9.00	9
亚硝酸盐	9	10	7	9.00	9
氟离子	10	9	7	8.75	11
铁离子	8	8	10	8.50	12
铅	4	5	18	8.00	13
锰离子	7	7	11	8.00	13

续表

污染物	总量赋值	中位数赋值	毒性赋值	评价得分	排序
汞	2	2	21	6.75	15
铬	5	3	14	6.25	16
六氯苯	1	1	21	6.00	17
四氯化碳	1	1	20	5.75	18
氯乙烯	1	1	19	5.50	19
六六六(总量)	1	1	19	5.50	19
苯	1	1	18	5.25	21
二氯甲烷	1	1	17	5.00	22
三氯苯	1	1	17	5.00	22
苯乙烯	1	1	17	5.00	22
1,2-二氯乙烷	1	1	16	4.75	25
1,1-二氯乙烯	1	1	16	4.75	25
甲苯	3	4	8	4.75	25
四氯乙烯	1	1	15	4.50	28
1,2-二氯乙烯	1	1	14	4.25	29
三氯甲烷	1	1	13	4.00	30
三氯乙烯	1	1	12	3.75	31
氯苯	1	1	10	3.25	32
对二氯苯	1	1	10	3.25	32
乙苯	1	1	10	3.25	32
二甲苯	1	1	9	3.00	35

通过分级评分法对地苏地下河系区域地下水典型污染物筛查结果可以看出，由于该方法考虑的总量和中位值两个因子均与污染荷载相关，所以在设置总量或者中位值因子权重偏大些时，筛查出的比较靠前的典型污染物大多为无机指标。当毒性因子权重设置偏大些时，筛查出排序靠前的典型污染物以重金属和有机指标为主，排名前十位的典型污染物为：砷、汞、铅、六氯苯、氨氮、四氯化碳、氯乙烯、六六六(总量)、耗氧量和 TDS。排序前 15 位的典型污染物中重金属和有机指标占 53.3%。有一些研究区内污染源中没有检出的如六氯苯、四氯化碳、氯乙烯和六六六(总量)等离子，却排在了许多被检出的离子之前，明显有悖于实际情况。当设置总量或者中位值因子权重较大时，排序前 15 位的典型污染物中重金属或有机指标只占 20%。

由于地苏地区人类活动相对较少，污染源排放的污染物种类与数量有限，很多有机指标并没有检出，因此地苏地下河系研究区地下水中典型污染中大多有机指标在排序结果中均处于较后排名。

两种评价计算方法各有优缺点。因子乘积法方法直接根据各评价因子中参数的实际值进行计算，充分考虑了因子之间的差异性。但对于各因子内部参数数据存在悬殊差异时，该方法的适用性较差。分级评分法可以有效解决由于单个因子内部参数的悬殊性对结果造成的影响,但由于在权重设置时多靠经验获取,如果权重设置不合理会导致最终排序结果出现明显错误,整体评价结果客观和科学性较差。通过两种方法得到的研究区地下水环境中典型污染物的结果既有一些相同也存在一些差异。当分级评分法中的总量和中位值因子权重设置的偏大时,筛查结果中较多无机指标排序靠前。当分级评分法中毒性因子的权重设置相对较大时,重金属与有机指标排名相对靠前,但会造成某些毒性大的离子排序错误。所以在运用分级评分法实现地下水中典型污染物筛查过程中要特别注意各因子权重之间的合理设置。总的来说,因子乘积法得到的排序结果更合理可靠。

评价计算过程中所用数据综合考虑了研究区地表污染荷载和地质环境因素,评价结果具有明显区域性差异。与传统典型污染物筛查以污染物毒性与暴露因子为主,筛查结果基本全部属于有机指标不同,该两种方法筛查出的典型污染物更多是综合考虑了区域内污染物的数量和毒性,筛查出的指标中既有毒性大的有机指标也有排放量较大的无机指标。筛查结果较为合理。

4) 分级评分法评价因子敏感性分析

本节考虑的因素主要有进入地下水中污染物的总量、中位值和毒性三个因子,为了弄清楚各个因子参数的变化对地下水中典型污染物筛查体系的影响程度,对三个因子分别进行敏感性分析。由于因子乘积法是各参数相乘除得到的计算结果,不易进行敏感性分析,故以分级评分法的评价结果为基础,针对这三个因子进行敏感性分析。对三个因子同等重要,即毒性权重:0.333;总量权重:0.333;中位值权重:0.333 时的情况下对其进行敏感性分析。假设总量、中位值或毒性的权重增加10%,而另外两个因子的权重值保持不变的情况下,计算污染物得分并排序,进而计算出该方案的敏感系数。敏感系数的计算公式如下:

$$\lambda_j = \left| \sum_{i=1}^{n} l_{ij} - \sum_{i=1}^{n} m_i \right| \div \sum_{i=1}^{n} m_i \div \alpha \qquad (4\text{-}30)$$

式中,λ_j 为 j 方案的敏感系数;l_{ij} 为第 i 种污染物按照 j 方案计算得到的评分;m_i 为第 i 种污染物按照原始方案计算得到的评分;α 为参数值的变化率。

计算得到的敏感系数的值越大,说明该参数的变化对评价结果的影响程度越大。

A方案设置总量因子权重增加10%,污染物毒性和中位值的权重保持不变,即总量因子权重设置为0.3663,毒性和中位值因子的权重设置为0.3333。B方案设置中位值因子权重增加10%,污染物毒性和总量值的权重保持不变,即中位值因子权重设置为0.3663,毒性和总量值因子的权重设置为0.3333。C方案设置毒性因子权重增加10%,污染物总量和中位值的权重保持不变,即毒性因子权重设置为0.3663,总量和中位值因子的权重设置为0.3333。计算出的敏感性结果如表4-38所示。

表4-38 评价因子敏感性计算

污染物	总量赋值	中位数赋值	毒性赋值	A方案得分	B方案得分	C方案得分	原始方案得分
TDS	18	18	1	12.9204	12.9204	12.3543	12.3321
总硬度	17	17	2	12.5541	12.5541	12.0546	11.9988
氯离子	16	16	3	12.1878	12.1878	11.7549	11.6655

续表

污染物	总量赋值	中位数赋值	毒性赋值	A方案得分	B方案得分	C方案得分	原始方案得分
氨氮	13	12	9	11.7549	11.7216	11.6217	11.3322
钠离子	15	14	4	11.4885	11.4552	11.1222	10.9989
耗氧量	12	15	6	11.3886	11.4885	11.1888	10.9989
硫酸根	14	13	3	10.4562	10.4229	10.0899	9.999
砷	6	6	18	10.1898	10.1898	10.5894	9.999
硝酸盐	11	11	5	9.3573	9.3573	9.1575	8.9991
铅	4	5	18	9.1242	9.1575	9.5904	8.9991
氟离子	10	9	7	8.991	8.9577	8.8911	8.6658
亚硝酸盐	9	10	7	8.9577	8.991	8.8911	8.6658
铁离子	8	8	10	8.9244	8.9244	8.9910	8.6658
锰离子	7	7	11	8.5581	8.5581	8.6913	8.3325
汞	2	2	21	8.3916	8.3916	9.0243	8.3325
六氯苯	1	1	21	7.6923	7.6923	8.3583	7.6659
铬	5	3	14	7.4925	7.4259	7.7922	7.3326
四氯化碳	1	1	20	7.3593	7.3593	7.9920	7.3326
氯乙烯	1	1	19	7.0263	7.0263	7.6257	6.9993
六六六(总量)	1	1	19	7.0263	7.0263	7.6257	6.9993
苯	1	1	18	6.6933	6.6933	7.2594	6.666
二氯甲烷	1	1	17	6.3603	6.3603	6.8931	6.3327
三氯苯	1	1	17	6.3603	6.3603	6.8931	6.3327
苯乙烯	1	1	17	6.3603	6.3603	6.8931	6.3327
1,2-二氯乙烷	1	1	16	6.0273	6.0273	6.5268	5.9994
1,1-二氯乙烯	1	1	16	6.0273	6.0273	6.5268	5.9994
四氯乙烯	1	1	15	5.6943	5.6943	6.1605	5.6661
1,2-二氯乙烯	1	1	14	5.3613	5.3613	5.7942	5.3328
甲苯	3	4	8	5.0949	5.1282	5.2614	4.9995
三氯甲烷	1	1	13	5.0283	5.0283	5.4279	4.9995
三氯乙烯	1	1	12	4.6953	4.6953	5.0616	4.6662
氯苯	1	1	10	4.0293	4.0293	4.3290	3.9996
对二氯苯	1	1	10	4.0293	4.0293	4.3290	3.9996
乙苯	1	1	10	4.0293	4.0293	4.3290	3.9996
二甲苯	1	1	9	3.6963	3.6963	3.9627	3.6663

通过绘制特征污染物通过不同方案计算得分分布图,如图4-94所示。方案A与方案B各污染物的危害性得分相差不大且与原始方案得分接近,而方案C污染物危害性得分则与方案A与方案B差异较大,明显偏离原始方案得分点趋势线。A方案得分共变化6.02分,B

方案得分变化 6.02 分;C 方案得分变化 13.75 分。A 方案与 B 方案的敏感系数 λ 相同,均为 0.227。C 方案的敏感系数 λ 较高,为 0.518。说明对地下水中典型污染物筛查影响程度最大的是毒性因子,而总量因子与中位值因子对典型污染物筛查结果影响不明显。也正是如此,在一般水土环境典型污染物筛查研究过程中,重金属与有机物等有毒有害污染物常列为水土环境中的典型污染物。所以在运用分级评分法实现地下水中典型污染物筛查时,更需要适当合理地对毒性因子进行权重设置。

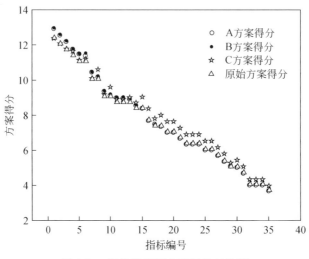

图 4-94 污染物不同方案得分对比图

总地来说,因子乘积法与分级评分法均可以实现地苏地下河系区域地下水中典型污染物的筛查。但因子乘积法对地下水中典型污染物的筛查结果更合理可靠。但在运用分级评分法的时,对毒性因子权重的设置要更加严谨。

5) 主要污染物清单

分别运用分级评分法和因子乘积法对各个参数进行叠加,得到不同的污染物排序结果,分别对两种方法的筛选结果对比讨论并进行敏感性分析,最终选用因子乘积法进行参数叠加计算评分,按照评分从大到小排序,将排序在前 15 的污染物列为广西都安地苏地下河系岩溶区地下水中的主要污染物,见表 4-39。

表 4-39 广西都安地苏地下河系岩溶区地下水中主要污染物清单

排序	污染物	总量赋值/[g/(m²·a)]	中位数赋值	毒性赋值	得分
1	氨氮	3820.96	12	0.5	91703
2	耗氧量	3595.00	15	3	17975
3	砷	17.28	6	0.01	10368
4	氟离子	1037.00	9	1	9333
5	亚硝酸盐	477.00	10	1	4770
6	铁离子	137.27	8	0.3	3660
7	TDS	145366.00	18	1000	2616

续表

排序	污染物	总量赋值/[g/(m²·a)]	中位数赋值	毒性赋值	得分
8	总硬度	60101.00	17	450	2270
9	锰离子	30.83	7	0.1	2158
10	硝酸盐	3302.78	11	20	1816
11	氯离子	12073.00	16	250	772
12	汞	0.32	2	0.001	640
13	铅	0.98	5	0.01	490
14	钠离子	5912.26	14	200	413
15	硫酸根	5656.00	13	250	294

7. 小结

(1) 脱离污染物排放量而只考虑其毒性进行主要污染物对地下水环境造成的危害性大小评价存在明显的局限性。以污染物在区域内进入地下水的数量表示整个区域地下水的污染状况；以单位面积进入地下水中污染物数量的中位值表示污染物以面状排放或者点状排放的差异性；污染物的毒性表示其本身对地下水的危害性。综合考虑了进入地下水中污染物的数量、中位值与毒性三个因子，筛选出的主要污染物更合理可靠。

(2) 通过各因子的敏感性分析可以得知，污染物的毒性对研究区地下水中主要污染物筛查结果影响程度较大。在运用分级评分法对地下水中主要污染物进行筛查时，对毒性因子权重的设置应该更加严谨合理。

(3) 利用因子乘积法与分级评分法分别对研究区地下水中主要污染物进行筛选。由于分级评分法在权重设置时人为性较大，通过计算评分得到的污染物排序结果差异性也较大，评价结果缺乏一定的科学性和客观性。而因子乘积法有效避免了这一问题。所以运用因子乘积法实现对地下水中主要污染物的筛查更合理可靠。地苏地下河系评价计算过程中所用数据综合考虑了研究区地表污染荷载和地质环境因素，评价结果具有明显区域性差异。与传统主要污染物筛查以污染物毒性与暴露因子为主，筛查结果基本全部属于有机指标不同，该两种方法筛查出的主要污染物中既有毒性大的有机指标也有排放量较大的无机指标。地苏地区地下水中主要污染物无机指标排序靠前，有机指标排序靠后。

4.3 基于污染评价的地下水中主要污染物筛选方法

筛选环境优先污染物时，首先要考虑化学物质自身的毒性和环境行为，同时还要考虑污染物在环境中的残留现状。进行地下水中主要污染物的筛选，就需要考虑污染物在地下水环境中的含量及其危害性，已有的基于风险评价的地下水中主要污染物筛选方法不仅综合了污染物在地下水中的含量及其毒性，而且定量化程度较高，并在实际运用中得到较好的效果，但该方法需要丰富的污染源资料，对于基础资料不足且难以获取的地区已不再适用。因此，直接从地下水角度出发，在水质检测数据的基础上，利用污染评价方法对每种污染物对地下水的污染程度进行识别，根据地下水中污染物的检出种类及含量，考虑污染指标的毒性参数,运用合适的参数叠加方法计算各指标的污染指数并排序,最终建立了一套基于污染评价的地下水中主要污染物筛选体系,并适用于基础资料不足的研究区地下水中主要污染物的筛选。

4.3.1 西北河谷平原地下水中主要污染物筛选

兰州河谷平原是西北黄土高原典型的一类地形地貌和水文地质单元。根据成因地貌类型,调查区地貌属侵蚀堆积河谷阶状盆地。其独特的黄土地貌及土壤盐渍化导致天然劣质地下水的存在,且对该区域掌握的水文地质资料不够充足:本研究以西北河谷平原为例,分别采用两种方法进行地下水中主要染污物的筛选,一方面对河谷盆地运用平原区主要污染物筛选方法中的"折减系数",结合研究区地表污染物分布特征,得到地下水中主要污染物名单;另一方面,对地下水各组分进行背景识别,量化地下水中各组分污染程度,再结合污染物的危害程度,确定评价参数叠加计算综合污染指数并排序,最终得到地下水中主要污染物名单;最后将两种方法所得到的地下水主要污染物结果进行对比分析,以验证基于污染评价体系的可靠性。

1. 地下水中主要污染物筛选方法体系探究

本研究结合石家庄市平原区研究方法,考虑根据地表污染源分布、数量、类型等对地表污染物指标排放量进行定量计算,以 Multi-cell 模型原理,对污染物经历包气带介质过程进行详细刻画,并对污染物在该过程中发生的衰减变化进行了定量计算,得到污染物到达地下水面时的量化值。再耦合污染物毒性特征,得到污染物综合得分并排序,进而得到地下水中主要污染物名单。另外,从地下水的角度出发,对地下水各组分进行背景识别,得到地下水中各组分污染程度,再结合各污染指标的危害程度,确定评价参数,选择合适的参数叠加方法进行叠加计算综合污染指数并按评分大小排序,最终得到地下水中主要污染物名单,最后将两种方法体系所得到的地下水主要污染物名单进行对比分析,从而验证污染评价体系的可靠性。本节主要污染物筛选体系主要研究内容为以下几个方面。

1) 地表环境中污染源污染物量化方法研究

依据研究区污染源类型、数量和分布对污染物种类、性质进行分析研究,针对不同的污染源类型应用不同的污染物排放量计算公式,得到地表污染源污染物的排放量。

2) 污染物经历包气带过程中衰减量化方法研究

结合研究区水文地质资料,对地质结构和成因进行分析,合理地对包气带进行分区概化。利用 Multi-cell 模型原理,结合污染物在土壤水介质中发生的一系列反应,推导出折减系数的计算公式,通过折减系数方法求得污染物穿透包气带到达地下水面时的量化值。

3) 地下水污染程度识别方法研究

在指标分类的基础上,运用基于污染评价的地下水污染程度识别方法进行地下水污染程度识别,结合地下水污染指标的检出限、背景值运用比值法量化地下水污染指标的污染程度。

4) 地下水中主要污染物筛选

通过地下水污染指标的污染程度识别,确定主要污染物筛选的参数,运用分级评分法和因子乘积法进行叠加评分,并将两种结果进行对比分析,最终确定合适的参数叠加方法计算污染物评分并排序,最终实现地下水中主要污染物的筛选。

兰州市研究区地下水环境中主要污染物筛选的技术路线如图4-95所示。

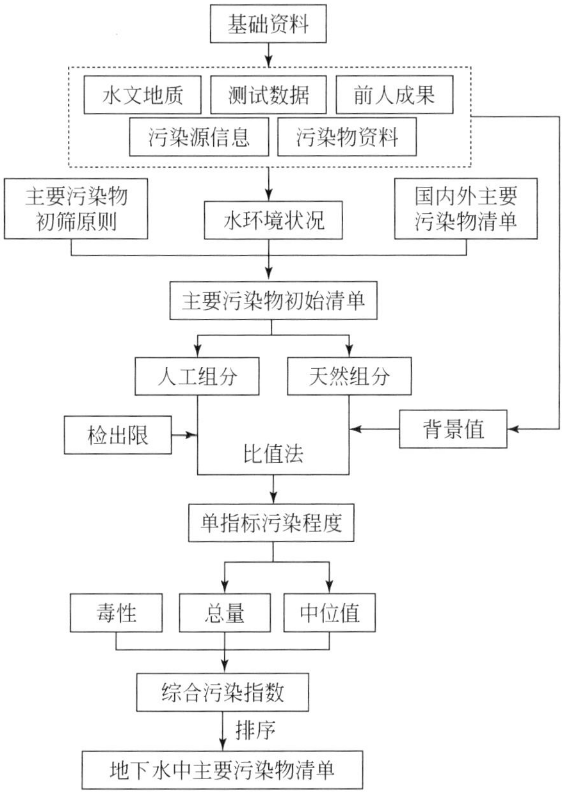

图4-95 兰州市研究区地下水环境主要污染物筛选技术路线图

2. 兰州研究区概况

1) 基本概况

兰州市区地处甘肃省中部,是省会城市,也是西北的重要交通枢纽,古丝绸之路要塞。兰州市区北邻永登县和皋兰县,西接永靖县及青海省民和县,南与临洮县和永靖县为界,东与榆中县接壤。市区总面积1631.6 km²。地理位置:北纬35°45′~36°28′,东经102°49′~103°59′。兰州市交通十分便利,多条公路在兰州交汇,陇海铁路穿境而过。调查区内道路发达,交通便利。兰州市研究区位置及范围如图4-96所示。

兰州市以黄土地貌著称。兰州市区地势总体而言,南北高而中间低。南部为皋兰山等黄土丘陵,海拔1700~2500 m;中部为黄河谷地,海拔1520 m左右;北部为黄土丘陵及低中山,海拔多在1700 m左右。

兰州市区河流均属黄河干流水系。主要河流有黄河干流及其支流雷坛河、寺儿沟和一些季节性支流西果园沟、黄峪沟、李麻沙沟等。黄河自宣家沟流入规划区,自西向东穿过兰州市区,于桑园峡流出市区。境内流程近40余公里。据兰州水文站多年资料统计,黄河多年平均流量为1025 m³/s(1934~2000年),最大流量为4085 m³/s(1979年),最小流量为219 m³/s(1979年)。1987年以来,由于黄河上游大中型水库的调蓄作用,使黄河流量日趋

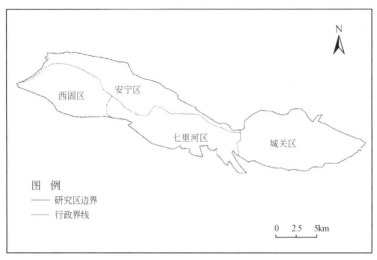

图 4-96　兰州市研究区范围概况图

稳定。多年平均径流量为 325×10^8 m³，黄河多年平均输沙量为 8312×10^4 t。

兰州市规划区地下水可分为三种类型:基岩裂隙水、碎屑岩类孔隙裂隙水和松散岩类孔隙水。

基岩裂隙水:主要分布于北部青白石、白塔山、仁寿山一带山区，裂隙潜水主要赋存于前寒武系和白垩系基岩风化裂隙及构造裂隙中。地下水以接受大气降水补给为主，经短途径流后，多以泉水的形式出露地表。富水性变化较大，一般不具供水意义。

碎屑岩类孔隙裂隙水:主要含水层为第三系砂岩、泥岩和白垩系碎屑岩中，构成孔隙、裂隙层间承压水。分布于西固、东岗和北部的安宁一带。富水性变化在 $50\sim500$ m³/d 之间，中、新生界承压水赋存于第三系，由于径流缓慢，均为高矿化水。该类水主要接受大气降水补给，以潜流形式排泄，兰州中新生界盆地此类水可形成低温地下热水，具有良好的开发前景。

松散岩类孔隙水:主要有黄河及其支流河谷潜水和第四系断陷盆地潜水、微承压水。黄河河谷潜水主要分布于城关、西固一带的Ⅰ、Ⅱ级阶地及漫滩中。含水层厚度 $3\sim28$ m，地下水埋深 $1\sim25$ m，自Ⅱ级阶地至漫滩逐渐变浅，单井出水量 $100\sim1000$ m³/d，在雁滩一带可达 $1000\sim10000$ m³/d。地下水水质一般极差，地下水矿化度 $3\sim10$ g/L，黄河主流及南河道两侧分布有淡水带，近年来受垃圾、污水的污染，水质趋于恶化，已不具开采价值。

第四系盆地潜水分布于兰州盆地。兰州盆地是晚近以来的断陷沉积盆地，边界由断层控制。断陷盆地西起深沟桥、东至雷坛河，东西长 12.5 km，南部边界至黄峪、北至安宁堡，南北宽 10 km，总面积约 150 km。表层为全新统疏松砂砾石，厚 $5\sim10$ m，已被疏干;下部为下更新统砾卵石层，是主要含水层。该层可分为上下两层，崔家大滩、马滩一带，上部卵砾石层厚 $160\sim220$ m，下部为含泥质卵砾石层，厚 $96\sim140$ m。盆地北部含水层为大厚度的卵砾石层，南部为多层结构的卵砾石层。地下水埋深在黄河南北两侧小于 20 m，向南至黄峪水位埋深达 100 m。含水层富水性良好。马滩、迎门滩为水量丰富地段，单井涌水量达 5000 m³/d，向南至龚家湾、黄峪一带递减为水量中等地段，单井涌水量减为 $1000\sim500$ m³/d。

2)污染源分布

地下水中典型污染物来源于居民生活废水、工业污水和农业污染等多个方面。兰州市研究区交通发达,人口分布集中,经济发展较好,工业发展程度较高。结合已有污染源资料和实地踏勘考察,该地区主要污染源为居民区生活废水、工业污水和季节性地表河流。

(1)工业区。

兰州市的工业如石油、化工、轻纺织业较为发达,分布有合成橡胶厂、兰州石油化工公司、兰州炼油公司等大型企业。主要工业区分布在兰州市西部及西固区,中部及东北也有分布。根据已有污染源资料与现场踏勘结果,综合得到兰州市研究区工业区分布,如图4-97所示。

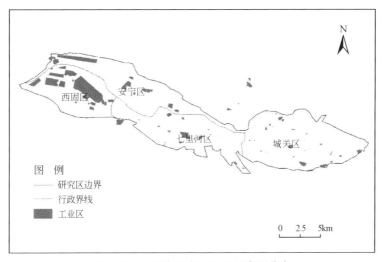

图4-97 兰州市研究区工业污染源分布

(2)居民区。

研究区内主要分布有西固区、七里河区、城关区、安宁区四个区在市区的部分,常住人口共计约369.31万人。根据已获取资料结合 Google earth 卫星图像,研究区居民区分布如4-98所示。城市居民区用水包括生活用水、公共服务用水、生产运营用水等多方面,假设城镇居民区的用水全部为生活用水,供水全部转化为城市污水[23]。居民区产生的生活污水大多是直接排入地表环境中,少部分生活废水排入下水管道进入污水处理厂。污水直接排入环境加上研究区污水管道的不完善,必将会对地下水造成污染。大气降水也会进入地下水中。

(3)地表水系。

由于水资源短缺,研究区内季节性河流干枯,水流量较小,研究区内可见数条排污河,河水较浑浊,其中的污染物成分繁多,特别是在环境中可以持久存在的有机污染物。搜集兰州市研究区排污河和地表水系资料,现场踏勘取样测试排污河水质,排污河和地表水系地理位置,如图4-99所示。

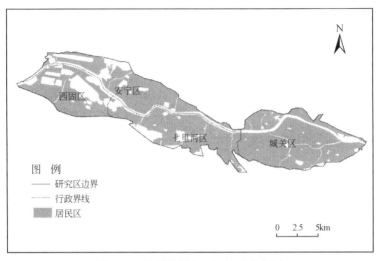

图 4-98　兰州市研究区居民区分布图

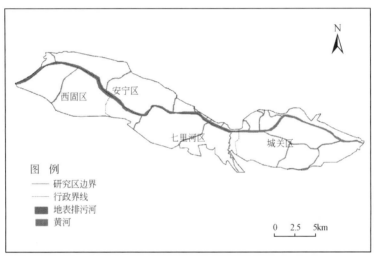

图 4-99　兰州市研究区地表水系分布图

基于前期对兰州市研究区污染源初步踏勘调查,污染源采样点布置依照代表性、典型性与均衡性的原则,于 2015 年 12 月对研究区内不同类型污染源与地下水进行了采样。采样共计布设采样点 60 个。其中,地表污染源 30 个,水样 530 组,污染源类型包括工业、居民区废水、地表排污河与黄河河流断面;地下水采样点 30 个,水样 530 组。各采样点的类型如表 4-40 所示,采样点分布如图 4-100 所示。

表 4-40　不同采样点性质明细

采样点类型	野外编号	取样组数
工业企业	DC-1;GC-1;YX-1;PJ-1;PJ-2;YC-1;HG-1	7
居民区	JM-1;JM-2;JM-3;JM-4;JM-5;JM-6;JM-7	7

续表

采样点类型	野外编号	取样组数
地表排污河	PWH-1;PWH-2;PWH-3;PWH-5;PWH-6;PWH-7;PWH-8;PWH-9	8
黄河河流断面	HL-1;HL-2;HL-3;HL-4;HL-5	5
污水处理厂	CLC-1;CLC-2;CLC-3	3
地下水	LZ15X30;LZ15X31;LZ15X32;LZ15X22;LZ15X16;LZ15X19;LZ15X35;LZ15X33;LZ15X15;LZ15X13;LZ15X36;LZ15X05;LZ15X14;LZ15X03;LZ15X24;LZ15X26;LZ15X29;LZ15X01;LZ15X02;LZ15X06;LZ15X37;LZ15X10;LZ15X07;LZ15X38;LZ15X27;LZ15X17;LZ15X18;SYD-03;SYD-02;LZ15X09	30

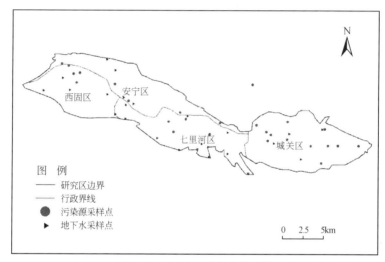

图 4-100　研究区采样点分布图

3) 样品采集与测试

对地下水中主要污染物筛查需要先确定初始名单,初始名单即为样品的测试指标。对于水样的测试指标首先参照 DZ/T 0288—2015 中重点区调查水样检测指标中必测指标,其中包括 28 种无机指标和 37 种有机指标。根据研究实际需要和检测水平,适当增加选测指标中某些污染物进行测试。共计测试无机指标 32 种,有机指标 55 种,实际测试指标如表 4-41 所示。

表 4-41　样品测试指标

指标类型	指标名称	指标数
无机指标	钾离子、钙离子、镁离子、溴化物、溶解性总固体、总硬度、硫酸盐、氯化物、钠离子、硝酸盐氮、耗氧量、亚硝酸盐、氨氮、碘化物、硫化物、氟化物、游离二氧化碳、碳酸根离子、重碳酸根离子、Zn、Cu、Ba、Fe、Al、Mn、Co、Cr、Ni、As、Pb、Sb、Cd	32

续表

指标类型	指标名称	指标数
有机指标	蒽、萘、荧蒽、苯并[b]荧蒽、苯并[a]芘、六氯苯、苯、甲苯、乙苯、1,2-二氯乙烷、二氯甲烷、三氯乙烯、三氯甲烷、二甲苯(总量)、石油类、四氯乙烯、五氯酚、1,2-二氯乙烯、四氯化碳、对二氯苯、氯乙烯、间,对二甲苯、邻二甲苯、苊烯、苊、芴、菲、芘、苯并[a]蒽、䓛、苯并[k]荧蒽、茚苯[1,2,3-cd]芘、苯并[j,h,i]苝、2,4-二氯酚、间甲酚、苯酚、α-BHC、β-BHC、γ-BHC、二苯并[a,h]蒽、异丙苯、六氯丁二烯、2-氯-1,3-丁二烯、p,p'-DDE、p,p'-DDD、o,p'-DDT、p,p'-DDT、1,1-二氯乙烯、三溴甲烷、苯乙烯、2,4,6-三氯酚、1,2-二氯苯	55

3. 指标初筛及分类

根据样品测试结果,去掉规范中没有的指标,主要有:游离二氧化碳、碳酸根离子、重碳酸根离子钾离子、钙离子、镁离子、溴化物、间,对二甲苯、邻二甲苯、Ti、V、锡、苊烯、苊、芴、菲、芘、苯并[a]蒽、䓛、苯并[k]荧蒽、茚苯(1,2,3-cd)芘、苯并[j,h,i]苝、2,4-二氯酚、间甲酚、苯酚、α-BHC、β-BHC、γ-BHC、二苯并[a,h]蒽、异丙苯、六氯丁二烯、2-氯-1,3-丁二烯、p,p'-DDE、p,p'-DDD、o,p'-DDT、p,p'-DDT。

剩下的组分中,1,1-二氯乙烯、三溴甲烷、苯乙烯、2,4,6-三氯酚、1,2-二氯苯在所有地下水采样点中均未检出。所以重点论述以下组分。

无机组分:溶解性总固体、总硬度、硫酸盐、氯化物、钠离子、硝酸盐氮、耗氧量、亚硝酸盐、氨氮、碘化物、硫化物、氟化物、Zn、Cu、Ba、Fe、Al、Mn、Co、Cr、Ni、As、Pb、Sb、Cd,其中包括无机常规组分和重金属离子;有机组分:苯并[b]荧蒽、苯并[a]芘、蒽、萘、荧蒽、六氯苯、苯、甲苯、乙苯、1,2-二氯乙烷、二氯甲烷、三氯乙烯、三氯甲烷、二甲苯(总量)、石油类、四氯乙烯、五氯酚、1,2-二氯乙烯、四氯化碳、对二氯苯、氯乙烯、滴滴涕(总量),其中包括卤代烃、氯代苯、单环芳烃、多环芳烃、有机氯农药。

在进行地下水污染评价时考虑不同指标的差异性很关键,天然状态下不同地区地下水的各指标水质差异较大,广泛存在一些天然劣质水。由天然水文地质条件而导致地下水中某些指标含量偏高时,这些天然劣质指标的参评容易使地下水污染评价的结果产生歧义。为了使评价结果更合理,需要对评价指标进行分类,将评价组分分为天然组分和人工组分[24]。指标分类的原则为:天然环境中可能存在的组分判定其为天然组分,存在背景值;天然环境下水环境中不会出现的组分为人工组分,人工组分对比其检出限,检出即为污染。

根据指标分类原则,地下水中感官指标和一般化学指标溶解性总固体、耗氧量、硫酸盐、氯化物、钠离子、硫化物、Zn、Cu、Fe、Al、Mn、氨氮、硫化物为天然组分。天然状态下氨氮可来自动植物遗体、排出物中的有机氮被微生物分解后形成,且地下水中不同条件下三氮互相转化,认为硝酸盐氮、亚硝酸盐为天然组分;氟化物、碘化物广泛存在于自然界中,为天然组分;Cr、As、Pb、Cd为地下水常规组分,且都有天然来源,划分为天然组分;Co、Ni、Sb、Ba均存在天然来源,划分这四种组分为天然组分。

环境中苯并[b]荧蒽、苯并[a]芘、荧蒽、萘、蒽存在天然来源,结合地下水采样点的检出情况,苯并[b]荧蒽、苯并[a]芘在地下水中检出率低且含量较低,认为苯并[b]荧蒽、苯并

[a]芘为人工组分,荧蒽、萘、蒽为天然组分。

其余有机污染物在天然状态无来源,将六氯苯、苯、甲苯、乙苯、1,2-二氯乙烷、二氯甲烷、三氯乙烯、三氯甲烷、二甲苯(总量)、石油类、四氯乙烯、五氯酚、1,2-二氯乙烯、四氯化碳、对二氯苯、氯乙烯划分为人工组分。所有组分的分类情况如表4-42所示。

表4-42 评价指标分类

指标类型	指标名称	指标数
天然组分	溶解性总固体、耗氧量、总硬度、硫酸盐、氯化物、钠离子、碘化物、硫化物、氟化物、硝酸盐氮、亚硝酸盐、氨氮、Fe、Al、Mn、Zn、Cu、Cr、As、Pb、Cd、Co、Ni、Sb、Ba、蒽、萘、荧蒽	28
人工组分	苯并[b]荧蒽、苯并[a]芘、六氯苯、苯、甲苯、乙苯、1,2-二氯乙烷、二氯甲烷、三氯乙烯、三氯甲烷、二甲苯(总量)、石油类、四氯乙烯、五氯酚、1,2-二氯乙烯、四氯化碳、对二氯苯、氯乙烯	18

4. 单指标污染程度识别

1) 天然组分污染程度识别

地下水环境背景值指在未受人类活动影响的情况下地下水所含化学成分的浓度值,反映了天然状态下地下水环境自身原有化学成分的特性值。地下水环境背景值的识别可以使地下水污染评价的结果更加科学可靠。地下水环境背景值(Natural Background Lerels, NBLs)的确定方法主要有数理统计法、趋势分析法、比拟法、剖面图法、变差曲线法、历时曲线法等数理统计方法[24,25]。其中,常用的数理统计方法主要有:平均值加减2倍标准差法、中位数加减2倍绝对中位差法、累积频率曲线图解法(GICPD)和迭代平均值加减2倍标准差法等[26,27]。

由于所掌握兰州市研究区水文地质条件不够详细且研究区地下水采样点不够多,所以本文在进行背景值识别时,不进行水文地质分区。本节采用累积频率曲线图法计算天然组分的背景值[24,27]。根据各采样点测试结果,分别做各天然组分的累积频率曲线,列举部分天然组分累积频率曲线如图4-101~图4-122所示,取累积频率曲线的90%为该组分背景值,天然组背景值如表4-43所示。

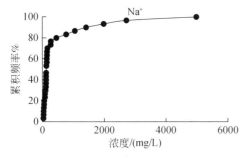

图4-101 钠离子累积频率曲线图

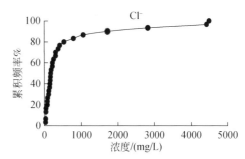

图4-102 氯离子累积频率曲线图

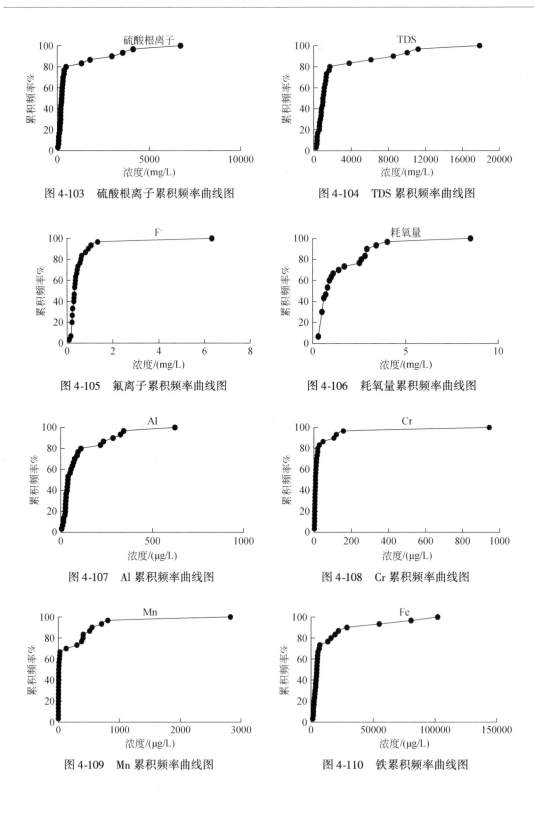

图 4-103　硫酸根离子累积频率曲线图　　　　图 4-104　TDS 累积频率曲线图

图 4-105　氟离子累积频率曲线图　　　　图 4-106　耗氧量累积频率曲线图

图 4-107　Al 累积频率曲线图　　　　图 4-108　Cr 累积频率曲线图

图 4-109　Mn 累积频率曲线图　　　　图 4-110　铁累积频率曲线图

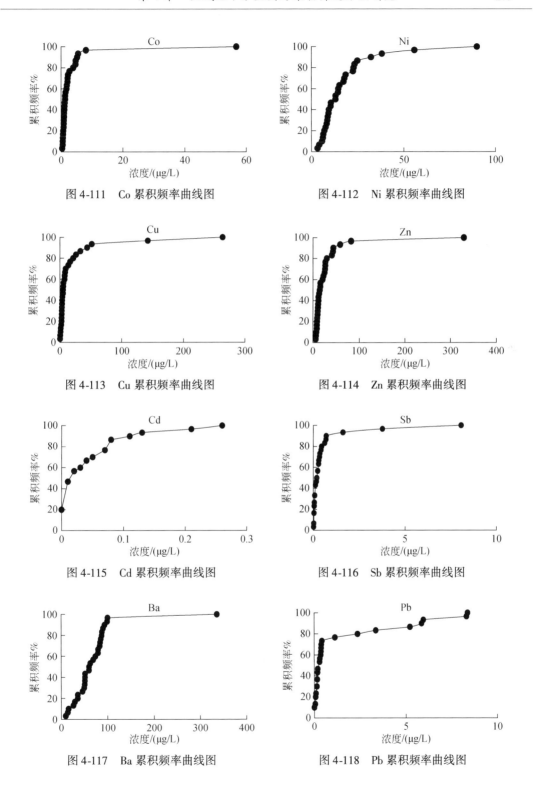

图 4-111 Co 累积频率曲线图

图 4-112 Ni 累积频率曲线图

图 4-113 Cu 累积频率曲线图

图 4-114 Zn 累积频率曲线图

图 4-115 Cd 累积频率曲线图

图 4-116 Sb 累积频率曲线图

图 4-117 Ba 累积频率曲线图

图 4-118 Pb 累积频率曲线图

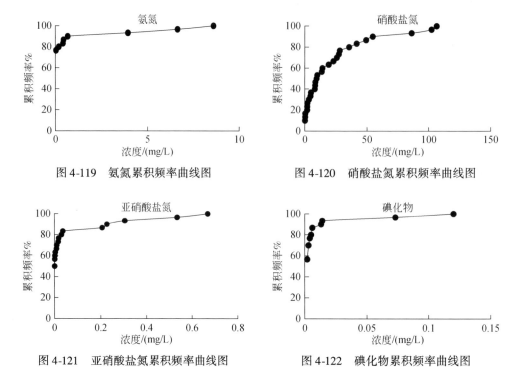

图 4-119 氨氮累积频率曲线图　　　图 4-120 硝酸盐氮累积频率曲线图

图 4-121 亚硝酸盐氮累积频率曲线图　　图 4-122 碘化物累积频率曲线图

表 4-43 天然组分背景值

指标名称	钠离子 /(mg/L)	氯化物 /(mg/L)	TDS /(mg/L)	硫酸盐 /(mg/L)	耗氧量 /(mg/L)	总硬度 /(mg/L)	氨氮 /(mg/L)
背景值	1469.46	1827.21	8688.9	3043.9	2.95	2757.23	1.00
指标名称	硝酸盐氮 /(mg/L)	亚硝酸盐氮 /(mg/L)	氟化物 /(mg/L)	碘化物 /(mg/L)	硫化物 /(mg/L)	Al /(μg/L)	Cr /(μg/L)
背景值	57.86	0.24	0.942	0.0131	0.0033	290.1	108.6
指标名称	Mn /(μg/L)	Fe /(μg/L)	Co /(μg/L)	Ni /(μg/L)	Cu /(μg/L)	Zn /(μg/L)	As /(μg/L)
背景值	564.43	31493	5.18	32.474	44.51	45.40	1.73
指标名称	Cd /(μg/L)	Sb /(μg/L)	Pb /(μg/L)	Ba /(μg/L)	萘 /(ng/L)	蒽 /(ng/L)	荧蒽 /(ng/L)
背景值	0.112	0.791	5.87	93.94	8280.46	213.88	290.44

各天然组分偏离背景值的程度反映了其污染程度的大小,认为浓度小于背景值浓度的为未污染点,浓度大于背景值越多则污染情况越严重。对于每一个采样点各组分污染程度的计算为

$$W_{ij} = C_{ij} \div B_j \tag{4-31}$$

式中,W_{ij} 为 i 采样点 j 指标的污染程度(无量纲);C_{ij} 为 i 采样点 j 指标实测浓度(mg/L);B_j 为 j 指标背景值(mg/L);j 为任一天然组分;i 为任一地下水采样点。

为了综合表示某种组分的污染程度,计算所有采样点该组分的污染程度,然后取所有采样点污染程度总和作为一个评价因子。同时,为了消除各采样点某组分污染程度差异性带来的误差,计算所有采样点该组分污染程度的中位数,作为一个评价因子。天然组分污染程度总和及中位数如表4-44所示。

表 4-44 天然组分污染程度(无量纲)

指标名称	钠离子	氯化物	TDS	硫酸盐	耗氧量	总硬度	氨氮
总和	10.91	10.73	9.12	8.45	15.39	11.71	21.01
中位数	0.09	0.10	0.12	0.08	0.27	0.20	0
指标名称	硝酸盐氮	亚硝酸盐氮	氟化物	碘化物	硫化物	Al	Cr
总和	11.94	8.80	19.93	19.62	7.58	10.57	14.79
中位数	0.17	0.003221649	0.36	0	0	0.14	0.08
指标名称	Mn	Fe	Co	Ni	Cu	Zn	As
总和	12.66	13.41	22.52	14.06	15.69	15.69	33.82
中位数	0.014	0.147	0.256	0.398	0.118	0.331	0.301
指标名称	Cd	Sb	Pb	Ba	萘	蒽	荧蒽
总和	12.41	24.72	7.63	22.26	6.76	10.00	10.09
中位数	0.18	0.27	0.05	0.65	6.5×10^{-5}	4.4×10^{-5}	1.8×10^{-4}

2)人工组分污染程度识别

人工组分偏离背景值的程度反映了其污染程度的大小,人工组分检出即污染,所以把人工组分的检出限作为其背景值,浓度大于背景值越多则污染情况越严重。目标检出限来自中国地质调查局地质调查技术标准《DD2008-01 地下水污染调查评价规范》,如表4-45所示。为了综合表示某种组分的污染程度,计算所有采样点该组分的污染程度平均值,作为一个评价因子。同上所述选择人工组分污染程度的总和和中位数作为评价因子,如表4-46所示。

表 4-45 人工组分检出限

指标名称	目标检出限	指标名称	目标检出限
苯并[b]荧蒽	0.002	二甲苯(总量)	0.3
苯并[a]芘	0.002	石油类	0.05
六氯苯	0.5	五氯酚	0.1
苯	0.3	1,2-二氯乙烯	0.3
甲苯	0.3	四氯化碳	0.3
乙苯	0.3	二氯甲烷	0.5
1,2-二氯乙烷	0.3	对二氯苯	0.1
三氯乙烯	0.2	氯乙烯	0.5

注:表中除石油类单位为 mg/L 外,其余指标均为 μg/L。

表 4-46 人工组分污染程度

指标名称	苯并[b]荧蒽	苯并[a]芘	六氯苯	苯
总和	71.25	16.87	14.95	2604.67
中位数	0	0	0.31	37
指标名称	1,2-二氯乙烷	二氯甲烷	三氯乙烯	对二氯苯
总和	3894.84	1537.24	800.62	2415.67
中位数	28	40.57	0	0
指标名称	氯乙烯	五氯酚	1,2-二氯乙烯	苯
总和	65.22	18.71	2599.31	2604.67
中位数	0	0.07	0	0
指标名称	甲苯	乙苯	二甲苯(总量)	石油类
总和	2330.30	478.48	442.32	33.40
中位数	13.62	0	0	1.3

对于每一个采样点各组分污染程度的计算为

$$W_{ik} = C_{ik} \div X_k \tag{4-32}$$

式中:W_{ik} 为 i 采样点 k 指标的污染程度(无量纲);C_{ik} 为 i 采样点 k 指标实测浓度(mg/L);X_k 为 k 指标浓度限值(mg/L);j 为任一人工组分;k 为任一地下水采样点。

5. 污染物毒性表征

污染物毒性参考 GB/T 14848—2017 Ⅲ类水标准和 GB 5749—2006。取各污染物浓度限值的倒数表征各组分毒性。污染物浓度限值越大,说明其毒性越小。

6. 地下水中主要污染物筛选

地下水受到污染与地下水中各组分的污染程度及各组分本身的性质都相关,所以地下水中主要污染物筛选的确定在选取评价因子时,为反映整个研究区上各组分污染程度,选取各组分所有采样点污染程度总和为一个筛选指标;同时为了避免地下水组分局部浓度大,导致个别采样点污染程度总量大,而其余部分未污染时带来的偏差,选择采样点污染程度中位数为一个筛选指标;为代表各组分本身的性质,选择各组分毒性为一个筛选指标。即选取各组分污染程度总和、各组分污染程度中位数、各组分毒性为评价因子,分别采用因子乘积法和分级评分法实现研究区地下水中主要污染物的筛选工作。

1) 因子乘积法

因子乘积法按照如下公式进行计算,根据计算结果对地下水中的污染物进行排序。

$$S_i = Q_i \times M_i \times C_i \tag{4-33}$$

式中,S_i 为第 i 种组分对地下水环境造成污染程度的定量表征(无量纲),为该组分对地下水危害性的综合得分;Q_i 为地下水环境中第 i 种组分各采样点污染程度加和(无量纲);M_i 为进入地下水中第 i 种组分各采样点污染程度的中位数(无量纲);C_i 为第 i 种组分毒性的定量表征,取浓度限值的倒数。

依照上述公式计算地下水中每一种污染物的得分,并按照各污染物得分从大到小进行排序,从而得到地下水中主要污染物排序。

(1)因子乘积法(直接相乘)。

由各指标污染程度加和,污染程度中位数,毒性直接相乘得到每一种指标的得分,然后将得到的结果由大到小排序,序号为1~44,排序结果如表4-47所示。其中,排序越靠前,该指标的污染造成的危害性就越大。

表4-47 因子乘积法排序结果

排序	指标名称	污染程度加和	污染程度中位数	毒性	得分
1	苯	2604.67	37	100	9637279
2	1,2-二氯乙烷	3894.84	28	34.33	3634820.48
3	二氯甲烷	1537.24	40.57	50	3118291.34
4	甲苯	2330.3	13.62	1.43	45386.32
5	六氯苯	14.95	0.31	1000	4634.5
6	Sb	24.72	0.27	200	1334.88
7	As	33.82	0.3	100	1014.6
8	石油类	33.4	1.3	20	868.4
9	Cd	12.41	0.18	200	446.76
10	五氯酚	18.71	0.07	111.11	145.52
11	Co	22.52	0.26	20	117.10
12	Ni	14.06	0.11	50	77.33
13	Pb	7.63	0.05	100	38.15
14	Cr	14.79	0.08	20	23.66
15	Ba	22.26	0.65	1.43	20.69
16	Al	10.57	0.14	5	7.40
17	氟化物	19.93	0.36	1	7.17
18	Zn	20.95	0.33	1	6.91
19	Fe	13.41	0.15	4.33	6.70
20	Cu	15.69	0.12	1	1.88
21	耗氧量	15.39	0.27	0.33	1.37
22	Mn	12.66	0.01	10	1.27
23	硝酸盐氮	11.94	0.17	0.05	0.10
24	亚硝酸盐氮	8.8	0.0032	1	0.03
25	荧蒽	10.09	0.0002	4.17	0.01
26	钠离子	10.91	0.09	0.005	0.0049
27	萘	6.76	0.00007	10	0.0047
28	氯化物	10.73	0.1	0.004	0.0043
29	硫酸盐	8.45	0.08	0.004	0.0027
30	TDS	9.12	0.12	0.001	0.0011
31	蒽	10	0.00004	0.56	0.0002
32	四氯化碳	194.62	0	500	0

续表

排序	指标名称	污染程度加和	污染程度中位数	毒性	得分
33	苯并[b]荧蒽	71.25	0	250	0
34	氯乙烯	65.22	0	200	0
35	1,2-二氯乙烯	2599.31	0	20	0
36	苯并[a]芘	16.87	0	100000	0
37	三氯乙烯	800.62	0	16.39	0
38	总硬度	11.71	0.2	0	0
39	对二氯苯	2415.67	0	4.33	0
40	乙苯	478.48	0	4.33	0
41	碘化物	19.62	0	12.5	0
42	二甲苯(总量)	442.32	0	2	0
43	氨氮	21.01	0	2	0
44	硫化物	7.58	0	50	0

因子乘积法直接根据各评价因子中参数的实际值进行计算,考虑了各筛选因子的差异性,且在计算过程中没有人为因素干扰,但是由于污染程度加和及中位数都是表征组分污染程度的量,直接相乘放大了污染程度对结果的影响程度。而且 12 种组分污染程度中位数存在数值 0 导致这些指标无法进行排序,考虑先对因子进行量化然后再采用乘积法。

(2)因子量化乘积法。

因子量化乘积法先对筛选因子进行量化,然后再相乘计算各组分得分。考虑到加和与中位数均是反映指标污染程度的量,且中位数中有 12 个指标为数值 0,采用排序赋值的方法给各评价因子赋值,同时缩小筛选指标内部的差异。对污染程度加和进行由小到大排序,依次赋值为 $1 \sim n$;对中位数由小到大进行排序,中位数数值为 0 时赋值为 1,其余数值按从小到大赋值为 $13 \sim n$;将毒性数据由小到大排序,然后依次赋值为 $1 \sim n$,由于毒性也存在相同数值,当毒性数据相同时,统一赋值为排序较小的排序值,各因子赋值如表 4-48 所示。将各指标中位数赋值与总和赋值、毒性赋值相乘得到一个数值,按从大到小进行排序即得到因子量化乘积法排序,如表 4-49 所示,其中排名越靠前,污染可能造成的危害就越大。

表 4-48 各因子赋值

指标名称	污染程度总和	污染程度中位数	毒性	毒性赋值	总量赋值	中位数赋值
二甲苯(总量)	442.32	0	2	15	36	1
氨氮	21.01	0	2	15	27	1
对二氯苯	2415.67	0	4.33	17	41	1
乙苯	478.48	0	4.33	17	37	1
碘化物	19.62	0	12.5	24	24	1
三氯乙烯	800.62	0	16.39	25	38	1
1,2-二氯乙烯	2599.31	0	20	26	42	1
硫化物	7.58	0	50	31	2	1

续表

指标名称	污染程度总和	污染程度中位数	毒性	毒性赋值	总量赋值	中位数赋值
氯乙烯	65.22	0	200	38	33	1
苯并[b]荧蒽	71.25	0	250	41	34	1
四氯化碳	194.62	0	500	42	35	1
苯并[a]芘	16.87	0	100000	44	22	1
蒽	10.00	0.00004	0.56	8	7	13
萘	6.76	0.00007	10	22	1	14
荧蒽	10.09	0.0002	4.17	20	8	15
亚硝酸盐氮	8.80	0.0032	1	9	5	16
Mn	12.66	0.01	10	22	15	17
Pb	7.63	0.05	100	34	3	18
五氯酚	18.71	0.07	111.11	37	23	19
Cr	14.79	0.08	20	26	18	20
硫酸盐	8.45	0.08	0.004	3	4	21
钠离子	10.91	0.09	0.005	5	11	22
氯化物	10.73	0.10	0.004	3	10	23
Ni	14.06	0.11	50	31	17	24
Cu	15.69	0.12	1	9	21	25
TDS	9.12	0.12	0.001	1	6	26
Al	10.57	0.14	5	21	9	27
Fe	13.41	0.15	4.33	17	16	28
硝酸盐氮	11.94	0.17	0.05	6	13	29
Cd	12.41	0.18	200	38	14	30
总硬度	11.71	0.20	0.00	2	12	31
Co	22.52	0.26	20	26	29	32
耗氧量	15.39	0.27	0.33	7	20	33
Sb	24.72	0.27	200	38	30	34
As	33.82	0.30	100	34	32	35
六氯苯	14.95	0.31	1000	43	19	36
Zn	20.95	0.33	1	9	26	37
氟化物	19.93	0.36	1	9	25	38
Ba	22.26	0.65	1.43	13	28	39
石油类	33.40	1.30	20	26	31	40
甲苯	2330.30	13.62	1.43	13	40	41
1,2-二氯乙烷	3894.84	28.00	34.33	30	44	42
苯	2604.67	37.00	100	34	43	43
二氯甲烷	1537.24	40.57	50	31	39	44

表 4-49 因子量化乘积法排序

排序	指标名称	毒性赋值	总和赋值	中位数赋值	得分
1	苯	34	43	43	62866
2	1,2-二氯乙烷	30	44	42	55440
3	二氯甲烷	31	39	44	53196
4	Sb	38	30	34	38760
5	As	34	32	35	38080
6	石油类	26	31	40	32240
7	六氯苯	43	19	36	29412
8	Co	26	29	32	24128
9	甲苯	13	40	41	21320
10	五氯酚	37	23	19	16169
11	Cd	38	14	30	15960
12	Ba	13	28	39	14196
13	Ni	31	17	24	12648
14	Cr	26	18	20	9360
15	Zn	9	26	37	8658
16	氟化物	9	25	38	8550
17	Fe	17	16	28	7616
18	Mn	22	15	17	5610
19	Al	21	9	27	5103
20	Cu	9	21	25	4725
21	耗氧量	7	20	33	4620
22	荧蒽	20	8	15	2400
23	硝酸盐氮	6	13	29	2262
24	Pb	34	3	18	1836
25	四氯化碳	42	35	1	1470
26	苯并[b]荧蒽	41	34	1	1394
27	氯乙烯	38	33	1	1254
28	钠离子	5	11	22	1210
29	1,2-二氯乙烯	26	42	1	1092
30	苯并[a]芘	44	22	1	968
31	三氯乙烯	25	38	1	950
32	总硬度	2	12	31	744
33	蒽	8	7	13	728
34	亚硝酸盐氮	9	5	16	720
35	对二氯苯	17	41	1	697

续表

排序	指标名称	毒性赋值	总和赋值	中位数赋值	得分
36	氯化物	3	10	23	690
37	乙苯	17	37	1	629
38	碘化物	24	24	1	576
39	二甲苯(总量)	15	36	1	540
40	氨氮	15	27	1	405
41	萘	22	1	14	308
42	硫酸盐	3	4	21	252
43	TDS	1	6	26	156
44	硫化物	31	2	1	62

2) 分级评分法

分级评分法是常用的决策方法之一。分级评分法的计算过程为,首先对所选取因子进行分级赋值,然后根据层次分析法[28]给各因子赋予权重,最后按照相乘相加的方法将各个因子的赋值与该因子的权重进行乘积然后相加,计算出的数值则是污染物对地下水环境的危害量化结果。数值越大,则危害性越大。按照计算结果从大到小排序识别出地下水环境中主要污染物顺序。计算过程如式(4-34)所示:

$$S_i = Q_i \times W_Q + M_i \times W_M + C_i \times W_C \quad (4-34)$$

式中,S_i为第i种组分对地下水环境造成的危害程度的定量表征;Q_i为地下水环境中第i种组分污染程度总和赋值;W_Q为总和的权重;M_i为地下水中第i种组分污染程度中位数赋值;W_M为中位值的权重;C_i为第i种污染物毒性的赋值,为毒性值;W_C为毒性因子权重。式中所有量均无量纲。

首先对筛选因子分级赋值,因子分级赋值规则与因子量化乘积法中相同,因子赋值如表3-8所示。采用层次分析法计算各因子的权重,当认为三者同样重要时,三者权重相同,都为0.33;当认为污染物毒性稍重要,总和和中位数同等重要时,毒性、总和、中位数的权重依次为0.5、0.25、0.25;当认为污染物总量稍重要,毒性和中位数同等重要时,毒性、总和、中位数的权重依次为0.25、0.5、0.25;当认为污染物污染程度中位数稍重要,总和和毒性同等重要时,毒性、总和、中位数的权重依次为0.25、0.25、0.5;当认为污染物毒性较重要,总和和中位数同等重要时,毒性、总量、中位数的权重依次为0.6、0.2、0.2。

根据不同权重的计算结果,做出不同权重下各组分得分的数据分布图,如图4-123所示。以相同权重时为标准,毒性权重较大和总量权重较大时的变化趋势基本一致。中位数权重较大时,各组分得分变化较大,且变化趋势与毒性权重大和总量权重大时基本相反。原因可能是中位数赋值时,值为1的量较多,当中位数权重变化时,结果变化较大。且由于总量和中位数都是反映筛选组分污染程度的量,认为在分级评价时,毒性权重稍大更合理。

因子乘积法直接根据各评价因子中参数的实际值进行计算,考虑了各评价因子的差异性,且在计算过程中没有人为因素干扰。但对于各因子内部参数数值差异悬殊且评价因子存在关联时,该方法的适用性较差。分级评分法可以有效解决由于单个因子内部参数的悬

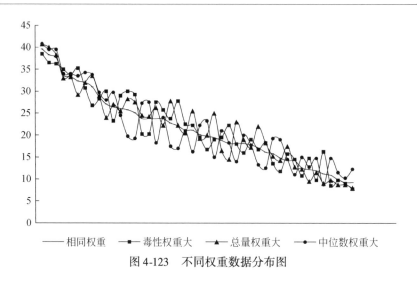

图 4-123 不同权重数据分布图

殊性对结果造成的影响,但在权重设置时存在人为因素影响。本研究中各因子数据分布如图 4-124 所示,所选因子内部及各因子数值之间的差别均较大,污染程度加和的数值范围为 1 到 10^4,最大可达 3×10^3;污染程度中位数数值集中在 10^{-5} 到 10^2,最大为 61;毒性数据集中在 10^{-3} 到 10^5 之间,数据差异悬殊。且在评价因子中,污染程度总和及污染程度中位数都是反映组分污染程度的量,因子乘积法和因子量化乘积法会放大污染程度的影响。综上所述,在本研究中采用分级评分法计算主要污染物排序较合适。且认为毒性稍重要于总量和中位数,总量和中位数同等重要时结果更合理。按照层级分析法计算得毒性、总和、中位数权重依次为 0.6、0.2、0.2,该权重下地下水中主要污染物排序较合理,排序结果如表 4-50 所示,排序靠前的 15 种污染物依次为:苯、六氯苯、Sb、1,2-二氯乙烷、二氯甲烷、As、四氯化碳、苯并[b]荧蒽、Cd、苯并[a]芘、五氯酚、石油类、氯乙烯、Co、Ni。

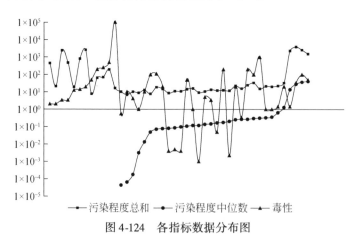

图 4-124 各指标数据分布图

表 4-50 地下水中主要污染物筛选排序

排序	指标名称	毒性赋值	总和赋值	中位数赋值	毒性权重	总和权重	中位数权重	得分
1	苯	34	43	43	0.6	0.2	0.2	37.6

续表

排序	指标名称	毒性赋值	总和赋值	中位数赋值	毒性权重	总和权重	中位数权重	得分
2	六氯苯	43	19	36	0.6	0.2	0.2	36.8
3	Sb	38	30	34	0.6	0.2	0.2	35.6
4	1,2-二氯乙烷	30	44	42	0.6	0.2	0.2	35.2
5	二氯甲烷	31	39	44	0.6	0.2	0.2	35.2
6	As	34	32	35	0.6	0.2	0.2	33.8
7	四氯化碳	42	35	1	0.6	0.2	0.2	32.4
8	苯并[b]荧蒽	41	34	1	0.6	0.2	0.2	31.6
9	Cd	38	14	30	0.6	0.2	0.2	31.6
10	苯并[a]芘	44	22	1	0.6	0.2	0.2	31
11	五氯酚	37	23	19	0.6	0.2	0.2	30.6
12	石油类	26	31	40	0.6	0.2	0.2	29.8
13	氯乙烯	38	33	1	0.6	0.2	0.2	29.6
14	Co	26	29	32	0.6	0.2	0.2	27.8
15	Ni	31	17	24	0.6	0.2	0.2	26.8
16	Pb	34	3	18	0.6	0.2	0.2	24.6
17	1,2-二氯乙烯	26	42	1	0.6	0.2	0.2	26.3
18	甲苯	13	40	41	0.6	0.2	0.2	24
19	Cr	26	18	20	0.6	0.2	0.2	23.2
20	三氯乙烯	25	38	1	0.6	0.2	0.2	22.8
21	Ba	13	28	39	0.6	0.2	0.2	21.2
22	Al	21	9	27	0.6	0.2	0.2	19.8
23	Mn	22	15	17	0.6	0.2	0.2	19.6
24	碘化物	24	24	1	0.6	0.2	0.2	19.4
25	硫化物	31	2	1	0.6	0.2	0.2	19.2
26	Fe	17	16	28	0.6	0.2	0.2	19
27	对二氯苯	17	41	1	0.6	0.2	0.2	18.6
28	氟化物	9	25	38	0.6	0.2	0.2	18
29	Zn	9	26	37	0.6	0.2	0.2	18
30	乙苯	17	37	1	0.6	0.2	0.2	17.8
31	荧蒽	20	8	15	0.6	0.2	0.2	16.6
32	二甲苯(总量)	15	36	1	0.6	0.2	0.2	16.4
33	萘	22	1	14	0.6	0.2	0.2	16.2
34	耗氧量	7	20	33	0.6	0.2	0.2	14.8
35	氨氮	15	27	1	0.6	0.2	0.2	14.6
36	Cu	9	21	25	0.6	0.2	0.2	14.6

续表

排序	指标名称	毒性赋值	总和赋值	中位数赋值	毒性权重	总和权重	中位数权重	得分
37	硝酸盐氮	6	13	29	0.6	0.2	0.2	12
38	总硬度	2	12	31	0.6	0.2	0.2	9.8
39	钠离子	5	11	22	0.6	0.2	0.2	9.6
40	亚硝酸盐氮	9	5	16	0.6	0.2	0.2	9.6
41	蒽	8	7	13	0.6	0.2	0.2	8.8
42	氯化物	3	10	23	0.6	0.2	0.2	8.4
43	TDS	1	6	26	0.6	0.2	0.2	7
44	硫酸盐	3	4	21	0.6	0.2	0.2	6.8

7. 西北河谷平原兰州研究区地下水中主要污染物清单

1) 验证分析

为论证基于污染评价的筛选体系的科学性和可靠性,运用已有的基于风险评价的方法对该体系结果进行对比验证。兰州市研究区地表污染物穿过包气带介质到达地下水面后,得到到达地下水面的每一种污染物的量化分布图,利用 ArcGIS 9.3 软件栅格统计功能得到污染物进入地下水的总量值和量的中位数,再结合污染物的毒性进行叠加,各因子数值如表 4-51 所示,在计算过程中认为这个三个值均无量纲。

表 4-51 污染物总量、中位数和毒性及赋值

名称	总量	中位数	毒性	毒性赋值	中位数赋值	总量赋值
苯并[a]芘	0.02	0.00024	100000	44	11	1
Cd	0.04	0.00001	200	38	2	2
硝酸盐氮	0.05	0.00003	0.05	6	3	3
苯并[b]荧蒽	0.06	0.00005	250	41	4	4
六氯苯	0.10	0.00024	1000	43	9	5
蒽	0.14	0.00024	0.56	8	10	6
荧蒽	0.29	0.00009	4.17	20	5	7
三氯乙烯	0.91	0.00143	16.39	25	14	8
萘	1.10	0.00026	10	22	12	9
Co	1.23	0.00019	20	26	7	10
四氯化碳	1.24	0.00578	500	42	23	11
锑	1.55	0.00011	200	38	6	12
二氯甲烷	7.18	0.01723	50	31	27	13
氯乙烯	8.29	0.00000	200	38	1	14
五氯酚	6.30	0.00024	111.11	37	8	15
Ni	6.39	0.00267	50	31	19	16

续表

名称	总量	中位数	毒性	毒性赋值	中位数赋值	总量赋值
铅	8.45	0.00163	100	34	18	17
碘化物	8.67	0.00152	12.5	24	16	18
1,2-二氯乙烯	9.77	2.66574	20	26	36	19
砷	10.21	0.00155	100	34	17	20
铜	22.67	0.00325	1	9	20	21
亚硝酸盐氮	24.31	0.00045	1	9	13	22
硫化物	26.71	0.00149	50	31	15	23
苯	27.88	0.00972	100	34	25	24
1,2-二氯乙烷	28.88	0.00556	34.33	30	22	25
Cr	36.24	0.00871	20	26	24	26
对二氯苯	44.89	12.46658	4.33	17	37	27
乙苯	106.56	0.00544	4.33	17	21	28
锌	136.83	0.05989	1	9	31	29
钡	203.75	0.03673	1.43	13	29	30
甲苯	300.89	0.03089	1.43	13	28	31
锰	334.54	0.03709	10	22	30	32
Al	495.75	0.26937	5	21	33	33
二甲苯(总量)	585.06	0.01322	2	15	26	34
石油类	1377.25	0.23213	20	26	32	35
氟离子	2319.00	0.60118	1	9	34	36
铁离子	7015.70	1.07655	4.33	17	35	37
耗氧量	74029.26	19.93362	0.33	7	38	38
氨氮	90114.84	24.36983	2	15	39	39
总硬度	738045.73	88.93203	0.002	2	41	40
硫酸根	873426.37	43.77219	0.004	3	40	41
钠离子	994550.23	121.53859	0.005	5	42	42
氯化物	1207455.14	165.48677	0.004	3	43	43
TDS	4891799.03	725.33160	0.001	1	44	44

三个筛选指标的数值分布如图4-125所示,由数据分布图可知这三种数据之间差距较大,且数据内部差异较大,最大值为最小值的10^8倍。由前文论述可知,分级评分法是该体系下最合理方法。且污染物到达地下水面的总量和中位数都是污染物量的表征,在计算时认为毒性的权重大于总量和中位数。为了便于该方法体系结果与基于污染评价的结果对比,赋予污染物达到地下水面的总量、中位数、毒性的权重依次为0.6、0.2、0.2,筛选结果如表4-52所示。排序靠前的15种污染物依次为四氯化碳、苯、石油类、苯并[a]芘、六氯苯、砷、1,2-二氯乙烷、铅、五氯酚、二氯甲烷、1,2-二氯乙烯、锑、苯并[b]荧蒽、硫化物、氯乙烯,排序靠前的污染

物以有机物为主。

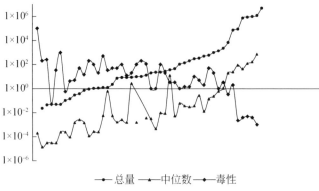

图 4-125 筛选指标数据分布图

表 4-52 基于风险评价的地下水中主要污染物排序

排序	指标名称	毒性赋值	中位数赋值	总量赋值	毒性权重	中位数权重	总量权重	得分
1	四氯化碳	42	23	11	0.6	0.2	0.2	32
2	苯	34	25	24	0.6	0.2	0.2	30.2
3	石油类	26	32	35	0.6	0.2	0.2	29
4	苯并[a]芘	44	11	1	0.6	0.2	0.2	28.8
5	六氯苯	43	9	5	0.6	0.2	0.2	28.6
6	砷	34	17	20	0.6	0.2	0.2	27.8
7	1,2-二氯乙烷	30	22	25	0.6	0.2	0.2	27.4
8	铅	34	18	17	0.6	0.2	0.2	27.4
9	五氯酚	37	8	15	0.6	0.2	0.2	26.8
10	二氯甲烷	31	27	13	0.6	0.2	0.2	26.6
11	1,2-二氯乙烯	26	36	19	0.6	0.2	0.2	26.6
12	锑	38	6	12	0.6	0.2	0.2	26.4
13	苯并[b]荧蒽	41	4	4	0.6	0.2	0.2	26.2
14	硫化物	31	15	23	0.6	0.2	0.2	26.2
15	氯乙烯	38	1	14	0.6	0.2	0.2	25.8
16	Al	21	33	33	0.6	0.2	0.2	25.8
17	Ni	31	19	16	0.6	0.2	0.2	25.6
18	Cr	26	24	26	0.6	0.2	0.2	25.6
19	锰	22	30	32	0.6	0.2	0.2	25.6
20	铁	17	35	37	0.6	0.2	0.2	24.6
21	氨氮	15	39	39	0.6	0.2	0.2	24.6
22	Cd	38	2	2	0.6	0.2	0.2	23.6
23	对二氯苯	17	37	27	0.6	0.2	0.2	23

续表

排序	指标名称	毒性赋值	中位数赋值	总量赋值	毒性权重	中位数权重	总量权重	得分
24	碘化物	24	16	18	0.6	0.2	0.2	21.2
25	二甲苯(总量)	15	26	34	0.6	0.2	0.2	21
26	乙苯	17	21	28	0.6	0.2	0.2	20
27	钠离子	5	42	42	0.6	0.2	0.2	19.8
28	甲苯	13	28	31	0.6	0.2	0.2	19.6
29	钡	13	29	30	0.6	0.2	0.2	19.6
30	三氯乙烯	25	14	8	0.6	0.2	0.2	19.4
31	氟离子	9	34	36	0.6	0.2	0.2	19.4
32	耗氧量	7	38	38	0.6	0.2	0.2	19.4
33	Co	26	7	10	0.6	0.2	0.2	19
34	氯化物	3	43	43	0.6	0.2	0.2	19
35	TDS	1	44	44	0.6	0.2	0.2	18.2
36	硫酸根	3	40	41	0.6	0.2	0.2	18
37	锌	9	31	29	0.6	0.2	0.2	17.4
38	萘	22	12	9	0.6	0.2	0.2	17.4
39	总硬度	2	41	40	0.6	0.2	0.2	17.4
40	荧蒽	20	5	7	0.6	0.2	0.2	14.4
41	铜	9	20	21	0.6	0.2	0.2	13.6
42	亚硝酸盐氮	9	13	22	0.6	0.2	0.2	12.4
43	蒽	8	10	6	0.6	0.2	0.2	8
44	硝酸盐氮	6	3	3	0.6	0.2	0.2	4.8

基于污染评价和基于风险评价的地下水中主要污染物的排序结果及对比如图 4-126 所示。由排序结果可知,两种方法体系排序靠前的 15 种污染物基本相同,只有三种离子不同,如图 4-127 所示。

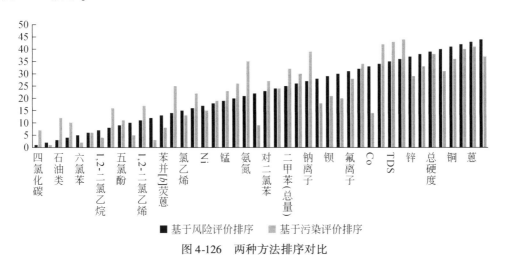

图 4-126 两种方法排序对比

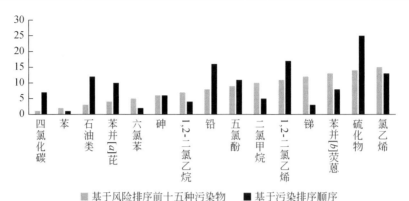

图 4-127 基于风险排序前 15 种污染物

相比于风险评价结果,基于地下水污染评价的结果中 Pb、1,2-二氯乙烯、硫化物不在前 15 种主要污染物内,取而代之的是 Cr、氯乙烯、Co。而 1,2-二氯乙烯、硫化物在地下水采样点中检出率很低,地下水采样点 1,2-二氯乙烯浓度分布如图 4-128 所示。由图可知,1,2-二氯乙烯在大部分地区无检出,只在研究区西部两个采样点检出,浓度分别为 0.19 mg/L 和 0.59 mg/L,远远超过其检出限 0.3 μg/L,这两个点 1,2-二氯乙烯污染程度较高,所以污染程度加和值大,但是其中位数为 0,在基于污染评价的排序中较靠后,具有一定的科学性。硫化物在所有采样点中有四个点检出,但是浓度较低硫化物浓度分布如图 4-129 所示。对比于其背景值 0.0033 mg/L,这四个点的污染程度均不超过 3。而且由于硫化物只在局部被检出,其在基于污染评价的排序中靠后,认为基于污染评价的结果具有一定科学性。Pb 在地下水采样点中检出率较高,但是浓度均较小,地下水采样点 Pb 分布如图 4-130 所示,对比于其背景值 5.87 μg/L,其污染程度总量较低,所以基于污染评价中排序靠后合理。

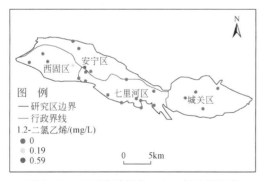

图 4-128 地下水采样点 1,2-二氯乙烯浓度

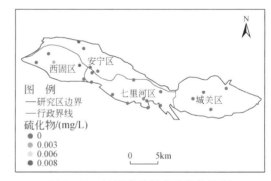

图 4-129 地下水采样点硫化物浓度

四氯化碳浓度分布如图 4-131 所示。苯并[b]荧蒽、氯乙烯、1,2-二氯乙烯、苯并[a]芘、三氯乙烯、总硬度、对二氯苯、乙苯、碘化物、二甲苯(总量)、氨氮、硫化物在地下水中的检出率均较低,这些组分在基于污染评价的排序中除氯乙烯、三氯乙烯外均比基于风险评价的排序靠后,这些组分在地下水中为局部污染而在大部分地区未检出,基于污染评价的体系直接从地下水中污染物浓度出发,具有一定的科学性。而基于风险评价的筛选体系,以地表污染源中某类污染源某组分测试浓度为标准计算该类污染物污染荷载,从而得到整个研究区上该组分污

荷载,实现了对污染物从点到面的计算,但是在掌握的资料不够充分的情况下,在量化计算过程中可能会把部分未污染的地区量化成污染的地区,从而夸大部分组分到达地下水中的总量。地下水中常规组分排放量大,排放量的中位数也大,导致在风险评价体系中的排序靠前于基于污染评价的筛选体系,如钠离子、TDS、硫酸根、氯化物。基于污染评价的筛选体系可避免由于研究区局部污染而大部分地区为污染而带来的偏差,具有一定的科学性。

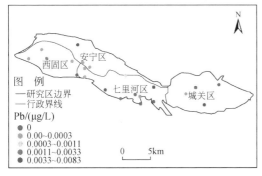

图 4-130 地下水采样点 Pb 浓度

图 4-131 地下水采样点四氯化碳浓度

2) 主要污染物清单

通过运用分级评分法和因子乘积法进行参数叠加,并评分排序,对两种排序结果进行验证分析,结果表明,由于参数值的悬殊性需要选用合适的参数叠加方法,最终选择分级评分法进行参数叠加并评分排序,将排序前 15 的污染物列为西北河谷平原兰州研究区地下水中的主要污染物,见表 4-53。

表 4-53 西北河谷平原兰州市研究区地下水主要污染物清单

排序	指标名称	毒性赋值	总和赋值	中位数赋值	毒性权重	总和权重	中位数权重	得分
1	苯	34	43	43	0.6	0.2	0.2	37.6
2	六氯苯	43	19	36	0.6	0.2	0.2	36.8
3	Sb	38	30	34	0.6	0.2	0.2	35.6
4	1,2-二氯乙烷	30	44	42	0.6	0.2	0.2	35.2
5	二氯甲烷	31	39	44	0.6	0.2	0.2	35.2
6	As	34	32	35	0.6	0.2	0.2	33.8
7	四氯化碳	42	35	1	0.6	0.2	0.2	32.4
8	苯并[b]荧蒽	41	34	1	0.6	0.2	0.2	31.6
9	Cd	38	14	30	0.6	0.2	0.2	31.6
10	苯并[a]芘	44	22	1	0.6	0.2	0.2	31
11	五氯酚	37	23	19	0.6	0.2	0.2	30.6
12	石油类	26	31	40	0.6	0.2	0.2	29.8
13	氯乙烯	38	33	1	0.6	0.2	0.2	29.6
14	Co	26	29	32	0.6	0.2	0.2	27.8
15	Ni	31	17	24	0.6	0.2	0.2	26.8

4.3.2 柴达木盆地地下水中主要污染物筛选

1. 地下水中主要污染物筛选方法体系探究

以格尔木为代表的柴达木盆地研究区,属于干旱半干旱气候,海拔高,环境条件恶劣,以往的水文地质研究程度和工作精度都比较低,现有的基础资料较少。而已有的高精度地下水主要污染物筛选体系对基础资料丰富程度要求较高,而西北研究区现有条件无法满足,基于以上问题,本研究从地下水角度出发,采用识别的主要污染物筛选体系,并运用于西北低精度工作区。

1) 研究内容

(1) 水质现状分析。主要包括研究区地表污染源分布、地下水水质评价、地下水水化学特征,查明水质现状,初步识别出地下水主要污染指标,并分为无机指标和有机指标两类。

(2) 背景值识别。根据水文地质资料及野外踏勘状况,再结合研究区地下水水化学特征进行地下水环境单元划分,并识别各个分区无机组分的背景值。

(3) 地下水污染程度识别。根据建立的地下水污染指标分类评价方法对研究区地下水污染程度进行识别,并绘制研究区地下水污染程度分布图,运用水质评价结果对污染程度识别结果进行验证。

(4) 研究区地下水中主要污染物筛选。运用建立的地下水中主要污染物筛选方法计算叠加所有采样点各个指标的污染程度并排序,得到最终地下水中主要污染物排序清单。

(5) 结果验证。根据现有基础资料及地表污染源水样测试结果,运用已有的地下水主要污染物筛选的折减系数方法体系进行研究区地下水中主要污染物筛选,并对研究区污染物筛选结果进行对比验证。

2) 技术路线(图4-132)

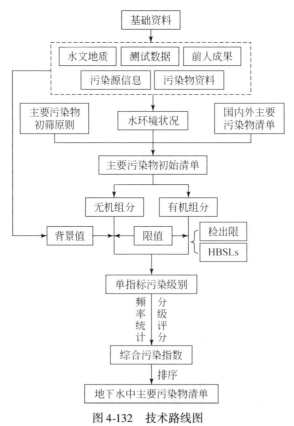

图 4-132 技术路线图

2. 格尔木研究区概况

1）基本概况

格尔木市是青海省西部的一座新兴城市，位于柴达木盆地南缘的中部地区。它南倚昆仑山，北临达布逊湖，地理坐标为东经 $94°35′\sim95°05′$，北纬 $36°08′\sim36°30′$，平均海拔 2800 m 左右，格尔木市交通位置如图 4-133 所示。地貌上由南向北依次为 4200 m 以上的高山，$3200\sim4200$ m 的中高山，$3000\sim3200$ m 的低山，$2800\sim3000$ m 的山前戈壁平原，砾石裸露，植被稀少，$2700\sim2800$ m 的细土平原，格尔木市位于该地带，植被较茂盛，为该区的工、农、牧业生产基地，$2675\sim2700$ m 的湖沼和盐湖区，地形及极其平坦，无植被，盐类矿产资源丰富，为举世闻名的察尔汗盐湖。东达布逊湖为区内最低排泄基准面，湖面海拔 2675m。格尔木市研究区概况如图 4-134 所示。

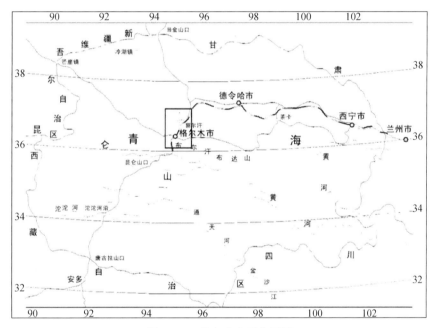

图 4-133　格尔木交通位置图

格尔木河流域内气候高寒干旱，少雨多风，日照时间长，昼夜温差悬殊，属典型高原内陆盆地干旱气候。在区域上，受自然地理条件的制约，气候垂向分带规律明显，降水量随着海拔高度的增加而增加，而蒸发度则随之降低，海拔每升高 100 m，年降水量增加约 11 mm，蒸发度减少约 90 mm。据格尔木与察尔汗气象站资料，格尔木市多年平均气温 4.79℃，多年平均水面蒸发能力 1495.4 mm/a，多年平均降水量 42.42 mm；盐湖区多年平均气温 5.8℃，多年平均水面蒸发能力 2024.3mm/a，多年平均降水量 24.1 mm。该区具有西北内陆盆地的一般特征。从昆仑山前到达布逊湖主要分为山前冲洪积扇区、溢出带区、细土平原区和盐沼沼泽平原区。天然条件下，地下水主要接受来自昆仑山的格尔木河河水的渗漏补给，径流到冲洪积扇前缘的细土带，受阻后一部分潜水溢出地表，形成泉或泉群，汇集形成泉集河，消耗于向盆地腹部流动中的蒸发。格尔木市水文地质图如图 4-135 所示。

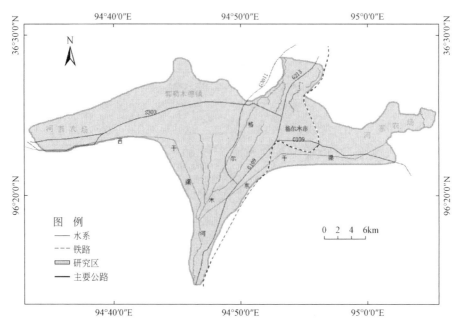

图 4-134 格尔木研究区概况图

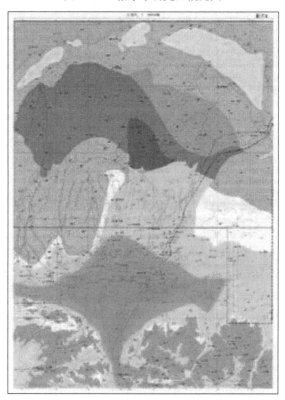

图 4-135 格尔木河流域水文地质图

2)土地利用类型及污染源分布

格尔木研究区位于昆仑山以北的典型冲洪积扇,水文地质分区由南向北依次为山前砾石补给区、戈壁砾石径流区、细土平原绿洲区、溢出带排泄区、沼泽草原区。格尔木研究区水资源丰富,发展农业为主,盐湖工业、炼油工业为主要支柱产业,东、西各分部有河东农场、河西农场,市区东南部建有昆仑经济开发区,主要以工业企业为主,人口分布较为集中。结合该区已有水文地质资料和野外踏勘,研究区土地利用类型主要有生活用地、工业用地、农业用地、林灌用地、草地、裸露沙地六类,对应污染源有生活污染源、工业污染源、农业污染源三类(图4-136)。

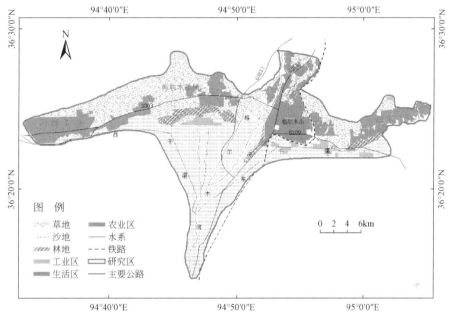

图4-136 格尔木研究区土地利用类型及地表污染源分布

3)野外采样与测试

2016年7月进行格尔木野外取样工作,结合野外踏勘及实际取样情况,共采集样品75组,其中潜水地下水样44组,承压水水样7组,地表河流7组,地表污染源17组,采样点分布见图4-137。水样测试指标根据DZ/T 0288—2015必测指标和选测指标及现场测试指标共98项,如表4-54所示。

表4-54 水样测试指标

指标类型	指标名称
现场指标(5项)	PH、水温、溶解氧、电导率、氧化还原电位
无机指标(38项)	钾、钠、钙、镁、氨、总铁、重碳酸根、碳酸根、氯离子、硫酸根、氟、硝酸根、溶解性总固体、偏硅酸、锶、溴化物、碘化物、锌、铜、砷、汞、镉、钡、铬、铅、钴、钒、锰、镍、铝、挥发性酚、亚硝酸盐、耗氧量、总碱度、钛、锡、总氮、总磷

续表

指标类型	指标名称
有机指标(55项)	石油类、氯乙烯、1,1-二氯乙烯、二氯甲烷、三氯甲烷、1,1,1-三氯乙烷、1,2-二氯乙烷、四氯化碳、苯、氯乙烯、1,2-二氯丙烷、溴二氯甲烷、甲苯、1,1,2-三氯乙烷、一氯二溴、烷、四氯乙烯、乙苯、间(对)二甲苯、苯乙烯、溴仿、1,3-二氯苯、1,4-二氯苯、1,2-二氯苯、1,2,4-三氯苯、p,p'-DDD、p,p'-DDE、o,p'-DDT、p,p'-DDT、Dieldrin 狄氏剂、EndosulfanⅠα硫丹、EndosulfanⅡ、Endrin 异狄氏剂、Heptachlor 七氯、环氧七氯、六氯苯、α-BHC、b-BHC、g-BHC、Methoxychlor 甲氧滴滴涕、萘、苊烯、苊、芴、菲、蒽、荧蒽、芘、苯并[a]蒽、䓛、苯并[b]荧蒽、苯并[k]荧蒽、苯并[a]芘、茚苯[1,2,3-cd]芘、二苯并[a,h]蒽、苯并[j,h,i]芘

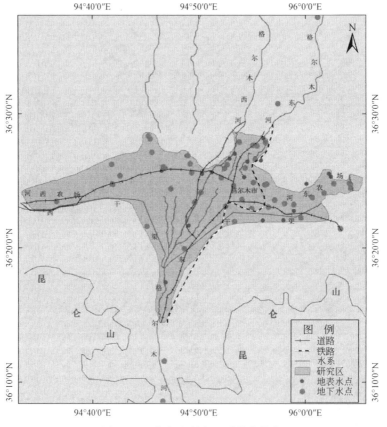

图 4-137 格尔木研究区采样点分布

3. 地下水中主要污染物初筛

确定研究区地下水中主要污染物初始名单,就要查明地下水水质及水环境现状,从而为污染物名单的确立提供重要依据。

1) 地下水水质评价

根据水样测试结果,依据 GB/T 14848—2017 规定的地下水水质评价方法,选取常规指标 27 项、非常规指标 25 项,对 51 组地下水样进行质量评价,评价结果见图 4-138。

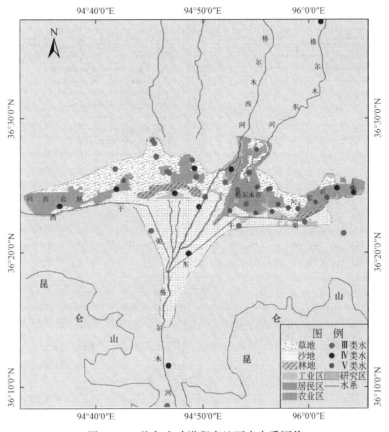

图 4-138 格尔木冲洪积扇地下水水质评价

水质评价结果显示,格尔木研究区地下水水质整体较差,以工业区、农业区最为典型,Ⅲ类水点占 41%,主要分布在人类活动较少的地区;Ⅳ类水点占 24%,分布较分散;Ⅴ类水点占 35%,主要分布在工业区和农业区。位于冲洪积扇前的个别人类活动较多的地区出现Ⅲ类水,该区位于地下水排泄区,分布浅层承压含水层,由此表明该地区水质可能与含水层的越流补给有关。

为了给格尔木研究区地下水中主要污染物指标的筛选提供支撑,对水质评价结果作了指标贡献率统计(图 4-139),结果表明,影响该区地下水水质的主要指标以 TDS、总硬度、SO_4^{2-} 及盐类指标为主,原因除了与该区包气带及含水层介质类型有关之外,还与该区蒸发量大及农业活动密切相关。

2) 地下水水化学特征

为完成地下水单元分区,需综合考虑地下水水化学特征等要素进行分区,根据水样测试结果,对研究区地下水测试数据进行处理并分析水化学特征,结果见表 4-55 和图 4-140。

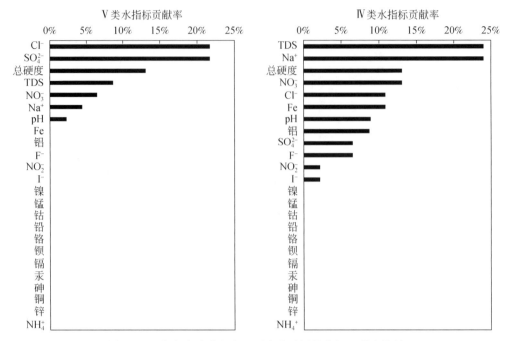

图 4-139　格尔木冲洪积扇地下水水质评价指标贡献率统计

表 4-55　格尔木地下水水化学数据分布

	T	EC	pH	K^+	Na^+	Ca^{2+}	Mg^{2+}	HCO_3^-	SO_4^{2-}	Cl^-	TDS
最大值	24	5924	9.47	66.3	626.7	333.67	219.61	870.77	1026.9	996.5	4256.05
最小值	7	498.2	7.01	3.6	63.8	22.79	24.18	149.63	60.9	81.63	490.75
均值	11.98	1331.13	7.96	8.27	157.51	66.45	57.25	250.72	201.11	235.91	1001.94
Sd	3.2	1061.53	0.45	9.09	121.7	47.23	38.74	113.71	207.06	206.74	694.6
Cv	0.27	0.8	0.06	1.01	0.77	0.71	0.68	0.45	1.03	0.88	0.69

注：T 单位为℃；EC 单位为 μS/cm；pH 无量纲；其余单位为 mg/L。

从水化学数据统计结果来看，研究区地下水的 pH 在 7～8.5 之间，呈微碱性；71% 的点 TDS 小于 1 g/L，为低矿化度的淡水，水中主要阴离子为 HCO_3^-；21% 的点 TDS 含量为 1～2 g/L，水中主要阴离子为 Cl^-，为微咸水；少部分点 TDS 含量大于 2 g/L，为高矿化度的咸水，含较高浓度的 SO_4^{2-} 和 Na^+。TDS 含量大小与该区强烈的蒸发条件和含水介质密切相关，大面积的农业活动也有重要影响。

全区地下水水化学类型（图 4-141）以 Na-Cl 型水和 Na-HCO_3 为主，主要分布在径流区格尔木河以东，人类活动较多的地区；Na-HCO_3 型水主要分布在格尔木河以西及扇缘的地下水溢出带。沿格尔木河流向的 7 个地表水点中，水化学类型依次为 Na-HCO_3 型、Na-Cl 型。由此表明地下水与地表水的水化学类型分带基本一致。

3）污染物初始名单

调研目前国内外水环境主要污染物的筛选方法来看，主要污染物的筛选原则主要针对污染物的可监测性、排放量大且检出率高、难降解、生物累积性、毒性、潜在危害性等特点，本

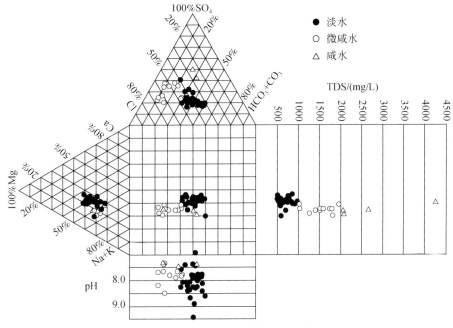

图 4-140 地下水水化学 Durov 图

研究中的地下水中主要污染物筛选原则除了以上几点之外还包括以下几个方面:

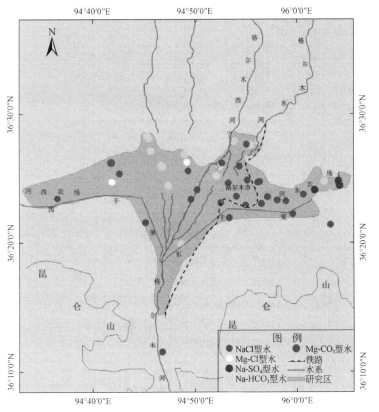

图 4-141 地下水水化学类型

(1)优先筛选检出量大的污染物;
(2)优先选择规范中要求研究区水样必测的污染物;
(3)优先选择国内外主要污染物名单中包含的污染物;

根据格尔木研究区水样测试结果,结合以上筛选原则,确定地下水中主要污染物初始名单共40项,其中,无机污染指标19项,有机污染指标21项,如表4-56所示。

表4-56 地下水中主要污染物初始名单

指标类别	指标名称
综合指标及无机指标(19项)	TDS、COD、总硬度、钠、铝、总铁、氯离子、硫酸根、氟、硝氮、锌、汞、镉、钡、锰、镍、氨氮、亚硝氮、碘化物
有机指标(21项)	1,1-二氯乙烯、二氯甲烷、三氯甲烷、1,2-二氯乙烷、四氯化碳、三氯乙烯、1,2-二氯丙烷、甲苯、四氯乙烯、1,4-二氯苯、蒽、萘、蒽、荧蒽、芴、菲、苊烯、苊、䓛、苯并[a]蒽、六氯苯

4. 地下水污染程度识别

地下水污染程度识别是通过指标分类,根据实测指标浓度所在区间,将单指标污染程度分为未污染、疑似污染、轻污染、中污染、重污染共五类,识别各采样点单指标污染程度,对所有水样的单指标污染程度进行频率统计,再对所有采样点中各个污染级别的频率进行排序并从$1 \sim n$赋值,最终运用分级评分法将各个指标污染的不同程度进行叠加便是该指标的污染指数。

1)无机指标污染程度识别

无机指标污染程度识别采用许真等提出的地下水污染指标分类综合评价方法,结合指标背景值、地下水水质标准分类限值进行污染程度分级(表4-57)。

表4-57 无机指标污染级别分类

分级区间	污染级别	级别描述
$C \leqslant NBL$	Ⅰ	未污染
$NBL < C \leqslant 0.5(NBL+GQS_Ⅲ)$	Ⅱ	疑似污染
$0.5(NBL+GQS_Ⅲ) < C < GQS_Ⅲ$	Ⅲ	轻污染
$GQS_Ⅲ < C \leqslant GQS_Ⅳ$	Ⅳ	中污染
$GQS_Ⅳ < C$	Ⅴ	重污染

注:C表示污染物实测浓度;NBL表示背景值;$GQS_Ⅲ$表示GB 14848–2017 Ⅲ类限值;$GQS_Ⅳ$表示GB 14848–2017 Ⅳ类限值。

本研究背景值的获取方法的合理性有待于进一步研究,重点在于利用背景值进行污染评价,借鉴美国地质调查局地下水背景值获取方法,即:累积频率曲线法。该方法简单有效,能快速识别背景值。

(1)地下水环境单元划分。

格尔木地区典型冲洪积扇的地下水环境单元划分主要依据地形地貌、补径排条件、潜水埋深、含水介质类型、水化学类型等因素,共划分为三个单元,如图4-142所示。

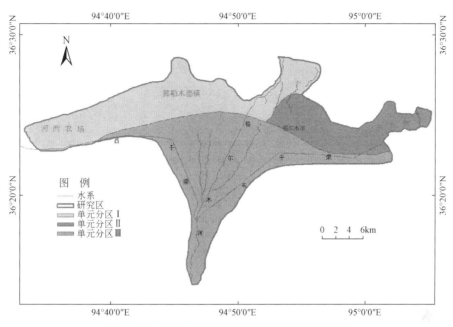

图 4-142　格尔木冲洪积扇地下水环境单元分区

Ⅰ区:扇中径流-排泄区中浅层孔隙潜水。

主要特点:含水层呈多层结构,岩性颗粒逐渐变小,潜水埋深较小,为径流-排泄区,水化学类型以 Na-HCO_3 型为主,个别为 Na-Cl 型、Mg-Cl 型、Mg-HCO_3 型,潜水溢出地表排泄,出现浅层微承压水和深层承压水,TDS 含量中等。

Ⅱ区:扇中径流区中浅层孔隙潜水。

主要特点:含水层呈多层结构,岩性颗粒逐渐变小,潜水埋深较小,为径流区,水化学类型主要为 Na-Cl 型水,个别为 Na-SO_4 型,出现浅层微承压水,TDS 含量较高,主要为高 TDS 的微咸水或咸水。

Ⅲ区:山前补给-径流区深层孔隙潜水。

主要特点:砂卵砾石层,深层潜水,埋深较大,补给-径流区,水化学类型主要为 Na-Cl 型水,TDS 含量中等,以淡水为主。

(2)背景值计算。

根据各地下水单元分区采样点的分布,分别计算各分区无机指标的背景值,计算方法运用累积频率曲线法,即:拐点值=平均值+2 倍标准差,本研究取拐点以内累积频率为 90% 的值作为评价的背景值(表 4-58)。

表 4-58　综合指标及无机指标环境背景值　　　　　　　　　　　　(单位:mg/L)

指标	环境背景值			指标	环境背景值		
	Ⅰ区	Ⅱ区	Ⅲ区		Ⅰ区	Ⅱ区	Ⅲ区
TDS	853.93	2073*	1008.24*	总铁	0.1819	0.18	0.1938
COD	0.45	1.2	0.5	碘化物	0.002	0.0174	0.002

续表

指标	环境背景值			指标	环境背景值		
	Ⅰ区	Ⅱ区	Ⅲ区		Ⅰ区	Ⅱ区	Ⅲ区
总硬度	387.32	725.47*	371.88	铝	0.1734	0.11	0.1899
钠	128.62	350.16*	171.95	锌	0.008	0.0326	0.016
氯离子	181.14	566.93*	249.69	钡	0.035	0.0278	0.0325
硫酸根	127.17	684.76*	165.03	镉	0.001	0.001	0.001
氨氮	0.032	0.032	0.032	汞	0.0001	0.0001	0.0001
硝氮	3.7	6.2905	1.8667	锰	0.005	0.005	0.005
亚硝氮	0.0022	0.0117	0.0012	镍	0.005	0.005	0.005
氟	0.378	1.12*	0.657				

* 表示背景值含量大于Ⅲ类标准限值的劣质指标,进行污染评价时从劣不从优。

2)有机指标污染程度识别

对于有机指标评价包括两类评价体系,一类是对于水质标准中有的指标参照许真提出的人工组分污染级别分类评价方法进行评价,分级方法见表4-59中的分级A;另一类是对于水质标准中没有的指标,在以往的人工组分污染级别分类方法的基础上引入健康基准值(HBSLs,Health-Based Screening Levels)对该方法作了修正,HBSLs 是美国地质调查局(USGS,U. S. Geological Survey)1991年对无强制执行标准值的污染物制定的基于健康的评价基准值作为水质标准的补充,是针对水中污染物估算的基准浓度值,衡量污染物通过饮水途径进入人体引起的潜在健康问题,因此可以根据地下水中该类指标的实测含量与 HBSLs 及目标检出限对比评价其污染级别,分级方法见表4-59中的分级B。

表4-59 有机指标污染级别分类方法

分级A	分级B	污染级别	级别描述
$C \leq$ TDF	$C \leq$ TDF	Ⅰ	未污染
TDF $< C \leq$ 5TDF	TDF $< C \leq$ 5TDF	Ⅱ	疑似污染
5TDF $< C \leq$ GQSⅢ	5TDF $< C <$ 0.5(TDF+HBSLs)	Ⅲ	轻污染
GQSⅢ $< C \leq$ GQSⅣ	0.5(TDF+HBSLs)$< C \leq$ HBSLs	Ⅳ	中污染
GQSⅣ $< C$	HBSLs $< C$	Ⅴ	重污染

注:TDF 表示 DZ/T 0288—2015 目标检出限;HBSLs 表示健康基准值。

有机指标人体健康基准如表4-60所示。

表4-60 有机指标人体健康基准值　　　　　　　　　　　(单位:μg/L)

指标	HBSLs	指标	HBSLs	指标	HBSLs
四氯化碳	24	1,1-二氯乙烯	300	芴	240
1,2-二氯丙烷	24	三氯甲烷	60	芘	180
二氯甲烷	36	三氯乙烯	42	蒽	411

续表

指标	HBSLs	指标	HBSLs	指标	HBSLs
甲苯	480	菲	180	蒽	1800
1,2-二氯乙烷	35	萘	120	荧蒽	240
四氯乙烯	58.2	苊	360	六氯苯	1
苯并[a]蒽	4.11	1,4-二氯苯	300	苊烯	360

3) 评价结果统计

运用上述单指标污染程度识别方法对各个水样指标进行单指标污染程度识别，并统计评价结果，见表4-61。

表4-61 单指标污染评价结果统计

指标名称	单指标在各污染级别的采样点数					总数
	未污染	疑似污染	轻污染	中污染	重污染	
TDS	19	2	15	11	4	51
COD	35	2	0	1	0	38
总硬度	30	2	7	6	6	51
Na	29	3	6	11	2	51
氯离子	29	2	5	5	10	51
硫酸根	29	4	5	3	10	51
氨氮	46	5	0	0	0	51
硝氮	40	8	0	3	0	51
亚硝氮	43	8	0	0	0	51
氟	29	7	12	3	0	51
总铁	38	5	2	6	0	51
碘化物	47	3	0	1	0	51
铝	42	5	0	4	0	51
锌	38	13	0	0	0	51
钡	42	9	0	0	0	51
镉	51	0	0	0	0	51
汞	51	0	0	0	0	51
锰	48	3	0	0	0	51
镍	51	0	0	0	0	51
四氯化碳	38	0	0	0	0	38
1,2-二氯丙烷	38	0	0	0	0	38
二氯甲烷	38	0	0	0	0	38
甲苯	38	0	0	0	0	38
1,2-二氯乙烷	38	0	0	0	0	38

续表

指标名称	单指标在各污染级别的采样点数					总数
	未污染	疑似污染	轻污染	中污染	重污染	
四氯乙烯	38	0	0	0	0	38
苯并[a]蒽	3	0	35	0	0	38
1,1-二氯乙烯	38	0	0	0	0	38
三氯甲烷	38	0	0	0	0	38
三氯乙烯	38	0	0	0	0	38
菲	25	7	6	0	0	38
萘	33	0	5	0	0	38
苊	27	9	2	0	0	38
1,4-二氯苯	38	0	0	0	0	38
芴	30	3	5	0	0	38
芘	1	2	35	0	0	38
蒽	29	9	0	0	0	38
蒽	38	0	0	0	0	38
荧蒽	37	1	0	0	0	38
六氯苯	38	0	0	0	0	38
苊烯	38	0	0	0	0	38

地下水单指标污染评价统计结果显示,格尔木地区地下水中污染指标以无机盐类为主,这与该区岩性特征和强烈的蒸发条件及大范围农业活动有关;多环芳烃类物质也存在一定程度的污染,是由该区工业活动和输油管道泄漏导致;VOC 类指标以未污染为主,实际检出量小或未检出。

5. 地下水中主要污染物筛选

依据统计学原理,用单指标污染程度频率分布来表征该指标的综合危害性大小,且能最大限度地利用所有水样测试数据。根据单指标污染评价结果,横向统计各个指标分别在Ⅰ~Ⅴ类污染级别的频率,再纵向对污染指标 i 在各污染级别的频率由小到大排序并从 $1\sim n$ 赋值 V_{ij}。运用层次分析法计算各污染级别频率参数的权重 W_j,根据式(4-35)按照分级评分法叠加得到各个指标的综合危害性指数 P_i,按照污染指标的综合污染指数的大小排序。

$$P_i = \sum (V_{ij} W_j) \tag{4-35}$$

式中,V_{ij} 为污染指标 i 在 j 类污染级别中的评分值;W_j 为 j 类污染级别的权重;i 为污染指标;j 为污染级别。

结合表 4-62 的统计结果计算 40 种污染物在各污染级别的频率,运用频率分级评分叠加方法计算各污染物最终的评分值并排序(表 4-63)。

表 4-62 各污染级别权重分配

污染级别	未污染	疑似污染	轻污染	中污染	重污染
权重	0	0.05	0.15	0.3	0.5

表 4-63 频率分级评分叠加结果及污染物排序

排序	指标名称	未污染		疑似污染		轻污染		中污染		重污染		得分
		频率	赋值	频率	赋值	频率	赋值	频率	赋值	频率	赋值	
1	TDS*	0.373	3	0.039	3	0.294	10	0.216	8	0.078	3	5.550
2	总硬度*	0.588	5	0.039	3	0.137	7	0.118	7	0.118	4	5.300
3	氯离子*	0.569	4	0.039	3	0.098	4	0.098	6	0.196	5	5.050
4	硫酸根*	0.569	4	0.078	6	0.098	4	0.059	4	0.196	5	4.600
5	钠*	0.569	4	0.059	5	0.118	5	0.216	8	0.039	2	4.400
6	氟*	0.569	4	0.137	9	0.235	9	0.059	4	0	1	3.500
7	总铁*	0.745	8	0.098	8	0.039	2	0.118	7	0	1	4.300
8	芘*	0.026	1	0.053	4	0.921	11	0	1	0	1	2.650
9	菲*	0.658	6	0.184	12	0.158	8	0	1	0	1	2.600
10	铝*	0.824	12	0.098	8	0	1	0.078	5	0	1	2.550
11	苯并[a]蒽*	0.079	2	0.000	1	0.921	11	0	1	0	1	2.500
12	硝氮*	0.784	10	0.157	10	0	1	0.059	4	0	1	2.350
13	芴	0.789	11	0.079	7	0.132	6	0	1	0	1	2.050
14	苊	0.711	7	0.237	13	0.053	3	0	1	0	1	1.900
15	COD	0.921	16	0.053	4	0	1	0.026	3	0	1	1.750
15	萘	0.868	14	0	1	0.132	6	0	1	0	1	1.750
16	锌	0.745	8	0.255	14	0	1	0	1	0	1	1.650
17	蒽	0.763	9	0.237	13	0	1	0	1	0	1	1.600
18	碘化物	0.922	17	0.059	5	0	1	0.020	2	0	1	1.500
18	钡	0.824	12	0.176	11	0	1	0	1	0	1	1.500
19	亚硝氮	0.843	13	0.157	10	0	1	0	1	0	1	1.450
20	氨氮	0.902	15	0.098	8	0	1	0	1	0	1	1.350
21	锰	0.941	18	0.059	5	0	1	0	1	0	1	1.200
22	荧蒽	0.974	19	0.026	2	0	1	0	1	0	1	1.050
23	镉	1	20	0	1	0	1	0	1	0	1	1
23	镍	1	20	0	1	0	1	0	1	0	1	1
23	汞	1	20	0	1	0	1	0	1	0	1	1
23	四氯化碳	1	20	0	1	0	1	0	1	0	1	1
23	1,2-二氯丙烷	1	20	0	1	0	1	0	1	0	1	1
23	二氯甲烷	1	20	0	1	0	1	0	1	0	1	1

续表

排序	指标名称	未污染		疑似污染		轻污染		中污染		重污染		得分
		频率	赋值	频率	赋值	频率	赋值	频率	赋值	频率	赋值	
23	甲苯	1	20	0	1	0	1	0	1	0	1	1
23	1,2-二氯乙烷	1	20	0	1	0	1	0	1	0	1	1
23	四氯乙烯	1	20	0	1	0	1	0	1	0	1	1
23	1,1-二氯乙烯	1	20	0	1	0	1	0	1	0	1	1
23	三氯甲烷	1	20	0	1	0	1	0	1	0	1	1
23	三氯乙烯	1	20	0	1	0	1	0	1	0	1	1
23	1,4-二氯苯	1	20	0	1	0	1	0	1	0	1	1
23	蒽	1	20	0	1	0	1	0	1	0	1	1
23	六氯苯	1	20	0	1	0	1	0	1	0	1	1
23	苊烯	1	20	0	1	0	1	0	1	0	1	1

*表示排序在前30%的污染物为主要污染物。

由表4-63可见,运用该方法筛选主要污染物,得分值范围为1~5.55,得分相同且均为1的以检出量低或未检出的有机污染物为主。主要污染物的筛选原则是对经济环境的各种因素进行分析,确定在数量上优先控制水系中30%定量检出的污染物,在种类上筛选出综合评价指数高的污染物,根据这一原则,得出格尔木地区地下水中主要污染物有TDS、总硬度、氯离子、硫酸根、钠、氟、总铁、芘、菲、铝、苯并[a]蒽、硝氮共3类12种。

6. 柴达木盆地格尔木研究区地下水中主要污染物清单

1)验证分析

为进一步论证本研究中该方法的科学性和可靠性,利用目前定量化程度较高的基于风险评价的主要污染物筛选方法进行对比分析。该方法需要更加丰富的污染源基础资料,从地表污染源解析出发,量化地表污染源进入地下水的可能性,最终利用进入地下水中污染物的总量、中位数、毒性三者叠加计算进行排序,目前已将该方法应用于北京市平原区和都安岩溶区地下水中污染物的筛选,都得到了较好的效果;本研究将该方法应用于格尔木研究区,筛选结果如表4-64所示。

表4-64 两种体系污染物排序结果

折减系数法			污染评价法		
排序	指标名称	得分	排序	指标名称	得分
1	TDS*	18721.61	1	TDS*	5.550
2	氯离子*	4791.80	2	总硬度*	5.300
3	总硬度*	3159.49	3	氯离子*	5.050
4	硫酸根*	851.23	4	硫酸根*	4.600
5	氨氮*	676.22	5	钠*	4.400
6	钠*	321.39	6	氟*	3.500

续表

	折减系数法			污染评价法	
排序	指标名称	得分	排序	指标名称	得分
7	COD*	182.30	7	总铁*	4.300
8	氟*	2.79	8	芘*	2.650
9	硝氮*	2.19	9	菲*	2.600
10	总铁*	1.61	10	铝*	2.550
11	铝*	0.54	11	苯并[a]蒽*	2.500
12	锰*	0.054	12	硝氮*	2.350
13	亚硝氮	1.05×10^{-2}	13	芴	2.050
14	碘化物	2.49×10^{-3}	14	苊	1.900
15	镉	1.82×10^{-3}	15	COD	1.750
16	钡	1.49×10^{-3}	15	萘	1.750
17	镍	7.85×10^{-4}	16	锌	1.650
18	锌	3.64×10^{-4}	17	蒽	1.600
19	四氯化碳	9.98×10^{-6}	18	碘化物	1.500
20	1,2-二氯丙烷	7.39×10^{-6}	18	钡	1.500
21	二氯甲烷	7.34×10^{-6}	19	亚硝氮	1.450
22	汞	6.35×10^{-6}	20	氨氮	1.350
23	甲苯	2.38×10^{-6}	21	锰	1.200
24	1,2-二氯乙烷	1.30×10^{-6}	22	荧蒽	1.050
25	四氯乙烯	1.14×10^{-6}	23	镉	1
26	苯并[a]蒽	8.72×10^{-7}	23	镍	1
27	1,1-二氯乙烯	6.12×10^{-7}	23	汞	1
28	三氯甲烷	3.74×10^{-7}	23	四氯化碳	1
29	三氯乙烯	2.62×10^{-7}	23	1,2-二氯丙烷	1
30	菲	1.27×10^{-7}	23	二氯甲烷	1
31	萘	9.14×10^{-8}	23	甲苯	1
32	苊	5.51×10^{-8}	23	1,2-二氯乙烷	1
33	1,4-二氯苯	1.81×10^{-8}	23	四氯乙烯	1
34	芴	1.33×10^{-8}	23	1,1-二氯乙烯	1
35	芘	1.05×10^{-8}	23	三氯甲烷	1
36	蒀	0	23	三氯乙烯	1
36	蒽	0	23	1,4-二氯苯	1
36	荧蒽	0	23	蒽	1
36	六氯苯	0	23	六氯苯	1
36	苊烯	0	23	苊烯	1

* 表示排序在前30%的污染物为主要污染物。

采用折减系数法计算得到的污染物排序结果显示(表4-64),污染物得分值的数量级跨度较大,得分较高的污染物主要以综合指标和无机指标为主,且得分相同的污染物较少,主要是由于该方法的三个叠加因子值间数量级差异较大,对最终得分差异起到了放大作用而更便于对比,也与该方法的复杂程度有关;采用污染评价法计算得到的污染物排序结果显示,污染物得分处在同一数量级,得分较高的污染物除了综合指标和无机指标外还包括多环芳烃类,评分相同的污染物较多,主要是由于该方法的评分体系较简便所致。

两种方法筛选出的格尔木地下水中12种主要污染物中,有9种污染物相同,而COD、氨氮、锰在折减系数法筛选结果中属于主要污染物,是由于COD、氨氮均来自地表的人类活动,该区承压水中的锰含量很低,地下水样基本都来自民井,对地下水的混合开采致使地下水中这三种成分含量稀释而降低,导致从地下水污染评价的角度排序结果较靠后;而芘、菲、苯并[a]蒽在污染评价法筛选结果中属于主要污染物,但其在地表污染源中的含量却很低,其原因除了多环芳烃存在天然来源外,还由该区油库或输油管道漏油所致。

比较这两种方法,两者对地下水中主要污染物的筛选结果一致性较好,进一步验证了基于地下水污染评价的主要污染物筛选方法的科学性和可靠性,且该方法较为简便,将不可避免地出现多个污染物评分相同的情况,但最终的主要污染物清单对地下水污染防控具有一定的指示意义,当地表污染源基础资料不足时,可优先选用该方法。

2)主要污染物清单

运用指标分类污染评价方法进行污染程度识别,结合污染级别频率分级评分法叠加,计算污染物的综合污染指数并进行排序,利用已有体系分析验证了筛选结果的可靠性,最终将排序前30%的12种污染物列为柴达木盆地格尔木研究区地下水中的主要污染物,见表4-65。

表4-65 柴达木盆地格尔木研究区地下水主要污染物清单

排序	指标名称	未污染		疑似污染		轻污染		中污染		重污染		得分
		频率	赋值	频率	赋值	频率	赋值	频率	赋值	频率	赋值	
1	TDS	0.373	3	0.039	3	0.294	10	0.216	8	0.078	3	5.550
2	总硬度	0.588	5	0.039	3	0.137	7	0.118	7	0.118	4	5.300
3	氯离子	0.569	4	0.039	3	0.098	4	0.098	6	0.196	5	5.050
4	硫酸根	0.569	4	0.078	6	0.098	4	0.059	4	0.196	5	4.600
5	钠	0.569	4	0.059	5	0.118	5	0.216	8	0.039	2	4.400
6	氟	0.569	4	0.137	9	0.235	9	0.059	4	0	1	3.500
7	总铁	0.745	8	0.098	8	0.039	2	0.118	7	0	1	4.300
8	芘	0.026	1	0.053	4	0.921	11	0	1	0	1	2.650
9	菲	0.658	6	0.184	12	0.158	8	0	1	0	1	2.600
10	铝	0.824	12	0.098	8	0	1	0.078	5	0	1	2.550
11	苯并[a]蒽	0.079	2	0.000	1	0.921	11	0	1	0	1	2.500
12	硝氮	0.784	10	0.157	10	0	1	0.059	4	0	1	2.350

4.4 分析与总结

4.4.1 对比分析

选择华北平原区、西南岩溶区、西北河谷平原区、柴达木盆地的四个典型地段(滹沱河冲洪积扇、广西都安地苏地下河系、兰州河谷平原、格尔木河冲洪积扇)分别作为研究区进行地下水环境污染特征的研究,并筛选出各研究区评分排序前5位的污染物作为研究区主要污染物,见表4-66。

表4-66 典型研究区主要污染物名单

典型研究区	典型地段	主要污染物名单
华北平原区	滹沱河冲洪积扇	砷、锰、氨、铁、苯并[a]芘
西南岩溶区	都安地苏地下河系	氨氮、耗氧量、砷、氟离子、亚硝氮
西北河谷平原	兰州河谷平原	苯、六氯苯、锑、1,2-二氯乙烷、二氯甲烷
柴达木盆地	格尔木河冲洪积扇	TDS、总硬度、氯离子、硫酸根、钠

结果表明,不同研究区地下水环境污染特征差异明显,主要污染物名单差异较大。产生差异的原因在于不同研究区经济发展水平的差异,人类活动的影响程度不同,导致污染源类型、污染物种类、污染源分布范围等存在较大差异;或由不同研究区水文地质条件的差异,导致地表污染源进入地下水的方式不同;或由研究区的勘研程度不同而引起的基础资料丰富程度的差异,导致方法的可行性差异等问题,这些区域性差异必然要求不同研究区选用不同的研究方法。因此,本研究综合考虑以上差异性,分别建立了基于风险评价和基于污染评价的两套地下水中主要污染物筛选体系,以适用于不同类型的研究区。

4.4.2 成果总结

上述研究主要取得如下成果。

(1)提出了地表污染源量化计算方法,并运用于各个研究区,定量表征各个研究区地表污染源分布特征。

(2)建立了地表污染物进入地下水的可能性技术框架,提出了表征污染物在包气带中衰减作用的"折减系数",并运用于各个研究区,量化计算得到地表污染物进入地下水后的分布特征。

(3)提出了基于风险评价的地下水中主要污染物筛选体系,并运用于华北平原和西南岩溶典型区,分别建立了地下水中主要污染物清单。

(4)提出了基于污染评价的地下水中主要污染物筛选体系,并运用于兰州河谷盆地和柴达木盆地典型区,分别建立了地下水中主要污染物清单。

参 考 文 献

[1] 刘菲,刘明亮,何江涛. 包气带对三氯乙烯的吸附行为研究. 岩石矿物学杂志,2007,26(6):549-552.

[2] Lopezet J V, ledger A, Santiago-Vazquez L Z, et al. Suppression subtractive hybridization PCR isolation of cDNAs from a Caribbean soft coral. Electronic Journal of Biotechnology, 2011, 14(1):1-8.

[3] Barber J L, Sweetman A J, van Wijk D, et al. Hexachlorobenzene in the global environment: Emissions, levels, distribution, trends and processes. Science of the Total Environment, 2005, 349:41-44.

[4] Ecker S, Horak O. Pathways of HCB-contamination to oil pumpkin seeds. Chemosphere, 1994, 29:2135-2145.

[5] 王连生. 有机污染物化学(下册). 北京:科学出版社,1991.

[6] 胡枭,樊耀波,王敏健. 影响有机污染物在土壤中的迁移、转化行为的因素. 环境科学进展,1999,7(5):14-22.

[7] 戴树桂. 环境化学. 北京:高等教育出版社,1996.

[8] 金志刚,张彤,朱怀兰. 污染物生物降解. 上海:华东理工大学出版社,1997.

[9] 瞿福平,张晓健. 氯代芳香化合物的生物降解性研究进展. 环境科学,1997,18(2):75-78.

[10] 魏兴萍,蒲俊兵,赵纯勇. 基于修正RISKE模型的重庆岩溶地区地下水脆弱性评价. 生态学报,2014,03(34):589-596.

[11] 潘晓东,尹学灵,唐建生,等. 寨底地下河系统脆弱性评价指标体系及方法. 广西师范大学学报(自然科学版),2014,32(2):168-174.

[12] 王万金,陈登齐. 西南岩溶区典型地下河流域地下水脆弱性评价. 水资源保护,2012,28(4):45-49.

[13] Van Beynen P E, Niseziełski M A, Bialkowska-Jelinska E, et al. Comparative study of specific groundwater vulnerability of a karst aquifer in central Florida. Applied Geography, 2012, 32(2):868-877.

[14] Kattaa B, Al-Fares W, Al Charideh A R. Groundwater vulnerability assessment for the Banyas Catchment of the Syrian coastal area using GIS and the RISKE method. Journal of Environmental Management, 2010, 91(5):1103-1110.

[15] 张强. 青木关岩溶槽谷地下水水源地固有脆弱性评价. 中国岩溶,2012,31(1):67-73.

[16] 官东杰,苏维词,王海军. 重庆市岩溶地区生态环境脆弱性评价研究. 2006,27(6):432-435.

[17] 魏兴萍,蒲俊兵,赵纯勇. 基于修正RISKE模型的重庆岩溶地区地下水脆弱性评价. 生态学报,2014,34(3):589-596.

[18] 杨平恒,袁道先,叶许春. 降雨期间岩溶地下水化学组分的来源及运移路径. 科学通报,2013,58:1755-1763.

[19] Liu J Y, Liu M L, Tian H Q, et al. Spatial and temporal patterns of China's cropland during 1990-2000: Ananalysis based on Landsat TM data. Remote sensing of environment, 2005, 98(4):442-456.

[20] 江剑,董殿伟,杨冠宁,等. 北京市海淀区地下水污染风险性评价. 分析研究,2010,5(2):35-39.

[21] 刘松霖,魏江,沈莹莹,等. 淄博大武地下水源地污染风险评价. 安全与环境学报,2013,13(1):142-148.

[22] 陆燕,何江涛,王俊杰,等. 北京平原区地下水污染源识别与危害性分级. 环境科学,2012,33(5):1526-1531.

[23] 许真,何江涛,马文洁,等. 地下水污染指标分类综合评价方法研究. 安全与环境学报,2016,16(1):342-347.

[24] 张英,孙继朝,黄冠星,等. 珠江三角洲地区地下水环境背景值初步研究. 中国地质,2011,38(1):190-196.

[25] 樊丽芳,陈植华. 地下水环境背景值的确定. 西部探矿工程,2004,98(7):90-92.

[26] 廖磊. 柳江盆地浅层地下水次要组分和微量组分视背景值研究. 北京:中国地质大学(北京),2015.
[27] 曾颖. 秦皇岛柳江盆地浅层地下水常规组分背景值研究. 北京:中国地质大学(北京),2015.
[28] 杨保安,张科静. 多目标决策分析理论、方法与应用研究. 上海:东华大学出版社,2008:47-57.

第5章 地下水质量基准及标准值推导方法研究

5.1 研究思路

水质基准是指水环境中污染物对特定对象(人或其他生物)不产生有害影响的最大剂量或浓度,它是以保护人体健康和生态平衡为目的,用可信的科学数据表示的水中某种污染物质的允许浓度,是科学实验的客观记录和科学推论[1,2]。水质标准是水环境质量管理的重要工具,也是判断水质好坏的重要标尺,它是以水质基准为依据,综合考虑当前水环境管理需求、水环境质量现状、污染治理的可行性、分析方法及检出限及经济效益分析的基础上确定的[2],因此,水质标准反映了阶段性水环境管理的思路和目标。

地下水最为重要的用途是用作饮用水水源,且大部分地下水未经处理直接用作饮用水,因此,地下水环境质量基准主要考虑对人体健康的保护,其制定方法应借鉴人体健康基准的制定方法。本章在对 USEPA 保护人体健康的水质基准推导方法进行全面调研的基础上,结合地下水环境的特点,提出地下水环境质量基准的推导思路,并以硝酸盐和砷为例,对其基准值进行推导,在此基础上,以期建立我国地下水质量基准的推导方法和推导模型。

同时,基于国内外现行地下水质量标准及制定方法的全面调研,提出我国地下水质量标准值的确定思路,并以硝酸盐和砷为例,对其在我国地下水环境中的标准值进行推导,并在此基础上,以期建立我国地下水质量标准值的确定方法。

研究的技术路线如图 5-1 所示。

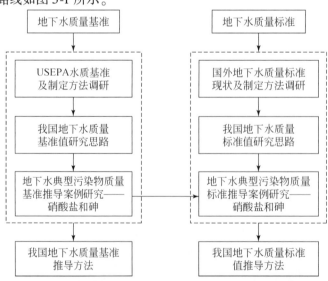

图 5-1　地下水质量基准及标准制定技术研究的技术路线图

5.2 保护人体健康的水质基准推导方法及基准现状

5.2.1 美国保护人体健康的水质基准推导方法

1980年，USEPA发布了针对64种污染物/污染物类别的水环境质量基准，并提供了基准推导方法学[3]。这些以保护人体健康为目的的水环境质量基准国家指南(或"1980年方法学")包括三类终点：非致癌、致癌及感官(味觉和嗅觉)效应。非致癌和致癌效应的基准通过使用风险评估程序估算，包括动物毒性外推法或人体流行病学的研究。由于致癌和非致癌终点不同，用于推导人体健康的水环境质量基准的程序也有所区别。1980年USEPA发布的人体健康基准推导公式如下。

当以致癌效应为终点，使用致癌斜率因子q_1^*时，

(1) 对于消费水和水生生物

$$\mathrm{AWQC}[\mu g/L] = \frac{R \times 70\mathrm{kg} \times 1000\mu g/mg}{q_1^*[\mathrm{kg\cdot d/mg}]\left(\frac{2\mathrm{L}}{\mathrm{d}} + \left(\frac{0.0065\mathrm{kg}}{\mathrm{d}} \times \mathrm{BCF}\left[\frac{\mathrm{L}}{\mathrm{kg}}\right]\right)\right)} \tag{5-1}$$

(2) 对于仅消费水生生物

$$\mathrm{AWQC}[\mu g/L] = \frac{R \times 70\mathrm{kg} \times 1000\mu g/mg}{q_1^*[\mathrm{kg\cdot d/mg}] \times \left(\frac{0.0065\mathrm{kg}}{\mathrm{d}} \times \mathrm{BCF}\left[\frac{\mathrm{L}}{\mathrm{kg}}\right]\right)} \tag{5-2}$$

当以非致癌效应为重点，使用参考剂量时，

(1) 对于消费水和水生生物

$$\mathrm{AWQC}[\mu g/L] = \frac{\mathrm{RfD}[\mathrm{mg/kg\cdot d}] \times 70\mathrm{kg} \times 1000\mu g/mg}{\frac{2\mathrm{L}}{\mathrm{d}} + \left(\frac{0.0065\mathrm{kg}}{\mathrm{d}} \times \mathrm{BCF}\left[\frac{\mathrm{L}}{\mathrm{kg}}\right]\right)} \tag{5-3}$$

(2) 对于仅消费水生生物

$$\mathrm{AWQC}[\mu g/L] = \frac{\mathrm{RfD}[\mathrm{mg/kg\cdot d}] \times 70\mathrm{kg} \times 1000\mu g/mg}{\frac{0.0065\mathrm{kg}}{\mathrm{d}} \times \mathrm{BCF}\left[\frac{\mathrm{L}}{\mathrm{kg}}\right]} \tag{5-4}$$

式中，AWQC为水质基准，即国家推荐的水质基准；q_1^*为致癌潜力因子，$[\mathrm{kg\cdot(d/mg)}]$；R为可接受的风险水平，一般取10^{-6}；RfD为参考剂量$[\mathrm{mg/(kg\cdot d)}]$；DI为饮用水的摄入量(2 L/d)；BW为体重(70 kg)；FI为鱼类摄入量(0.0065 kg/d)；BCF为生物富集因子(L/kg)。

1980年以来，USEPA的风险评价方法学取得了显著进展，包括致癌和非致癌风险评价、暴露评价和生物累积，并相继发布了多个风险评价指南，如《致癌物风险评价推荐指南》(USEPA,1996a)、《致癌物质风险评估修订指南–建议草案》(USEPA,1999a)、《生殖毒性风险评价指南》(USEPA,1996b)、《神经毒性风险评价指南》(USEPA,1998)及《化学混合物健康风险评价草案》(USEPA,1999b)等。此外，1986年USEPA面向公众推行风险评价信息系统，该系统是一个包含化学物质致癌和非致癌效应风险信息的数据库。基于上述进展，USEPA于2000年发布了《推导保护人体健康水环境质量基准方法学(2000)》，用来制定水

环境质量基准以达到保护人体健康的目的[4]。该方法学中人体健康基准的推导公式如下。

当以致癌效应为终点,使用致癌斜率因子 q_1^* 时,

——线性方法:

(1)对于消费水和水生生物

$$\mathrm{AWQC}[\mu g/L] = \frac{(10^{-6}/q_1^*) \times 70\ \mathrm{kg} \times 1000\mu g/mg}{\frac{2L}{d} + \left(\frac{0.0175\ \mathrm{kg}}{d} \times \mathrm{BCF}\left[\frac{L}{kg}\right]\right)} \tag{5-5}$$

(2)对于仅消费水生生物

$$\mathrm{AWQC}[\mu g/L] = \frac{(10^{-6}/q_1^*) \times 70\ \mathrm{kg} \times 1000\mu g/mg}{\frac{0.0175\ \mathrm{kg}}{d} \times \mathrm{BCF}\left[\frac{L}{kg}\right]} \tag{5-6}$$

——非线性方法:

(1)对于消费水和水生生物

$$\mathrm{AWQC}[\mu g/L] = \frac{\mathrm{POD}}{\mathrm{UF}} \cdot \frac{\mathrm{RSC} \times \mathrm{BW}}{\mathrm{DI} + \mathrm{FI} \cdot \mathrm{BCF}} \tag{5-7}$$

(2)对于仅消费水生生物

$$\mathrm{AWQC}[\mu g/L] = \frac{\mathrm{POD}}{\mathrm{UF}} \cdot \frac{\mathrm{RSC} \times \mathrm{BW}}{\mathrm{FI} \cdot \mathrm{BCF}} \tag{5-8}$$

当以非致癌效应为重点,使用参考剂量时,

(1)对于消费水和水生生物

$$\mathrm{AWQC}[\mu g/L] = \frac{\mathrm{RfD}[mg/kg \cdot d] \times \mathrm{RSC} \times 70\ \mathrm{kg} \times 1000\mu g/mg}{\frac{2L}{d} + \left(\frac{0.0175\ \mathrm{kg}}{d} \times \mathrm{BCF}\left[\frac{L}{kg}\right]\right)} \tag{5-9}$$

(2)对于仅消费水生生物

$$\mathrm{AWQC}[\mu g/L] = \frac{\mathrm{RfD}[mg/kg \cdot d] \times \mathrm{RSC} \times 70\ \mathrm{kg} \times 1000\mu g/mg}{\frac{0.0175\ \mathrm{kg}}{d} \times \mathrm{BCF}\left[\frac{L}{kg}\right]} \tag{5-10}$$

式中,AWQC 为水质基准,即国家推荐的水质基准;q_1^* 为致癌潜力因子,[kg·(d/mg)];RfD 为参考剂量[mg/(kg·d)];DI 为饮用水的摄入量(2 L/d);BW 为体重(70 kg);FI 为鱼类摄入量(0.0175 kg/d);BCF 为生物富集因子(L/kg);UF 为不确定因子(无量纲);RSC 为相对源贡献(百分数或被减量);POD 为基于非线性低剂量外推法的致癌物的起始点[mg/(kg·d)]。

随着基准领域研究工作的不断发展,基准推导公式中参数也在不断变化。2014 年USEPA 基于鱼类摄入量、体重、饮水摄入量、健康毒理值、生物富集因子及相对源贡献率等参数的最新研究成果,拟对 94 种化学污染物的健康基准值进行修订,2014 年 5 月至 2014 年 8 月,USEPA 在网站上对拟修订的 94 种化学污染物的健康基准值公开征求公众意见,同时给出了修订的原因及参数的变化,2015 年 6 月,USEPA 正式公布了修订结果。基准推导公式中参数的主要变化如下:①根据美国 1999 年至 2006 年健康及营养调查结果,将超过 21 岁的美国人的平均体重由原来的 70 kg,提高至 80 kg;②根据 2003 年至 2006 年,美国健康及营养调查结果,将饮水量由 2 L/d 提高至 3 L/d;③根据健康及营养调查结果,鱼摄入量由 17.5g/d 提高至 22g/d;④用生物富集因子(BAF)代替生物浓缩因子(BCF),因为 BAF 更适

合于多种暴露途径的情况;⑤根据最新化学品的毒理信息更新了化合物健康风险因子;⑥根据《推导保护人体健康水环境质量基准方法学(2000)》中推荐的源相对贡献率为20%,将非致癌物质人体健康基准进行了更新[5]。

5.2.2 美国保护人体健康的水质基准现状

当前USEPA网站上共给出了122种物质的保护人体健康的水质基准值,其中包括103种优控污染物和8种非优控污染物[6],具体如表5-1所示。

表5-1 USEPA发布的保护人体健康的水质基准值(2015年更新版)

序号	物质名称 中文	物质名称 英文	CAS	优先级别	保护人体健康的基准值/(μg/L) 消费水和水生生物	保护人体健康的基准值/(μg/L) 仅消费水生生物	发布年
1	苊	Acenaphthene	83329	P	70A	90A	2015
2	丙烯醛	Acrolein	107028	P	3	400	2015
3	丙烯腈	Acrylonitrile	107131	P	0.061C	7.0C	2015
4	艾氏剂	Aldrin	309002	P	0.00000077C	0.00000077C	2015
5	α-六六六(HCH)	alpha-Hexachlorocyclohexane (HCH)	319846	P	0.00036C	0.00039C	2015
6	α-硫丹	alpha-Endosulfan	959988	P	20	30	2015
7	蒽	Anthracene	120127	P	300	400	2015
8	锑	Antimony	7440360	P	5.6B,D	640B,D	2002
9	砷	Arsenic	7440382	P	0.018C,D,E	0.14C,D,E	1992
10	石棉	Asbestos	1332214	P	7 million fibers/LD,F		1991
11	钡	Barium	7440393	NP	1000D,G		1986
12	苯	Benzene	71432	P	0.58–2.1C,D	16–58C,D	2015
13	联苯胺	Benzidine	92875	P	0.00014C	0.011C	2015
14	苯并[a]蒽	Benzo(a)anthracene	56553	P	0.0012C	0.0013C	2015
15	苯并[a]芘	Benzo(a)pyrene	50328	P	0.00012C,D	0.00013C,D	2015
16	苯并[b]荧蒽	Benzo(b)fluoranthene	205992	P	0.0012C	0.0013C	2015
17	苯并[k]荧蒽	Benzo(k)fluoranthene	207089	P	0.012C	0.013C	2015
18	铍	Beryllium	7440417	P	4D		
19	β-六六六(HCH)	beta-Hexachlorocyclohexane (HCH)	319857	P	0.0080C	0.014C	2015
20	β-硫丹	beta-Endosulfan	33213659	P	20	40	2015
21	双(2-氯-1-甲基乙基)醚	Bis(2-Chloro-1-methylethyl) Ether	108601	P	200	4000	2015
22	双(2-氯乙基)醚	Bis(2-Chloroethyl) Ether	111444	P	0.030C	2.2C	2015
23	邻苯二甲酸二异辛酯	Bis(2-Ethylhexyl) Phthalate	117817	P	0.32C,D	0.37C,D	2015

续表

序号	物质名称 中文	物质名称 英文	CAS	优先级别	保护人体健康的基准值/(μg/L) 消费水和水生生物	保护人体健康的基准值/(μg/L) 仅消费水生生物	发布年
24	二氯甲醚	Bis(Chloromethyl) Ether	542881	NP	0.00015C	0.017C	2015
25	溴仿	Bromoform	75252	P	7.0C,D	120C,D	2015
26	邻苯二甲酸酯	Butylbenzyl Phthalate	85687	P	0.10C	0.10C	2015
27	镉	Cadmium	7440439	P	D		
28	四氯化碳	Carbon Tetrachloride	56235	P	0.4C,D	5C,D	2015
29	氯丹	Chlordane	57749	P	0.00031C,D	0.00032C,D	2015
30	氯苯	Chlorobenzene	108907	P	100A,D	800A,D	2015
31	二溴一氯甲烷	Chlorodibromomethane	124481	P	0.80C,D	21C,D	2015
32	氯仿	Chloroform	67663	P	60D	2000D	2015
33	2,4-D 氯苯氧基除草剂	Chlorophenoxy Herbicide(2,4-D)	94757	NP	1300D	12000D	2015
34	2,4,5-TP 氯苯氧基除草剂	Chlorophenoxy Herbicide(2,4,5-TP)[Silvex]	93721	NP	100D	400D	2015
35	三价铬	Chromium(Ⅲ)	16065831	P	D Total		
36	五价铬	Chromium(Ⅵ)	18540299	P	D Total		
37	䓛	Chrysene	218019	P	0.12C,D	0.13C,D	2015
38	铜	Copper	7440508	P	1300A,D		1992
39	氰化物	Cyanide	57125	P	4D	400D	2015
40	二苯并[a,h]蒽	Dibenzo(a,h)anthracene	53703	P	0.00012C	0.00013C	2015
41	一溴二氯甲烷	Dichlorobromomethane	75274	P	0.95C,D	27C,D	2015
42	狄氏剂	Dieldrin	60571	P	0.0000012C	0.0000012C	2015
43	邻苯二甲酸二乙酯	Diethyl Phthalate	84662	P	600	600	2015
44	二甲基邻苯二甲酸	Dimethyl Phthalate	131113	P	2000	2000	2015
45	邻苯二甲酸二丁酯	Di-n-Butyl Phthalate	84742	P	20	30	2015
46	硝基苯酚	Dinitrophenols	25550587	NP	10	1000	2015
47	硫丹硫酸盐	Endosulfan Sulfate	1031078	P	20	40	2015
48	异狄氏剂	Endrin	72208	P	0.03D	0.03D	2015
49	异狄氏剂醛	Endrin Aldehyde	7421934	P	1	1	2015
50	乙苯	Ethylbenzene	100414	P	68D	130D	2015
51	荧蒽	Fluoranthene	206440	P	20	20	2015
52	芴	Fluorene	86737	P	50	70	2015
53	γ-六六六(HCH)[林丹]	gamma-Hexachlorocyclohexane(HCH)[Lindane]	58899	P	5.2D	4.4D	2015

续表

序号	物质名称 中文	物质名称 英文	CAS	优先级别	保护人体健康的基准值/(μg/L) 消费水和水生生物	保护人体健康的基准值/(μg/L) 仅消费水生生物	发布年
54	七氯	Heptachlor	76448	P	0.0000059C,D	0.0000059C,D	2015
55	环氧七氯	Heptachlor Epoxide	1024573	P	0.000032C,D	0.000032C,D	2015
56	六氯苯	Hexachlorobenzene	118741	P	0.000079C,D	0.000079C,D	2015
57	六氯丁二烯	Hexachlorobutadiene	87683	P	0.01C,D	0.01C,D	2015
58	六六六(HCH)	Hexachlorocyclohexane (HCH)-Technical	608731	NP	0.0066C	0.010C	2015
59	六氯环戊二烯	Hexachlorocyclopentadiene	77474	P	4A,D	4A,D	2015
60	六氯乙烷	Hexachloroethane	67721	P	0.1C	0.1C	2015
61	茚并(1,2,3-cd)芘	Indeno(1,2,3-cd)pyrene	193395	P	0.0012C	0.0013C	2015
62	异佛尔酮	Isophorone	78591	P	34C	1800C	2015
63	锰	Manganese	7439965	NP	50A,G,H	100A,G	
64	甲基汞	Methylmercury	22967926	P		0.3 mg/kgI	2001
65	甲氧滴滴涕	Methoxychlor	72435	NP	0.02D	0.02D	2015
66	甲基溴	Methyl Bromide	74839	P	100	10,000	2015
67	二氯甲烷	Methylene Chloride	75092	P	20C,D	1,000C,D	2015
68	镍	Nickel	7440020	P	610B	4,600B	1998
69	硝酸盐	Nitrates	14797558	NP	10000D,G		1986
70	硝基苯	Nitrobenzene	98953	P	10A	600A	2015
71	亚硝胺	Nitrosamines	—	NP	0.0008	1.24	1980
72	N-亚硝基二正丁胺	Nitrosodibutylamine,N	924163	NP	0.0063C	0.22C	2002
73	N-亚硝基二乙基	Nitrosodiethylamine,N	55185	NP	0.0008C	1.24C	2002
74	N-亚硝基吡咯烷	Nitrosopyrrolidine,N	930552	NP	0.016C	34C	2002
75	N-二甲基亚硝胺	N-Nitrosodimethylamine	62759	P	0.00069C	3.0C	2002
76	N-二丙胺	N-Nitrosodi-n-Propylamine	621647	P	0.0050C	0.51C	2002
77	N-亚硝基二苯胺	N-Nitrosodiphenylamine	86306	P	3.3C	6.0C	2002
78	病原体和病原体指标	Pathogen and Pathogen Indicators	—		见 EPA2012 年娱乐用水水质基准		2012
79	五氯苯	Pentachlorobenzene	608935	NP	0.1	0.1	2015
80	五氯酚	Pentachlorophenol	87865	P	0.03A,C,D	0.04A,C,D	2015
81	pH	pH	—	NP	5–9		1986
82	苯酚	Phenol	108952	P	4000A	300000A	2015

续表

序号	物质名称		CAS	优先级别	保护人体健康的基准值/(μg/L)		发布年
	中文	英文			消费水和水生生物	仅消费水生生物	
83	多氯联苯(PCBs)	Polychlorinated Biphenyls (PCBs)		P	0.000064C,D,J	0.000064C,D,J	2002
84	芘	Pyrene	129000	P	20	30	2015
85	硒	Selenium	7782492	P	170D	4200D	2002
86	固体溶解和盐度	Solids Dissolved and Salinity	—	NP	250000G		1986
87	四氯乙烯	Tetrachloroethylene	127184	P	10C,D	29C,D	2015
88	铊	Thallium	7440280	P	0.24D	0.47D	2003
89	甲苯	Toluene	108883	P	57D	520D	2015
90	毒杀芬	Toxaphene	8001352	P	0.00070C,D	0.00071C,D	2015
91	三氯乙烯	Trichloroethylene	79016	P	0.6C,D	7C,D	2015
92	氯乙烯	Vinyl Chloride	75014	P	0.022C,D	1.6C,D	2015
93	锌	Zinc	7440666	P	7400A	26000A	2002
94	1,1,1-三氯乙烷	1,1,1-Trichloroethane	71556	P	10000D	200000D	2015
95	1,1,2,2-四氯乙烷	1,1,2,2-Tetrachloroethane	79345	P	0.2C	3C	2015
96	1,1,2-三氯乙烷	1,1,2-Trichloroethane	79005	P	0.55C,D	8.9C,D	2015
97	1,1-二氯乙烷	1,1-Dichloroethylene	75354	P	300D	20000D	2015
98	1,2,4,5-四氯苯	1,2,4,5-Tetrachlorobenzene	95943	NP	0.03	0.03	2015
99	1,2,4-三氯苯	1,2,4-Trichlorobenzene	120821	P	0.071D	0.076D	2015
100	1,2-二氯苯	1,2-Dichlorobenzene	95501	P	1000D	3000D	2015
101	1,2-二氯乙烷	1,2-Dichloroethane	107062	P	9.9C,D	650C,D	2015
102	1,2-二氯丙烷	1,2-Dichloropropane	78875	P	0.90C,D	31C,D	2015
103	1,2-二苯联胺	1,2-Diphenylhydrazine	122667	P	0.03C	0.2C	2015
104	反式-1,2-二氯乙烯	Trans-1,2-Dichloroethylene	156605	P	100D	4000D	2015
105	1,3-二氯苯	1,3-Dichlorobenzene	541731	P	7	10	2015
106	1,3-二氯丙烯	1,3-Dichloropropene	542756	P	0.27C	12C	2015
107	1,4-二氯苯	1,4-Dichlorobenzene	106467	P	300D	900D	2015
108	2,3,7,8-TCDD(二噁英)	2,3,7,8-TCDD(Dioxin)	1746016	P	5.0×10^{-9}C,D	5.1×10^{-9}C,D	2002
109	2,4,5-三氯酚	2,4,5-Trichlorophenol	95954	NP	300A	600A	2015
110	2,4,6-三氯酚	2,4,6-Trichlorophenol	88062	P	1.5A,C	2.8A,C	2015
111	2,4-二氯苯酚	2,4-Dichlorophenol	120832	P	10A	60A	2015
112	2,4-二甲基苯酚	2,4-Dimethylphenol	105679	P	100A	3000A	2015
113	2,4-二硝基苯酚	2,4-Dinitrophenol	51285	P	10	300	2015

续表

序号	物质名称		CAS	优先级别	保护人体健康的基准值/(μg/L)		发布年
	中文	英文			消费水和水生生物	仅消费水生生物	
114	2,4-二硝基甲苯	2,4-Dinitrotoluene	121142	P	0.049C	1.7C	2015
115	2-氯萘	2-Chloronaphthalene	91587	P	800	1000	2015
116	2-氯酚	2-Chlorophenol	95578	P	30A	800A	2015
117	2-甲基-4,6-二硝基苯酚	2-Methyl-4,6-Dinitrophenol	534521	P	2	30	2015
118	3,3′-二氯联苯胺	3,3′-Dichlorobenzidine	91941	P	0.049C	0.15C	2015
119	3-甲基-4-氯苯酚	3-Methyl-4-Chlorophenol	59507	P	500A	2000A	2015
120	对,对′-滴滴滴	p,p'-Dichlorodiphenyldichloroethane(DDD)	72548	P	0.00012C	0.00012C	2015
121	对,对′-滴滴依	p,p'-Dichlorodiphenyldichloroethylene(DDE)	72559	P	0.000018C	0.000018C	2015
122	对,对′-滴滴涕	p,p'-Dichlorodiphenyltrichloroethane(DDT)	50293	P	0.000030C	0.000030C	2015

注：P/NP 表示物质为优先污染物(P)或非优先污染物(NP)。
  A. 这个物质还有感官基准(味觉和嗅觉)。一定程度上，有机物的基准较为严格。
  B. 基准值在 2002 年时根据 IRIS 更新的 q_1^* 或 RfD 进行了修订。BCF 采用的是 1980 年方法学的值。
  C. 基准值是基于 10^{-6} 的致癌风险推导出来的。
  D. 基于《安全饮用水法》，USEPA 发布了这个物质的 MCL。一定程度上，MCL 值比基准值更严格。
  E. 砷的基准值只针对其无机形态。
  F. 石棉的基准值采用的是基于《安全饮用水法》制定的 MCL。
  G. 这个基准值的制定早于 1980 年方法学，因此未使用 BCF。同样的基准值发表在红皮书和黄皮书上。
  H. 锰的基准值不是基于毒性效应推导出来的，而是为了减少一些令人讨厌的水质问题，例如，衣服染色剂带来的色度或令人讨厌的口感。
  I. 甲基汞的鱼类残留基准是基于总鱼类消费量为 0.0175 kg/d 计算出来的。
  J. 多氯联苯(PCBs)的基准值是指总多氯联苯(如包括所有的异构体和同构体等)。

5.3 我国地下水质量基准推导思路及案例研究

5.3.1 地下水质量基准推导思路

由于地下水中没有水生生物，仅需考虑饮水暴露，且地下水中污染物的浓度一般较低，为低剂量线性暴露，因此，《推导保护人体健康水环境质量基准方法学(2000)》中保护人体健康的水质基准的推导公式可变为：

(1) 当以致癌效应为终点,使用致癌斜率因子 q_1^* 时,

$$\text{AWQC}[\mu g/L] = \frac{(10^{-6}/q_1^*) \times \text{BW} \times 1000}{\text{DI}} \quad (5-11)$$

(2) 当以非致癌效应为重点,使用参考剂量时,

$$\text{AWQC}[\mu g/L] = \frac{\text{RfD} \times \text{RSC} \times \text{BW} \times 1000}{\text{DI}} \quad (5-12)$$

上述公式中包含两类参数,一类为暴露参数,包括体重(BW)、饮水量(DI)和相对源贡献率(RSC);另外一类为毒理学参数,包括致癌斜率因子(q_1^*)和参考剂量(RfD)。

不同国家的暴露参数存在较大差异。美国2015年发布的水质基准中,采用的人均体重为80 kg,饮水量为3 L/d,相对源贡献率为20%。而根据我国环境保护部2013年发布的《中国人群环境暴露行为模式研究报告》[7],我国成人的平均体重为60.6 kg,饮水量为1.85 L/d,分别是美国成人平均体重和饮水量的0.76倍和0.62倍。因此,在推导我国地下水环境质量基准时,应采用我国人群的健康暴露参数。

毒理学参数通常是通过动物实验外推或人群流行病学调查得到的。q_1^* 和 RfD 的推导公式分别如下:

$$q_1^* = \frac{0.10}{\text{LED}_{10}} \quad (5-13)$$

式中,LED_{10} 为增长10%的肿瘤或相关非肿瘤反应相联的95%的剂量置信下限。

$$\text{RfD} = \frac{\text{NOAEL(or LOAEL)}}{\text{UF} \cdot \text{MF}} \quad (5-14)$$

式中,NOAEL(no observed adverse effect level)为未观察到有害作用剂量;LOAEL(lowest observed adverse effect level)为观察到有害作用的最低剂量;UF为不确定因子,通常为1,3或10;MF为修正因子,为大于0且小于10的一个数字,默认值为1。

由于地下水具有特殊的水环境特性,如缺氧、硬度高、溶解性总固体含量高、溶解性有机碳含量低、流动性差及无光照等,可能会对污染物的存在形态和环境行为产生影响,导致LED_{10}或NOAEL(或LOAEL)产生变化,并造成污染物的毒理学参数 q_1^* 和 RfD 发生变化。为此,针对基准推导公式中,决定基准值的两类参数——暴露参数和毒理学参数,以我国地下水中常见的两种污染物——硝酸盐和砷为例,通过对上述两类参数进行修正,得到我国地下水中硝酸盐和砷的基准值。对于暴露参数,采用我国人群暴露参数代替美国人群的暴露参数。对于毒理学参数,通过研究地下水特殊的水环境特性对物质毒理学参数的影响,并对水质健康基准推导公式中的毒理学参数进行修正。

5.3.2 硝酸盐的地下水质量基准值研究

1. 基本情况

水环境中氮的主要点排放源为市政废水、工业废水、化粪池及畜禽养殖场;分散排放源包括农田肥料、动物排泄物、草地肥料、污染处置或卫生填埋场渗滤液、大气沉降、汽车尾气排放及一些自然源的流失等。

在合理的浓度条件下,摄入人体的硝酸盐能够快速通过尿排出体外;当摄入高浓度硝酸

盐时,在特定的环境中,硝酸盐能够在胃肠环境中被还原成为亚硝酸盐,当亚硝酸盐进入血液,会与血红蛋白直接反应产生高铁血红蛋白,从而影响氧气的传输,并会对3个月以下的婴儿产生危害。

传统的水处理工艺对硝酸盐没有显著的去除效果。离子交换法对地下水中硝酸盐有较好的去除效果。

2. 硝酸盐保护人体健康的水质基准值及获取依据

USEPA网站上硝酸盐作为非优先控制污染物,给出的基准值为10 mg/L,为1986年发布的结果[8]。主要依据如下。

一般在食物或饲料中大量发现的硝酸盐只有在还原为亚硝酸时才会变得有毒。另外,在合理的浓度条件下,硝酸盐能够快速地通过尿排出体外。摄入高浓度的硝酸盐在有利于还原为亚硝酸盐的条件下,主要会对热血动物产生危害。在特定的环境中,硝酸盐能够在胃肠环境中被还原成为亚硝酸盐,当亚硝酸盐进入血液,会与血红蛋白直接反应产生高铁血红蛋白,从而影响氧气的传输。

亚硝酸盐与血红蛋白的反应会对3个月以下的婴儿产生危害。如果摄入硝酸盐含量高于10 mg/L(以氮计)的未处理井水,则会对婴儿产生严重的并且偶尔致命的毒害作用。在浅的农田井或农村地区的浅井中,通常硝酸盐含量较高,主要是由于未对农场排水或者化粪池排水采取足够的防护。此外,在密集施肥和农作物生产区排水水流中也能够检出高浓度的硝酸盐。1945年以来在欧洲和北美大概2000例婴儿高铁血红蛋白症被报道;其中7%~8%的受影响婴儿死亡。也有许多婴儿饮用硝酸盐氮浓度高于10 mg/L的水但并未出现高铁血红蛋白症。美国许多公共供水系统中硝酸盐氮的浓度经常超过10 mg/L,但仅有一例病例被报道。这种对于高铁血红蛋白症的敏感性差异尚无法解释,但似乎与包括硝酸盐浓度、肠道细菌和哺乳动物婴儿低酸性的消化系统等因素在内的联合作用有关。当用含有高浓度硝酸盐和病原菌的井水喂养实验室的哺乳类动物时,能够观察到高铁血红蛋白系统和其他毒性效应。传统的水处理工艺对硝酸盐没有显著的去除效果。

由于高铁血红蛋白症对于奶瓶喂养婴儿的潜在风险,并考虑到当硝酸盐氮的浓度低于10 mg/L时未出现被证实的生理效应,因此将硝酸盐氮浓度为10 mg/L作为生活用水基准。当水中亚硝酸盐氮浓度高于1 mg/L时,该水不能用于婴儿喂养。当水中亚硝酸盐浓度显著高时,通常该水体受到中毒污染并且可能在细菌学上是难以接受的。

Westin在1974年确定了淡水中硝酸盐氮对于大鳞大麻哈鱼-Oncorhynchus tshawytscha 96 h和7天的LC50分别为1310 mg/L和1080 mg/L,海水中硝酸盐氮对该生物的96 h和7天的LC50分别为990 mg/L和900 mg/L;淡水中硝酸盐氮对于小鱼虹鳟鱼-Salmo gairdneri 96 h和7天的LC50分别为1360 mg/L和1060 mg/L,海水中硝酸盐氮对该生物的96 h和7天的LC50分别为1050 mg/L和900 mg/L。

考虑到能够对淡水和冷水鱼类产生毒性作用的硝酸盐和亚硝酸盐浓度在自然水体中很少能发生,因此不推荐更为严格的基准值。

3. IRIS系统中硝酸盐的毒理学参数及获取依据

IRIS系统中仅给出了硝酸盐经口RfD的评估结果[9],具体见表5-2。

表 5-2 美国 IRIS 系统中硝酸盐的毒理学参数信息

临界效应	实验剂量	UF	MF	RfD
根据人群流行病学调查结果,0~3 个月奶粉喂养婴儿高铁血红蛋白的早期临床症状超过 10% Bosch et al.,1950 Walton,1951	NOAEL:10 mg/L 硝酸盐(以 N 计)转换为 1.6 mg/(kg·d) LOAEL:11~20 mg/L 硝酸盐(以 N 计)转换为 1.8~3.2 mg/(kg·d)	1	1	1.6 mg/(kg·d)

注:①硝酸盐(以 N 计)的 RfD $=\dfrac{10 \text{ mg/L} \times 0.64 \text{ L/d}}{4 \text{ kg}}=1.6$ mg/(kg·d),其中 10 mg/L 为 NOAEL,0.64 L/d 和 4 kg 分别为 0~3 个月奶粉喂养婴儿的饮水量和体重。②UF 取 1 主要是考虑到已在人类最敏感种群获得了足够的数据来确定 NOAEL。③上述信息获取的理由和依据是非常充分的。

4. 我国硝酸盐的地下水环境质量基准值

由上述分析可知,USEPA 网站上给出的硝酸盐保护人体健康的水质基准值没有通过毒理学参数进行推导,而是直接由人群流行病学调查获得的,这一获取途径是非常可靠的,并且通过各种案例所获取的 NOAEL 可能已涵盖了不同水环境特性对硝酸盐毒理学的影响,因此,硝酸盐在我国地下水中的基准值也应直接采用人群流行病学得到的结果,即为 10 mg/L。

5.3.3 砷的地下水质量基准值研究

1. 基本情况

砷在地壳中广泛存在,多数以硫化砷或金属的砷酸盐和砷化物形式存在。含砷化合物用于商业和工业,主要用作生产晶体管、激光器和半导体的合金添加剂。饮用水中砷主要来自天然存在的矿物质和矿石的溶出。除个别职业接触者外,砷的最主要暴露途径是经口摄入的食物和饮料。许多地区的饮用水水源中,特别是地下水中,砷的浓度很高。有些地区,饮用水中砷是影响人体健康的重要原因,砷被认为是筛选饮用水水源时十分重要的物质。

饮用含高浓度砷的水会在人的几个部位致癌,特别是皮肤、膀胱和肺部,这通过流行病学调查已得到证实。在世界上一些地方,砷引起的包括癌症在内的疾病,已成为重要的公共卫生问题。三价无机砷比五价无机砷有更强的活性和毒性,一般认为,三价砷是致癌物。无机砷化合物对人具有致癌作用已有足够证据,对动物的致癌作用也有少量证明,因此 USEPA 和国际癌症研究中心(IARC)均将砷明确为人类致癌物。但无机砷的致癌机理及在低摄入量时的剂量-反应曲线形状尚有较大的不确定性和争议。

通过仔细优化处理过程和工艺参数,通过絮凝工艺可使水中砷的浓度达到 10 μg/L,采用其他深度处理技术,则可降至 5 μg/L 以下。

2. 砷的保护人体健康的水质基准值及推导过程

USEPA 网站上,砷作为优先控制污染物,给出的基准值分别为 0.018 μg/L(消费水和水生生物)和 0.14 μg/L(仅消费水生生物),同时也强调该基准值是针对无机砷。

砷的基准值是以致癌效应为终点,通过 USEPA1980 年发布的人体健康基准值推导公式计算出来的,所采用的可接受风险水平(R)为 10^{-6},q_1^* 为 1.75(kg·d)/mg,BCF 为 44。其中,q_1^* 为 1.75(kg·d)/mg 是根据 IRIS 系统中给出的饮用水中 1 μg/L 砷的致癌风险为 5×10^{-5} 计算而得到的,具体计算过程为: $q_1^* = \dfrac{R \times BW \times 1000}{C_{砷} \times DI} = \dfrac{5 \times 10^{-5} \times 70 \times 1000}{1 \times 2} = 1.75 \text{ kg} \cdot \text{d/mg}$[10]。

3. IRIS 系统中砷的毒理学参数及获取依据

IRIS 系统中分别给出了砷经口 RfD 的评估结果和致癌性评估结果[11]。

1) 经口 RfD 评估结果

砷经口慢性暴露的 RfD 信息见表 5-3。

表 5-3 砷经口慢性暴露 RfD 值

临界效应	实验剂量	UF	MF	RfD
色素沉着过度、角化病和可能的血管并发症 人群慢性经口暴露 Tseng,1977 Tseng et al,1968	NOAEL:0.009 mg/L,可转化为 0.0008 mg/(kg·d); LOAEL:0.17 mg/L,可转化为 0.014 mg/(kg·d)	3	1	3×10^{-4} mg/(kg·d)

注:①NOAEL 是基于砷浓度为 0.001~0.017 mg/L 之间的算术平均值。这个 NOAEL 也包括食物中砷的估计。由于实验数据缺失,甜薯中和大米中砷被估计为 0.002 mg/d。其他的一些假设包括水的消耗为 4.5 L/d,体重为 55 kg,因此 NOAEL=[(0.009 mg/L×4.5 L/d)+0.002 mg/d]/55 kg=0.0008 mg/(kg·d)。LOAEL 剂量采用同样的假设进行估计,根据 Tseng(1977),砷在水中的平均浓度为 0.017 mg/L,因此 LOAEL=[(0.17 mg/L×4.5 L/d)+0.002 mg/d]/55 kg=0.014 mg/(kg·d)。

②UF 取 3 是由于缺乏排除将生殖毒性作为一种关键作用的数据,同时基于 NOAEL 是否对所有敏感个体均适合的不确定性。

③上述信息获取的可信度为中等。尽管评估涉及大量人群(大于 4 万人),但剂量并没有被很好表征,并且其他的污染物也存在。人类毒性支持数据库是广泛的,但存在缺陷。

2) 经口暴露致癌风险定量评估

砷经口暴露致癌风险斜率因子(q_1^*)为 1.5(kg·d)/mg,且饮用水中每 1 μg/L 的砷所产生的致癌风险为 5×10^{-5}。外推方法为多级模型中的时间和剂量相关公式(USEPA,1988)。当致癌风险水平分别为 10^{-4}、10^{-5} 和 10^{-6} 时,饮用水中砷的浓度水平分别为 2 μg/L、0.2 μg/L 和 0.02 μg/L。

相关的剂量-反应数据如下。

致癌风险评估论坛已完成了对由于摄入无机砷而导致的致癌风险的再评估(USEPA,1988)。Tseng 等在 1968 年和 Tseng 在 1977 年的研究中,所提供的约 40000 人的饮用水砷暴露数据和约 7500 人未暴露的对照数据用来建立剂量-效应关系。假定台湾人从一出生就有连续的砷暴露,并且男、女的饮水量分别为 3.5 L/d 和 2.0 L/d,需要在假定台湾人和美国人具有相似的皮肤癌发病率、并且考虑美国男性和女性的体重及饮水量与台湾的差别的情况下,将剂量进行转换。与时间相关的多级模型被用来预测无机砷摄入时特定剂量和特定年龄的皮肤癌发病率,并且分别采用线性和二次式模型来对数据进行拟合。对于体重为 70 kg,饮水量为 2 L/d,且砷的摄入量为 1μg/(kg·d)时,皮肤癌患病风险的最大可能值(MLE)为 1×10^{-3} 至 2×10^{-3},因此当饮用水中含 1 μg/L 砷时的致癌风险为 5×10^{-5}。具体评价细节见 USEPA(1988 年)。

4. 我国砷的地下水质量基准值

由上述分析可知，USEPA 网站上给出的砷的保护人体健康的水质基准值是通过毒理学参数——q_1^* 推导出来的，并且 q_1^* 是通过人群流行病学调查得到的，这一结果应当已经涵盖了不同区域水环境特性对物质毒理学参数的影响。因此，我国砷的地下水质量基准值可采用式(5-11)进行推导，其中 q_1^* 取 $1.75(\text{kg}\cdot\text{d})/\text{mg}$，BW 和 DI 分别采用我国人群暴露参数，即分别为 60.6 kg 和 1.85 L/d，计算结果如下：

$$\text{AWQC}_{砷} = \frac{(10^{-6}/q_1^*) \times \text{BW} \times 1000}{\text{DI}} = \frac{\left(\frac{10^{-6}}{1.75}\right) \times 60.6 \times 1000}{1.85} = 0.019 \ \mu\text{g/L}$$

即我国砷的地下水质量基准值为 0.019 μg/L。

5.4 我国地下水质量基准制定方法

为全面了解 USEPA 保护人体健康的水质基准值确定方法，对表 5-1 中除硝酸盐和砷以外且已给出消费水和水生生物的基准值的 118 种物质的基准值确定过程进行详细了解，具体见表 5-4。

表 5-4 USEPA 保护人体健康的水质基准值确定方法

序号	名称	保护人体健康的基准值/(μg/L)—消费水和水生生物	基准值确定方法	基准值获取方法概括
1	苊	70	2015 年方法学，其中：RfD = 0.06 mg/(kg·d)；RSC = 0.2；BW = 80 kg；DI = 2.4 L/d；FCR = 0.022 kg/d；BAF = 510 L/kg	根据老鼠实验得到 NOAEL 为 175 mg/(kg·d)，除以 3000 外推到人获得 RfD，再采用基准推导公式计算基准值
2	丙烯醛	3	2015 年方法学，其中：RfD = 0.0005 mg/(kg·d)；RSC = 0.2；BW = 80 kg；DI = 2.4 L/d；FCR = 0.0213 kg/d；BAF = 1.0 L/kg	根据老鼠实验得到 NOAEL 为 0.05 mg/(kg·d)，除以 100 外推到人获得 RfD，再采用基准推导公式计算基准值
3	丙烯腈	0.061	2015 年方法学，其中：$q_1^* = 0.54(\text{kg}\cdot\text{d})/\text{mg}$；BW = 80 kg；DI = 2.4 L/d；FCR = 0.0213 kg/d；BAF = 1.0 L/kg	根据老鼠实验外推到人获得 q_1^*，再采用基准推导公式计算基准值
4	艾氏剂	0.00000077	2015 年方法学，其中：$q_1^* = 17(\text{kg}\cdot\text{d})/\text{mg}$；BW = 80 kg；DI = 2.4 L/d	根据老鼠实验外推到人获得 q_1^*，再采用基准推导公式计算基准值
5	α-六六六(HCH)	0.00036	2015 年方法学，其中：$q_1^* = 6.3(\text{kg}\cdot\text{d})/\text{mg}$；BW = 80 kg；DI = 2.4 L/d	根据老鼠实验外推到人获得 q_1^*，再采用基准推导公式计算基准值

续表

序号	名称	保护人体健康的基准值/(μg/L)—消费水和水生生物	基准值确定方法	基准值获取方法概括
6	α-硫丹	20	2015 年方法学,其中: RfD = 0.006 mg/(kg·d); RSC = 0.2; BW = 80 kg; DI = 2.4 L/d;	根据老鼠实验得到 NOAEL 为 0.6 mg/(kg·d),除以 100 外推到人获得 RfD,再采用基准推导公式计算基准值
7	蒽	300	2015 年方法学,其中: RfD = 0.3 mg/(kg·d); RSC = 0.2; BW = 80 kg; DI = 2.4 L/d; FCR = 0.022 kg/d; BAF = 610 L/kg	根据老鼠实验得到 NOAEL 为 1000 mg/(kg·d),除以 3000 外推到人获得 RfD,再采用基准推导公式计算基准值
8	锑	5.6	2000 方法学,其中: RfD = 0.0004 mg/(kg·d); RSC = 0.4; BW = 70 kg; DI = 2 L/d; BCF = 1 L/kg; FI = 0.0175 kg/d	根据老鼠实验得到 LOAEL 为 0.35 mg/(kg·d),除以 1000 外推到人获得 RfD,再采用基准推导公式计算基准值
9	砷	0.018	1980 年方法学,其中: $q_1^* = 1.75$ (kg·d)/mg; BW = 70 kg; DI = 2 L/d; BCF = 44 L/kg; FI = 0.0065 kg/d	根据人群流调结果确定 q_1^*,再采用基准推导公式计算基准值
10	石棉	7 million fibers/L	采用基于《安全饮用水法》确定的 MCL 为基准值	采用基于《安全饮用水法》确定的 MCL 为基准值
11	钡	1000	1980 年之前的方法学	根据人群流调结果直接确定基准值,未采用基准推导公式计算
12	苯	0.58 ~ 2.1	2015 年方法学,其中: $q_1^* = 0.015 \sim 0.055$ (kg·d)/mg; BW = 80 kg; DI = 2.4 L/d	根据人群流调结果确定 q_1^*,再采用基准推导公式计算基准值
13	联苯胺	0.00014	2015 年方法学,其中: $q_1^* = 230$ (kg·d)/mg; BW = 80 kg; DI = 2.4 L/d	根据人群流调结果确定 q_1^*,再采用基准推导公式计算基准值
14	苯并[a]蒽	0.0012	2015 年方法学,其中: $q_1^* = 0.73$ (kg·d)/mg; BW = 80 kg; DI = 2.4 L/d; FCR = 0.022 kg/d; BAF = 3900 L/kg	根据老鼠实验外推到人获得 q_1^*,再采用基准推导公式计算基准值
15	苯并[a]芘	0.00012	2015 年方法学,其中: $q_1^* = 7.3$ (kg·d)/mg; BW = 80 kg; DI = 2.4 L/d; FCR = 0.022 kg/d; BAF = 3900 L/kg	根据老鼠实验外推到人获得 q_1^*,再采用基准推导公式计算基准值
16	苯并[b]荧蒽	0.0012C	2015 年方法学,其中: $q_1^* = 0.73$ (kg·d)/mg; BW = 80 kg; DI = 2.4 L/d; FCR = 0.022 kg/d; BAF = 3900 L/kg	根据老鼠实验外推到人获得 q_1^*,再采用基准推导公式计算基准值

续表

序号	名称	保护人体健康的基准值/(μg/L)—消费水和水生生物	基准值确定方法	基准值获取方法概括
17	苯并[k]荧蒽	0.012C	2015年方法学,其中: $q_1^* = 0.073 \, (kg \cdot d)/mg$; $BW = 80 \, kg$; $DI = 2.4 \, L/d$; $FCR = 0.022 \, kg/d$; $BAF = 3900 \, L/kg$	根据老鼠实验外推到人获得q_1^*,再采用基准推导公式计算基准值
18	铍	4	采用基于《安全饮用水法》确定的MCL为基准值	采用基于《安全饮用水法》确定的MCL为基准值
19	β-六六六(HCH)	0.0080C	2015年方法学,其中: $q_1^* = 1.8 \, (kg \cdot d)/mg$; $BW = 80 \, kg$; $DI = 2.4 \, L/d$	根据老鼠实验外推到人获得q_1^*,再采用基准推导公式计算基准值
20	β-硫丹	20	2015年方法学,其中: $RfD = 0.006 \, mg/(kg \cdot d)$; $RSC = 0.2$; $BW = 80 \, kg$; $DI = 2.4 \, L/d$	根据老鼠实验得到NOAEL为0.6 mg/(kg·d),除以100外推到人获得RfD,再采用基准推导公式计算基准值
21	双(2-氯-1-甲基乙基)醚	200	2015年方法学,其中: $RfD = 0.04 \, mg/(kg \cdot d)$; $RSC = 0.2$; $BW = 80 \, kg$; $DI = 2.4 \, L/d$	根据老鼠实验得到NOAEL为35.8 mg/(kg·d),除以1000外推到人获得RfD,再采用基准推导公式计算基准值
22	双(2-氯乙基)醚	0.030	2015年方法学,其中: $q_1^* = 1.1 \, (kg \cdot d)/mg$; $BW = 80 \, kg$; $DI = 2.4 \, L/d$	根据老鼠实验外推到人获得q_1^*,再采用基准推导公式计算基准值
23	邻苯二甲酸二异辛酯	0.32	2015年方法学,其中: $q_1^* = 0.014 \, kg \cdot d$; $BW = 80 \, kg$; $DI = 2.4 \, L/d$; $FCR = 0.022 \, kg/d$; $BAF = 710 \, L/kg$	根据老鼠实验外推到人获得q_1^*,再采用基准推导公式计算基准值
24	二氯甲醚	0.00015	2015年方法学,其中: $q_1^* = 220 \, (kg \cdot d)/mg$; $BW = 80 \, kg$; $DI = 2.4 \, L/d$	根据老鼠实验外推到人获得q_1^*,再采用基准推导公式计算基准值
25	溴仿	7.0	2015年方法学,其中: $q_1^* = 0.0045 \, (kg \cdot d)/mg$; $BW = 80 \, kg$; $DI = 2.4 \, L/d$	根据老鼠实验外推到人获得q_1^*,再采用基准推导公式计算基准值
26	邻苯二甲酸酯	0.10	2015年方法学,其中: $q_1^* = 0.0019 \, (kg \cdot d)/mg$; $BW = 80 \, kg$; $DI = 2.4 \, L/d$; $FCR = 0.022 \, kg/d$; $BAF = 19000 \, L/kg$	根据老鼠实验外推到人获得q_1^*,再采用基准推导公式计算基准值
27	镉	5	采用基于《安全饮用水法》确定的MCL为基准值	采用基于《安全饮用水法》确定的MCL为基准值

续表

序号	名称	保护人体健康的基准值/(μg/L)—消费水和水生生物	基准值确定方法	基准值获取方法概括
28	四氯化碳	0.4	2015年方法学,其中:$q_1^* = 0.07\,(kg \cdot d)/mg$;BW = 80 kg;DI = 2.4 L/d	根据老鼠实验外推到人获得q_1^*,再采用基准推导公式计算基准值
29	氯丹	0.00031	2015年方法学,其中:$q_1^* = 0.35\,(kg \cdot d)/mg$;BW = 80 kg;DI = 2.4 L/d	根据老鼠实验外推到人获得q_1^*,再采用基准推导公式计算基准值
30	氯苯	100	2015年方法学,其中:RfD = 0.02 mg/(kg·d);RSC = 0.2;BW = 80 kg;DI = 2.4 L/d	根据犬类实验得到NOAEL为19 mg/(kg·d),除以1000外推到人获得RfD,再采用基准推导公式计算基准值
31	二溴一氯甲烷	0.80	2015年方法学,其中:$q_1^* = 0.04\,kg \cdot d/mg$;BW = 80 kg;DI = 2.4 L/d	根据老鼠实验外推到人获得q_1^*,再采用基准推导公式计算基准值
32	氯仿	60	2015年方法学,其中:RfD = 0.01 mg/(kg·d);RSC = 0.2;BW = 80 kg;DI = 2.4 L/d	根据犬类实验得到POD为1 mg/(kg·d),除以100外推到人获得RfD,再采用基准推导公式计算基准值
33	2,4-D氯苯氧基除草剂	1300	2015方法学,其中:RfD = 0.21 mg/(kg·d);RSC = 0.2;BW = 80 kg;DI = 2.4 L/d;FCR = 0.022 kg/d;BAF = 13 L/kg	根据老鼠实验得到NOAEL为21 mg/(kg·d),除以100外推到人获得RfD,再采用基准推导公式计算基准值
34	2,4,5-TP氯苯氧基除草剂	100	2015方法学,其中:RfD = 0.008 mg/(kg·d);RSC = 0.8;BW = 80 kg;DI = 2.4 L/d;FCR = 0.022 kg/d;BAF = 58 L/kg	根据犬类实验得到NOAEL为0.75 mg/(kg·d),除以100外推到人获得RfD,再采用基准推导公式计算基准值
35	三价铬	100(总量)	采用基于《安全饮用水法》确定的MCL为基准值	采用基于《安全饮用水法》确定的MCL为基准值
36	五价铬	100(总量)	采用基于《安全饮用水法》确定的MCL为基准值	采用基于《安全饮用水法》确定的MCL为基准值
37	䓛	0.12	2015年方法学,其中:$q_1^* = 0.0073\,(kg \cdot d)/mg$;BW = 80 kg;DI = 2.4 L/d;FCR = 0.022 kg/d;BAF = 3900 L/kg	根据老鼠实验外推到人获得q_1^*,再采用基准推导公式计算基准值
38	铜	1300	采用基于《安全饮用水法》确定的MCL为基准值	采用基于《安全饮用水法》确定的MCL为基准值

续表

序号	名称	保护人体健康的基准值/(μg/L)—消费水和水生生物	基准值确定方法	基准值获取方法概括
39	氰化物	4	2015方法学,其中: RfD=0.0006 mg/(kg·d);RSC=0.2;BW=80 kg;DI=2.4 L/d;FCR=0.022 kg/d;BCF=1 L/kg	根据老鼠实验得到基准剂量(BMD)为1.9 mg/(kg·d),除以3000外推到人获得RfD,再采用基准推导公式计算基准值
40	二苯并[a,h]蒽	0.00012	2015年方法学,其中: q_1^*=7.3(kg·d)/mg;BW=80 kg;DI=2.4 L/d;FCR=0.022 kg/d;BAF=3900 L/kg	根据老鼠实验外推到人获得q_1^*,再采用基准推导公式计算基准值
41	一溴二氯甲烷	0.95	2015年方法学,其中: q_1^*=0.034(kg·d)/mg;BW=80 kg;DI=2.4 L/d	根据老鼠实验外推到人获得q_1^*,再采用基准推导公式计算基准值
42	狄氏剂	0.0000012	2015年方法学,其中: q_1^*=16(kg·d)/mg;BW=80 kg;DI=2.4 L/d	根据老鼠实验外推到人获得q_1^*,再采用基准推导公式计算基准值
43	邻苯二甲酸二乙酯	600	2015方法学,其中: RfD=0.8 mg/(kg·d);RSC=0.2;BW=80 kg;DI=2.4 L/d;FCR=0.022 kg/d;BAF=920 L/kg	根据老鼠实验得到NOAEL为750 mg/(kg·d),除以1000外推到人获得RfD,再采用基准推导公式计算基准值
44	二甲基邻苯二甲酸	2000	2015方法学,其中: RfD=10 mg/(kg·d);RSC=0.2;BW=80 kg;DI=2.4 L/d;FCR=0.022 kg/d;BAF=4000 L/kg	根据老鼠实验得到NOAEL为1000 mg/(kg·d),除以100外推到人获得RfD,再采用基准推导公式计算基准值
45	邻苯二甲酸二丁酯	20	2015方法学,其中: RfD=0.1 mg/(kg·d);RSC=0.2;BW=80 kg;DI=2.4 L/d;FCR=0.022 kg/d;BAF=2900 L/kg	根据老鼠实验得到NOAEL为125 mg/(kg·d),除以1000外推到人获得RfD,再采用基准推导公式计算基准值
46	硝基苯酚	10	2015方法学,其中: RfD=0.002 mg/(kg·d);RSC=0.2;BW=80 kg;DI=2.4 L/d;FCR=0.022 kg/d;BCF=1.51 L/kg	根据人群流调获得LOAEL为2 mg/(kg·d),除以1000获得RfD,再采用基准推导公式计算基准值
47	硫丹硫酸盐	20	2015年方法学,其中: RfD=0.006 mg/(kg·d);RSC=0.2;BW=80 kg;DI=2.4 L/d	根据老鼠实验得到NOAEL为0.6 mg/(kg·d),除以100外推到人获得RfD,再采用基准推导公式计算基准值
48	异狄氏剂	0.03	2015年方法学,其中: RfD=0.0003 mg/(kg·d);RSC=0.8;BW=80 kg;DI=2.4 L/d	根据犬类实验得到NOAEL为0.025 mg/(kg·d),除以100外推到人获得RfD,再采用基准推导公式计算基准值

续表

序号	名称	保护人体健康的基准值/(μg/L)—消费水和水生生物	基准值确定方法	基准值获取方法概括
49	异狄氏剂醛	1	2015 年方法学,其中: RfD = 0.0003 mg/(kg·d); RSC = 0.8; BW = 80 kg; DI = 2.4 L/d	根据犬类实验得到 NOAEL 为 0.025 mg/(kg·d),除以 100 外推到人获得 RfD,再采用基准推导公式计算基准值
50	乙苯	68	2015 年方法学,其中: RfD = 0.022 mg/(kg·d); RSC = 0.2; BW = 80 kg; DI = 2.4 L/d	根据老鼠实验得到 NOAEL 为 0.54 mg/(kg·d),除以 25 外推到人获得 RfD,再采用基准推导公式计算基准值
51	荧蒽	20	2015 方法学,其中: RfD = 0.04 mg/(kg·d); RSC = 0.2; BW = 80 kg; DI = 2.4 L/d; FCR = 0.022 kg/d; BAF = 1500 L/kg	根据老鼠实验得到 NOAEL 为 125 mg/(kg·d),除以 3000 外推到人获得 RfD,再采用基准推导公式计算基准值
52	芴	50	2015 年方法学,其中: RfD = 0.04 mg/(kg·d); RSC = 0.2; BW = 80 kg; DI = 2.4 L/d	根据老鼠实验得到 NOAEL 为 125 mg/(kg·d),除以 3000 外推到人获得 RfD,再采用基准推导公式计算基准值
53	γ-六六六(HCH)[林丹]	4.2	2015 年方法学,其中: RfD = 0.0047 mg/(kg·d); RSC = 0.5; BW = 80 kg; DI = 2.4 L/d	根据老鼠实验得到 NOAEL 为 0.47 mg/(kg·d),除以 100 外推到人获得 RfD,再采用基准推导公式计算基准值
54	七氯	0.0000059	2015 年方法学,其中: $q_1^* = 4.1 (kg·d)/mg$; BW = 80 kg; DI = 2.4 L/d	根据老鼠实验外推到人获得 q_1^*,再采用基准推导公式计算基准值
55	环氧七氯	0.000032	2015 年方法学,其中: $q_1^* = 5.5 (kg·d)/mg$; BW = 80 kg; DI = 2.4 L/d	根据老鼠实验外推到人获得 q_1^*,再采用基准推导公式计算基准值
56	六氯苯	0.000079	2015 年方法学,其中: $q_1^* = 1.02 (kg·d)/mg$; BW = 80 kg; DI = 2.4 L/d	根据老鼠实验外推到人获得 q_1^*,再采用基准推导公式计算基准值
57	六氯丁二烯	0.01	2015 年方法学,其中: $q_1^* = 0.04 (kg·d)/mg$; BW = 80 kg; DI = 2.4 L/d	根据老鼠实验外推到人获得 q_1^*,再采用基准推导公式计算基准值
58	六六六(HCH)	0.0066	2015 年方法学,其中: $q_1^* = 1.8 (kg·d)/mg$; BW = 80 kg; DI = 2.4 L/d	根据老鼠实验外推到人获得 q_1^*,再采用基准推导公式计算基准值

续表

序号	名称	保护人体健康的基准值/(μg/L)—消费水和水生生物	基准值确定方法	基准值获取方法概括
59	六氯环戊二烯	4	2015年方法学,其中: RfD = 0.006 mg/(kg·d);RSC = 0.2;BW = 80 kg;DI = 2.4 L/d	根据老鼠实验得到基准剂量(BMD)为6 mg/(kg·d),除以1000外推到人获得RfD,再采用基准推导公式计算基准值
60	六氯乙烷	0.1	2015年方法学,其中: $q_1^* = 0.04(kg·d)/mg$;BW = 80 kg;DI = 2.4 L/d	根据老鼠实验外推到人获得q_1^*,再采用基准推导公式计算基准值
61	茚并[1,2,3-cd]芘	0.0012	2015年方法学,其中: $q_1^* = 0.73(kg·d)/mg$;BW = 80 kg;DI = 2.4 L/d;FCR = 0.022 kg/d;BAF = 3900 L/kg	根据老鼠实验外推到人获得q_1^*,再采用基准推导公式计算基准值
62	异佛尔酮	34	2015年方法学,其中: $q_1^* = 0.00095(kg·d)/mg$;BW = 80 kg;DI = 2.4 L/d	根据老鼠实验外推到人获得q_1^*,再采用基准推导公式计算基准值
63	锰	50	锰的基准值不是基于毒性效应推导出来的,而是基于人体感官效应,为了减少一些令人讨厌的水质问题,如衣服染色剂带来的色度或令人讨厌的口感	基于人体感官效应确定基准值
65	甲氧滴滴涕	0.02	2015年方法学,其中: RfD = 0.00002 mg/(kg·d);RSC = 0.8;BW = 80 kg;DI = 2.4 L/d	根据老鼠实验得到LOAEL为0.02 mg/(kg·d),除以1000外推到人获得RfD,再采用基准推导公式计算基准值
66	甲基溴	100	2015年方法学,其中: RfD = 0.02 mg/(kg·d);RSC = 0.2;BW = 80 kg;DI = 2.4 L/d	根据老鼠实验得到NOAEL为2.2 mg/(kg·d),除以100外推到人获得RfD,再采用基准推导公式计算基准值
67	二氯甲烷	20	2015年方法学,其中: $q_1^* = 0.002(kg·d)/mg$;BW = 80 kg;DI = 2.4 L/d	根据老鼠实验外推到人获得q_1^*,再采用基准推导公式计算基准值
68	镍	610B	1980年方法学,其中: RfD = 0.02(kg·d)/mg;BW = 70 kg;DI = 2 L/d;BCF = 47 L/kg;FI = 0.0065 kg/d	根据老鼠实验得到NOAEL为5 mg/(kg·d),除以300外推到人获得RfD,再采用基准推导公式计算基准值
69	硝酸盐	10000D,G	根据人群流调结果,将NOAEL直接确定为基准值	根据人群流调结果直接确定基准值,未采用基准推导公式计算

续表

序号	名称	保护人体健康的基准值/(μg/L)—消费水和水生生物	基准值确定方法	基准值获取方法概括
70	硝基苯	10A	2015 年方法学,其中: RfD = 0.002 mg/(kg·d);RSC = 0.2;BW = 80 kg;DI = 2.4 L/d	根据老鼠实验得到基准剂量(BMDs)为 1.8 mg/(kg·d),除以 1000 外推到人获得 RfD,再采用基准推导公式计算基准值
71	亚硝胺	0.0008	根据动物实验结果,将致癌风险为 10^{-6} 时的浓度确定为基准值	根据动物实验结果直接确定基准值,未采用基准推导公式计算
72	N-亚硝基二正丁胺	0.0063	2000 年方法学,其中: $q_1^* = 5.43$ (kg·d)/mg;BW = 70 kg;DI = 2 L/d;BCF = 3.38 L/kg;FI = 0.0175 kg/d	根据老鼠实验外推到人获得 q_1^*,再采用基准推导公式计算基准值
73	N-亚硝基二乙基	0.0008	根据动物实验结果,将致癌风险为 10^{-6} 时的浓度确定为基准值	根据动物实验结果直接确定基准值,未采用基准推导公式计算
74	N-亚硝基吡咯烷	0.016	2000 年方法学,其中: $q_1^* = 2.13$ (kg·d)/mg;BW = 70 kg;DI = 2 L/d;BCF = 0.055 L/kg;FI = 0.0175 kg/d	根据老鼠实验外推到人获得 q_1^*,再采用基准推导公式计算基准值
75	N-二甲基亚硝胺	0.00069	2000 年方法学,其中: $q_1^* = 51$ (kg·d)/mg;BW = 70 kg;DI = 2 L/d;BCF = 0.026 L/kg;FI = 0.0175 kg/d	根据老鼠实验外推到人获得 q_1^*,再采用基准推导公式计算基准值
76	N-二丙胺	0.0050	2000 年方法学,其中: $q_1^* = 7.0$ (kg·d)/mg;BW = 70 kg;DI = 2 L/d;BCF = 1.13 L/kg;FI = 0.0175 kg/d	根据老鼠实验外推到人获得 q_1^*,再采用基准推导公式计算基准值
77	N-亚硝基二苯胺	3.3	2000 年方法学,其中: $q_1^* = 0.0049$ (kg·d)/mg;BW = 70 kg;DI = 2 L/d;BCF = 136 L/kg;FI = 0.0175 kg/d	根据老鼠实验外推到人获得 q_1^*,再采用基准推导公式计算基准值
79	五氯苯	0.1	2015 年方法学,其中: RfD = 0.0008 mg/(kg·d);RSC = 0.2;BW = 80 kg;DI = 2.4 L/d	根据老鼠实验得到 LOAEL 为 8.3 mg/(kg·d),除以 10000 外推到人获得 RfD,再采用基准推导公式计算基准值
80	五氯酚	0.03	2015 年方法学,其中: $q_1^* = 0.4$ (kg·d)/mg;BW = 80 kg;DI = 2.4 L/d	根据老鼠实验外推到人获得 q_1^*,再采用基准推导公式计算基准值

续表

序号	名称	保护人体健康的基准值/(μg/L)—消费水和水生生物	基准值确定方法	基准值获取方法概括
81	pH	5~9	综合考虑pH对水中其他离子存在形态、毒性、净水处理效果及水生生物的影响基础上确定的	根据水质调查结果直接确定基准值，未采用基准推导公式计算
82	苯酚	4,000	2015年方法学，其中：$RfD = 0.6$ mg/(kg·d); $RSC = 0.2$; $BW = 80$ kg; $DI = 2.4$ L/d	根据老鼠实验得到LOAEL为60 mg/(kg·d)，除以100外推到人获得RfD，再采用基准推导公式计算基准值
83	多氯联苯(PCBs)	0.000064	2000年方法学，其中：$q_1^* = 2$ (kg·d)/mg; $BW = 70$ kg; $DI = 2$ L/d; $BCF = 31200$ L/kg; $FI = 0.0175$ kg/d	根据老鼠实验外推到人获得q_1^*，再采用基准推导公式计算基准值
84	芘	20	2015年方法学，其中：$RfD = 0.03$ mg/(kg·d); $RSC = 0.2$; $BW = 80$ kg; $DI = 2.4$ L/d; $FCR = 0.022$ kg/d; $BAF = 860$ L/kg	根据老鼠实验得到NOAEL为75 mg/(kg·d)，除以3000外推到人获得RfD，再采用基准推导公式计算基准值
85	硒	170D	2000年方法学，其中：$RfD = 0.005$ (kg·d)/mg; $BW = 70$ kg; $DI = 2$ L/d; $BCF = 4.8$ L/kg; $FI = 0.0175$ kg/d	根据人群流行病学调查得到NOAEL为0.015 mg/(kg·d)，除以3获得RfD，再采用基准推导公式计算基准值
86	固体溶解和盐度	250,000	根据调查水体中溶解性固体及盐的含量在不同水平时人们对水质的反馈确定基准值	根据水质调查结果直接确定基准值，未采用基准推导公式计算
87	四氯乙烯	10	2015年方法学，其中：$q_1^* = 0.0021$ (kg·d)/mg; $BW = 80$ kg; $DI = 2.4$ L/d	根据老鼠实验外推到人获得q_1^*，再采用基准推导公式计算基准值
88	铊	0.24D	2000年方法学	根据老鼠实验外推到人获得RfD，再采用基准推导公式计算基准值
89	甲苯	57	2015年方法学，其中：$RfD = 0.0097$ mg/(kg·d); $RSC = 0.2$; $BW = 80$ kg; $DI = 2.4$ L/d	根据老鼠实验得到NOAEL为100 mg/(kg·d)，除以1000外推到人获得RfD，再采用基准推导公式计算基准值
90	毒杀芬	0.00070	2015年方法学，其中：$q_1^* = 1.1$ (kg·d)/mg; $BW = 80$ kg; $DI = 2.4$ L/d	根据老鼠实验外推到人获得q_1^*，再采用基准推导公式计算基准值
91	三氯乙烯	0.6	2015年方法学，其中：$q_1^* = 0.05$ (kg·d)/mg; $BW = 80$ kg; $DI = 2.4$ L/d	根据人类实验获得q_1^*，再采用基准推导公式计算基准值

续表

序号	名称	保护人体健康的基准值/(μg/L)—消费水和水生生物	基准值确定方法	基准值获取方法概括
92	氯乙烯	0.022	2015年方法学,其中: $q_1^* = 1.5 (kg \cdot d)/mg$; BW = 80 kg; DI = 2.4 L/d	根据老鼠实验外推到人获得q_1^*,再采用基准推导公式计算基准值
93	锌	7400A	2000年方法学,其中: RfD = 0.3 (kg·d)/mg; BW = 70 kg; DI = 2 L/d; BCF = 47 L/kg; FI = 0.0175 kg/d	根据人类实验得到LOAEL为0.91 mg/(kg·d),除以3获得RfD,再采用基准推导公式计算基准值
94	1,1,1-三氯乙烷	10000	2015年方法学,其中: RfD = 2 mg/(kg·d); RSC = 0.2; BW = 80 kg; DI = 2.4 L/d	根据老鼠实验得到基准剂量($BMDL_{10}$)为2155 mg/(kg·d),除以1000外推到人获得RfD,再采用基准推导公式计算基准值
95	1,1,2,2-四氯乙烷	0.2	2015年方法学,其中: $q_1^* = 0.2 (kg \cdot d)/mg$; BW = 80 kg; DI = 2.4 L/d	根据老鼠实验外推到人获得q_1^*,再采用基准推导公式计算基准值
96	1,1,2-三氯乙烷	0.55	2015年方法学,其中: $q_1^* = 0.057 (kg \cdot d)/mg$; BW = 80 kg; DI = 2.4 L/d	根据老鼠实验外推到人获得q_1^*,再采用基准推导公式计算基准值
97	1,1-二氯乙烷	300	2015年方法学,其中: RfD = 0.05 mg/(kg·d); RSC = 0.2; BW = 80 kg; DI = 2.4 L/d	根据老鼠实验得到基准剂量($BMDL_{10}$)为4.6 mg/(kg·d),除以100外推到人获得RfD,再采用基准推导公式计算基准值
98	1,2,4,5-四氯苯	0.03	2015年方法学,其中: RfD = 0.0003 mg/(kg·d); RSC = 0.2; BW = 80 kg; DI = 2.4 L/d	根据老鼠实验得到NOAEL为0.34 mg/(kg·d),除以1000外推到人获得RfD,再采用基准推导公式计算基准值
99	1,2,4-三氯苯	0.071	2015年方法学,其中: $q_1^* = 0.029 (kg \cdot d)/mg$; BW = 80 kg; DI = 2.4 L/d	根据老鼠实验外推到人获得q_1^*,再采用基准推导公式计算基准值
100	1,2-二氯苯	1000	2015年方法学,其中: RfD = 0.3 mg/(kg·d); RSC = 0.2; BW = 80 kg; DI = 2.4 L/d	根据老鼠实验得到基准剂量($BMDL_{10}$)为30.74 mg/(kg·d),除以100外推到人获得RfD,再采用基准推导公式计算基准值
101	1,2-二氯乙烷	9.9	2015年方法学,其中: $q_1^* = 0.0033 (kg \cdot d)/mg$; BW = 80 kg; DI = 2.4 L/d	根据老鼠实验外推到人获得q_1^*,再采用基准推导公式计算基准值

续表

序号	名称	保护人体健康的基准值/(μg/L)—消费水和水生生物	基准值确定方法	基准值获取方法概括
102	1,2-二氯丙烷	0.90	2015年方法学,其中: $q_1^* = 0.036(kg \cdot d)/mg; BW = 80 kg;$ $DI = 2.4 L/d$	根据老鼠实验外推到人获得q_1^*,再采用基准推导公式计算基准值
103	1,2-二苯联胺	0.03	2015年方法学,其中: $q_1^* = 0.8(kg \cdot d)/mg; BW = 80 kg;$ $DI = 2.4 L/d$	根据老鼠实验外推到人获得q_1^*,再采用基准推导公式计算基准值
104	反式-1,2-二氯乙烯	100	2015年方法学,其中: $RfD = 0.02 mg/(kg \cdot d); RSC = 0.2; BW = 80 kg; DI = 2.4 L/d$	根据老鼠实验得到基准剂量(BMDL)为65 mg/(kg·d),除以3000外推到人获得RfD,再采用基准推导公式计算基准值
105	1,3-二氯苯	7	2015年方法学,其中: $RfD = 0.002 mg/(kg \cdot d); RSC = 0.2; BW = 80 kg; DI = 2.4 L/d$	根据老鼠实验得到基准剂量(BMDL)为2.1 mg/(kg·d),除以1000外推到人获得RfD,再采用基准推导公式计算基准值
106	1,3-二氯丙烯	0.27C	2015年方法学,其中: $q_1^* = 0.122(kg \cdot d)/mg; BW = 80 kg;$ $DI = 2.4 L/d$	根据老鼠实验外推到人获得q_1^*,再采用基准推导公式计算基准值
107	1,4-二氯苯	300D	2015年方法学,其中: $RfD = 0.07 mg/(kg \cdot d); RSC = 0.2; BW = 80 kg; DI = 2.4 L/d$	根据老鼠实验得到基准剂量(BMDL)为7 mg/(kg·d),除以100外推到人获得RfD,再采用基准推导公式计算基准值
108	2,3,7,8-TCDD(二噁英)	5.0×10^{-9}C,D	2000方法学,其中: $q_1^* = 156000 (kg \cdot d)/mg$(目前USEPA正在对该值进行重新评估); $BW = 70 kg; DI = 2 L/d; BCF = 5000 L/kg; FI = 0.0175 kg/d$	根据人群流调结果获得q_1^*,再采用基准推导公式计算基准值
109	2,4,5-三氯酚	300A	2015年方法学,其中: $RfD = 0.1 mg/(kg \cdot d); RSC = 0.2;$ $BW = 80 kg; DI = 2.4 L/d$	根据老鼠实验获得NOAEL为100 mg/(kg·d),除以1000获得RfD,再采用基准推导公式计算基准值
110	2,4,6-三氯酚	1.5A,C	2015年方法学,其中: $q_1^* = 0.011(kg \cdot d)/mg; BW = 80 kg;$ $DI = 2.4 L/d$	根据老鼠实验外推到人获得q_1^*,再采用基准推导公式计算基准值
111	2,4-二氯苯酚	10A	2015年方法学,其中: $RfD = 0.003 mg/(kg \cdot d); RSC = 0.2; BW = 80 kg; DI = 2.4 L/d$	根据老鼠实验获得NOAEL为0.3 mg/(kg·d),除以100获得RfD,再采用基准推导公式计算基准值

续表

序号	名称	保护人体健康的基准值/(μg/L)—消费水和水生生物	基准值确定方法	基准值获取方法概括
112	2,4-二甲基苯酚	100A	2015年方法学,其中:$RfD=0.02$ mg/(kg·d);RSC=0.2;BW=80 kg;DI=2.4 L/d	根据老鼠实验获得 NOAEL 为 50 mg/(kg·d),除以 3000 获得 RfD,再采用基准推导公式计算基准值
113	2,4-二硝基苯酚	10	2015方法学,其中:$RfD=0.002$ mg/(kg·d);RSC=0.2;BW=80 kg;DI=2.4 L/d;FCR=0.022 kg/d;BAF=5.4 L/kg	根据人类实验得到 LOAEL 为 2 mg/(kg·d),除以 1000 外获得 RfD,再采用基准推导公式计算基准值
114	2,4-二硝基甲苯	0.049C	2015年方法学,其中:$q_1^*=0.667$(kg·d)/mg;BW=80 kg;DI=2.4 L/d	根据老鼠实验外推到人获得 q_1^*,再采用基准推导公式计算基准值
115	2-氯萘	800	2015年方法学,其中:$RfD=0.008$ mg/(kg·d);RSC=0.2;BW=80 kg;DI=2.4 L/d	根据老鼠实验获得 NOAEL 为 250 mg/(kg·d),除以 3000 获得 RfD,再采用基准推导公式计算基准值
116	2-氯酚	30A	2015年方法学,其中:$RfD=0.005$ mg/(kg·d);RSC=0.2;BW=80 kg;DI=2.4 L/d	根据老鼠实验获得 NOAEL 为 5 mg/(kg·d),除以 1000 获得 RfD,再采用基准推导公式计算基准值
117	2-甲基-4,6-二硝基苯酚	2	2015年方法学,其中:$RfD=0.0003$ mg/(kg·d);RSC=0.2;BW=80 kg;DI=2.4 L/d	根据人类实验得到 LOAEL 为 0.8 mg/(kg·d),除以 3000 获得 RfD,再采用基准推导公式计算基准值
118	3,3′-二氯联苯胺	0.049C	2015年方法学,其中:$q_1^*=0.45$(kg·d)/mg;BW=80 kg;DI=2.4 L/d	根据老鼠实验外推到人获得 q_1^*,再采用基准推导公式计算基准值
119	3-甲基-4-氯苯酚	500A	2015年方法学,其中:$RfD=0.1$ mg/(kg·d);RSC=0.2;BW=80 kg;DI=2.4 L/d	根据老鼠实验得到 LOAEL 为 28 mg/(kg·d),除以 300 获得 RfD,再采用基准推导公式计算基准值
120	对,对′-滴滴滴	0.00012C	2015年方法学,其中:$q_1^*=0.24$(kg·d)/mg;BW=80 kg;DI=2.4 L/d	根据老鼠实验外推到人获得 q_1^*,再采用基准推导公式计算基准值
121	对,对′-滴滴依	0.000018C	2015年方法学,其中:$q_1^*=0.167$(kg·d)/mg;BW=80 kg;DI=2.4 L/d	根据老鼠实验外推到人获得 q_1^*,再采用基准推导公式计算基准值

续表

序号	名称	保护人体健康的基准值/(μg/L)—消费水和水生生物	基准值确定方法	基准值获取方法概括
122	对,对′-滴滴涕	0.000030C	2015 年方法学,其中: $q_1^* = 0.34(kg \cdot d)/mg$; $BW = 80$ kg; $DI = 2.4$ L/d	根据老鼠实验外推到人获得 q_1^*,再采用基准推导公式计算基准值

通过分析硝酸盐和砷的基准值确定过程,结合表 5-4 的调查分析结果可知,USEPA 在确定保护人体健康的水质基准值时采用的方法有以下几种。

(1)根据动物(老鼠、犬类)毒理学实验结果外推到人获得毒理学参数 RfD 或 q_1^*,再采用基准推导公式计算基准值。采用这种方法确定基准值的物质一共 98 种,包括苊、丙烯醛、丙烯腈等。在获得 RfD 时,通常通过动物毒理学实验获得 NOAEL(或 LOAEL 或 BMDs),再除以不确定系数得到。不确定系数因不同物质毒理学实验结果的可靠程度不同而有差异,表 5-4 中出现的有 1、10、100、1000、3000 及 10000 等,充分考虑了物种内外推、物种间外推、从亚慢性到慢性研究外推、从 LOAEL 外推到 NOAEL 及数据库缺乏所带来的不确定性。

(2)根据动物实验结果采用模型直接确定基准值,未采用基准推导公式计算,如亚硝胺和 N-亚硝基二乙基。

(3)根据人群流调结果确定毒理学参数,再采用基准推导公式计算基准值。采用这种方法确定基准值的物质一共有 9 种,包括砷、苯、联苯胺、硝基苯酚等。

(4)根据人群流调结果直接确定基准值,未采用基准推导公式计算。如硝酸盐和钡。

(5)根据《安全饮用水法》确定污染物在水中的 MCL,并将其确定为基准值。采用这种方法确定基准值的物质共 6 种,包括石棉、铍、镉、三价铬、五价铬和铜。

(6)基于物质所产生的人体感官效应、对水中其他离子毒性及存在形式的影响等因素,根据水质调查结果确定基准值,并未考虑物质自身的毒理学效应。采用这种方法确定基准值的物质共 3 种,包括锰、pH 和溶解性总固体。

由此可知,USEPA 在推导保护人体健康的水质基准时采用了多种方法。其中,通过人群流调直接获取基准值的物质是最为可靠的方法,并且水环境特性的区域性差异对物质毒理学性质的影响已完全体现在人群流调的结果中。对于采用基准推导公式获取基准值的物质,其毒理学参数无论由动物毒理学实验外推到人获取还是由人群流调结果获取,均使用了不确定系数,也就是说充分考虑了毒理学参数获取过程中的各种不确定性,能够最大程度地保障人体健康。因此,地下水环境特性可能导致的物质毒理学性质的变化,一方面可能已通过不确定系数的使用进行考虑,另一方面,与所使用的较大的不确定系数相比,这种变化对毒理学参数的影响是很小的,可以忽略不计,因此,在研究我国地下水质量基准值时,不需要对物质的毒理学参数进行校正。

根据上述分析,提出了我国地下水质量基准值的推导程序,具体如下:

(1)对于地下水环境中指示水体理化性质,且本身不具备直接的毒理学效应的指标,如 pH、溶解性总固体等,需在 USEPA 研究的基础上,结合我国地下水水质状况进行确定;

(2)对于 USEPA 已有明确的人群流行病学调查结果,且根据人群流行病学调查结果确

定基准值的物质,如硝酸盐和钡,其在我国地下水环境中的基准值与 USEPA 保护人体健康的水质基准值保持一致;

(3)对于具有毒理学效应且 USEPA IRIS 中提供毒理学参数的物质,如砷等,需采用式(5-11)和式(5-12)进行推导,其中致癌物质采用式(5-13),非致癌物采用式(5-12),毒理学参数(q_1^* 和 RfD)从 IRIS 获取,暴露参数采用我国人群暴露参数,即 BW = 60.6 kg,DI 为 1.85 L/d;

(4)对于具有毒理学效应且 USEPA IRIS 中没有提供毒理学参数的物质,可根据需要依据《人体健康水质基准制定技术指南》(HJ 837—2017)首先确定毒理学参数,再采用式(5-11)和式(5-12)进行推导;

(5)对于同时具备毒理学效应和感官效应的物质,如铁、锰、铜、锌等,需将通过基准推导公式推导出的基准值与 USEPA 提供的感官效应基准值进行对比,取较低的值作为该物质的基准值。

5.5 地下水质量标准值推导思路及案例研究

水质标准值实际上是阶段性水质管理目标的技术表达。地下水质量标准值的确定需以地下水质量基准值为依据,在充分考虑当前分析方法检出水平、我国地下水环境中该物质的浓度水平、水厂净化工艺对物质的去除效率等经济技术可行性的基础上进行确定。随着未来经济技术水平的发展和管理要求的转变,标准值会随之进行修订。

5.3 节和 5.4 节主要讨论了以保护人体健康为目的的地下水质量基准的确定方法,因此本节主要研究以保护人体健康为目的的地下水质量标准值确定方法,即地下水质量标准中Ⅲ类标准值的确定方法。

5.5.1 硝酸盐的地下水质量标准值研究

根据 5.3.2 节,硝酸盐(以 N 计)保护人体健康的基准值为 10 mg/L。

1. 硝酸盐的分析方法和检出水平

目前硝酸盐(以 N 计)常用的分析方法及检出限见表 5-5。由表 5-5 可见,无论采用哪种分析方法,其检出限均远低于 10 mg/L。

表 5-5　硝酸盐(以 N 计)的标准分析方法及检出限

序号	方法名称	检出限/(mg/L)
1	水质 硝酸盐氮的测定 酚二磺酸分光光度法(GB 7480—1987)	0.02
2	水质 无机阴离子的测定 离子色谱法(HJ/T 84—2001)	0.08
3	水质 硝酸盐氮的测定 气相分子吸收光谱法(HJ/T 198—2005)	0.006
4	水质 硝酸盐氮的测定 紫外分光光度法(试行)(HJ/T 346—2007)	0.08

2. 我国地下水中硝酸盐(以 N 计)的浓度水平

在 5 个研究区共采集了 285 个地下水样品,采用紫外分光光度法对硝酸盐(以 N 计)进行测定,报告检出限为 0.5 mg/L。各个浓度区间的水样数量和分布累积百分数见图 5-2。由图 5-2 可知,有超过 65% 的样品其硝酸盐(以 N 计)浓度超过了 10 mg/L,其中,有约 32% 的样品其硝酸盐(以 N 计)浓度大于 40 mg/L。

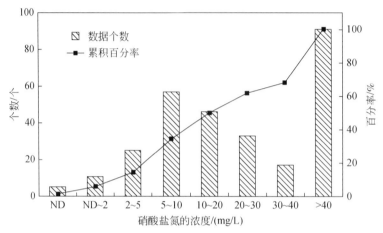

图 5-2　研究区地下水硝酸盐(以 N 计)的频率分布曲线

3. 硝酸盐的标准值

从硝酸盐(以 N 计)的分析方法和检出限来看,完全满足基准值 10 mg/L 的检出要求。从 5 个研究区硝酸盐(以 N 计)的检出浓度来看,超过 65% 的样品硝酸盐(以 N 计)的浓度超过了基准值,基本符合硝酸盐是我国当前地下水环境主要污染指标的现状。因此,考虑到地下水作为饮用水源的重要用途,为最大限度保护人体健康,防治硝酸盐污染,可将硝酸盐的标准值等同于基准值,即设定为 10 mg/L。

5.5.2　砷的地下水质量标准值研究

根据 5.3.3 节,砷保护人体健康的基准值为 0.019 μg/L。

1. 砷的分析方法和检出水平

目前砷常用的分析方法及检出限见表 5-6。由表中可见,无论采用哪种分析方法,其检出限均远高于砷的基准值。为确保分析方法可用,分析数据可靠,从分析方法的角度,建议砷的标准值大于 7 μg/L。

表 5-6　砷的标准分析方法及检出限

序号	方法名称	检出限/(μg/L)
1	水质 总砷的测定 二乙基二硫代氨基甲酸银分光光度法(GB/T 7485—1987)	7
2	水质 痕量砷的测定 硼氢化钾-硝酸银分光光度法(GB/T 11900—1989)	0.4
3	水质 汞、砷、硒、铋和锑的测定 原子荧光法(HJ 694—2014)	0.3

2. 我国地下水中砷的浓度水平

在 5 个研究区共采集了 285 个地下水样品,采用电感耦合等离子体质谱仪(ICP-MS)

对砷进行测定,报告检出限为 0.001 mg/L。各个浓度区间的水样数量和分布累积百分数见图 5-3。由图 5-3 可知,有将近 70% 的样品中砷未检出,检出浓度小于 0.002 mg/L 的样品数量占到约 30%,仅有约 1.76% 的样品砷的浓度超过 0.002 mg/L。

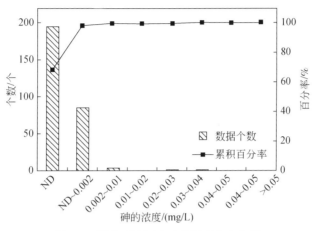

图 5-3　研究区地下水砷的频率分布曲线

3. 水厂净化工艺对砷的去除效率

目前我国水厂大多仍采用絮凝–沉淀、过滤及消毒等传统的净化工艺,膜过滤等先进工艺仅在部分大城市得到应用。考虑到传统净化工艺对砷的去除效率有限,建议用作饮用水水源的地下水中砷的标准值等同于饮用水中砷的标准值。当前我国《生活饮用水卫生标准》(GB 5749—2006)中砷的标准值为 0.01 mg/L。

4. 砷的标准值

由前文可知,从分析方法的角度,要求砷的标准值大于 7 μg/L,即 0.007 mg/L,取整为 0.01 mg/L。当砷的浓度为 0.01 mg/L 时,根据式(5-11),q_1^* 取 1.75 (kg·d)/mg,BW 和 DI 分别采用我国人群暴露参数,取 60.6 kg 和 1.85 L/d 时,饮用人群的致癌风险为 5.34×10^{-4},是可接受风险上限(10^{-4})的 5 倍。根据 5.5.2 节可知,98.24% 的样品中砷的浓度 ≤0.002 mg/L,即饮用人群的实际暴露风险接近于可接受风险上限(10^{-4})。

因此,综合考虑不同风险水平下砷的基准值、检出方法要求、砷在我国地下水中的实际浓度水平及净化工艺对砷的去除效率等因素,将砷的标准值确定为 0.01 mg/L。

5.6　我国地下水质量标准值的确定方法

根据硝酸盐和砷的标准值研究可知,在众多的影响因素中,分析方法的检出水平是决定标准值的首要因素,这与美国各州地下水标准中确定标准值的思路是一致的。

用作饮用水水源的地下水质量标准值的确定流程见图 5-4。

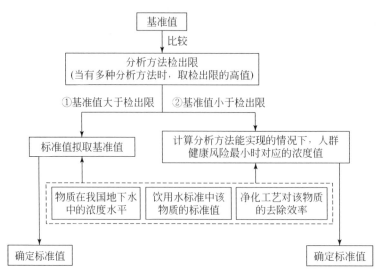

图 5-4 地下水质量标准值确定流程

参 考 文 献

[1] 冯承莲,吴丰昌,赵晓丽,等. 水质基准研究与进展. 中国科学:地球科学,2012,42(5):646-656.
[2] 孟伟,刘征涛,张楠,等. 流域水质目标管理技术研究——水环境基准、标准与总量控制. 环境科学研究,2008,21(1):1-8.
[3] USEPA(U. S. Environmental Protection Agency). Water quality criteria documents. 1980. Federal Register 45:79318-79379.
[4] 吴丰昌,李会仙. 美国水质基准制定的方法学指南. 北京:科学出版社,2011:27-35.
[5] USEPA. Human health ambient water quality criteria:2015 update. Office of water, EPA 820-F-15-001,2015.
[6] http://water.epa.gov/scitech/swguidance/standards/criteria/current/index.cfm.
[7] 环境保护部. 中国人群环境暴露行为模式研究报告(成人卷). 北京:中国环境出版社,2013.
[8] USEPA. Quality criteria for water. EPA 440/5-86-001. 1986.
[9] http://cfpub.epa.gov/ncea/iris/iris_documents/documents/subst/0076_summary.pdf.
[10] USEPA. National recommended water quality criteria:2002. Human health criteria calculation matrix. EPA-882-R-02-012.
[11] http://cfpub.epa.gov/ncea/iris/iris_documents/documents/subst/0278_summary.pdf.
[12] 刘琰,郑丙辉,付青,等. 水污染指数法在河流水质评价中的应用研究. 中国环境监测,2013,29(3):49-55.

第6章 地下水污染评价方法研究

6.1 研究思路

为更好地满足环境管理需求,即在地下水质量评价的基础上,进一步判断污染程度,开展了地下水污染评价技术研究。凡是在人类活动影响下,地下水质量朝着恶化方向发展的现象,统称为"地下水污染"。我们应将"污染"定义在超过背景值的基础上,基于地下水在受到人类活动的直接或间接影响后,其可利用范围与原来的水质相比受到一定的限制。就"污染"而言,它主要是指水的物理、化学和生物性质的改变。因此,地下水污染应该指人类活动使地下水的物理、化学和生物性质发生改变,因而限制或防碍地下水在各个方面的应用。地下水污染评价是指污染源对地下水产生的实际污染效应的评价,其主要目的是通过评价确定地下水污染程度和范围,找出主要污染因子,寻找污染源,查明污染原因,从而为制定防治地下水污染规划与提出控制污染的措施提供科学依据。我国地域宽广、幅员辽阔,天然状态下的地下水水质差异巨大,广泛存在一些天然劣质水,正确区分天然劣质水和遭受污染的水,是地下水污染评价工作的关键。

此外,近些年地下水中检出的污染物指标越来越多,组分越来越复杂化,地下水有机污染问题备受关注。地下水有机污染具有含量低、危害大、难降解等特点。一旦饮用水源遭受到有机毒理学指标的污染时,不仅会对人体产生危害,还会对生态环境造成恶化。由于地下水自净能力比较差、具有隐蔽性、滞后性等特点,一旦遭受污染,很难恢复原状。因此对地下水开展质量与污染程度综合评价,在了解地下水质量状况的基础上,正确区分天然劣质水和遭受污染的水,识别地下水污染程度与范围,对实施有效的地下水污染综合防治具有重要意义。

在对国内外地下水污染评价方法及污染分级标准调研的基础上,筛选出适用性较好的污染指标综合分类评价法并进行完善。对于天然组分,在评价过程中将前文计算所得的背景值与 GB/T 14848—2017 中Ⅲ类水标准进行对比,若大于Ⅲ类标准,则该地区的该指标认定为天然劣质水,不进行评价,若小于Ⅲ类标准,则进行天然组分单指标评价;由于人工组分在天然环境中不存在,一旦检出就说明存在污染情况,因此以检出限和 GB/T 14848—2017 限值作为评价人工组分污染程度的判别依据,根据文献调研所得的污染程度分级标准分别对天然组分和人工组分进行污染评价,最终用天然组分、天然劣质指标、人工组分的评价结果联合表示地下水污染结果,技术路线如图6-1所示,污染指标综合分类评价法见图6-2。

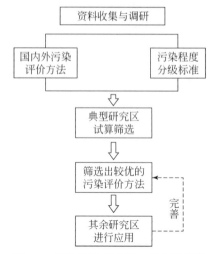

图 6-1 污染评价方法筛选技术路线图

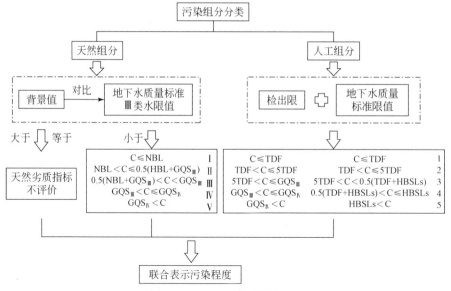

图 6-2 污染指标综合分类评价法

注：C 表示污染物实测浓度；NBL 表示背景值；GQS$_{III}$ 表示 GB/T 14848—2017 的 III 类限值；GQS$_{IV}$ 表示 GB/T 14848—2017 的 IV 类限值；TDF 表示 DZ/T 0288—2015《区域地下水污染调查评价规范》目标检出限；HBSLs 表示健康基准值

6.2 国内外地下水污染评价方法调研

6.2.1 地下水污染评价的概念和定义

有关地下水污染的定义，一直存在不同的看法。目前国内普遍接受的定义是凡是在人类活动影响下，地下水质量朝着恶化方向发展的现象，统称为"地下水污染"。地下水污染指人类活动使地下水的物理、化学和生物性质发生改变,因而限制或防碍地下水在各个方面的应用。地下水污染评价是指污染源对地下水产生的实际污染效应的评价,其主要目的是通过评价确定地下水污染范围和程度,找出主要污染因子,寻找污染源,查明污染原因,从而为制定防治地下水污染规划与提出控制污染的措施提供科学依据。

6.2.2 国内外地下水污染评价方法调研

地下水环境质量评价,自20世纪50年代开始得以被重视,其评价思想和方法与环境科学的环境质量评价方法密切相关。

环境科学中环境质量评价的发展出现过两次研究高潮:第一次出现在五六十年代,第二次出现在80年代。第一次研究高潮出现在由于工业发达而带来环境污染的国家。1964年在加拿大召开的国际环境质量评价会议上,学者们首先提出了"环境质量评价"的概念,随后,美国在1969年通过立法建立了环境质量评价制度。这是人类在环境问题认识上的一次飞跃。由于第一次高潮主要研究的是局地污染问题,所以当时环境质量评价的重点放在了单个项目的评价上,形成了主要考虑局地环境质量的传统环境影响评价方法。随着研究步伐的加快,80年代初出现了第二次环境问题研究高潮,使人类开始由对局地环境问题的关注扩大到对区域或全球性环境问题的关注,区域开发环境影响评价便应运而生。

随着环境质量评价工作的逐渐深入,地下水环境质量评价的研究工作从20世纪70年代开始逐步受到重视,评价体系及方法正日臻完善。

为使地下水环境质量评价有据可依,各国根据实际情况,制定了地下水环境质量评价标准。目前国内外使用的标准可分两类:一类为区域地下水天然背景值;一类为国家制定的水质量标准。我国于1993年12月30日由国家技术监督局发布了《地下水质量标准》(GB/T 14848—1993),在实施近20年后,主管部门对其开展修订工作,并于2017年10月正式发布《地下水质量标准》(GB/T 14848—2017),于2018年5月1日实施。因此国内学者在前期的研究过程中以GB/T 14848—1993为评价依据,在修订稿完成后,开始使用GB/T14848—2017作为评价依据。

70年代以来,地下水环境质量评价工作由浅入深,由简单到复杂,由单项指标到综合指数的计算,由现状评价到趋势分析,由数理统计到数学模型的建立,由室内模拟试验到现场大型试验逐渐发展起来了。

1. 国外情况

国外在地下水污染方面的研究主要是加强污染物质运移机理的基础理论研究,已从传统的只注意地下水中的无机成分转移到注重危害更大的有机污染和放射性污染。地下水污染评价采用的方法与水质评价基本一致。早在1965年,美国俄亥俄州河流卫生委员会的赫尔顿提出了一种水质评价的指数体系,并提出了制定指数的步骤,第一是要选择建立指数时所需要的质量特征;第二是根据各种参数确定评价等级;第三是定出各参数的加权值。布朗于1970年发表了评价水质污染的水质指数,并得出对水质有关的11种重要参数,针对它们的相对重要性,定出各自的权系数。此外,美国在区域上开展地下水评价工作也较早,1991年美国地质调查局开展全国水质评价计划(national water-quality assessment, NAWQA),对美国51个研究单元(主要流域和含水层)的河流、地下水和水生生态系统的质量状况和变化趋势进行了评价。

国外对地下水污染评价是从指标浓度出发,对比相关质量标准,评估其污染状况;也有的利用地质统计学的克里格法进行地下水污染评价,即通过绘制指标等值线图来进行污染评价,以及针对特定的污染物指标进行污染评价研究,如新兴污染物药品及个人护理品。表 6-1 所示为近期国外有关地下水污染方面的研究现状。

表 6-1 近期国外地下水污染评价方法研究现状

序号	利用方法	方法简介	文献
1	标准对比法	对比相关质量标准,进而得出其污染状况	[1~3]
2	地质统计学法	利用克里格法绘制指标等值线图	[4]
3	特定污染物指标研究法	例如,对新兴污染物药品及个人护理品的污染;四氯乙烯及其代谢产物进行评价	[5~6]
4	重金属污染指数法	可对地表水及地下水的污染情况进行评价	[7]
5	其他	通过社会经济学角度对城市地下水进行评价	[8]

2. 国内情况

国内水环境质量评价始于 20 世纪 70 年代。1974 年,我国提出了第一个综合表示水质污染情况的综合污染指数,其目的是期望用一种最简单的、可以进行统计的数值来评价在多种污染物质影响下水质的污染情况。此法在选取具体表示水质污染项目时,优先考虑造成水质污染的主要有害物质,然后再考虑可以定量表示水质污染的一般水质指标。1977 年,在南京城区环境质量综合评价研究中,提出了"水域质量综合指标",用以评价环境中水要素的质量。选用酚、氰、铬、砷、汞作为污染因子,按水域质量综合指标定出水域的水质分级标准,该方法考虑了不同的污染物乘以一个权系数,但权系数的确定属主观规定。70 年代末广州进行水质评价时,把测定项目分为无机类、有机类和重金属类 3 类,将水质评价指数也分为 3 类,即分指数、类指数和综合指数,从而分级进行评价,先按分指数,可将水中污染物影响的大小进行排序,查明哪些是主要污染物;按类指数,可辨明水是以无机、有机或重金属等哪一种污染为主;综合指数可以做出总的评价,这样可查明水质污染程度和污染特点,以便于提出针对性的治理意见。

20 世纪 80 年代前主要采用的地下水环境质量评价方法为简单的给定临界判据的指数。80 年代后,随着计算机技术的快速发展,现代数学理论应用于水环境评价得以实现,模糊数学、灰色系统和人工智能等理论方法与计算机技术相结合应用于水环境评价研究变得相当活跃。近年来,一些研究工作者把灰色系统理论和方法应用于水环境研究,通过建立与隶属函数相似的白化函数,进行灰色聚类,确定水质的级别,来进行水质综合评价。另外,也有人将水体污染的全部或部分变量或参数处理为灰色变量获得灰色解进行水质评价。自 1994 年以来,作为人工智能一部分的 BP 神经网络模型逐渐被引入水环境质量综合评价中,有不少运用 BP 网络对我国水环境质量进行划分和综合评价的研究报道。近年来遥感(RS)和地理信息系统(GIS)技术也开始逐渐应用于水环境质量研究,实现定量监测水体的污染程度和污染类型。现代高新技术、计算机技术、空间技术和自动化技术在资源环境研究中得以应用,为地下水环境质量评价研究展示出更加广阔的前景。

目前我国地下水污染状况呈现由点状、条状向面上扩散,由浅到深不断扩大。在地下水污染调查中,天然水质不良与水型地方病问题普遍存在。我国地下水质量地域分布差异悬殊[9]。

国内地下水污染评价方法在评价标准的选取方面,对于大部分的无机组分,评价标准选择背景值或对照值,超过背景值或对照值者视为污染。同时也有从地下水饮水角度考虑,利用水质标准作为评价标准,超过水质评价标准才认为受到了污染。在评价指标方面,一般是根据实际工作的检测指标项数,选择在研究区具有代表性的指标作为地下水污染评价指标,指标的数目根据研究区的实际情况而定。

目前国内地下水污染评价方法众多,不同的评价方法其优缺点不一,其适用的范围也不太一样。具体总结如表6-2所示。

表6-2 国内地下水污染评价方法研究现状

序号	评价方法	方法简介	文献
1	污染综合评价方法	提出利用污染起始值、生活饮用水水质标准、电导率三种不同方法评价	[10]
2	单因子污染指数法	公式简单,可直观反映单组分污染状况,评价结果物理意义明确。但不能综合反映地下水整体污染状况	[11~12]
3	综合污染指数法	存在平均值法、代数叠加法、几何均数法、内梅罗指数法和均方根法等不同类型	[13~15]
4	参数分级评分叠加指数法	简便,评价结果不失真,物理意义明确。不足之处在于对指标项有限制	[16]
5	污染层级阶梯评价法	对指标进行分类分级,然后进行阶梯评价。对现场指标、无机常规化学指标、无机毒理指标和微量有机指标的评价,实现地下水质量评价与污染评价的结合	
6	常用数学模型	模糊综合数学法、灰色系统理论、人工神经网络法	[17~19]
7	其他模型	"健康效应"污染指数和模糊数学水质评价法相结合;多指标评价模型;分级综合指数模型;HYDRUS-1D基于过程的评价方法	[20~23]

我国地下水环境质量评价工作起步较晚,由于地下水污染形势严峻,迫切需要一套准确、简便、有效的地下水质量评价方法,定性并定量来描述我国地下水质量现状和趋势,为地下水规划、污染防治和治理提供有力依据。

3. 地下水污染评价方法汇总

地下水污染评价最终的结果是区别地下水污染的程度,而不同的评价方法可能会出现不同的评价结果,所以选择合适的评价方法,建立相应的评价模型是必要的。在评价过程中应选择合理的评价方法或建立评价的数学模型,通过一定的计算对地下水污染程度进行等级划分,并提出地下水污染评价的结论。主要的评价模型有综合污染指数法、系统聚类分析法、灰色聚类分析法、模糊聚类分析法和人工神经网络法。本书主要介绍综合污染指数法和系统聚类分析法。

1) 综合污染指数法

综合污染指数法即把具有不同量纲的量进行标准化处理,换算成某统一量纲的指数(各项污染指数),使其具有可比性,然后进行数学上的归纳和统计,得出较简单的综合污染指数,用其代表地下水的污染程度。综合污染指数愈大,说明地下水污染程度愈严重。常用于地下水污染评价的综合污染指数有以下几种:分项污染指数、单综合污染指数、双综合污染指数和分类综合污染指数。分项污染指数只是描述单一污染物对环境的影响,而引起环境污染的污染物可能不止一种,当有多种污染物的影响时,需要用综合污染指数的概念。单综合污染指数法是仅用污染指数这一个指标来衡量的方法,根据不同情况,又有几种不同的计算方法:即叠加型等。但由于地下水中不同污染物所起的危害作用不同,简单叠加型综合污染指数法掩盖了含量虽少但危害大的物质的作用的实质。为此,采用加权的方法来求和,危害小的给予轻权,危害大的给予重权。

综合污染指数法包括四种方法:分项污染指数计算;单综合污染指数法;双综合污染指数法;分类综合污染指数法。各方法详细步骤分别如下:

a)分项污染指数:

分项污染指数表征了单一污染物对地下水产生等效影响的程度,P_i 为第 i 种污染物在地下水中的实测浓度与评价标准的允许值之比。其表征单一污染物对地下水产生等效影响的程度,P_i 越大,说明该污染物污染程度越高。在受污染的地下水中常含有多种污染物,因而用分项指数评价水质污染是不够全面的,对不同的污染地下水也很难对比。为此,有必要采用综合污染指数进行地下水污染评价。

(1)对环境的污染程度随该污染物浓度的增加而增加时:

$$P_i = \frac{C_i}{C_{0i}} \tag{6-1}$$

式中,C_i 为污染物 i 的实测浓度;C_{0i} 为污染物的评价标准。

(2)对环境的危害程度随该污染物浓度的增加而减小时:

$$P_i = \frac{C_{imax} - C_i}{C_{imax} - C_{0i}} \tag{6-2}$$

式中,C_{imax} 为污染物 i 在地下水中最大浓度。

(3)污染物的浓度只允许在一定范围内,过高过低都有害时:

$$P_i = \left| \frac{C_i - \overline{C_{0i}}}{C_{0i}^{max} - C_{0i}^{min}} \right| \tag{6-3}$$

式中,$\overline{C_{0i}}$ 为污染物 i 在地下水中允许值区间的中值;C_{0i}^{max} 为该污染物评价标准允许最高浓度。

b)单综合污染指数法:

单综合污染指数法分三类,分别为叠加型、均值型和极值型。

(1)叠加型综合污染指数

本方法是反映多种污染物的综合程度。

简单叠加型指数:

适用于危害程度较接近的污染物,公式如下:

$$P = \sum_{i=1}^{n} P_i = \sum_{i=1}^{n} \frac{C_i}{C_{0i}} \tag{6-4}$$

式中,P 为综合污染指数;n 为参加评价污染物的个数。

加权叠加型指数:

适用于危害程度不同的污染物,公式如下:

$$P = \sum_{i=1}^{n} W_i P_i = \sum_{i=1}^{n} W_i \frac{C_i}{C_{0i}} \quad (6-5)$$

式中,W_i 为第 i 种污染物的权重。

(2)均值型综合污染指数

由于所选择的评价因子数的不同,叠加型污染指数计算结果差异较大,为避免这个问题,可选用均值型综合污染指数。

均权平均型指数:

$$P = \frac{1}{n}\sum_{i=1}^{n} P_i = \frac{1}{n}\sum_{i=1}^{n} \frac{C_i}{C_{0i}} \quad (6-6)$$

式中,P 为综合污染指数;n 为参加评价污染物的个数。

加权平均型指数:

$$P = \frac{1}{n}\sum_{i=1}^{n} W_i P_i = \frac{1}{n}\sum_{i=1}^{n} W_i \frac{C_i}{C_{0i}} \quad (6-7)$$

(3)极值型综合污染指数

内梅罗指数:

$$P = \sqrt{\frac{(P_i)_{max}^2 + \left(\frac{1}{n}\sum_{i=1}^{n} P_i\right)^2}{2}} \quad (6-8)$$

式中,$(P_i)_{max}$ 为各项污染指标中污染指数的最大值。

几何平均型指数:

$$P = (P_i)_{max} \cdot \frac{1}{n}\sum_{i=1}^{n} P_i \quad (6-9)$$

c)双综合污染指数法

用综合污染指数和其方差两个指标判别,前者反映各污染参数平均污染状况,后者反映污染参数指数的离散程度。其中任何一个较大,都说明水质较差。公式如下:

$$\begin{cases} P = \sum_{i=1}^{m} P_i \\ P_\sigma^2 = \sum_{i=1}^{m} W_i (P_i - P)^2 \end{cases} \quad (6-10)$$

式中,P_σ^2 为综合污染指数的方差。

双综合污染指标分级标准见表6-3。

表6-3 双综合污染指标分级标准参考表

指标	分级					
	Ⅰ	Ⅱ	Ⅲ	Ⅳ	Ⅴ	Ⅵ
P	<0.6	0.6~1.0	1.0~1.3	1.3~1.6	1.6~2.8	>2.8
P_σ^2	<0.2	0.2~1.0	1.0~1.5	1.5~2.5	2.5~70	>7.0

d) 分类综合污染指数法

(1)按地下水中污染物类型分类,可分为三种类型:①无机类,包括硫酸盐、氯化物、硝酸态氮、亚硝酸态氮与氨态氮等;②有机类,包括 BOD_5、COD、COD_{Mn}、有机碳总量、油、苯、酚、氰、多环芳烃、洗涤剂等;③重金属类,包括铁、锰、汞、镉、铬、锌、铜、铅等。

分别计算各类污染物的综合污染指数,再采用下面公式计算总的综合污染指数。

$$P_{总} = \sum_{j=1}^{m} W_j P_j \tag{6-11}$$

式中,W_j 为第 j 类的权重;P_j 为第 j 类的综合污染指数。

(2)按地下水用途分类,也可分为三种类型:

①人类直接接触用水,包括饮水、制造饮料用水等;②间接接触用水,包括渔业用水、农业用水等;③不接触用水,包括工业用水、冷却用水等。

按以上三种用途的水质标准,分别计算综合污染指数,再按以下公式计算总的综合污染指数。

$$P_{总} = \sum_{j=1}^{m} W_j P_j \tag{6-12}$$

式中,W_j 为第 j 类的权重;P_j 为第 j 类的综合污染指数。

2)系统聚类分析法

聚类分析法是将样品或变量按照它们在性质上的亲疏程度进行分类的多元统计分析方法。聚类分析时,用来描述样本或变量的亲疏程度通常有两个途径:一个是把每个样品或变量看作是多维空间上的一个点,在多维坐标中,定义点与点,类与类之间的距离,用点与点之间的距离来描述样品或变量之间的亲疏程度;另一个是计算样品或变量的相似系数,用相似系数来描述样品或变量之间的亲疏程度。聚类分析按照分组理论依据的不同,可以分为系统聚类分析法、动态聚类法、模糊聚类法等方法,而系统聚类分析是最常用的一种聚类分析方法。系统聚类分析法一共三个步骤,具体如下:

(1)数据正规化与标准化。

监测时所得到的数值各变量之间相差较大,或各变量所取得度量单位不同,使数值差别增大,如果不进行正规化及标准化,有可能削弱低浓度因子的影响程度。

数据正规化公式如下:

$$Z_{ij} = \frac{X_{ij} - \min\{X_{ij}\}}{\max\{X_{ij}\} - \min\{X_{ij}\}} \tag{6-13}$$

数据标准化公式如下:

$$Z_{ij} = \frac{X_{ij} - \overline{X_j}}{\sigma_j} \tag{6-14}$$

$$\overline{X_j} = \frac{1}{n} \sum_{i=1}^{n} X_{ij} \tag{6-15}$$

$$\sigma_i = \sqrt{\frac{1}{n-1} \sum_{i=1}^{n} (X_{ij} - \overline{X_j})^2} \tag{6-16}$$

(2)数据分类尺度计算。
相关系数 R:

$$R_{ij} = \frac{\sum_{k=1}^{m}(Z_{ik}-\overline{Z_i})(Z_{jk}-\overline{Z_j})}{\sqrt{\sum_{k=1}^{m}(Z_{ik}-\overline{Z_i})^2(Z_{jk}-\overline{Z_j})^2}} \quad (i,j=1,2,\cdots,m) \tag{6-17}$$

式中,

$$\overline{Z_i} = \frac{1}{m}\sum_{k=1}^{m}Z_{ik} \tag{6-18}$$

$$\overline{Z_j} = \frac{1}{n}\sum_{k=1}^{n}Z_{jk} \tag{6-19}$$

相似系数 S_{ij}:

$$S_{ij} = \cos Q_{ij} = \frac{\sum_{k=1}^{m}(Z_{ik}-Z_{jk})}{\sqrt{\sum_{k=1}^{m}Z_{ik}^2 \sum_{k=1}^{m}Z_{jk}^2}} \quad (i,j=1,2,\cdots,m) \tag{6-20}$$

欧式距离 D_{ij}:

$$D_{ij} = \sqrt{\sum_{k=1}^{m}(Z_{ik}-Z_{jk})^2} \quad (i,j=1,2,\cdots,m) \tag{6-21}$$

一般用作样品间的分类。显然有 $0 \leq D_{ij} \leq 1$,距离 D_{ij} 越小,表示两个样品愈亲近,反之则愈疏远。

斜交空间距离 D_{lij}:

$$D_{lij} = \sqrt{\sum_{k=1}^{m}\sum_{i=1}^{m}(Z_{ik}-Z_{jk})(Z_{il}-Z_{jl})r_{kl}} \quad (i,j=1,2,\cdots,n) \tag{6-22}$$

式中,

$$r_{kL} = \frac{\sum_{i=1}^{n}(X_{ik}-\overline{Z_k})(Z_{il}-\overline{Z_l})}{\sqrt{\sum_{i=1}^{n}(X_{ik}-\overline{X_k})^2 \sum_{i=1}^{n}(X_{il}-\overline{X_l})^2}} \quad (k,L=1,2,\cdots,m) \tag{6-23}$$

一般用于样品的分类。有 $0 \leq D_{lij} \leq 1$,且距离 D_{lij} 愈小表示两个样品愈亲近。

(3)分类树形图绘制。
对于已建立的相似性矩阵,即可根据不同的置信水平进行分类。分类时应先求出 R 的 λ 截矩阵 R_λ。

$$R_\lambda = [\lambda_{rij}]_{N \times N} \tag{6-24}$$

式中,

$$\lambda_{rij} = \begin{cases} 1 \\ 0 \end{cases} \tag{6-25}$$

$$\lambda \in [0,1]$$

显然 $R_{rij}=1$ 时,i 与 j 应归于同一类,否则为不同类。对于不同类的又可得到不同的分类方案,看 $0 \leq \lambda_1 \leq \lambda_2 \leq 1$,则 λ_2 所分出的每一类必是 λ_1 的某一类的子类。

4. 评价指标筛选及权重

1) 评价指标筛选

在进行地下水污染评价时,由于地下水中污染物种类众多,不可能也不需要把所有污染物都作为评价因子。一般根据评价目的、污染源可能产生污染物种类和地下水监测数据进行综合分析,选择分布范围广及对人体健康或地下水利用功能影响较大的污染物作为评价因子。如从人体健康考虑,常选氮化物(NO_3^-、NO_2^-、NH_4^+);氰化物;重金属(铅、铬、镉、汞、砷);有机污染物(农药、酚类、氯代烃、苯系物等)。

2) 评价因子权重的确定

在评价工作中,有多个评价因子一起参与评价,在考虑多个因子的综合效应时,需要对地下水中各污染因子进行加权处理。权重确定的方法如表6-4所示。

表6-4 地质环境质量评价定权方法一览表

序号	定权方法				
1	专家打分法				
2	调查统计法	(1)重要性打分法; (2)栅栏法; (3)网格法; (4)列表划勾法	集合统计法	(1)频数截取法; (2)模糊聚类分析求均值法; (3)中间截取求均值法	
3	序列综合法	(1)单定权因子排序法;(2)多定权因子排序法			
4	公式法	(1)三元函数法;(2)概率法;(3)相关系数法;(4)信息量法;(5)隶属函数法			
5	数理统计法	(1)判别分析法;(2)聚类分析法;(3)因子分析法			
6	层次分析法				
7	复杂度分析法				

各定权方法的具体做法与步骤如下。

(1) 专家打分法

①选择评价定权值组的成员,并告知详细说明权重的概念和顺序及记权的方法;②列表,对各评价因子进行重要性排序;③发给每个成员表格,并反复核对,填写;④要求每个成员对每列的每种权值填上记号,得到每种因子的权值分数;⑤要求每个成员仔细核实评分是否代表各自真实意见;⑥要求每个成员把每个评价因子的重要性评分相加,得出总分值;⑦每个成员对每个因子分值除去总数,得到每个因子的权重;⑧把每个成员表格收集,求各个因子的平均权重;⑨列出每个因子的权重,并要求评价者对其与自己评价权重比较;⑩如有异议,重新评价,如无异议,即可结束。

(2) 调查统计法

重要性打分法:

①对被征询者详细说明统一的评分要求;②请被征询者对不同因子打分;③收集调查表,进行统计,给出综合后的权重。

列表划勾法：

本方法为事先给出权值，制成表格，由被调查者在认为合适的对应空格中打勾。对应每一评价因子，打勾 1 或 2 个，打 2 个勾表示程度范围。这样就完成一个样本的调查结果，如表 6-5 所示。

表 6-5 列表划勾法示意图

备择程度 w	因子序号					
	1	2	3	…	$m-1$	m
0						
0.2		√			√	√
0.4	√	√				√
0.6	√		√			
0.8			√			
1.0						

（3）序列综合法

单定权因子排序法：

单定权因子排序法是定权因子只有一个时的序列综合法，步骤如下：①明确定权因子的物理含义，统一度量单位，排序；②根据数值大小范围和排序结果对应分数或级别；③根据以上分级结果定权。例如，在某地表水环境质量评价中，以其质量标准的倒数（或倒数的对数）为基础，每相差一个数量级，序列值相差 0.06，分重权、中权和轻权，归一化后得权值。

多定权因子排序法：

多定权因子排序法即当定权因子有两个以上时的序列综合法，步骤如下：①明确 $K(K \geqslant 2)$ 的定权因子的物理意义，分别统一度量单位后，按大小分别排序；②根据排序结果，给定对应序列值并列表；③计算每一评价因子所有序列值的和；④归一化后得 N 个评价因子的权值。例如，在某个地下水环境质量评价中，选择了三个定权因子，及评价因子的监测数、检出率、超标率来综合考虑定权。

（4）公式法

三元函数法：

选择三个定权因子，即超标率 X、评价标准 Y 和明显危害含量 Z，故该定权公式法称为三元函数法，第 i 个评价因子的权重为

$$w_i = \frac{X_i Y_i}{Z_i} \quad (i = 1, 2, \cdots, N) \tag{6-26}$$

概率法：

$$W_i = \frac{\sigma_i}{\ln(S_i - X_i)} \tag{6-27}$$

式中，X_i 为已知某评价因子实测数据的平均值；δ 为标准偏差；S_i 为评价标准。

相关系数法：

此方法计算权值考虑不同评价因子间的相互作用，引入相关系数定权，其公式为

$$W_i = \frac{\sum_{j=1}^{m} r_{ij}}{\sum_{i=1}^{n} \sum_{j=1}^{m} r_{ij}} \tag{6-28}$$

$$L_{ij} = \sum C_i C_j \frac{(\sum C_i)(\sum C_j)}{m} \tag{6-29}$$

$$r_{ij} = \frac{L_{ij}}{\sqrt{L_{ii} L_{jj}}} \tag{6-30}$$

$$(i = 1, 2, \cdots, m; j = 1, 2, \cdots, n)$$

式中，r_{ij} 为评价因子 i 与 j 的相关系数；C_i，C_j 分别为量平均因子的实测数据；L_{ij} 为评价因子 i 与 j 的协方差。

信息量法：

考虑各评价因子对环境质量提供的信息量，公式为

$$W_i = \log_{10} P_i \tag{6-31}$$

或

$$W_i = \log_2 P_i \tag{6-32}$$

式中，P_i 为 i 评价因子的概率，目前有三种计算方法，即

$$P_i = \frac{C_i}{\sum_{i=1}^{n} C_i} \tag{6-33}$$

或

$$P_i = \frac{C_{bi}}{\sum_{i=1}^{n} C_{bi}} \tag{6-34}$$

或

$$P_i = \frac{C_{0i}}{\sum_{i=1}^{n} C_{0i}} \tag{6-35}$$

式中，C_i 为 i 评价因子的实测数据；C_{0i} 为 i 评价因子的环境背景值；C_{bi} 为 i 评价因子的评价标准。

综上，权值的计算方法共有 3 种，这三种各有合理之处，计算得到的权值是相对权，最终还需做归一化处理。

隶属函数法：

权值可以理解为对"重要"模糊子集的隶属度。所以模糊数学的一套隶属函数中，只要意义相符，就可以作为定权公式；但有些由于定义域差异要经过一些变换方可应用。例如，用正弦隶属函数作权函数时，可经如下处理：记 i 评价因子的实际权值为 w_i，两极值分别为 $X_{i,\max}$ 和 $X_{i,\min}$，则

$$W_i = \sin\left(\frac{x_i - x_{i,\min}}{x_{i,\max} - x_{i,\min}}\right) \tag{6-36}$$

(5) 数理统计法

数理统计法包括判别分析法、聚类分析法和因子分析法,其原理和步骤基本一致,用 R 型因子分析法定权的步骤如下:
①确定评价因子,得实测数据矩阵, $X_{m \times n}$;②求得相关系数矩阵, $R_{m \times m}$;③再求得主因子的贡献及累积贡献大于 90%(或 95%)的前数个主因子的特征值;④由各主因子的特征值求其相对权值;⑤由相对权值归一化处理便求得实际权值。

(6) 层次分析法

层次分析法(AHP 法)原理简单,有数学依据,已有广泛应用,但用于地质环境质量评价尚未多见,其方法大体可分为四个步骤:①建立问题的递阶层次结构;②构造两两判断矩阵;③由判断矩阵计算被比较评价因子的相对权值;④计算各层次因子的组合权重。

(7) 复杂度分析法

复杂度的计算公式:

$$C_j = \frac{(2 G_{jm2} - G_{j1} - G_{j2})(G_{j2} - G_{j1})}{G_{jm2} - G_{jm1}} \tag{6-37}$$

式中,C_j 为 j 评价因子的复杂度;G_{jm2},G_{jm1} 为该评价因子地区性的最大、最小值(包括评价区外);G_{j2},G_{j1} 为评价区内改评价因子的大小实测数据,可取统计曲线上概率为 5% 时的数值。C_j 值为 0~1,此值越大越复杂,反之则越简单。

5. 评价标准

在评价标准选择方面,地下水污染指人为造成的污染,属次生污染,应选用地区环境本底值为评价标准。目前,由于人为活动的影响,不存在所谓的清洁区域,因此采用以下方法确定区域水环境背景值,可以称作相对清洁区,主要是指受人为活动干扰少,仍保持较为原始的地下水组成特征的地区。

地下水环境本底值:本区内未受污染地段的地下水化学组分含量均值;地下水环境背景值:在一个特定区域内相对清洁区监测得到的地下水各种组分的质量参数的统计平均值;对照值:未被污染、水文地质条件与本区相似的地下水背景值。

6. 定性和定量评价方法

由于评价方法的差异,不同的污染评价方法有其相应的污染分级划分方法,对目前国内常用的分级标准进行调研,以期找到一种充分考虑地下水使用功能、地下水背景值、地下水水质现状及对人体健康产生风险的分级标准。

1) 四限值法

怎样划分整体水质是一个比较棘手的问题。划分得过宽对于人体的健康不利,如果划分得过严,也会造成在诸如治理等方面的浪费。刘石[24]参考 GB/T 14848—1993 中的水质分类,依据我国地下水水质现状、人体健康基准值及地下水质量保护目标,从生活饮用水角度出发,参考 GB 5749—2006、《美国环保署饮用水标准》和世界卫生组织制定的《饮用水导则》,通过 4 个限值将地下水质量划分为五类。

这四个限值分别是目标限值、限值 1、限值 2 和限值 3,含义分别如下。

目标限值:某项指标实测浓度≤目标限值,该指标为Ⅰ类,适用于各种用途,即目标限值为Ⅰ类限值。

限值1：目标限值<某项指标实测浓度≤限值1，该指标为Ⅱ类，主要反映地下水化学组分的背景含量，适用于各种用途。

限值2：限值1<某项指标实测浓度≤限值2，该指标为Ⅲ类，以饮用水标准值为依据，主要适用于集中式生活饮用水水源及工农业用水。

限值3：限值2<某项指标实测浓度≤限值3，该指标为Ⅳ类，以人饮用水的风险剂量为依据，除适用于农业和部分工业用水外，适当处理后可作生活饮用水。

当某项指标实测浓度>限值3时，该指标为Ⅴ类，不宜饮用，其他用水可根据使用目的选用。

2）地下水有机污染评价的分级综合指数模型

殷淑华等[22]针对地下水有机污染的特征，采用检出限和美国EPA 2002年饮用水水质标准（以下简称"EPA水质标准"）的二级标准标准化单污染因子，建立了适用于地下水有机污染评价的分级综合指数模型(graded comprehensive index evaluation model, GCEM)，GCEM克服了分级叠加型指数法评价因子少的缺点，评价因子数目不受限制；评价标准中引入检出限，能够准确评价出地下水中人为活动造成的有机物污染；同时为避免单一评价标准带来的判别结果的片面性，又引入"EPA水质标准"来区别不同有机污染物的危害程度，具体方法如下。

为了使有机污染评价方法简便、直观，污染指数有明确的物理意义，评价结果能直观反映污染物的污染等级，按照水质评价惯例，将污染级别分为5个等级。每个等级用一个2位数表示，这个2位数为综合污染指数，表示参评的污染因子中该污染级别污染因子所占的个数。各污染等级从"严重污染"到"未污染"依次排列，中间用"/"分隔，即排在最前面的2位数表示严重污染的因子数，最后面的2位数为未污染的因子数，构建成如下分级综合指数模型。用公式表示为

$$00/00/00/00/00 \tag{6-38}$$

这样一个由5组2位数构成的10位数，即污染指数，便可表明监测对象的污染状况。

(1) 单污染因子等级的确定

①单污染因子的一致性无量纲化处理，获得标准化单污染因子。

由于评价标准中各污染因子的限值不同，在水质评价中常将不可相互比较的实测浓度值标准化，转化成无量纲的可以相互比较的标准值。针对有机污染物浓度低但对环境危害大这一实际，GCEM采用的二级标准标准化单污染因子具体为：当地下水中有机物检出浓度低于检出限时，根据检出限标准化单污染因子；当地下水中有机物检出浓度高于检出限时，根据EPA水质标准标准化单污染因子。

在含有n种有毒有机污染物的某个样品中，第i个有毒有机污染组分的实测浓度与该有毒有机污染物的标准值之比I_i，反映该污染组分的标准化程度，用公式表示为

$$I_i = C_i/C_0 \tag{6-39}$$

式中，I_i为标准化的单污染因子；C_i为评价因子的实测浓度；C_0为评价因子的标准值（检出限或EPA水质标准）。

② 获取单污染因子分级指数。

标准化后的污染因子按照相应的污染级别赋分,满足哪一个污染等级,即在哪一个级别上赋 1 分。这样就可获得一条由 5 组 2 位数构成的 10 位数单污染指数。结合国内外有机污染研究成果,有机污染分级标准列于表 6-6。

表 6-6 有机污染分级标准

污染分级	取值范围	I 值
未污染	小于等于检出限	00/00/00/00/01
轻污染	大于检出限~小于饮用水标准值的一半	00/00/00/01/00
中污染	大于等于饮用水标准值的一半~小于饮用水标准	00/00/01/00/00
重污染	大于等于饮用水标准~小于饮用水标准 5 倍	00/01/00/00/00
严重污染	大于等于饮用水标准 5 倍	01/00/00/00/00

(2) 综合指数的构建和水质的综合评价

① 计算分级综合指数。

在含有 n 种有毒有机污染物的某个样品中,按照前文说明可以获得 n 条数字串,对应位置的数字累加,即可得到该样品的分级综合指数。第 i 个有毒有机污染组分的标准值为 I_i,该样品中 n 种有毒有机污染组分标准化值的叠加 PI,则可以反映整个样品的全部污染组分的超标程度。用公式表示为

$$PI = \sum_{i=1}^{n} I_i \qquad (6-40)$$

这里需要特别指出的是,叠加时,只有相同污染等级的污染因子 I 值才能累计,将相同污染等级的 I 值累计值代入评价模型式(6-40),构成综合指数 PI。

② 依据分级综合指数,判定样品的污染级别。

根据综合指数 PI 的值进行水质综合评价,确定水质所属的级别。水质评价标准采用"一票否决制"。各级水质标准见表 6-7。

表 6-7 水质评价标准

水质级别	综合污染指数范围	说明
I	00/00/00/00/01 ≤ PI<00/00/00/01/00	未污染,各项有机物均低于检出限
II	00/00/00/01/00 ≤ PI<00/00/01/00/00	轻污染,至少有一项检出且浓度小于饮用水标准的一半
III	00/00/01/00/00 ≤ PI<00/01/00/00/00	中污染,至少有一项检出且浓度在饮用水标准及其一半之间
IV	00/01/00/00/00 ≤ PI<01/00/00/00/00	重污染,至少有一项检出且浓度大于饮用水标准但小于其 5 倍
V	PI ≥ 01/00/00/00/00	严重污染,至少有一项浓度大于等于饮用水标准的 5 倍

3) 内梅罗综合污染指数法

内梅罗综合污染指数法是 GB/T 14848—1993 中推荐的方法。该方法具备的数学过程简洁、运算方便等优点是其他综合评价方法所不具备的,不仅能够全面地反映各个因子的单项污染情况,也能反映出它们之间的相互作用,同时突出了高浓度的因子对环境质量的影

响,此方法能够克服平均值法的缺陷,因此是国内外最常用的综合污染评价方法[25]。

内梅罗指数计算公式为

$$P = \sqrt{\frac{\left(\frac{C_i}{C_{0i}}\right)^2_{max} + \frac{1}{n}\left(\frac{C_i}{C_{0i}}\right)^2}{2}} \tag{6-41}$$

式中,C_i为污染物的实测浓度(mg/L);C_{0i}为污染物的评价标准(mg/L)。

污染物污染级别分类见表6-8。

表6-8 污染级别分类

级别	安全 I	警戒 II	轻度污染 III	中度污染 IV	重度污染 V
P	≤0.08	0.08<P≤2.50	2.5<P≤4.25	4.25<P≤7.20	>7.20

4) 均值化综合污染指数法

目前,水质污染评价方法很多,各有其优点。传统的方法多采用综合污染指数法,近年来还先后引入水质标准级别法、聚类法、模糊综合评判法、隶属度法及灰色系数法等。

就综合污染指数法而言,通常是先确定单项污染指数(P_{ij}),即

$$P_{ij} = C_{ij}/S_j \tag{6-42}$$

式中,P_{ij}为第i组水样j项指标的单项污染指数,$i=1,2,\cdots,n;j=1,2,\cdots,m;n$为水样数目;$m$为水质指标数目;$C_{ij}$为第$i$组水样$j$项指标的实测浓度;$S_j$为第$j$项指标的标准浓度。

在确定单项污染指数后一般按照简单求和法、算数均值法、内梅罗公式法、集合均值法、平方和之平方根法及平方和均值之平方根等不同方法进行计算,但是由上述方法所求得的综合污染指数,一般因方法不同而存在很大差异,不便于对此分析与综合评价。现提出一种新的方法来解决这一难题,即均值化综合污染指数法。所谓均值化综合污染指数是指用上述传统方法所求得的综合污染指数,经过均值化(即除以相应方法所求得的综合污染指数之平均值)后而得到的新的综合污染指数。其计算公式为

$$\text{PI}'_k(i) = \frac{\text{PI}_k(i)}{\frac{1}{n}\sum_{k=1}^{n}\text{PI}_K(i)} \tag{6-43}$$

式中,$\text{PI}_k(i)$为第k种方法所确定的综合污染指数(本节$k=1,2,3,\cdots,6$);$\text{PI}'_k(i)$为相应的均值化综合污染指数。

水质污染分级标准见表6-9。

表6-9 水质污染分级标准

类别	PI'	水质污染程度
I	<0.2	轻微污染
II	0.2~0.5	轻污染
III	0.5~1.0	中等污染
IV	1.0~3.0	重污染
V	>3.0	严重污染

由上述过程我们可以看到,综合污染指数法在运行过程中只考虑了指标实测浓度和对比的标准值,对于地下水使用功能及人体健康风险这两个因素并未考虑,因此有一定的片面性。

5)污染指数评价法

目前国内众多学者[12,13]都采用污染指数评价法进行地下水污染的评价,评价过程中以评价指标的背景值和地下水Ⅲ类标准限值为参考对照,构建如下计算公式:

$$P_{ki} = \frac{C_{ki} - C_0}{C_{\text{Ⅲ}}} \quad (6-44)$$

式中,P_{ki} 为 k 水样第 i 个指标的污染评价指数;C_{ki} 为 k 水样第 i 个指标的测试结果;C_0 为对于无机组分,代表 k 水样所在区域指标 i 的背景值;$C_{\text{Ⅲ}}$ 为 GB/T 14848—2017 中指标 i 的Ⅲ类指标限值。

(1)单指标污染评价指数分级

利用上述公式分别计算各水样点单指标污染指数结果 P_{ki},并同表6-10中污染评价指数分级标准对照划分污染等级,得出各水样单指标污染等级划分结果。

表6-10　单指标污染评价指数分级标准表

污染类别	未污染	轻污染	中度污染	较重污染	严重污染	极重污染
污染分级	Ⅰ	Ⅱ	Ⅲ	Ⅳ	Ⅴ	Ⅵ
指数范围	$P \leq 0$	$0 < P \leq 0.2$	$0.2 < P \leq 0.6$	$0.6 < P \leq 1.0$	$1.0 < P \leq 1.5$	$P > 1.5$

(2)综合污染评价

对单指标污染评价完成并依次划分好等级后,将各水样单因子污染等级做比对,规定其中污染等级最高指标的等级划分结果作为该水样点的地下水污染综合评价结果。

6)多指标综合评价法

目前,在城市地下水污染评价中,大多采用对挥发酚,氰、汞、铬、砷(称为工业污染质),硝酸、亚硝酸和氨氮(称为农业和生活污染质)等8项污染物质的评价。经常采用的指标有:

(1)检出率:检出率(%)=检出点总数/监测点总数;

(2)超标率:超标率(%)=超标点数/检出点总数;

(3)超标倍数:超标倍数=超标点某物质的浓度/该物质的饮用水质标准;

(4)综合污染指数:综合污染指数采用下列公式计算:

$$P = \sum_{i=1}^{n} \frac{C_i}{C_{0i}} \quad (6-45)$$

式中,P 为综合污染指数;C_i 为 i 物质的实测浓度(mL);C_{0i} 为 i 物质的饮用水标准;$i=1,2,3,4,\cdots;n$ 为监测项数。

一般认为,上述各项污染物质在地下水中的检出率和超标率越高,超标倍数或污染指数越大,说明地下水污染越重,反之则轻。

李金海等[21]认为,利用上述指标对城市地下水污染进行评价还不够完善,一些指标的计算还不够合适或合理,评价结果还不能完全反映整个城市地下水的污染状况,因此提出了多指标的综合评价法。第一,应计算出各项污染质的检出率、超标率及其在各点的超标倍数、平均超标倍数、污染指数和综合污染指数。第二,求出所有污染质的平均检出率、平均超标率、平均超标倍数及平均综合污染指数。第三,利用上述平均指标和污染质的监测项数及超标项数参照统一标准(表6-11),对城市整体地下水的污染程度进行评价。第四,利用综合污染指数和污染质的监测项数对地下水的污染程度进行分区(表6-12)。第五,采用工业和生活污染质的污染指数(分别记为 $P_\text{工}$ 和 $P_\text{生}$)占综合污染指数比重的大小来确定地下水的污染类型(表6-13)。最后,根据单项污染质的平均污染指数、检出率、超标率和平均超标倍数的大小来确定污染质的主次。

表6-11 多指标综合评价城市整体地下水污染程度的标准

检出率/%	超标率/%	超标项数	超标倍数	平均综合污染指数/P	污染程度
<50	<30	<3	<0.5	$P<n$	微
		≥3	≥0.5	$2n>P>n$	轻
	≥30	<3	<0.5	$2n>P>n$	轻
		≥3	≥0.5	$5n>P>2n$	中
≥5	<30	<3	<0.5	$5n>P>2n$	中
		≥3	≥0.5	$10n>P>5n$	重
	≥30	<3	<0.5	$10n>P>5n$	重
		≥3	≥0.5	$P>10n$	严重

注:1. 检出率、超标率、超标倍数均为各污染质的平均数;2. $P = \frac{1}{m}\sum_{i=1}^{m} P_i$,式中,$P$ 为平均综合污染指数;P_i 为综合污染指数,$i=1,2,3,4,\cdots,m$ 为监测点数;3. n 为污染质监测项数。

表6-12 地下水污染程度分区标准

分区依据	$P>n$	$2n>P>n$	$5n>P>2n$	$10n>P>5n$	$P>10n$	备注
污染区别	微	轻	中等	重	严重	P:综合污染指数;n:污染质项数

表6-13 污染类型的划分

划分依据	划分标准	污染类型	备注
$P_\text{工}/P$	>50%	工业	①P 为综合污染指数;②$P_\text{工}$、$P_\text{生}$ 分别为工业、生活污染质的污染指数
$P_\text{生}/P$	>30%	生活	
$P_\text{工}/P,P_\text{生}/P$	比重近似	工业、生活	

7) 地下水污染指标分类综合评价法

许真等学者[26,27]针对目前的地下水污染评价方法存在对参评指标项有限制、评价结果物理意义不明确、指标性质差异性未考虑、对背景值考虑不足等问题提出了地下水污染指标综合分类评价方法。该方法考虑天然劣质指标,对天然组分与人工组分分别进行评价。另外,考虑不同性质指标的差异,进行指标分类评价。

在地下水环境中,针对天然情况下不会出现的污染物指标,认为其没有背景值,为人工组分,只要在实际调查中检出这类污染物指标就视为遭受到了污染;而对于在天然情况下原本就可能存在的指标组分,认为其存在背景值,将其定义为天然组分,利用获取背景值的方法进行污染评价,以背景值或对照值作为评价标准,超过背景值即认为可能存在污染。这样解决了单因子指数法对于重金属及毒理学指标评价无数学意义的现象。

天然组分评价:在研究中天然组分单指标污染评价污染定性及定量依据是从背景值出发,比较天然组分的背景值与 GB/T 14848—2017 中Ⅲ类限值,如果背景值大于 GB/T 14848—2017 中规定的Ⅲ类限值,则认为该指标为劣质指标,不参与天然组分的污染评价;如果背景值小于 GB/T 14848—2017 中规定的Ⅲ类限值,则按照表 6-14 进行地下水污染级别的判断。未污染主要根据背景值来判断,疑似污染与轻污染的级别划分依据主要是欧盟适用于全球环境的射频识别解决方案建设(the Building Radiofrequency Identification solutions for the Global Environment,BRIDGE)项目地下水水质状态评估方法中的相应阈值,中污染与重污染则是根据 GB/T 14848—2017 中Ⅲ、Ⅳ类限值确定。

表 6-14 天然组分定性定量依据

级别	名称	分级区间
Ⅰ	未污染	$C \leq NBL$
Ⅱ	疑似污染	$NBL < C \leq 0.5[NBL + GQS(Ⅲ)]$
Ⅲ	轻污染	$0.5(NBL + GQS) < C \leq GQS(Ⅲ)$
Ⅳ	中污染	$GQS(Ⅲ) < C \leq GQS(Ⅳ)$
Ⅴ	重污染	$C > GQS(Ⅳ)$

注:C 为实测浓度,NBL 为背景值,GQS(Ⅲ)为 GB/T 14848—2017 中Ⅲ类限值,GQS(Ⅳ)为 GB/T 14848—2017 中Ⅳ类限值。

人工组分评价:人工组分单指标污染评价是从单项指标的实测浓度出发,将实测浓度与目标检出限及 GB/T 14848—2017 不同级别的限值进行对比,进而判断污染级别。该方法简单实用,能迅速判断单指标的污染状况。人工组分污染级别分类见表 6-15。

表 6-15 人工组分污染级别分类标准(A)

级别	名称	分级 A
1	未污染	$C \leq TDF$
2	疑似污染	$TDF < C \leq 5\,TDF$
3	轻污染	$5\,TDF < C \leq GQS(Ⅲ)$
4	中污染	$GQS(Ⅲ) < C \leq GQS(Ⅳ)$
5	重污染	$C > GQS(Ⅳ)$

注:TDF 为目标检出限。

对于 GB/T 14848—2017 中不包含的指标在以往人工组分污染级别分类方法的基础上引入健康基准值对该方法作了修正。健康基准值是美国地质调查局 1991 年对无强制执行标准值的污染物制定的基于健康的评价基准值,是针对水中污染物估算的基准浓度值,衡量了污染物通过饮水途径进入人体引起的潜在健康问题。根据地下水中该类指标的实测含量与健康基准值及目标检出限对比评价其污染级别,分级方法见表 6-16。

表 6-16 人工组分污染级别分类标准(B)

分级 B	污染级别	级别描述
$C \leq$ TDF	1	未污染
TDF $< C \leq$ 5TDF	2	疑似污染
5TDF $< C <$ 0.5(TDF+HBSLs)	3	轻污染
0.5(TDF+HBSLs)$< C \leq$ HBSLs	4	中污染
HBSLs $< C$	5	重污染

注:TDF 表示(DZ/T 0288—2015)《区域地下水污染调查评价规范》目前采用目标检出限;HBSLs 表示健康基准值。

8) 小结

污染评价分级标准方法各有利弊,考虑的侧重点也有所不同,有的单纯只以标准值为依据按超标倍数进行污染程度的分级;针对有机污染有学者以检出限和饮用水限值为分级依据,分别以检出限、饮用水标准限值的一半及饮用水标准限值的 5 倍为分级界限。总体而言,许真等[26,27]提出的指标分类评价法弥补了目前的地下水污染评价方法存在对参评指标项有限制、评价结果物理意义不明确、指标性质差异性未考虑、对背景值考虑不足等问题。该方法考虑天然劣质指标,因为天然劣质指标的参评容易使评价结果产生歧义。其次提出区分指标组分信息,对天然组分与人工组分分别进行评价。另外,考虑不同性质指标的差异,进行指标分类评价。参数选取是污染程度分级标准制定的关键影响因素,关系到污染分级结果是否符合实际情况,因此在分级标准制定的过程中,评价地下水是否污染,我们首先要考虑指标在自然界中是否天然存在,是否天然就是劣质指标,将背景值与水质指标相结合划分污染程度。

7. 我国地下水污染评价实际案例

1) 华北平原区域地下水污染评价

张兆吉等[12]在对华北平原地下水进行评价时综合考虑各种影响因素,对单因子污染指数法进行了修改,命名为单指标污染标准指数法。该方法考虑 GB/T 14848—1993 Ⅲ类标准值和 GB 5749—2006,也就是考虑了超标的问题,能更好地反映人为影响的程度。同时,也可应用单指标污染标准指数评价方法进行综合污染的评价,即根据单因子污染评价的结果,按从劣不从优的原则来确定,在进行污染治理时能有效地针对引起地下水变"劣"的指标来进行治理。

构建的计算公式为

$$P_{ki} = \frac{C_{ki} - C_{0i}}{C_{\mathrm{III} i}} \quad (6\text{-}46)$$

式中,P_{ki} 为 k 水样第 i 个指标的污染指数;C_{ki} 为 k 水样第 i 个指标的测试结果;C_{0i} 为 k 水样组分 i 指标的对照值(mg/L);$C_{\mathrm{III} i}$ 为 GB/T 14848—1993 中指标 i 的Ⅲ类指标限值或 GB 5749—2006 中指标 i 的限值(mg/L)。

运用式(6-46)分别计算每个水样点各单指标污染标准指数 P_{ki},采用表 6-17 中污染分级标准划分污染等级,得出各水样的单指标污染等级划分结果。从结果分析知,Ⅰ级表示没有污染物检出,Ⅱ、Ⅲ、Ⅳ级表示检出但没有超标,Ⅴ、Ⅵ级则表示超标。

表 6-17 单指标污染标准指数分级标准

污染类别	污染等级	P_{ki}
未污染	Ⅰ	≤0
轻污染	Ⅱ	>0~0.2
中污染	Ⅲ	>0.2~0.6
较重污染	Ⅳ	>0.6~1.0
严重污染	Ⅴ	>1.0~1.5
极重污染	Ⅵ	>1.5

在研究中地下水污染评价指标选择与人类活动密切相关的有毒有害物质,包括 8 项无机指标和 26 项有机指标。按三氮指标、毒性重金属指标、挥发性有机物指标、半挥发性有机物指标划分为 4 类。

该研究主要以 20 世纪 80 年代初"六五"国家科技攻关第 38 项中的"华北平原地下水污染评价"和环境监测数据为基础,结合取得的大量水化学测试数据,经充分分析研究,确定砷、硝酸盐氮、亚硝酸盐氮和氨氮的地下水污染评价的对照表。一般情况下,地下水中有机物和毒性重金属镉、铬、铅、汞在原生环境下含量微少,人类活动对地下水的污染是其来源主要途径。因此,该次地下水污染评价将有机物和毒性重金属镉、铬、铅、汞的对照值设定为 0。

2) 浑河冲洪积扇地浅层地下水污染评价

马志伟等[13]对浑河冲洪积扇地浅层地下水污染进行评价,采用的评价方法与前文所述张兆吉等所用评价方法一致,但是在选择参考对照值的时候选用的是背景值和 GB/T 14848—1993 中Ⅲ类水的水质指标为参考对照。

评价指标的背景值一般可以采用 1985 年前或者更早的该地区地下水中无机组分值作为此次调查评价的背景值(表 6-18);如果没有完整的早年相关资料,可以通过如下数学公式对本次无机样品测试结果进行数理统计,得出背景值:

$$Y = \bar{X} \pm 2S \tag{6-47}$$

$$S = \sqrt{\frac{\sum (X_n - \bar{X})^2}{n-1}} \tag{6-48}$$

式中,Y 为背景值;X 为多个点组分测试浓度的算术平均值;X_n 为某单点组分测试浓度值;S 为标准偏差;n 为项数。

在污染程度定性及定量方面,马志伟等采用的单指标污染评价指数分级标准限值与张兆吉等一致,但是对上限值是否包含在范围内有异议。

表 6-18 单指标污染标准指数分级标准

污染类别	污染等级	P_{ki}
未污染	Ⅰ	$P \leq 0$
轻污染	Ⅱ	$0 < P \leq 0.2$

续表

污染类别	污染等级	P_{ki}
中污染	Ⅲ	$0.2<P\leq0.6$
较重污染	Ⅳ	$0.6<P\leq1.0$
严重污染	Ⅴ	$1.0<P\leq1.5$
极重污染	Ⅵ	$P\leq1.5$

3) 不同评价方法比较研究——以天津大港地区地下水有机污染评价为例

王志强等[28]采用综合指数法、模糊数学法、层次分析法和灰关联度法对研究区地下水进行有机污染评价,研究选取烃类气、石油、阴离子表面活性剂、COD 和 BOD 等 5 项指标,以此进行承压含水层地下水有机污染评价研究。

由于 GB/T 14848—1993 中没有石油、烃类气、BOD 和 COD 这 4 项指标,因此在研究中参照 GB 3838—2002 Ⅲ类标准。对于阴离子表面活性剂,则以 GB/T 14848—1993 中Ⅲ类标准限值为评价标准。对于两个标准中均不包含的指标,则选择参考研究区周边井点数值为参考确定。对污染的定性及定量评价依据如表 6-19 所示。由于分级是依据项目检出个数及分别超标情况,对"多数"、"个别"类词较难界定,因此认为这种分级依据较模糊,不适用。

表 6-19 分级依据

级别	名称	分级依据
Ⅰ	未污染	多数项目未检出,个别项目在标准内,达标倍数<1.0
Ⅱ	轻污染	检出值均在标准内,个别接近标准,达标倍数在 1.0～2.0
Ⅲ	重污染	个别项目检出值超过标准,超标倍数在 2.0～3.0
Ⅳ	严重污染	有两项检出值超过标准,超标倍数 >3.0

4) 泰安市地下水污染现状与成因分析

马振民等[16]对泰安市地下水污染现状进行评价,评价因子选取地下水组分浓度变化最明显且监测系列较长的 Cl^-、SO_4^{2-}、NO_3^-、硬度和 TDS,评价标准采用 1962 年检查所取得的对照值(水质参数)。研究采用的地下水对照值是通过对 1962 年泰安地区的 396 组地下水水质参数计算取得。对照值(Y)计算采用下式:

$$Y = X \pm S \tag{6-49}$$

式中,X 为地下水组分浓度算术平均值;S 为地下水组分浓度标准偏差。

采用的评价方法是参数分级评分叠加型指数法,参数分级评分叠加型指数法的基本步骤是:按 $I=C_i/C_0$ 计算单因子污染指标 I,然后根据 I 值评分。参数分级评分标准如下:

$$I\leq 1,\quad F=0$$
$$1<I\leq 2,\quad F=10$$
$$2<I\leq 3,\quad F=100$$
$$3<I\leq 4,\quad F=1000$$

……

$$PI = \sum_{i-1}^{n} F_i \qquad (6\text{-}50)$$

式中，F_i 为地下水污染因子 i 组分的评分，无量纲；n 为评价因子。

参数分级评分叠加型指数 PI 的物理意义为：如 PI 为 0，说明地下水没有污染；如 PI 值为 1010，表明有两个组分污染地下水，一个为背景值的 1~2 倍，另一个为背景的 3~4 倍，地下水的污染程度严重。污染物的定性定量依据见表 6-20。

表 6-20　定性定量依据

级别	名称	分级依据
Ⅰ	未污染	PI = 0
Ⅱ	轻污染	1 ≤ PI < 10
Ⅲ	重污染	10 ≤ PI < 100
Ⅳ	严重污染	PI ≥ 100

6.2.3　地下水污染评价研究存在问题及发展趋势

目前虽然关于地下水污染评价方法的研究较多，但由于地下水污染的复杂性，并没有一套被广泛接受的污染评价模型，不同的污染评价方法有其适用性与范围，同时在水质指标及地下水污染风险方面的考虑有所欠缺。国内外区域地下水污染评价方法主要有单因子污染指数法、综合污染指数法、参数分级评分叠加指数法、层次分析评价法、统计分析方法、灰色系统和模糊数学方法等。综合污染指数法主要包括代数叠加法、几何均数法、内梅罗污染指数法和均方根法 4 种，这些评价方法得到的评价结果会出现失真或物理意义不明确等情况；参数分级评分叠加指数法的缺点是评价指标项局限于 9 项以内，这使其应用受限，对于污染组分的背景值（对照值、检出限）差异较大且污染组分所表现出来的危害不同时，可能会出现严重污染的水点比中污染的水点危害小的情况；层次分析评价法的缺点是，当指标过多时数据统计量大且权重很难确定；统计分析方法及灰色系统和模糊数学等数学方法在选择数学模型的过程中需要设计大量函数，计算复杂，并且不能直接体现地下水的污染特征。总之，前述各种方法虽各有千秋，但在实际从事区域地下水污染评价工作中的可行性不甚理想，难以推广。相比而言，单因子污染指数法物理意义明确，计算过程简单，目前在国内利用较普遍。但由于在区域上和评价指标之间背景值差异均较大，使污染指数在区域上和评价指标之间无法对比，不能整体反映地下水污染状况，且对不存在背景值的污染物指标无法评价。同时，大部分的地下水污染评价方法并没有考虑不同指标性质的差异性，对背景值的考虑也存在不足。随着重金属和有机指标参评，某些评价指标的天然背景值为 0，导致该评价方法失去数学意义。综上所述，目前的地下水污染评价方法存在对参评指标项有限制、评价结果物理意义不明确、指标性质差异性未考虑、对背景值考虑不足等问题，难以进行客观的污染评价。因此，急需找到一种切实可行的地下水污染评价方法。

6.2.4　我国地下水污染评价方法建议

经过相关调研，我国地下水污染评价方法应从以下几个方面进行研究：①指标分类评价；②地下水污染对照值的选择；③污染评价模型；④定性定量的标准。

1. 指标分类评价

地下水中目前检出的指标种类较多，除了天然存在的组分，还有一些后期出现的人工组分。传统的地下水污染评价方法忽略了人工组分的污染评价，因此，在今后的研究中，应该予以充分考虑。在地下水环境中，针对天然情况下不会出现的污染物指标，认为其没有背景值，为人工组分，只要在实际调查中检出这类污染物指标就视为遭受到了污染；而对于在天然情况下原本就可能存在的指标组分，认为其存在背景值，将其定义为天然组分，利用获取背景值的方法进行污染评价，以背景值或对照值作为评价标准，超过背景值即认为可能存在污染。因此，在指标分类方法中应充分考虑指标有无背景值，及人工组分评价过程中的标准选择等。

2. 地下水污染对照值

国内地下水污染评价方法在评价标准的选取方面，对于大部分的无机组分，评价标准选择背景值或对照值，超过背景值或对照值者视为污染。同时也有从地下水饮水角度考虑，利用水质标准作为评价标准，超过水质评价标准才认为受到了污染。因此国内地下水污染评价选取的对照值不统一，在今后有必要针对此问题进行研究，以期得到统一标准。针对不同区域背景值的计算方法可在对第 3 章背景值计算方法进行普适性修改的基础上获得污染评价的参照标准。

3. 污染评价模型

污染评价模型应以简便易推广为原则。目前国内外已有众多评价模型，单指标评价法运用最为广泛，且已有学者研究对单因子污染指数法进行了修改，命名为单指标污染标准指数法，此方法在计算方面较简单，污染级别按从劣不从优的原则来确定，在进行污染治理时能有效地针对引起地下水变"劣"的指标来进行治理，在污染评价运用的过程中可以进一步改进。

4. 定性定量标准

目前国内外研究中给出的定性定量标准中，有结合指标超标个数及与标准相比超标倍数来确定超标情况的，也有根据评价方法所得的数值范围直接确定污染级别的。目前并没有统一的方法，且不同的污染评价模型必然对应不同的分级标准，因次，在定性定量标准方面的研究可根据实际方法确定。

6.3 地下水污染评价方法的筛选

地下水污染分级评价的标准决定了对地下水污染程度的判别是否准确，也是影响地下水环境管理和污染防控方向的重要因素。本节拟在资料调研的基础上，基于地下水的使用功能、地下水的背景值、地下水水质现状及对人体健康所产生的风险，结合我国地下水环境管理和污染防控的需求，确定地下水污染程度分级评价标准。

对目前国内运用较多适用性较广的内梅罗综合污染指数法、污染指数评价法和污染指标综合分类评价法在研究区进行试用及对比，筛选出适用性较好的污染评价方法。共选择五个研究区,包括华北平原–滹沱河冲洪积扇、西南岩溶地区都安地苏地下河系、珠江三角洲广州市、西北河谷平原兰州市、柴达木盆地格尔木市,选择样品点采集较多且研究区具有代表性的华北平原–滹沱河冲洪积扇进行污染评价方法对比,并最终选出最优方法。

6.3.1 滹沱河地下水背景值概况

在第 3 章背景值研究过程中,根据地下水的形成条件(地形地貌、含水层岩性及地下水埋藏条件等),将研究区共划分为 4 个地下水环境单元,分别是岗黄水库之间的河谷平原裂隙孔隙水环境单元(一单元)、滹沱河冲洪积扇顶部浅层孔隙水环境单元(二单元)、滹沱河冲洪积扇中部浅层孔隙水环境单元(三单元)、滹沱河冲洪积扇中部深层孔隙水环境单元(四单元),背景值见表 3-9。

在对研究区地下水进行污染评价的过程中,按经验选取各单元背景值上限值作为对比标准。

6.3.2 评价指标筛选

1. 无机指标筛选

无机指标首先考虑参与背景值计算的指标情况,然后从中筛选出已给出质量标准限值的指标,最终确定 10 种无机指标,分别是:pH、Na^+、Cl^-、SO_4^{2-}、总硬($CaCO_3$)、溶解性总固体、F^-、Fe、Mn 和 NO_3^-,具体情况如表 6-21 所示。

表 6-21　无机指标筛选

背景值	质量标准	参评指标	背景值	质量标准	参评指标
pH	√	pH	总硬($CaCO_3$)	√	总硬($CaCO_3$)
K^+	×		溶解性总固体	√	溶解性总固体
Na^+	√	Na^+	偏硅酸	×	
Ca^{2+}	×		F^-	√	F^-
Mg^{2+}	×		Fe	√	Fe
Cl^-	√	Cl^-	Mn	√	Mn
SO_4^{2-}	√	SO_4^{2-}	NO_3^-	√	NO_3^-
HCO_3^-	×				

注:√为 GB/T 14848—2017 中含有的指标;×为 GB/T 14848—2017 中不包含的指标;下同。

2. 有机指标筛选

有机物在天然地下水条件下很少存在,认为地下水中有机物的来源完全是人为活动形成的,即有机物在地下水中背景值为 0。主要污染物筛选时选择计算对比验证的有机物的指标主要考虑两个方面:①选取的指标均包含地下水污染调查评价规范中重点区调查水样测试指标中的必测大类别项目,尽量包含选测项中的大类别项目;②指标在地表水与地下水测试结果中检出频率较高。在石家庄研究区选取的有机物指标分别为氯代烃类、多环芳烃类、氯代苯类、有机氯农药类与单环芳烃类共9种有机物,分别如下:苯并[a]芘、荧蒽、芘、䓛、芴、甲苯、三氯苯总量、六氯苯、1,2-二氯苯。结合实际测试结果,我们添加萘、蒽、莠去津也参与评价。结合 GB/T 14848—2017 中给出的指标,我们对上述12种指标进行筛选,最终选取9个指标参与评价,分别为:苯并[a]芘、荧蒽、萘、蒽、甲苯、三氯苯总量、六氯苯、莠去津、1,2-二氯苯。具体情况如表6-22所示。

表6-22 有机指标筛选

主要污染物筛选指标	质量标准	参评指标	主要污染物筛选指标	质量标准	参评指标
苯并[a]芘	√	苯并[a]芘	三氯苯总量	√	三氯苯总量
荧蒽	√	荧蒽	六氯苯	√	六氯苯
芘	×		1,2-二氯苯	√	1,2-二氯苯
䓛	×		萘	√	萘
芴	×		蒽	√	蒽
甲苯	√	甲苯	莠去津	√	莠去津

6.3.3 内梅罗综合污染指数法评价结果

按6.2.2节内梅罗计算公式对滹沱河水进行评价,结果表明,华北平原参评的44个地下水采样点中,没有Ⅰ类水;Ⅱ类水共14个,占全部样品的31.82%;Ⅲ类水轻度污染的共8个,占全部样品的18.18%;Ⅳ类水重度污染的共有9个,占全部样品的20.45%;重度污染的Ⅴ类水共13个,占全部样品数的29.55%。在Ⅴ类严重污染的水样中,HTH030、HTH042和HTH041的指数 P 值最高,分别达到了10.95、13.10和14.08,值得注意的是,HTH042和HTH041两点 NO_3^- 与背景值相比,倍数分别为18倍多与19倍多,而HTH030点则是Fe超标情况较严重,此点Fe的监测浓度是背景值的15.45倍。内梅罗综合污染指数法评价结果见图6-3和表6-23。

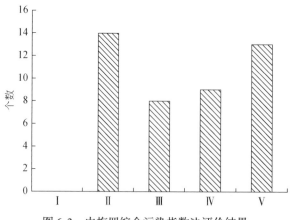

图6-3 内梅罗综合污染指数法评价结果

表 6-23 内梅罗综合污染指数法评价结果

采样点编号	P	分级	采样点编号	P	分级	采样点编号	P	分级
HTH001	5.73	IV	HTH019	3.88	III	HTH034	4.69	IV
HTH003	5.99	IV	HTH020	1.85	II	HTH035	8.19	V
HTH006	3.61	III	HTH021	1.34	II	HTH036	9.34	V
HTH007	9.83	V	HTH022	2.53	III	HTH037	6.45	IV
HTH008	6.31	IV	HTH023	1.03	II	HTH038	9.16	V
HTH009	1.60	II	HTH024	0.75	II	HTH039	10.24	V
HTH010	1.06	II	HTH025	1.62	II	HTH040	2.22	II
HTH011	8.06	V	HTH026	3.90	III	HTH041	14.08	V
HTH012	5.15	IV	HTH027	2.02	II	HTH042	13.10	V
HTH013	3.12	III	HTH028	0.91	II	HTH043	9.37	V
HTH014	8.27	V	HTH029	0.74	II	HTH044	6.67	IV
HTH015	8.63	V	HTH030	10.95	V	HTH045	9.35	V
HTH016	1.29	II	HTH031	1.51	II	HTH046	5.40	IV
HTH017	3.44	III	HTH032	0.72	II	HTH047	6.02	IV
HTH018	3.55	III	HTH033	3.95	III			

6.3.4 污染指数评价法评价结果

使用 6.2.2 节污染指数法对研究区 44 个采样点地下水进行污染评价,结果如图 6-4 和表 6-24 所示,在 44 个采样点中,I 类未污染的样品点有 3 个,占总样品数的 6.82%; II 类轻度污染的样品点有 4 个,占总样品数的 9.09%; III 类中度污染的样品数共 6 个,占全部样品数的 13.64%; IV 类较重污染的采样点数共 3 个,占全部样品数的 6.82%; 剩下的均为严重污染,共 28 个样品点,占全部样品数的 63.64%。污染程度在中度以上的共占 84.09%,而在这些采样点中,除点 HTH026 污染等级最高指标为 Fe 外,其余采样点污染等级最高类指标均为 NO_3^-,可见华北平原-滹沱河地区地下水中硝酸盐污染极其严重。

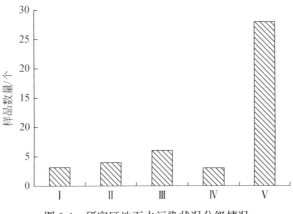

图 6-4 研究区地下水污染状况分级情况

表 6-24 污染指数评价法评价结果

采样指标	P_{k_i}	类别	最高类指标	采样指标	P_{k_i}	类别	最高类指标
HTH001	3.37	V	NO_3^-	HTH026	0.89	Ⅳ	Fe
HTH003	2.59	V	NO_3^-	HTH027	0.64	Ⅳ	NO_3^-
HTH006	1.43	V	NO_3^-	HTH028	0.09	Ⅱ	NO_3^-
HTH007	4.54	V	NO_3^-	HTH029	0.00	Ⅰ	—
HTH008	2.78	V	NO_3^-	HTH030	4.09	V	NO_3^-
HTH009	0.38	Ⅲ	NO_3^-	HTH031	0.38	Ⅲ	NO_3^-
HTH010	0.17	Ⅱ	NO_3^-	HTH032	0.00	Ⅰ	—
HTH011	3.66	V	NO_3^-	HTH033	1.61	V	NO_3^-
HTH012	2.21	V	NO_3^-	HTH034	1.97	V	NO_3^-
HTH013	1.20	V	NO_3^-	HTH035	3.72	V	NO_3^-
HTH014	3.76	V	NO_3^-	HTH036	3.84	V	NO_3^-
HTH015	3.94	V	NO_3^-	HTH037	2.85	V	NO_3^-
HTH016	0.27	Ⅲ	NO_3^-	HTH038	4.21	V	NO_3^-
HTH017	1.35	V	NO_3^-	HTH039	4.75	V	NO_3^-
HTH018	1.41	V	NO_3^-	HTH040	0.74	Ⅳ	NO_3^-
HTH019	1.57	V	NO_3^-	HTH041	6.66	V	NO_3^-
HTH020	0.55	Ⅲ	NO_3^-	HTH042	6.17	V	NO_3^-
HTH021	0.30	Ⅲ	NO_3^-	HTH043	3.85	V	NO_3^-
HTH022	0.01	Ⅱ	莠去津	HTH044	2.95	V	NO_3^-
HTH023	0.15	Ⅱ	NO_3^-	HTH045	4.30	V	NO_3^-
HTH024	0.01	Ⅰ	—	HTH046	2.33	V	NO_3^-
HTH025	0.44	Ⅲ	NO_3^-	HTH047	2.64	V	NO_3^-

6.3.5 污染指标综合分类评价法评价结果

采用了许真等研究提出的污染综合分类评价法(具体方法见6.2.2节)。

1. 天然劣质指标识别

将参评指标背景值与 GB/T 14848—2017Ⅲ类水标准限值进行对比,若背景值大于 GB/T 14848—2017Ⅲ类水标准限值则说明该区域内该指标为天然劣质指标,天然水质较差,而非人为活动造成的。对比结果表明,第一单元与第二单元的总硬度背景值上限均超过 GB/T 14848—2017 中Ⅲ类水的标准限值,判定为天然劣质指标,在评价过程中不参与评价。天然劣质指标识别情况见表 6-25。

第 6 章 地下水污染评价方法研究

表 6-25 天然劣质指标识别情况 （单位：mg/L）

参评无机指标	III类水标准限值	背景上限			
		一单元	二单元	三单元	四单元
Na^+	200	46.02	41.45	28	127.98
Cl^-	250	76.11	122.05	70	118.65
SO_4^{2-}	250	213.14	212	106.3	154.81
总硬($CaCO_3$)	450	**589.14**	**635.75**	391.4	297.38
溶解性总固体	1000	808.28	834.5	517.36	591.5
F^-	1	0.55	0.38	0.66	0.56
Fe	0.3	0.241	0.19	0.06	0.085
Mn	0.1	0.028	0.008	0.007	0.03
NO_3^-	20	7.06			

注：粗体下划线为天然劣质指标。

2. 天然指标分级区间的确定

不同水文地质单元水文地质条件不同,所以背景值差异较大,以各单元自己的背景值为分级依据进行分级标准限值的计算,结果如表 6-26 所示。

表 6-26 研究区各单元各指标分级标准限值 （单位：mg/L）

指标	水质类别	一单元	二单元	三单元	四单元
Na^+	I	≤46.02	≤41.45	≤28	≤127.98
	II	46.02<C≤123.01	41.45<C≤120.73	28<C≤114	127.98<C≤163.99
	III	123.01<C≤200	120.73<C≤200	114<C≤200	163.99<C≤200
	IV	200<C≤400	200<C≤400	200<C≤400	200<C≤400
	V	>400	>400	>400	>400
Cl^-	I	≤76.11	≤122.05	≤70	≤118.65
	II	76.1<C≤163.055	122.05<C≤186.06	70<C≤160	118.65<C≤184.33
	III	163.055<C≤250	186.06<C≤250	160<C≤250	184.33<C≤250
	IV	250<C≤350	250<C≤350	250<C≤350	250<C≤350
	V	>350	>350	>350	>350
SO_4^{2-}	I	≤213.14	≤212	≤106.3	≤154.81
	II	213.14<C≤231.57	212<C≤231	106.3<C≤178.15	154.81<C≤202.41
	III	231.57<C≤250	231<C≤250	178.15<C≤250	202.41<C≤250
	IV	250<C≤350	250<C≤350	250<C≤350	250<C≤350
	V	>350	>350	>350	>350
NO_3^-	I	≤7.06	≤7.06	≤7.06	≤7.06
	II	7.06<C≤13.53	7.06<C≤13.53	7.06<C≤13.53	7.06<C≤13.53
	III	13.53<C≤20	13.53<C≤20	13.53<C≤20	13.53<C≤20
	IV	20<C≤30	20<C≤30	20<C≤30	20<C≤30
	V	>30	>30	>30	>30

续表

指标	水质类别	一单元	二单元	三单元	四单元
F⁻	I	≤0.55	≤0.38	≤0.66	≤0.56
	II	0.55<C≤0.775	0.38<C≤0.69	0.66<C≤0.83	0.56<C≤0.78
	III	0.775<C≤1	0.69<C≤1	0.83<C≤1	0.78<C≤1
	IV	1<C≤2	1<C≤2	1<C≤2	1<C≤2
	V	>2	>2	>2	>2
总硬度	I			≤391.4	≤297.38
	II			391.4<C≤420.7	297.38<C≤373.69
	III	—	—	420.7<C≤450	373.69<C≤450
	IV			450<C≤650	450<C≤650
	V			>650	>650
溶解性总固体	I	≤808.28	≤834.5	≤517.36	≤591.5
	II	808.28<C≤904.14	834.5<C≤917.25	517.36<C≤758.68	591.5<C≤795.75
	III	904.14<C≤1000	917.25<C≤1000	758.68<C≤1000	795.75<C≤1000
	IV	1000<C≤2000	1000<C≤2000	1000<C≤2000	1000<C≤2000
	V	>2000	>2000	>2000	>2000
Fe	I	≤0.241	≤0.19	≤0.06	≤0.085
	II	0.241<C≤0.271	0.19<C≤0.245	0.06<C≤0.18	0.085<C≤0.19
	III	0.271<C≤0.3	0.245<C≤0.3	0.18<C≤0.3	0.19<C≤0.3
	IV	0.31<C≤2	0.3<C≤2	0.3<C≤2	0.3<C≤2
	V	>2	>2	>2	>2
Mn	I	≤0.028	≤0.008	≤0.007	≤0.03
	II	0.028<C≤0.064	0.008<C≤0.054	0.007<C≤0.054	0.03<C≤0.065
	III	0.064<C≤0.1	0.054<C≤0.1	0.054<C≤0.1	0.065<C≤0.1
	IV	0.1<C≤1.5	0.1<C≤1.5	0.1<C≤1.5	0.1<C≤1.5
	V	>1.5	>1.5	>1.5	>1.5

3. 有机指标分级标准限值

为与其他两种方法评价结果进行对比,因此有机指标在评价过程中选择了与前文相同的指标。有机指标在进行分级标准限值确定的时候参考了各指标的检出限及 GB/T 14848—2017 中的标准限值,因此整个华北平原-滹沱河研究区所用的分级标准限值一致,具体计算结果如表 6-27 所示。

表 6-27 有机指标分级标准限值 (单位:μg/L)

指标	I	II	III	IV	V
1,2-二氯苯	≤0.3	0.3<C≤1.5	1.5<C≤1000	1000<C≤2000	>2000
甲苯	≤0.3	0.3<C≤1.5	1.5<C≤700	700<C≤1400	>1400
萘	≤1.25	1.25<C≤6.25	6.25<C≤100	100<C≤600	>600
蒽	≤0.01	0.01<C≤0.05	0.05<C≤1800	1800<C≤3600	>3600
荧蒽	≤0.5	0.5<C≤2.5	2.5<C≤240	240<C≤480	>480

续表

指标	Ⅰ	Ⅱ	Ⅲ	Ⅳ	Ⅴ
苯并[a]芘	≤0.0001	0.0001<C≤0.0005	0.0005<C≤0.01	0.01<C≤0.5	>0.5
莠去津	≤0.01	0.01<C≤0.05	0.05<C≤2	2<C≤600	>600
三氯苯总量	≤0.2	0.2<C≤1	1<C≤20	20<C≤180	>180
六氯苯	≤0.5	0.5<C≤2.5	2.5<C≤1	1<C≤2	>2

4. 污染评价结果

按照地下水污染指标综合分类评价方法,对华北平原-滹沱河地下水进行评价,如图6-5、表6-28和表6-29所示。评价结果表明,在华北平原-滹沱河冲洪积扇地下水中,24个采样点的总硬度为天然劣质指标,在地下水污染管理时应给予其他指标不同的关注方向。无机指标以Ⅴ类重污染为主,占全部样品数的61.36%,而最高污染级别指标除点位HTH009、HTH026、HTH030外,其余采样点的最高污染级指标均为NO_3^-。研究区有机指标则以Ⅰ、Ⅱ类为主,其中Ⅰ类未污染的采样点指标数占全部采样点的59.09%,Ⅱ类疑似污染的样品点占全部样品的36.36%,其余则为Ⅲ类的轻污染样品,共有2个,占全部样品数的4.55%,中污染和重污染的没有。由此评价结果可知,华北平原-滹沱河冲洪积扇研究区地下水污染以无机指标为主,且主要为NO_3^-,在第一单元与第二单元总硬度为天然劣质指标,对该类指标的管理应主要以控制为主。

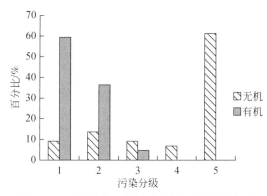

图6-5 指标综合分类评价法评价结果统计图

表6-28 地下水污染评价结果

采样点编号	污染类别	采样点编号	污染类别	采样点编号	污染类别
HTH001	Ⅴ-2(总硬度)	HTH019	Ⅴ-1	HTH034	Ⅴ-2(总硬度)
HTH003	Ⅴ-3(总硬度)	HTH020	Ⅲ-1	HTH035	Ⅴ-2(总硬度)
HTH006	Ⅴ-2(总硬度)	HTH021	Ⅱ-1	HTH036	Ⅴ-2(总硬度)
HTH007	Ⅴ-2(总硬度)	HTH022	Ⅰ-1	HTH037	Ⅴ-2(总硬度)
HTH008	Ⅴ-2(总硬度)	HTH023	Ⅱ-1	HTH038	Ⅴ-1(总硬度)
HTH009	Ⅳ-2(总硬度)	HTH024	Ⅰ-1	HTH039	Ⅴ-1(总硬度)

续表

采样点编号	污染类别	采样点编号	污染类别	采样点编号	污染类别
HTH010	Ⅱ-2(总硬度)	HTH025	Ⅲ-1	HTH040	Ⅳ-1
HTH011	Ⅴ-2(总硬度)	HTH026	Ⅳ-1	HTH041	Ⅴ-2(总硬度)
HTH012	Ⅴ-1(总硬度)	HTH027	Ⅲ-1	HTH042	Ⅴ-2(总硬度)
HTH013	Ⅴ-1(总硬度)	HTH028	Ⅱ-1	HTH043	Ⅴ-3(总硬度)
HTH014	Ⅴ-2(总硬度)	HTH029	Ⅰ-1	HTH044	Ⅴ-2(总硬度)
HTH015	Ⅴ-2	HTH030	Ⅱ-1	HTH045	Ⅴ-1(总硬度)
HTH016	Ⅱ-1	HTH031	Ⅲ-1	HTH046	Ⅴ-1(总硬度)
HTH017	Ⅴ-1	HTH032	Ⅰ-1	HTH047	Ⅴ-1(总硬度)
HTH018	Ⅴ-1	HTH033	Ⅴ-1		

表 6-29 有机指标与无机指标评价结果汇总

指标分类		有机指标评价结果				
		1	2	3	4	5
无机指标评价结果	Ⅰ	4	0	0	0	0
	Ⅱ	5	1	0	0	0
	Ⅲ	4	0	0	0	0
	Ⅳ	2	1	0	0	0
	Ⅴ	11	14	2	0	0

6.3.6 方法对比

将3种方法的评价结果进行对比,如图6-6所示,结果表明,内梅罗综合污染指数法评价结果中,未污染的样品不存在,疑似污染和重污染的样品量均占总样品数的30%左右,而污染指数评价法与污染指标综合分类评价法在评价结果中Ⅰ、Ⅱ、Ⅲ、Ⅳ这四类水均存在,且比例相对较低,Ⅴ类重污染样品均为最多,分别达到60%以上,而污染指标均识别出以NO_3^-为主,结果较一致。以 HTH006 为例,该采样点 NO_3^- 浓度为 35.72 mg/L,是背景值 7.06 mg/L 的 5.06 倍,污染指数评价法与污染指标综合分类评价法均识别出此指标的严重污染程度,而在内梅罗综合污染指数法中却将 HTH006 样品归为轻度污染,显然与实际测试结果不符。在构建公式中的过程中,内梅罗综合污染指数法将差异最大的指标人为弱化,因此很难识别出污染严重的指标,在管理方面也很难给出科学依据。

将污染指数评价法和污染指标综合分类评价法进行对比,如图6-7和表6-30所示,结果表明,两种方法在评价过程中结果基本一致,但是近年来随着污染的加剧,地下水中检出的污染指标种类不断增加。污染指数未对天然劣质指标进行突出考虑,对指标性质差异性也未考虑,已不适用。而污染指标综合分类评价法考虑了天然状态下地下水水质差异巨大,天然劣质指标的参评容易使评价结果出现偏差,因此对天然劣质指标进行单独考虑。另外,判

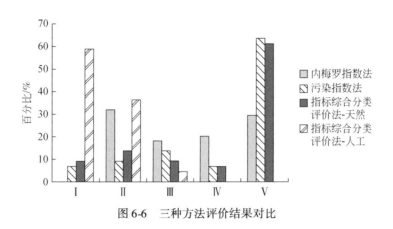

图 6-6 三种方法评价结果对比

别组分信息,分别对天然组分与人工组分进行评价,最后采用污染指标综合分类评价法的污染综合评价方法对地下水的污染状况进行评价。将其运用到华北平原-滹沱河冲洪积扇地下水污染评价中,结果表明,滹沱河冲洪积扇地下水中总硬度为劣质指标,评价结果简单明了,物理意义明确。而且有机类参评指标在选取的过程中,不被标准中所给出的指标所限制。地下水污染指标综合分类评价方法对劣质指标进行了考虑,有效解决了评价结果偏差、夸大污染程度与范围、不同性质指标容易产生歧义的问题,综合体现了地下水污染信息。

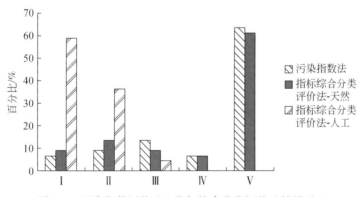

图 6-7 污染指数评价法和指标综合分类评价法结果对比

表 6-30 不同方法评价结果对比

方法	内梅罗综合污染指数法		污染指数评价法			污染指标综合分类评价法
采样点	P	分级	P_{ki}	类别	最高类指标	
HTH001	5.73	Ⅳ	3.37	Ⅴ	NO_3^-	Ⅴ-2(总硬度)
HTH003	5.99	Ⅳ	2.59	Ⅴ	NO_3^-	Ⅴ-3(总硬度)
HTH006	3.61	Ⅲ	1.43	Ⅴ	NO_3^-	Ⅴ-2(总硬度)
HTH007	9.83	Ⅴ	4.54	Ⅴ	NO_3^-	Ⅴ-2(总硬度)
HTH008	6.31	Ⅳ	2.78	Ⅴ	NO_3^-	Ⅴ-2(总硬度)
HTH009	1.60	Ⅱ	0.38	Ⅲ	NO_3^-	Ⅳ-2(总硬度)

续表

方法	内梅罗综合污染指数法		污染指数评价法			污染指标综合分类评价法
采样点	P	分级	P_{ki}	类别	最高类指标	
HTH010	1.06	Ⅱ	0.17	Ⅱ	NO_3^-	Ⅱ-2(总硬度)
HTH011	8.06	Ⅴ	3.66	Ⅴ	NO_3^-	Ⅴ-2(总硬度)
HTH012	5.15	Ⅳ	2.21	Ⅴ	NO_3^-	Ⅴ-1(总硬度)
HTH013	3.12	Ⅲ	1.20	Ⅴ	NO_3^-	Ⅴ-1(总硬度)
HTH014	8.27	Ⅴ	3.76	Ⅴ	NO_3^-	Ⅴ-2(总硬度)
HTH015	8.63	Ⅴ	3.94	Ⅴ	NO_3^-	Ⅴ-2
HTH016	1.29	Ⅱ	0.27	Ⅲ	NO_3^-	Ⅱ-1
HTH017	3.44	Ⅲ	1.35	Ⅴ	NO_3^-	Ⅴ-1
HTH018	3.55	Ⅲ	1.41	Ⅴ	NO_3^-	Ⅴ-1
HTH019	3.88	Ⅲ	1.57	Ⅴ	NO_3^-	Ⅴ-1
HTH020	1.85	Ⅱ	0.55	Ⅲ	NO_3^-	Ⅲ-1
HTH021	1.34	Ⅱ	0.30	Ⅲ	NO_3^-	Ⅱ-1
HTH022	2.53	Ⅲ	0.01	Ⅱ	莠去津	Ⅰ-1
HTH023	1.03	Ⅱ	0.15	Ⅱ	NO_3^-	Ⅱ-1
HTH024	0.75	Ⅱ	0.01	Ⅰ	NO_3^-	Ⅰ-1
HTH025	1.62	Ⅱ	0.44	Ⅲ	NO_3^-	Ⅲ-1
HTH026	3.90	Ⅲ	0.89	Ⅳ	Fe	Ⅳ-1
HTH027	2.02	Ⅱ	0.64	Ⅳ	NO_3^-	Ⅲ-1
HTH028	0.91	Ⅱ	0.09	Ⅱ	NO_3^-	Ⅱ-1
HTH029	0.74	Ⅱ	0.00	Ⅰ	NO_3^-	Ⅰ-1
HTH030	10.95	Ⅴ	4.09	Ⅴ	Fe	Ⅱ-1
HTH031	1.51	Ⅱ	0.38	Ⅲ	NO_3^-	Ⅲ-1
HTH032	0.72	Ⅱ	0.00	Ⅰ	NO_3^-	Ⅰ-1
HTH033	3.95	Ⅲ	1.61	Ⅴ	NO_3^-	Ⅴ-1
HTH034	4.69	Ⅳ	1.97	Ⅴ	NO_3^-	Ⅴ-2(总硬度)
HTH035	8.19	Ⅴ	3.72	Ⅴ	NO_3^-	Ⅴ-2(总硬度)
HTH036	9.34	Ⅴ	3.84	Ⅴ	NO_3^-	Ⅴ-2(总硬度)
HTH037	6.45	Ⅳ	2.85	Ⅴ	NO_3^-	Ⅴ-2(总硬度)
HTH038	9.16	Ⅴ	4.21	Ⅴ	NO_3^-	Ⅴ-1(总硬度)
HTH039	10.24	Ⅴ	4.75	Ⅴ	NO_3^-	Ⅴ-1(总硬度)
HTH040	2.22	Ⅱ	0.74	Ⅳ	NO_3^-	Ⅳ-1
HTH041	14.08	Ⅴ	6.66	Ⅴ	NO_3^-	Ⅴ-2(总硬度)
HTH042	13.10	Ⅴ	6.17	Ⅴ	NO_3^-	Ⅴ-2(总硬度)
HTH043	9.37	Ⅴ	3.85	Ⅴ	NO_3^-	Ⅴ-3(总硬度)

续表

方法	内梅罗综合污染指数法		污染指数评价法			污染指标综合分类评价法
采样点	P	分级	P_{ki}	类别	最高类指标	
HTH044	6.67	Ⅳ	2.95	Ⅴ	NO_3^-	Ⅴ-2(总硬度)
HTH045	9.35	Ⅴ	4.30	Ⅴ	NO_3^-	Ⅴ-1(总硬度)
HTH046	5.40	Ⅳ	2.33	Ⅴ	NO_3^-	Ⅴ-1(总硬度)
HTH047	6.02	Ⅳ	2.64	Ⅴ	NO_3^-	Ⅴ-1(总硬度)

6.3.7 小结

通过文献调研及典型研究区方法的试算,我们最终筛选出运用效果较好的污染指标综合分类评价方法。该评价方法对地下水污染评价中指标组分进行区分,将天然劣质指标组分剔除,不参与评价,评价结果更加合理。天然劣质指标的参评会使得评价结果容易产生歧义,不能正确地识别污染状况。运用污染指标综合分类评价法对华北平原地下水污染状况进行评价,实例验证显示污染指标分类综合评价法过程简单,意义明确。单点评价中给出了劣质指标,能够迅速获取污染信息。与内梅罗综合污染指数法相比评价结果更符合实际情况,而与污染指数评价法更能迅速获取污染信息。

6.4 研究区地下水污染评价应用与示范

本节依据研究区地下水水质采样分析结果和地下水环境背景值研究结果,开展研究区地下水污染程度试评价。

6.4.1 西北河谷平原-兰州地下水污染评价

1. 背景值

在背景值研究过程中,根据研究区地下水的形成条件(地形地貌、含水层岩性及地下水埋藏条件等)和地下水化学特征将研究区共划分为2个地下水环境单元,分别是傍河淡水区、微咸水-咸水区。背景值研究结果见表3-22。

2. 天然劣质指标筛选

将兰州地区微咸水-咸水区、傍河淡水区无机指标背景值与GB/T 14848—2017中Ⅲ类水限值进行对比,如表6-31所示,从而对兰州地区天然劣质指标进行筛选,结果表明与石家庄地区相比,兰州天然劣质指标较多。在微咸水-咸水区 Na^+、Cl^-、SO_4^{2-}、NO_3^-、I^-、总硬度、TDS、Fe、Mn 均为劣质指标,而傍河淡水区劣质指标数相对较少,有四个,分别为 NH_4^+、SO_4^{2-}、Fe、Mn,因此这几个指标不参与评价。

表 6-31　兰州地区天然劣质指标筛选　　　　　　　　　　（单位：mg/L）

指标	GB/T 14848—2017 Ⅲ类水标准限值	微咸水-咸水区背景值上限	傍河淡水区背景值上限
pH（无量纲）	6.5~8.5	7.90	7.59
K^+	—	14.20	9.52
Na^+	200	**450.02**	173.00
Ca^{2+}	—	163.72	103.00
Mg^{2+}	—	168.37	60.19
NH_4^+	0.5	0.470	**0.570**
Cl^-	250	**658.76**	117.44
SO_4^{2-}	250	**1516.00**	**357.27**
HCO_3^-	—	517.54	354.87
NO_3^-	20	**43.05**	8.68
F^-	1	0.97	0.42
I^-	0.08	**0.19**	0.013
NO_2^-	1	0.280	0.240
总硬度	450	**1267.74**	431.82
TDS	1000	**4293.60**	929.00
Fe	0.3	**2.35**	**1.45**
Mn	0.1	**0.35**	**0.31**
As	0.01	0.0027	**0.0168**
偏硅酸	—	20.55	19.23

3. 天然指标分级

将天然背景值和标准中不包含的指标进行剔除，其余指标的分级标准限值按照前文中表 6-14 给出的天然组分定量分级标准对研究区参评的指标进行分级标准限值的计算，不同水文地质单元由于水文地质条件不同，所以背景值差异较大，以各单元自己的背景值为分级依据进行分级标准限值的计算，结果如表 6-32 所示。

表 6-32　兰州地区天然指标分级标准　　　　　　　　　　（单位：mg/L）

指标	GB/T 14848—2017 Ⅲ类水标准限值	水质类别	微咸水-咸水区分级标准限值	傍河淡水区分级标准限值
Na^+	200	Ⅰ		≤173
		Ⅱ		173<C≤186.5
		Ⅲ	—	186.5<C≤200
		Ⅳ		200<C≤400
		Ⅴ		>400

续表

指标	GB/T 14848—2017 Ⅲ类水标准限值	水质类别	微咸水-咸水区 分级标准限值	傍河淡水区 分级标准限值
NH_4^+	0.5	Ⅰ	≤0.47	—
		Ⅱ	0.47<C≤0.485	
		Ⅲ	0.485<C≤0.5	
		Ⅳ	0.5<C≤1.5	
		Ⅴ	>1.5	
Cl^-	250	Ⅰ		≤117.44
		Ⅱ		117.44<C≤183.72
		Ⅲ	—	183.72<C≤250
		Ⅳ		250<C≤350
		Ⅴ		>350
SO_4^{2-}	250		—	—
NO_3^-	20	Ⅰ		≤8.68
		Ⅱ		8.68<C≤14.34
		Ⅲ	—	14.34<C≤20
		Ⅳ		20<C≤30
		Ⅴ		>30
F^-	1	Ⅰ	≤0.97	≤0.42
		Ⅱ	0.97<C≤0.985	0.42<C≤0.71
		Ⅲ	0.985<C≤1	0.71<C≤1
		Ⅳ	1<C≤2	1<C≤2
		Ⅴ	>2	>2
I^-	0.08	Ⅰ		≤0.013
		Ⅱ		0.013<C≤0.0465
		Ⅲ	—	0.0465<C≤0.08
		Ⅳ		0.08<C≤0.5
		Ⅴ		>0.5
NO_2^-	1	Ⅰ	≤0.28	≤0.24
		Ⅱ	0.28<C≤0.64	0.24<C≤0.62
		Ⅲ	0.64<C≤1	0.62<C≤1
		Ⅳ	1<C≤4.8	1<C≤4.8
		Ⅴ	>4.8	>4.8
总硬度	450	Ⅰ		≤431.82
		Ⅱ		431.82<C≤441.91
		Ⅲ	—	441.91<C≤450
		Ⅳ		450<C≤650
		Ⅴ		>650

续表

指标	GB/T 14848—2017 Ⅲ类水标准限值	水质类别	微咸水-咸水区 分级标准限值	傍河淡水区 分级标准限值
TDS	1000	Ⅰ	—	≤929
		Ⅱ		929<C≤964.5
		Ⅲ		964.5<C≤1000
		Ⅳ		1000<C≤2000
		Ⅴ		>2000
Fe	0.3		—	—
Mn	0.1		—	—
As	0.01	Ⅰ	≤0.0027	—
		Ⅱ	0.0027<C≤0.00635	
		Ⅲ	0.00635<C≤0.01	
		Ⅳ	0.01<C≤0.05	
		Ⅴ	>0.05	

4. 有机指标的筛选及分级

参考地下水优控物筛选方法探究中优控物初筛列表中的有机指标进行有机指标的筛选,共15种,在 GB/T 14848—2017 中,均有相应的标准限值,具体情况如表 6-33 所示。根据各指标检出限及标准限值进行分级标准的计算,结果如表 6-34 所示。五氯酚的检测限为 2.5 μg/L,5 倍检出限为 12.5 μg/L,而Ⅲ类水限值为 9 μg/L,小于 5 倍检出限,因此轻度污染下限定为 3 倍检出限,即为 7.5 μg/L。

表 6-33　兰州地区人工组分检出限及Ⅲ类水限值　　　　（单位:μg/L）

指标名称	目标检出限	Ⅲ类水限值	指标名称	目标检出限	Ⅲ类水限值
萘	1.25	100	蒽	0.01	1800
六氯苯	0.5	1	二甲苯总量	0.5	500
三氯甲烷	0.2	60	苯并[b]荧蒽	0.05	4
二氯甲烷	1.6	20	甲苯	0.3	700
苯	0.3	10	乙苯	0.3	300
1,2-二氯乙烷	0.3	30	荧蒽	0.5	240
三氯乙烯	0.5	70	苯并[a]芘	0.0001	0.01
五氯酚	2.5	9			

表 6-34　兰州地区人工组分污染分级限值　　　　（单位:μg/L）

指标	1	2	3	4	5
甲苯	≤0.3	0.3<C≤1.5	1.5<C≤700	700<C≤1400	>1400

续表

指标	1	2	3	4	5
萘	≤1.25	1.25<C≤6.25	6.25<C≤100	100<C≤600	>600
蒽	≤0.01	0.01<C≤0.05	0.05<C≤1800	1800<C≤3600	>3600
荧蒽	≤0.5	0.5<C≤2.5	2.5<C≤240	240<C≤480	>480
苯并[a]芘	≤0.0001	0.0001<C≤0.0005	0.0005<C≤0.01	0.01<C≤0.5	>0.5
六氯苯	≤0.5	0.5<C≤2.5	2.5<C≤1	1<C≤2	>2
三氯甲烷	≤0.2	0.2<C≤1	1<C≤60	60<C≤300	>300
二氯甲烷	≤1.6	1.6<C≤8	8<C≤20	20<C≤500	>500
苯	≤0.3	0.3<C≤1.5	1.5<C≤10	10<C≤120	>120
1,2-二氯乙烷	≤0.3	0.3<C≤1.5	1.5<C≤30	30<C≤40	>40
三氯乙烯	≤0.5	0.5<C≤2.5	2.5<C≤70	70<C≤210	>210
五氯酚	≤2.5	2.5<C≤7.5	7.5<C≤9	9<C≤18	>18
二甲苯总量	≤0.5	0.5<C≤2.5	2.5<C≤500	500<C≤1000	>1000
苯并[b]荧蒽	≤0.05	0.05<C≤0.25	0.25<C≤4	4<C≤8	>8
乙苯	≤0.3	0.3<C≤1.5	1.5<C≤300	300<C≤600	>600

5. 评价结果

根据污染分级的标准限值对各采样点地下水污染情况进行分级,结果如表6-35和图6-8所示,表明兰州地区无机指标以未污染为主,而有机指标污染较严重,基本为轻度污染、中度污染和重度污染,导致此现象的原因是兰州地区特有的石油化工类产业。淡水区,天然劣质指标主要有 NH_4^+、SO_4^{2-}、Mn、Fe、As,而咸水区的天然劣质指标相对较多,有 Na^+、Cl^-、SO_4^{2-}、NO_3^-、总硬度、TDS、I、Mn、Fe,这与该地区天然咸水有很大的关系。

表6-35 兰州地区地下水污染评价结果

不同分区	采样编号	污染分级	天然劣质指标
淡水区	LZ15X01	Ⅳ-3	NH_4^+、SO_4^{2-}、Mn、Fe、As
	LZ15X02	Ⅰ-4	NH_4^+、SO_4^{2-}、Mn、Fe、As
	LZ15X05	Ⅴ-3	NH_4^+、SO_4^{2-}、Mn、Fe、As
	LZ15X06	Ⅰ-4	NH_4^+、SO_4^{2-}、Mn、Fe、As
	LZ15X07	Ⅰ-5	NH_4^+、SO_4^{2-}、Mn、Fe、As
	LZ15X09	Ⅰ-3	NH_4^+、SO_4^{2-}、Mn、Fe、As
咸水区	LZ15X10	Ⅳ-5	Na^+、Cl^-、SO_4^{2-}、NO_3^-、总硬度、TDS、I、Mn、Fe
	LZ15X13	Ⅰ-4	Na^+、Cl^-、SO_4^{2-}、NO_3^-、总硬度、TDS、I、Mn、Fe
	LZ15X14	Ⅰ-5	Na^+、Cl^-、SO_4^{2-}、NO_3^-、总硬度、TDS、I、Mn、Fe
	LZ15X15	Ⅴ-5	Na^+、Cl^-、SO_4^{2-}、NO_3^-、总硬度、TDS、I、Mn、Fe

续表

不同分区	采样编号	污染分级	天然劣质指标
咸水区	LZ15X16	I-4	Na^+、Cl^-、SO_4^{2-}、NO_3^-、总硬度、TDS、I、Mn、Fe
	LZ15X17	III-5	Na^+、Cl^-、SO_4^{2-}、NO_3^-、总硬度、TDS、I、Mn、Fe
	LZ15X18	I-4	Na^+、Cl^-、SO_4^{2-}、NO_3^-、总硬度、TDS、I、Mn、Fe
	LZ15X19	I-4	Na^+、Cl^-、SO_4^{2-}、NO_3^-、总硬度、TDS、I、Mn、Fe
	LZ15X22	I-5	Na^+、Cl^-、SO_4^{2-}、NO_3^-、总硬度、TDS、I、Mn、Fe
	LZ15X23	V-5	Na^+、Cl^-、SO_4^{2-}、NO_3^-、总硬度、TDS、I、Mn、Fe
	LZ15X24	IV-3	Na^+、Cl^-、SO_4^{2-}、NO_3^-、总硬度、TDS、I、Mn、Fe
	LZ15X26	I-5	Na^+、Cl^-、SO_4^{2-}、NO_3^-、总硬度、TDS、I、Mn、Fe
	LZ15X27	I-3	Na^+、Cl^-、SO_4^{2-}、NO_3^-、总硬度、TDS、I、Mn、Fe
	LZ15X29	V-4	Na^+、Cl^-、SO_4^{2-}、NO_3^-、总硬度、TDS、I、Mn、Fe
	LZ15X30	I-4	Na^+、Cl^-、SO_4^{2-}、NO_3^-、总硬度、TDS、I、Mn、Fe
	LZ15X31	I-3	Na^+、Cl^-、SO_4^{2-}、NO_3^-、总硬度、TDS、I、Mn、Fe
	LZ15X32	I-4	Na^+、Cl^-、SO_4^{2-}、NO_3^-、总硬度、TDS、I、Mn、Fe
	LZ15X33	I-5	Na^+、Cl^-、SO_4^{2-}、NO_3^-、总硬度、TDS、I、Mn、Fe
	LZ15X34	I-5	Na^+、Cl^-、SO_4^{2-}、NO_3^-、总硬度、TDS、I、Mn、Fe
	LZ15X35	I-4	Na^+、Cl^-、SO_4^{2-}、NO_3^-、总硬度、TDS、I、Mn、Fe
	LZ15X36	IV-4	Na^+、Cl^-、SO_4^{2-}、NO_3^-、总硬度、TDS、I、Mn、Fe
	LZ15X37	IV-5	Na^+、Cl^-、SO_4^{2-}、NO_3^-、总硬度、TDS、I、Mn、Fe
	LZ15X38	I-5	Na^+、Cl^-、SO_4^{2-}、NO_3^-、总硬度、TDS、I、Mn、Fe
	LZ15X40	I-5	Na^+、Cl^-、SO_4^{2-}、NO_3^-、总硬度、TDS、I、Mn、Fe

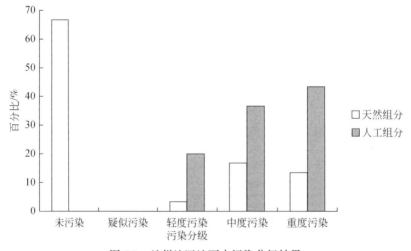

图 6-8 兰州地区地下水污染分级结果

6.4.2 西南岩溶区-都安不同水期地下水污染评价

对西南岩溶区分别进行丰水期和枯水期样品的采集工作,并对不同水期的地下水污染情况进行评价。

1. 丰水期

1)背景值

在背景值计算过程中,从研究区地下水的形成条件来看,地苏地下河系是一个独立的水文地质单元,因此不再进行子单元的划分。丰水期的背景值见表3-19。

2)天然劣质指标筛选

结合背景值计算结果,对天然劣质指标进行识别,如表6-36所示,结果表明,在GB/T 14848—2017中列出标准限值的11种指标中,均无天然劣质指标。

表6-36 都安丰水期天然劣质指标筛选　　　　　　（单位:mg/L）

指标	GB/T 14848—2017 Ⅲ类水标准限值	背景特征值	背景值上限
pH(无量纲)	6.5~8.5	7.33	7.56
K^+	—	0.24	1.48
Na^+	200	0.80	1.78
Ca^{2+}	—	79.64	99.49
Mg^{2+}	—	4.80	16.72
NH_4^+	0.5	0.04	0.08
Cl^-	250	2.11	5.97
SO_4^{2-}	250	6.67	8.52
HCO_3^-	—	253.44	284.50
总硬度	450	220.41	261.01
TDS	1000	234	268
NO_3^-	20	8.06	17.68
F^-	1	0.13	0.20
H_2SiO_3	—	3.98	8.58
Fe	0.3	0.062	0.122
Mn	0.1	0.0044	0.013
As	0.01	0.00034	0.00073

3)天然指标分级限值

对都安丰水期天然指标进行污染分级评价标准限值的计算,结果如表6-37所示。

表 6-37　都安丰水期天然指标污染分级限值　　　　　　　（单位:mg/L）

	溶解性固体总量	Na$^+$	NH$_4^+$	Cl$^-$
Ⅰ	≤268	≤1.78	≤0.08	≤5.97
Ⅱ	268<C≤634	1.78<C≤100.89	0.008<C≤0.29	5.97<C≤127.99
Ⅲ	634<C≤1000	100.89<C≤200	0.29<C≤0.5	127.99<C≤250
Ⅳ	1000<C≤2000	200<C≤400	0.5<C≤1.5	250<C≤350
Ⅴ	>2000	>400	>1.5	>350
	F$^-$	总硬度	Mn	Fe
Ⅰ	≤0.2	≤261.01	≤0.013	≤0.122
Ⅱ	0.2<C≤0.6	261.01<C≤355.51	0.013<C≤0.056	0.122<C≤0.211
Ⅲ	0.6<C≤1	355.51<C≤450	0.056<C≤0.1	0.211<C≤0.3
Ⅳ	0.1<C≤2	450<C≤650	0.1<C≤1.5	0.3<C≤2
Ⅴ	>2	>650	>1.5	>2
	NO$_3^-$	SO$_4^{2-}$	As	
Ⅰ	≤17.68	≤8.52	≤0.00073	
Ⅱ	17.68<C≤18.84	8.52<C≤129.26	0.00073<C≤0.0054	
Ⅲ	18.846<C≤20	129.26<C≤250	0.0054<C≤0.01	
Ⅳ	20<C≤30	250<C≤350	0.01<C≤0.05	
Ⅴ	>30	>350	>0.05	

4）有机指标筛选及污染分级标准限值的计算

有机指标按照主要污染物筛选章节选定的初筛指标进行污染评价，由于研究区人口数量少且分散，没有较多的工业企业和大面积的居民区排放污水对地下水造成严重污染，在所采集样品中有机指标检出很少，在主要污染物筛选时候，将初始名单分为两类：一类是在所采集样品中有检出的指标；第二类指标依照检测项目中没有检出的且属于《区域地下水污染调查评价规范》（DZ/T 0288—2015）重点区调查水样必测项中的指标。有机指标如表 6-38 所示。

表 6-38　主要污染物筛选初选指标

指标类型	指标名称	指标数
有机指标	甲苯、六氯苯、四氯化碳、氯乙烯、六六六（总量）、苯、二氯甲烷、苯乙烯、1,2-二氯乙烷、1,1-二氯乙烯、四氯乙烯、1,2-二氯乙烯、三氯甲烷、三氯乙烯、氯苯、对二氯苯、乙苯、二甲苯	18

对参与污染评价的有机指标的主要参数进行收集，结果如表 6-39 所示。参评的有机指标在 GB/T 14848—2017 中均有对应的标准限值，因此以检出限和Ⅲ类水标准限值进行计算，结果如表 6-40 所示。

第6章 地下水污染评价方法研究

表6-39 有机指标主要参数 （单位：μg/L）

指标	检出限	HBSLs	GB/T 14848—2017 Ⅲ类水限值	指标	检出限	HBSLs	GB/T 14848—2017 Ⅲ类水限值
四氯化碳	0.2	24	2	1,1-二氯乙烯	0.2	300	30
1,2-二氯乙烯	0.2	100	50	三氯甲烷	0.2	60	60
二氯甲烷	0.5	36	20	三氯乙烯	0.2	42	70
甲苯	0.3	480	700	乙苯	0.3	68	300
1,2-二氯乙烷	0.3	35	30	二甲苯	0.3	—	500
四氯乙烯	0.2	58.2	40	苯乙烯	0.3	—	20
苯	0.3	2.1	10	氯乙烯	0.5	0.022	5
氯苯	0.1	100	300	六六六	0.02	0.008	5
对二氯苯	0.1	7	300	六氯苯	0.02	1	1

表6-40 有机指标污染分级标准限值 （单位：μg/L）

水质类别	六六六	六氯苯	氯乙烯	1,1-二氯乙烯	二氯甲烷
Ⅰ	≤0.02	≤0.02	≤0.5	≤0.2	≤0.5
Ⅱ	0.02<C≤0.1	0.02<C≤0.1	0.5<C≤2.5	0.2<C≤1	0.5<C≤2.5
Ⅲ	0.1<C≤5	0.1<C≤1	2.5<C≤5	1<C≤30	2.5<C≤20
Ⅳ	5<C≤10	1<C≤2	5<C≤90	30<C≤60	20<C≤500
Ⅴ	>10	>2	>90	>60	>500
水质类别	1,2-二氯乙烯	三氯甲烷	1,2-二氯乙烷	四氯化碳	苯
Ⅰ	≤0.2	≤0.2	≤0.3	≤0.2	≤0.3
Ⅱ	0.2<C≤1	0.2<C≤1	0.3<C≤1.5	0.2<C≤1	0.3<C≤1.5
Ⅲ	1<C≤50	1<C≤60	1.5<C≤30	1<C≤2	1.5<C≤10
Ⅳ	50<C≤60	60<C≤300	30<C≤40	2<C≤50	10<C≤120
Ⅴ	>60	>300	>40	>50	>120
水质类别	三氯乙烯	甲苯	四氯乙烯	氯苯	乙苯
Ⅰ	≤0.2	≤0.3	≤0.2	≤0.1	≤0.3
Ⅱ	0.2<C≤1	0.3<C≤1.5	0.2<C≤1	0.1<C≤0.5	0.3<C≤1.5
Ⅲ	1<C≤70	1.5<C≤700	1<C≤40	0.5<C≤300	1.5<C≤300
Ⅳ	70<C≤210	700<C≤1400	40<C≤300	300<C≤600	300<C≤600
Ⅴ	>2100	>1400	>300	>600	>600
水质类别	二甲苯	苯乙烯	对二氯苯		
Ⅰ	≤0.3	≤0.3	≤0.1		
Ⅱ	0.3<C≤1.5	0.3<C≤1.5	0.1<C≤0.5		
Ⅲ	1.5<C≤500	1.5<C≤20	0.5<C≤300		
Ⅳ	500<C≤1000	20<C≤40	300<C≤600		
Ⅴ	>1000	>40	>600		

5)都安丰水期地下水污染评价结果

根据前文所获取的天然组分和人工组分的分级标准限值,对都安丰水期地下水污染状况进行评价,如表6-41和图6-9所示。结果表明,丰水期无天然劣质指标,丰水期的有机指标均为未污染状态,无机指标未污染和疑似污染的样品数占全部样品的68.87%,中度污染和重污染的指标主要为 NO_3^-。

表6-41 都安丰水期地下水污染评价结果

采样编号	污染分级	天然劣质指标	采样编号	污染分级	天然劣质指标
DS-01	Ⅰ-1	—	DS-16	Ⅳ-1	—
DS-02	Ⅰ-1	—	DS-17	Ⅴ-1	—
DS-03	Ⅳ-1	—	DS-18	Ⅳ-1	—
DS-04	Ⅰ-1	—	DS-19	Ⅰ-1	—
DS-05	Ⅳ-1	—	DS-20	Ⅱ-1	—
DS-06	Ⅴ-1	—	DS-21	Ⅰ-1	—
DS-07	Ⅰ-1	—	DS-22	Ⅰ-1	—
DS-08	Ⅳ-1	—	DS-23	Ⅰ-1	—
DS-09	Ⅱ-1	—	DS-24	Ⅰ-1	—
DS-10	Ⅰ-1	—	DS-25	Ⅰ-1	—
DS-11	Ⅰ-1	—	DS-26	Ⅰ-1	—
DS-12	Ⅰ-1	—	DS-27	Ⅳ-1	—
DS-13	Ⅱ-1	—	DS-28	Ⅴ-1	—
DS-14	Ⅰ-1	—	DS-29	Ⅱ-1	—
DS-15	Ⅰ-1	—			

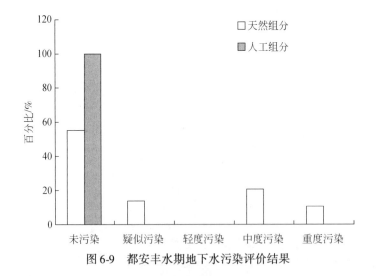

图6-9 都安丰水期地下水污染评价结果

2. 枯水期

1）背景值

枯水期的背景值见表 3-18。

2）天然劣质指标筛选

结合背景值计算所得的背景值上限结果，对天然劣质指标进行识别，如表 6-42 所示，结果表明，在 GB/T 14848—2017 中列出标准限值的 11 种指标中，NO_3^- 与 Fe 为天然劣质指标。

表 6-42 都安枯水期天然劣质指标筛选 （单位：mg/L）

指标	背景值下限	背景特征值	背景值上限
pH（无量纲）	6.5~8.5	7.58	7.88
K^+	—	0.35	1.93
Na^+	200	1.07	2.15
Ca^{2+}	—	82.90	98.27
Mg^{2+}	—	5.58	21.22
NH_4^+	0.5	<0.02	<0.02
Cl^-	250	3.74	7.29
SO_4^{2-}	250	9.22	11.18
HCO_3^-	—	257.16	307.25
总硬度	450	235.87	275.41
TDS	1000	248.00	290.20
NO_3^-	20	8.43	**21.97**
F^-	1	0.05	0.07
H_2SiO_3	—	4.45	9.06
Fe	0.3	2.87	**4.05**
Mn	0.1	0.0023	0.0196
As	0.01	0.0002	0.0008

3）天然指标污染分级限值

对枯水期的天然指标进行污染分级标准限值的计算，结果如表 6-43 所示。

表 6-43 都安枯水期天然指标污染分级标准限值 （单位：mg/L）

	溶解性固体总量	Na^+	NH_4^+	Cl^-
Ⅰ	≤290.2	≤2.15	≤0.02	≤7.29
Ⅱ	290.2<C≤645.1	2.15<C≤101.08	0.002<C≤0.26	7.29<C≤128.90
Ⅲ	545.1<C≤1000	101.98<C≤200	0.26<C≤0.5	128.90<C≤250
Ⅳ	1000<C≤2000	200<C≤400	0.5<C≤1.5	250<C≤350
Ⅴ	>2000	>400	>1.5	>350

续表

	F⁻	总硬度	Mn	Fe
Ⅰ	≤0.07	≤275.41	≤0.0196	
Ⅱ	0.07<C≤0.54	275.41<C≤362.71	0.0196<C≤0.060	
Ⅲ	0.54<C≤1	362.71<C≤450	0.060<C≤0.1	—
Ⅳ	0.1<C≤2	450<C≤650	0.1<C≤1.5	
Ⅴ	>2	>650	>1.5	

	NO₃⁻	SO₄²⁻	As
Ⅰ		≤11.18	≤0.0008
Ⅱ		11.18<C≤130.59	0.0008<C≤0.0054
Ⅲ	—	130.59<C≤250	0.0054<C≤0.01
Ⅳ		250<C≤350	0.01<C≤0.05
Ⅴ		>350	>0.05

4) 有机指标筛选及污染分级标准限值的计算

按照丰水期参评的有机指标进行枯水期有机指标的筛选,并进行计算。枯水期与丰水期有机指标污染分级标准限值一致。

5) 评价结果

根据前面章节计算所得无机指标与有机指标污染分级标准限值对研究区地下水污染状况进行评价,结果如表6-44和图6-10所示。枯水期有机指标未污染与疑似污染的样品数比例比较大,占全部样品的百分之百。有机指标未污染部分占96.55%,3.45%的为轻度污染。

表6-44 都安枯水期污染评价结果

采样编号	污染分级	天然劣质指标	采样编号	污染分级	天然劣质指标
DS-01	Ⅰ-1	NO₃⁻、Fe	DS-16	Ⅰ-3	NO₃⁻、Fe
DS-02	Ⅰ-1	NO₃⁻、Fe	DS-17	Ⅰ-1	NO₃⁻、Fe
DS-03	Ⅰ-1	NO₃⁻、Fe	DS-18	Ⅰ-1	NO₃⁻、Fe
DS-04	Ⅰ-1	NO₃⁻、Fe	DS-19	Ⅱ-1	NO₃⁻、Fe
DS-05	Ⅰ-1	NO₃⁻、Fe	DS-20	Ⅱ-1	NO₃⁻、Fe
DS-06	Ⅰ-1	NO₃⁻、Fe	DS-21	Ⅰ-1	NO₃⁻、Fe
DS-07	Ⅰ-1	NO₃⁻、Fe	DS-22	Ⅰ-1	NO₃⁻、Fe
DS-08	Ⅰ-1	NO₃⁻、Fe	DS-23	Ⅰ-1	NO₃⁻、Fe
DS-09	Ⅰ-1	NO₃⁻、Fe	DS-24	Ⅱ-1	NO₃⁻、Fe
DS-10	Ⅰ-1	NO₃⁻、Fe	DS-25	Ⅰ-1	NO₃⁻、Fe
DS-11	Ⅰ-1	NO₃⁻、Fe	DS-26	Ⅰ-1	NO₃⁻、Fe
DS-12	Ⅰ-1	NO₃⁻、Fe	DS-27	Ⅰ-1	NO₃⁻、Fe
DS-13	Ⅰ-1	NO₃⁻、Fe	DS-28	Ⅱ-1	NO₃⁻、Fe
DS-14	Ⅰ-1	NO₃⁻、Fe	DS-29	Ⅰ-1	NO₃⁻、Fe
DS-15	Ⅱ-1	NO₃⁻、Fe			

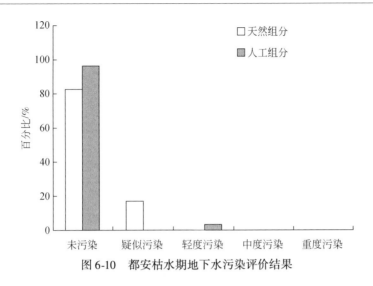

图 6-10 都安枯水期地下水污染评价结果

6.4.3 珠江三角洲-广州地下水污染评价

根据以往研究经验,广州地区地下水中有机污染物检出率普遍较低,因此在样品采集及测试时对于有机污染指标并未测试,所以本次污染评价过程中,也只对无机指标进行评价。

1. 背景值

广州地区地下水背景值见表3-13。

2. 天然劣质指标筛选

将各区指标背景值上限与 GB/T 14848—2017 中Ⅲ类水标准限值进行对比,结果表明,K、Ca、Mg、HCO_3^-、偏硅酸虽然进行了背景值计算,但是在 GB/T 14848—2017 中并未给出指标标准限值,因此这五个指标不参与评价;此外,平原区 NO_3^-、I、Mn 为天然劣质指标,不参与评价;丘陵区 NH_4^+、I、Mn 为天然劣质指标,不参与评价;岩溶区 NO_3^- 为劣质指标,不参与评价。天然劣质指标筛选情况见表6-45。

表 6-45 天然劣质指标筛选情况 (单位:mg/L)

指标	GB/T 14848—2017 Ⅲ类水标准限值	背景值上限		
		平原区	丘陵区	岩溶区
K	—	50.45	22.76	14.01
Na	200	63.08	24.86	24.48
Ca	—	93.22	68.97	56.21
Mg	—	7.26	4.55	3.69
NH_4^+	0.5	0.14	**0.58**	**0.4**
Cl	250	52.24	28.22	34.35
SO_4^{2-}	250	100.85	46.51	57.39

续表

指标	GB/T 14848—2017 Ⅲ类水标准限值	背景值上限		
		平原区	丘陵区	岩溶区
HCO₃	—	297.42	202.4	121.46
NO₃	20	**28.41**	16.38	**22.63**
F	1	0.42	0.34	0.1
I	0.08	**0.20**	**0.27**	0.04
NO_2^-	1	0.32	0.036	0.011
总硬度	450	261.36	190.66	155.20
TDS	1000	523.01	351.46	291.42
Fe	0.3	0.07	0.27	0.018
Mn	0.1	**0.21**	**0.335**	0.099
As	0.01	0.005	0.002	<0.001
Pb	0.01	0.004	0.005	0.003
偏硅酸	—	49.74	39.21	12.79

3. 天然指标污染分级标准限值

按前文地下水污染分级标准限值的确定方法,计算广州地区不同水文地质单元各指标的污染分级标准限值,结果如表 6-46 所示。

表 6-46　天然指标分级标准限值　　　　　　　　　　（单位：mg/L）

指标	类别	污染分级标准限值		
		平原区	丘陵区	岩溶区
Na^+	Ⅰ	≤63.08	≤24.86	≤24.48
	Ⅱ	63.08<C≤131.54	24.86<C≤112.43	24.48<C≤112.24
	Ⅲ	131.54<C≤200	112.43<C≤200	112.24<C≤200
	Ⅳ	200<C≤400	200<C≤400	200<C≤400
	Ⅴ	>400	>400	>400
NH_4^+	Ⅰ	≤0.14		≤0.4
	Ⅱ	0.14<C≤0.32		0.4<C≤0.45
	Ⅲ	0.32<C≤0.5	—	0.45<C≤0.5
	Ⅳ	0.5<C≤1.5		0.5<C≤1.5
	Ⅴ	>1.5		>1.5
Cl^-	Ⅰ	≤52.24	≤28.22	≤34.35
	Ⅱ	52.24<C≤151.12	28.22<C≤139.11	34.35<C≤142.18
	Ⅲ	151.12<C≤250	139.11<C≤250	142.18<C≤250
	Ⅳ	250<C≤350	250<C≤350	250<C≤350
	Ⅴ	>350	>350	>350

续表

指标	类别	污染分级标准限值		
		平原区	丘陵区	岩溶区
SO_4^{2-}	Ⅰ	≤100.85	≤46.51	≤57.39
	Ⅱ	100.85<C≤175.43	46.51<C≤148.26	57.39<C≤153.70
	Ⅲ	175.43<C≤250	148.26<C≤250	153.70<C≤250
	Ⅳ	250<C≤350	250<C≤350	250<C≤350
	Ⅴ	>350	>350	>350
NO_3^-	Ⅰ		≤16.38	
	Ⅱ		16.38<C≤18.19	
	Ⅲ	—	18.19<C≤20	—
	Ⅳ		20<C≤30	
	Ⅴ		>30	
F^-	Ⅰ	≤0.42	≤0.34	≤0.1
	Ⅱ	0.42<C≤0.71	0.34<C≤0.67	0.1<C≤0.55
	Ⅲ	0.71<C≤1	0.67<C≤1	0.55<C≤1
	Ⅳ	1<C≤2	1<C≤2	1<C≤2
	Ⅴ	>2	>2	>2
I^-	Ⅰ			≤0.04
	Ⅱ			0.04<C≤0.06
	Ⅲ	—	—	0.06<C≤0.08
	Ⅳ			0.08<C≤0.5
	Ⅴ			>0.5
NO_2^-	Ⅰ	≤0.32	≤0.036	≤0.011
	Ⅱ	0.32<C≤0.66	0.036<C≤0.518	0.011<C≤0.506
	Ⅲ	0.66<C≤1	0.518<C≤1	0.506<C≤1
	Ⅳ	1<C≤4.8	1<C≤4.8	1<C≤4.8
	Ⅴ	>4.8	>4.8	>4.8
总硬度($CaCO_3$)	Ⅰ	≤261.36	≤190.66	≤155.2
	Ⅱ	261.36<C≤355.68	190.66<C≤320.33	155.2<C≤302.6
	Ⅲ	355.68<C≤450	320.33<C≤450	302.6<C≤450
	Ⅳ	450<C≤650	450<C≤650	450<C≤650
	Ⅴ	>650	>650	>650
溶解性总固体	Ⅰ	≤523.01	≤351.46	≤291.42
	Ⅱ	523.01<C≤761.51	351.46<C≤675.73	291.42<C≤645.71
	Ⅲ	761.51<C≤1000	675.73<C≤1000	645.71<C≤1000
	Ⅳ	1000<C≤2000	1000<C≤2000	1000<C≤2000
	Ⅴ	>2000	>2000	>2000

续表

指标	类别	污染分级标准限值		
		平原区	丘陵区	岩溶区
Pb	Ⅰ	≤0.004	≤0.005	≤0.003
	Ⅱ	0.004<C≤0.007	0.005<C≤0.0075	0.003<C≤0.0065
	Ⅲ	0.007<C≤0.01	0.0075<C≤0.01	0.0065<C≤0.01
	Ⅳ	0.01<C≤0.1	0.01<C≤0.1	0.01<C≤0.1
	Ⅴ	>0.1	>0.1	>0.1
Fe	Ⅰ	≤0.07	≤0.27	≤0.018
	Ⅱ	0.07<C≤0.185	0.27<C≤0.285	0.18<C≤0.159
	Ⅲ	0.185<C≤0.3	0.285<C≤0.3	0.159<C≤0.3
	Ⅳ	0.3<C≤2	0.3<C≤2	0.3<C≤2
	Ⅴ	>2	>2	>2
Mn	Ⅰ			≤0.099
	Ⅱ			0.099<C≤0.0995
	Ⅲ	—	—	0.0995<C≤0.1
	Ⅳ			0.1<C≤1.5
	Ⅴ			>1.5
As	Ⅰ	≤0.005	≤0.002	≤0.001
	Ⅱ	0.005<C≤0.0075	0.002<C≤0.006	0.001<C≤0.055
	Ⅲ	0.0075<C≤0.01	0.006<C≤0.01	0.055<C≤0.01
	Ⅳ	0.01<C≤0.05	0.01<C≤0.05	0.01<C≤0.05
	Ⅴ	>0.05	>0.05	>0.05

4. 评价结果

评价结果如表6-47和图6-11所示。平原区主要天然劣质指标为 NO_3^-、I^-、Mn，丘陵区的天然劣质指标为 NH_4^+、I^-、Mn，岩溶区的天然劣质指标为 NO_3^-。污染评价结果表明，广州地下水大部分为未污染和疑似污染，这两部分比例达到76.67%；轻度污染和中度污染各占10%；剩余的重度污染点位共占总数的3.33%，在平原区。

表6-47 广州地下水污染评价结果

		污染类别	天然劣质指标
平原区	GZ01	Ⅱ	NO_3^-、I^-、Mn
	GZ02	Ⅰ	NO_3^-、I^-、Mn
	GZ03	Ⅰ	NO_3^-、I^-、Mn
	GZ04	Ⅴ	NO_3^-、I^-、Mn

续表

		污染类别	天然劣质指标
平原区	GZ05	II	NO_3^-、I^-、Mn
	GZ06	II	NO_3^-、I^-、Mn
	GZ07	II	NO_3^-、I^-、Mn
	GZ08	II	NO_3^-、I^-、Mn
	GZ10	II	NO_3^-、I^-、Mn
	GZ29	IV	NO_3^-、I^-、Mn
	GZ30	I	NO_3^-、I^-、Mn
	GZ31	II	NO_3^-、I^-、Mn
丘陵区	GZ09	II	NH_4^+、I^-、Mn
	GZ11	I	NH_4^+、I^-、Mn
	GZ12	I	NH_4^+、I^-、Mn
	GZ13	I	NH_4^+、I^-、Mn
	GZ20	III	NH_4^+、I^-、Mn
	GZ21	III	NH_4^+、I^-、Mn
	GZ22	I	NH_4^+、I^-、Mn
	GZ23	I	NH_4^+、I^-、Mn
	GZ24	I	NH_4^+、I^-、Mn
	GZ25	IV	NH_4^+、I^-、Mn
	GZ26	I	NH_4^+、I^-、Mn
	GZ27	I	NH_4^+、I^-、Mn
岩溶区	GZ14	II	NO_3^-
	GZ15	II	NO_3^-
	GZ16	IV	NO_3^-
	GZ17	I	NO_3^-
	GZ18	III	NO_3^-
	GZ19	II	NO_3^-

6.4.4 柴达木盆地-格尔木地区地下水污染评价

1. 背景值

在背景值研究过程中,根据研究区地下水的形成条件(地形地貌、含水层岩性及地下水埋藏条件等)和地下水化学特征将研究区共划分为6个地下水环境单元,分别为山前砾石补给区、戈壁砾石径流区、细土平原绿洲、溢出带排泄区、盐壳湖沼区和戈壁荒漠承压区。其中细土平原绿洲区地下水又进一步划分为潜水和浅层承压水,溢出带排泄区、盐壳湖沼区地下水进一步划分为浅层承压水和深层承压水。各单元的背景值见表3-24。

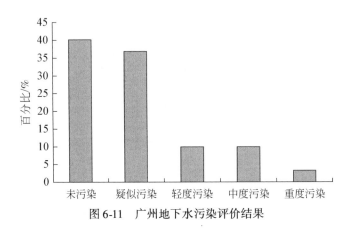

图 6-11　广州地下水污染评价结果

2. 天然劣质指标筛选

将各水文地质单元背景值与 GB/T 14848—2017 中Ⅲ类水进行对比，识别出格尔木地区的天然劣质指标，在九个水文地质单元内，五个单元的 TDS 为天然劣质指标，四个单元的 Na 为天然劣质指标。具体情况如表 6-48 所示。

表 6-48　天然劣质指标筛选　　　　　　　　　　　　（单位：mg/L）

指标	GB/T 14848—2017 Ⅲ类水限值	山前砾石补给区（潜水）	戈壁砾石径流区（潜水）	细土平原绿洲区（潜水）
pH（无量纲）	6.5~8.5	8.43	8.30	**8.84**
K	—	7.80	5.82	9.23
Na	200	197.74	93.36	184.24
Ca	—	92.56	39.08	47.43
Mg	—	41.41	38.65	41.90
NH_4^+	0.5	<0.04	<0.04	<0.04
Cl	250	**290.99**	145.75	127.88
SO_4^{2-}	250	183.61	93.76	**253.56**
HCO_3^-	—	294.78	213.48	290.64
NO_3^-	20	7.06	5.54	17.79
F	1	0.76	0.32	0.61
I	0.08	<0.002	<0.002	0.007
NO_2^-	1	<0.004	<0.004	0.078
TDS	1000	**1124.52**	598.19	**1461.87**
Fe	0.3	0.22	0.18	**0.31**
Mn	0.1	<0.005	<0.005	0.009
As	0.01	<0.005	<0.001	<0.001
Pb	0.01	<0.001	<0.005	<0.005
偏硅酸	—	11.37	8.91	15.82

续表

指标	GB/T 14848—2017 Ⅲ类水限值	细土平原绿洲区（浅层承压水）	溢出带排泄区（浅层承压水）	溢出带排泄区（深层承压水）
pH(无量纲)	6.5~8.5	**8.80**	8.18	8.19
K	—	9.12	13.37	13.35
Na	200	**270.32**	**234.10**	**234.78**
Ca	—	57.86	50.20	79.40
Mg	—	44.06	60.32	45.49
NH_4^+	0.5	<0.04	0.18	0.16
Cl	250	**336.34**	201.93	209.81
SO_4^{2-}	250	**253.59**	**377.12**	**292.98**
HCO_3^-	—	290.61	368.33	366.37
NO_3^-	20	11.03	10.59	8.61
F	1	0.67	0.69	0.78
I	0.08	0.007	0.005	0.004
NO_2^-	1	0.078	0.055	0.056
TDS	1000	**1129.60**	**1066.63**	986.26
Fe	0.3	0.30	**0.61**	**0.60**
Mn	0.1	0.009	0.070	0.069
As	0.01	<0.001	0.001	0.001
Pb	0.01	<0.005	<0.005	<0.005
偏硅酸	—	15.63	15.52	13.54

指标	GB/T 14848—2017 Ⅲ类水限值	湖沼草原区（浅层承压水）	湖沼草原区（深层承压水）	盐壳湖沼区（深层承压水）
pH(无量纲)	6.5~8.5	7.81	8.18	**8.61**
K	—	7.80	4.30	6.04
Na	200	**284.4**	64.72	111.74
Ca	—	94.90	43.16	47.34
Mg	—	91.42	29.62	32.30
NH_4^+	0.5	<0.04	<0.04	<0.04
Cl	250	**454.71**	83.06	88.96
SO_4^{2-}	250	**423.10**	64.20	75.10
HCO_3^-	—	264.94	206.10	255.10
NO_3^-	20	13.86	7.29	5.61
F	1	0.34	0.36	0.66
I	0.08	<0.002	<0.002	0.004
NO_2^-	1	<0.004	<0.004	<0.004

续表

指标	GB/T 14848—2017 Ⅲ类水限值	湖沼草原区（浅层承压水）	湖沼草原区（深层承压水）	盐壳湖沼区（深层承压水）
TDS	1000	**1604.10**	504.41	594.92
Fe	0.3	0.19	0.02	0.26
Mn	0.1	<0.005	<0.005	<0.005
As	0.01	<0.001	<0.001	<0.001
Pb	0.01	<0.005	<0.005	<0.005
偏硅酸	—	12.23	13.65	13.94

3. 天然指标污染分级限值

按照天然指标污染分级标准方法对不同水文地质单元的不同指标的分级限值进行计算，结果如表 6-49 所示。

表 6-49 天然指标污染分级标准限值　　　　　　　　（单位：mg/L）

指标	类别	污染分级标准限值		
		山前砾石补给区（潜水）	戈壁砾石径流区（潜水）	细土平原绿洲区（潜水）
Na$^+$	Ⅰ	≤197.74	≤93.36	≤184.24
	Ⅱ	197.74<C≤198.87	93.36<C≤146.68	184.24<C≤192.12
	Ⅲ	198.87<C≤200	146.68<C≤200	192.12<C≤200
	Ⅳ	200<C≤400	200<C≤400	200<C≤400
	Ⅴ	>400	>400	>400
NH$_4^+$	Ⅰ	≤0.04	≤0.04	≤0.04
	Ⅱ	0.04<C≤0.27	0.04<C≤0.27	0.04<C≤0.27
	Ⅲ	0.27<C≤0.5	0.27<C≤0.5	0.27<C≤0.5
	Ⅳ	0.5<C≤1.5	0.5<C≤1.5	0.5<C≤1.5
	Ⅴ	>1.5	>1.5	>1.5
Cl$^-$	Ⅰ		≤145.75	≤127.88
	Ⅱ		145.75<C≤197.88	127.88<C≤197.88
	Ⅲ	—	197.88<C≤250	197.88<C≤250
	Ⅳ		250<C≤350	250<C≤350
	Ⅴ		>350	>350
SO$_4^{2-}$	Ⅰ	≤183.61	≤97.76	
	Ⅱ	183.61<C≤216.81	97.76<C≤173.88	
	Ⅲ	216.81<C≤250	173.88<C≤250	—
	Ⅳ	250<C≤350	250<C≤350	
	Ⅴ	>350	>350	

续表

指标	类别	污染分级标准限值		
		山前砾石补给区(潜水)	戈壁砾石径流区(潜水)	细土平原绿洲区(潜水)
NO_3^-	Ⅰ	≤7.06	≤5.54	≤17.79
	Ⅱ	7.06<C≤13.53	5.54<C≤12.77	17.79<C≤18.90
	Ⅲ	13.53<C≤20	12.77<C≤20	18.90<C≤20
	Ⅳ	20<C≤30	20<C≤30	20<C≤30
	Ⅴ	>30	>30	>30
F^-	Ⅰ	≤0.76	≤0.32	≤0.61
	Ⅱ	0.0.76<C≤0.88	0.32<C≤0.66	0.61<C≤0.81
	Ⅲ	0.88<C≤1	0.66<C≤1	0.81<C≤1
	Ⅳ	1<C≤2	1<C≤2	1<C≤2
	Ⅴ	>2	>2	>2
I^-	Ⅰ	≤0.002	≤0.002	≤0.007
	Ⅱ	0.002<C≤0.041	0.002<C≤0.041	0.007<C≤0.044
	Ⅲ	0.041<C≤0.08	0.041<C≤0.08	0.044<C≤0.08
	Ⅳ	0.08<C≤0.5	0.08<C≤0.5	0.08<C≤0.5
	Ⅴ	>0.5	>0.5	>0.5
NO_2^-	Ⅰ	≤0.004	≤0.004	≤0.078
	Ⅱ	0.004<C≤0.502	0.004<C≤0.502	0.078<C≤0.539
	Ⅲ	0.502<C≤1	0.502<C≤1	0.539<C≤1
	Ⅳ	1<C≤4.8	1<C≤4.8	1<C≤4.8
	Ⅴ	>4.8	>4.8	>4.8
总硬度($CaCO_3$)	Ⅰ		≤598.19	
	Ⅱ		598.19<C≤799.1	
	Ⅲ	—	799.1<C≤1000	—
	Ⅳ		1000<C≤2000	
	Ⅴ		>2000	
Pb	Ⅰ	≤0.001	≤0.005	≤0.005
	Ⅱ	0.001<C≤0.0055	0.005<C≤0.0075	0.005<C≤0.0075
	Ⅲ	0.0055<C≤0.01	0.0075<C≤0.01	0.0075<C≤0.01
	Ⅳ	0.01<C≤0.1	0.01<C≤0.1	0.01<C≤0.1
	Ⅴ	>0.1	>0.1	>0.1
Fe	Ⅰ	≤0.22	≤0.18	
	Ⅱ	0.022<C≤0.26	0.18<C≤0.24	
	Ⅲ	0.26<C≤0.3	0.24<C≤0.3	—
	Ⅳ	0.3<C≤2	0.3<C≤2	
	Ⅴ	>2	>2	

续表

指标	类别	污染分级标准限值		
		山前砾石补给区(潜水)	戈壁砾石径流区(潜水)	细土平原绿洲区(潜水)
Mn	Ⅰ	≤0.005	≤0.005	≤0.009
	Ⅱ	$0.005<C\leq0.053$	$0.005<C\leq0.053$	$0.009<C\leq0.053$
	Ⅲ	$0.053<C\leq0.1$	$0.053<C\leq0.1$	$0.053<C\leq0.1$
	Ⅳ	$0.1<C\leq1.5$	$0.1<C\leq1.5$	$0.1<C\leq1.5$
	Ⅴ	>1.5	>1.5	>1.5
As	Ⅰ	≤0.005	≤0.001	≤0.001
	Ⅱ	$0.005<C\leq0.0075$	$0.001<C\leq0.0055$	$0.001<C\leq0.0055$
	Ⅲ	$0.0075<C\leq0.01$	$0.0055<C\leq0.01$	$0.0055<C\leq0.01$
	Ⅳ	$0.01<C\leq0.05$	$0.01<C\leq0.05$	$0.01<C\leq0.05$
	Ⅴ	>0.05	>0.05	>0.05

指标	类别	污染分级标准限值		
		细土平原绿洲区(浅层承压水)	溢出带排泄区(浅层承压水)	溢出带排泄区(深层承压水)
Na^+	Ⅰ			
	Ⅱ			
	Ⅲ	—	—	—
	Ⅳ			
	Ⅴ			
NH_4^+	Ⅰ	≤0.04	≤0.18	≤0.16
	Ⅱ	$0.04<C\leq0.27$	$0.18<C\leq0.34$	$0.16<C\leq0.33$
	Ⅲ	$0.27<C\leq0.5$	$0.34<C\leq0.5$	$0.33<C\leq0.5$
	Ⅳ	$0.5<C\leq1.5$	$0.5<C\leq1.5$	$0.5<C\leq1.5$
	Ⅴ	>1.5	>1.5	>1.5
Cl^-	Ⅰ		≤201.93	≤209.81
	Ⅱ		$201.93<C\leq225.97$	$209.81<C\leq229.91$
	Ⅲ	—	$225.97<C\leq250$	$229.91<C\leq250$
	Ⅳ		$250<C\leq350$	$250<C\leq350$
	Ⅴ		>350	>350
SO_4^{2-}	Ⅰ			
	Ⅱ			
	Ⅲ	—	—	—
	Ⅳ			
	Ⅴ			

续表

指标	类别	污染分级标准限值		
		细土平原绿洲区(浅层承压水)	溢出带排泄区(浅层承压水)	溢出带排泄区(深层承压水)
NO$_3^-$	Ⅰ	≤17.79	≤10.59	≤8.61
	Ⅱ	17.79<C≤18.90	10.59<C≤15.30	8.61<C≤14.31
	Ⅲ	18.90<C≤20	15.30<C≤20	14.31<C≤20
	Ⅳ	20<C≤30	20<C≤30	20<C≤30
	Ⅴ	>30	>30	>30
F$^-$	Ⅰ	≤0.61	≤0.69	≤0.78
	Ⅱ	0.61<C≤0.81	0.69<C≤0.81	0.78<C≤0.89
	Ⅲ	0.81<C≤1	0.81<C≤1	0.89<C≤1
	Ⅳ	1<C≤2	1<C≤2	1<C≤2
	Ⅴ	>2	>2	>2
I$^-$	Ⅰ	≤0.007	≤0.005	≤0.004
	Ⅱ	0.007<C≤0.044	0.005<C≤0.044	0.004<C≤0.06
	Ⅲ	0.044<C≤0.08	0.044<C≤0.08	0.06<C≤0.08
	Ⅳ	0.08<C≤0.5	0.08<C≤0.5	0.08<C≤0.5
	Ⅴ	>0.5	>0.5	>0.5
NO$_2^-$	Ⅰ	≤0.078	≤0.055	≤0.056
	Ⅱ	0.078<C≤0.539	0.055<C≤0.528	0.056<C≤0.528
	Ⅲ	0.539<C≤1	0.528<C≤1	0.528<C≤1
	Ⅳ	1<C≤4.8	1<C≤4.8	1<C≤4.8
	Ⅴ	>4.8	>4.8	>4.8
总硬度(CaCO$_3$)	Ⅰ	—	—	≤986.26
	Ⅱ			986.26<C≤993.13
	Ⅲ			993.13<C≤1000
	Ⅳ			1000<C≤2000
	Ⅴ			>2000
Pb	Ⅰ	≤0.005	≤0.005	≤0.005
	Ⅱ	0.005<C≤0.0075	0.005<C≤0.0075	0.005<C≤0.0075
	Ⅲ	0.0075<C≤0.01	0.0075<C≤0.01	0.0075<C≤0.01
	Ⅳ	0.01<C≤0.1	0.01<C≤0.1	0.01<C≤0.1
	Ⅴ	>0.1	>0.1	>0.1
Fe	Ⅰ	—	—	—
	Ⅱ			
	Ⅲ			
	Ⅳ			
	Ⅴ			

续表

指标	类别	污染分级标准限值		
		细土平原绿洲区(浅层承压水)	溢出带排泄区(浅层承压水)	溢出带排泄区(深层承压水)
Mn	Ⅰ	≤0.009	≤0.07	≤0.069
	Ⅱ	$0.009<C≤0.053$	$0.07<C≤0.085$	$0.069<C≤0.085$
	Ⅲ	$0.053<C≤0.1$	$0.085<C≤0.1$	$0.085<C≤0.1$
	Ⅳ	$0.1<C≤1.5$	$0.1<C≤1.5$	$0.1<C≤1.5$
	Ⅴ	>1.5	>1.5	>1.5
砷	Ⅰ	≤0.001	≤0.001	≤0.001
	Ⅱ	$0.001<C≤0.0055$	$0.001<C≤0.0055$	$0.001<C≤0.0055$
	Ⅲ	$0.0055<C≤0.01$	$0.0055<C≤0.01$	$0.0055<C≤0.01$
	Ⅳ	$0.01<C≤0.05$	$0.01<C≤0.05$	$0.01<C≤0.05$
	Ⅴ	>0.05	>0.05	>0.05

指标	类别	污染分级标准限值		
		湖沼草原区(浅层承压水)	湖沼草原区(深层承压水)	盐壳湖沼区(深层承压水)
Na^+	Ⅰ		≤64.72	≤111.74
	Ⅱ		$64.72<C≤132.36$	$111.74<C≤155.87$
	Ⅲ	—	$132.36<C≤200$	$155.87<C≤200$
	Ⅳ		$200<C≤400$	$200<C≤400$
	Ⅴ		>400	>400
NH_4^+	Ⅰ	≤0.04	≤0.04	≤0.04
	Ⅱ	$0.04<C≤0.27$	$0.04<C≤0.27$	$0.04<C≤0.27$
	Ⅲ	$0.27<C≤0.5$	$0.27<C≤0.5$	$0.27<C≤0.5$
	Ⅳ	$0.5<C≤1.5$	$0.5<C≤1.5$	$0.5<C≤1.5$
	Ⅴ	>1.5	>1.5	>1.5
Cl^-	Ⅰ		≤83.06	≤88.96
	Ⅱ		$83.06<C≤166.53$	$88.96<C≤169.48$
	Ⅲ	—	$166.53<C≤250$	$169.48<C≤250$
	Ⅳ		$250<C≤350$	$250<C≤350$
	Ⅴ		>350	>350
SO_4^{2-}	Ⅰ		≤64.2	≤75.1
	Ⅱ		$64.2<C≤157.1$	$75.1<C≤162.55$
	Ⅲ	—	$157.1<C≤250$	$162.55<C≤250$
	Ⅳ		$250<C≤350$	$250<C≤350$
	Ⅴ		>350	>350

续表

指标	类别	污染分级标准限值		
		湖沼草原区(浅层承压水)	湖沼草原区(深层承压水)	盐壳湖沼区(深层承压水)
NO$_3^-$	Ⅰ	≤13.86	≤7.29	≤5.61
	Ⅱ	13.86<C≤16.93	7.29<C≤13.65	5.61<C≤12.81
	Ⅲ	16.93<C≤20	13.65<C≤20	12.81<C≤20
	Ⅳ	20<C≤30	20<C≤30	20<C≤30
	Ⅴ	>30	>30	>30
F$^-$	Ⅰ	≤0.34	≤0.36	≤0.66
	Ⅱ	0.34<C≤0.67	0.36<C≤0.63	0.66<C≤0.83
	Ⅲ	0.67<C≤1	0.63<C≤1	0.83<C≤1
	Ⅳ	1<C≤2	1<C≤2	1<C≤2
	Ⅴ	>2	>2	>2
I$^-$	Ⅰ	≤0.002	≤0.002	≤0.004
	Ⅱ	0.002<C≤0.041	0.002<C≤0.041	0.004<C≤0.042
	Ⅲ	0.041<C≤0.08	0.041<C≤0.08	0.042<C≤0.08
	Ⅳ	0.08<C≤0.5	0.08<C≤0.5	0.08<C≤0.5
	Ⅴ	>0.5	>0.5	>0.5
NO$_2^-$	Ⅰ	≤0.004	≤0.004	≤0.004
	Ⅱ	0.056<C≤0.528	0.056<C≤0.528	0.004<C≤0.502
	Ⅲ	0.528<C≤1	0.528<C≤1	0.502<C≤1
	Ⅳ	1<C≤4.8	1<C≤4.8	1<C≤4.8
	Ⅴ	>4.8	>4.8	>4.8
总硬度(CaCO$_3$)	Ⅰ		≤504.41	≤594.92
	Ⅱ		504.41<C≤752.21	594.92<C≤797.46
	Ⅲ	—	752.21<C≤1000	797.46<C≤1000
	Ⅳ		1000<C≤2000	1000<C≤2000
	Ⅴ		>2000	>2000
Pb	Ⅰ	≤0.005	≤0.005	≤0.005
	Ⅱ	0.005<C≤0.0075	0.005<C≤0.0075	0.005<C≤0.0075
	Ⅲ	0.0075<C≤0.01	0.0075<C≤0.01	0.0075<C≤0.01
	Ⅳ	0.01<C≤0.1	0.01<C≤0.1	0.01<C≤0.1
	Ⅴ	>0.1	>0.1	>0.1
Fe	Ⅰ	≤0.19	≤0.02	≤0.26
	Ⅱ	0.19<C≤0.25	0.02<C≤0.16	0.26<C≤0.28
	Ⅲ	0.25<C≤0.3	0.16<C≤0.3	0.25<C≤0.3
	Ⅳ	0.3<C≤2	0.3<C≤2	0.3<C≤2
	Ⅴ	>2	>2	>2

续表

指标	类别	污染分级标准限值		
		湖沼草原区(浅层承压水)	湖沼草原区(深层承压水)	盐壳湖沼区(深层承压水)
Mn	Ⅰ	≤0.005	≤0.005	≤0.005
	Ⅱ	0.005<C≤0.053	0.005<C≤0.053	0.005<C≤0.053
	Ⅲ	0.053<C≤0.1	0.053<C≤0.1	0.053<C≤0.1
	Ⅳ	0.1<C≤1.5	0.1<C≤1.5	0.1<C≤1.5
	Ⅴ	>1.5	>1.5	>1.5
砷	Ⅰ	≤0.001	≤0.001	≤0.001
	Ⅱ	0.001<C≤0.0055	0.001<C≤0.0055	0.001<C≤0.0055
	Ⅲ	0.0055<C≤0.01	0.0055<C≤0.01	0.0055<C≤0.01
	Ⅳ	0.01<C≤0.05	0.01<C≤0.05	0.01<C≤0.05
	Ⅴ	>0.05	>0.05	>0.05

4. 有机指标的筛选与污染分级限值

根据地下水优控物初筛给出的有机污染物指标进行污染评价有机指标的选取,共21个,明细如表6-50和表6-51所示。

表6-50 参评有机指标的情况

指标类别	指标名称
有机指标 (21项)	1,1-二氯乙烯、二氯甲烷、三氯甲烷、1,2-二氯乙烷、四氯化碳、三氯乙烯、1,2-二氯丙烷、甲苯、四氯乙烯、1,4-二氯苯、䓛、萘、蒽、荧蒽、芴、菲、苊烯、苊、芘、苯并[a]蒽、六氯苯

表6-51 有机指标主要参数 (单位:μg/L)

指标	检出限	HBSLs	GB/T 14848—2017 Ⅲ类限值	指标	检出限	HBSLs	GB/T 14848—2017 Ⅲ类限值
四氯化碳	0.2	24	2	1,1-二氯乙烯	0.2	300	30
1,2-二氯丙烷	0.2	24	5	三氯甲烷	0.2	60	60
二氯甲烷	0.5	36	20	三氯乙烯	0.2	42	70
甲苯	0.3	480	700	菲	0.01	180	—
1,2-二氯乙烷	0.3	35	30	萘	0.01	120	100
四氯乙烯	0.2	58.2	40	苊	0.01	360	—
苯并[a]蒽	0.002	4.11	—	1,4-二氯苯	0.1	300	300
芴	0.005	240	—	荧蒽	0.005	240	240
芘	0.002	180	—	六氯苯	0.02	1	1
䓛	0.002	411	—	苊烯	0.1	360	—
蒽	0.01	1800	1800				

按照前文给出的污染分级方法,对有机指标进行污染分级限值的计算,结果如表6-52所示。

表6-52 有机指标污染分级限值 （单位:μg/L）

	1,1-二氯乙烯	二氯甲烷	三氯甲烷	1,2-二氯乙烷	四氯化碳
1	≤0.2	≤0.5	≤0.2	≤0.3	≤0.2
2	0.2<C≤1	0.5<C≤2.5	0.2<C≤1	0.3<C≤1.5	0.2<C≤1
3	1<C≤30	2.5<C≤20	1<C≤60	1.5<C≤30	1<C≤2
4	30<C≤60	20<C≤500	60<C≤300	30<C≤40	2<C≤50
5	>60	>500	>300	>40	>50
	甲苯	四氯乙烯	1,4-二氯苯	六氯苯	萘
1	≤0.3	≤0.2	≤0.1	≤0.02	≤0.01
2	0.3<C≤1.5	0.2<C≤1	0.1<C≤0.5	0.02<C≤0.1	0.01<C≤0.05
3	1.5<C≤700	1<C≤40	0.5<C≤300	0.1<C≤1	0.05<C≤100
4	700<C≤1400	40<C≤300	300<C≤600	1<C≤2	100<C≤600
5	>1400	>300	>600	>2	>600
	芴	菲	蒽	荧蒽	芘
1	≤0.05	≤0.01	≤0.01	≤0.05	≤0.002
2	0.05<C≤0.25	0.01<C≤0.05	0.01<C≤0.05	0.05<C≤0.25	0.002<C≤0.01
3	0.25<C≤120.03	0.05<C≤90.05	0.05<C≤1800	0.25<C≤240	0.01<C≤90
4	120.03<C≤240	90.05<C≤180	1800<C≤3600	240<C≤480	90<C≤180
5	>240	>180	>3600	>480	>180
	1,2-二氯丙烷	苊	䓛	三氯乙烯	苊烯
1	≤0.2	≤0.01	≤0.002	≤0.2	≤0.1
2	0.2<C≤1	0.01<C≤0.05	0.002<C≤0.01	0.2<C≤1	0.1<C≤0.5
3	1<C≤5	0.05<C≤180	0.01<C≤205.5	1<C≤70	0.5<C≤180.05
4	5<C≤60	180<C≤360	205.5<C≤411	70<C≤210	180.05<C≤360
5	>60	>360	>411	>210	>360
	苯并[a]蒽				
1	≤0.002				
2	0.002<C≤0.01				
3	0.01<C≤2.06				
4	2.06<C≤4.11				
5	>4.11				

5. 污染评价结果

针对计算得出的污染标准分级限值对参评指标进行污染评价,结果如表6-53和图6-12所示。无机指标在五类中分布较均匀,未污染和疑似污染两类占57.89%,轻度污染、中度污染和重度污染的地下水个数共占42.11%。有机指标大部分为轻度污染,比例达97.37%,有机指标中轻度污染的指标主要为芘和苯并[a]蒽。

表 6-53 地下水污染评价结果

编号	污染分级	编号	污染分级
G1	Ⅰ-3(Na、SO_4^{2-}、TDS、Fe)	G20	Ⅰ-3(Na、SO_4^{2-}、Fe)
G2	Ⅴ-3(Na、SO_4^{2-}、Fe)	G21	Ⅰ-3(Na、SO_4^{2-}、Fe)
G3	Ⅱ-3	G22	Ⅴ-3(Na、SO_4^{2-}、Fe)
G4	Ⅱ-3	G23	Ⅰ-3(Na、Cl、SO_4^{2-})
G5	Ⅰ-3(Na、SO_4^{2-}、Fe)	G24	Ⅱ-3
G6	Ⅱ-3	G25	Ⅱ-3(Na、Cl、SO_4^{2-})
G7	Ⅰ-3(Na、TDS、Fe)	G26	Ⅱ-3(Na、SO_4^{2-}、Fe)
G8	Ⅰ-3(Na、TDS、Fe)	G27	Ⅱ-3
G9	Ⅲ-3(Na、TDS、Fe)	G28	Ⅰ-3
G10	Ⅲ-3(Na、TDS、Fe)	G29	Ⅴ-3
G11	Ⅱ-3(Cl、TDS)	G30	Ⅴ-3(Na、SO_4^{2-}、Fe)
G12	Ⅰ-3	G31	Ⅳ-3(Na、SO_4^{2-}、Fe)
G13	Ⅴ-3(Na、TDS、Fe)	G32	Ⅴ-3(Na、SO_4^{2-}、Fe)
G14	Ⅰ-3(Na、SO_4^{2-}、Fe)	G33	Ⅴ-3(Na、SO_4^{2-}、Fe)
G15	Ⅱ-1	G34	Ⅴ-3(Na、SO_4^{2-}、Fe)
G16	Ⅰ-3	G35	Ⅴ-3(Na、SO_4^{2-}、Fe)
G17	Ⅲ-3	G36	Ⅰ-3(Na、SO_4^{2-}、Fe)
G18	Ⅱ-3(Na、SO_4^{2-}、Fe)	G37	Ⅳ-3(Na、SO_4^{2-}、Fe)
G19	Ⅳ-3(Na、SO_4^{2-}、Fe)	G38	Ⅴ-3(Na、SO_4^{2-}、Fe)

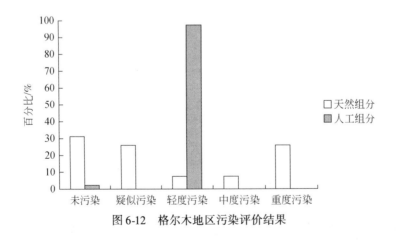

图 6-12 格尔木地区污染评价结果

6.4.5 小结

使用分类指标综合评价法对不同研究区进行地下水污染评价,结果表明与其他研究区相比兰州地下水污染情况较严重,尤其人工组分污染情况严重。轻度污染、中度污染和重度污染的样品数占全部样品的100%,这与当地石油化工类企业分布较多有很大的关系。广州和都安地区两个水期地下水基本以未污染和疑似污染为主,污染情况相对较轻。

污染指标综合分类评价法能识别出研究区主要污染类别,并识别天然劣质指标,根据各研究区各单元的背景值确定污染分级的标准限值,使评价结果不受天然水质状况的干扰,方法简单快捷,具有一定推广意义。

参 考 文 献

[1] Aksoy A, Scheytt T. Assessment of groundwater pollution around torbali, izmir, turkey. Environmental Geology, 2007, 53(1): 19-25.

[2] Mor S, Ravindra K, Dahiya R, et al. Leachate characterization and assessment of groundwater pollution near municipal solid waste landfill site. Environmental Monitoring and Assessment, 2006, 118(1-3): 435-456.

[3] Mondal N, Saxena V, Singh V. Assessment of groundwater pollution due to tannery industries in and around dindigul, tamilnadu, india. Environmental Geology, 2005, 48(2): 149-157.

[4] Adhikary P P, Chandrasekharan H, Chakraborty D, et al. Assessment of groundwater pollution in west delhi, india using geostatistical approach. Environmental Monitoring and Assessment, 2010, 167(1-4): 599-615.

[5] Miyakawa M, Sakai H, Shiotani T, et al. Evaluation of groundwater pollution in kanazawa on behavior of tetrachloroethylene and its degradation products. Journal-Japan Society on Water Environment, 2003, 26(12; ISSU 266): 869-874.

[6] Kuroda K, Murakami M, Oguma K, et al. Assessment of groundwater pollution in tokyo using PPCPs as sewage markers. Environmental Science & Technology, 2012, 46(3): 1455-1464.

[7] Giri S, Singh G, Gupta S, et al. An evaluation of metal contamination in surface and groundwater around a proposed uranium mining site, jharkhand, india. Mine Water and the Environment, 2010, 29(3): 225-234.

[8] Parameswari K, Mudgal B, Nelliyat P. Evaluation of groundwater contamination and its impact: An interdisciplinary approach. Environment, Development and Sustainability, 2012, 14(5): 725-744.

[9] 郭秀红,孙继朝,李政红,等. 我国地下水质量分布特征浅析. 水文地质工程地质,2005,(03):51-54.

[10] 秦志学,孙逊. 保定市地下水污染评价方法探讨. 水文地质工程地质,1980,4:15.

[11] 董毓,仲星颖,杨倩,等. 龙洞堡食品工业园岩溶地下水污染评价. 地下水,2012,34(1):94-95.

[12] 张兆吉,费宇红,郭春艳,等. 华北平原区域地下水污染评价. 吉林大学学报(地球科学版),2012,42(5):1456-1461.

[13] 马志伟,都基众,崔健,等. 浑河冲洪积扇地浅层地下水污染评价. 东北水利水电,2011,(09):18-21+71.

[14] 杨彦,魏伟伟,李定龙,等. 常州市区地下水污染研究. 地下水,2012,34(1):77-79.

[15] 张丹青. 古交市地下水污染评价分析与防治措施. 人民黄河,2008,30(12):72-73.

[16] 马振民,石冰. 泰安市地下水污染现状与成因分析. 山东地质,2002,18(2):24-28.

[17] 张震斌,苑宏刚,周立岱. 模糊综合评判理论在地下水污染评价中的应用. 资源环境与发展,2006,1:41-44+48.

[18] 杨云龙,崔建国. 灰色关联分析在地下水污染评价中的应用. 地下水,1996,18(2):61-63.

[19] 玉洪超,聂秋月,姜明新. 人工神经网络在地下水污染评价中的应用. 山东水利,2008,3:29-30.

[20] 刘荣清. 张掖城市地下水污染调查及评价方法. 西北水电,2001,3:14-17.

[21] 李金海,周红艳. 关于城市地下水污染评价方法的探讨. 黑龙江水利科技,2005,33(5):60-61.

[22] 殷淑华,何江涛,钟佐燊. 地下水有机污染评价的分级综合指数模型. 水利水电技术,2006,37(1):

56-58.
- [23] 张博,孙法圣,王帆,等. Hydrus-1d 在基于过程的地下水污染评价中的应用. 科技导报,2013,31(17):37-40.
- [24] 刘石. 地下水质量评价方法探讨. 北京:中国地质大学(北京),2006.
- [25] 寇文杰,林健,陈忠荣,等. 内梅罗指数法在水质评价中存在问题及修正. 南水北调与水利科技,2012,10(04):39-41+47.
- [26] 许真,何江涛,马文洁,等. 地下水污染指标分类综合评价方法研究. 安全与环境学报,2016,16(01):342-347.
- [27] 许真,何江涛,马文洁,等. 地下水质量指标分类综合评价方法研究. 水文地质工程地质,2014,41(06):6-12.
- [28] 王志强,张威,李萌,等. 不同评价方法比较研究——以天津大港区地下水有机污染评价为例. 河北工业大学学报,2008,37(06):47-51.